学点心理学、懂点心理学，能让你看懂更多的社会现象，
能让你更好地掌控自己的命运，能让你每一天都过得充实、开心。

职场情场商场最热门的心理说明书
社交处世管理最实用的心理操纵术

# 每天学点
# 心理学

大全集

牧 之 ◎ 编著

图书在版编目（CIP）数据

每天学点心理学大全集/牧之编著. —上海：立信会计出版社，2011.4
（超值金版）
ISBN 978-7-5429-2856-6

Ⅰ.①每… Ⅱ.①牧… Ⅲ.①心理学—通俗读物
Ⅳ.①B84-49

中国版本图书馆CIP数据核字（2011）第052382号

策划编辑　蔡伟莉
责任编辑　张巧玲
封面设计　久品轩

## 每天学点心理学大全集

| | |
|---|---|
| 出版发行 | 立信会计出版社 |
| 地　　址 | 上海市中山西路2230号　邮政编码　200235 |
| 电　　话 | （021）64411389　传　真　（021）64411325 |
| 网　　址 | www.lixinaph.com　电子邮箱　lxaph@sh163.net |
| 网上书店 | www.shlx.net　电　话　（021）64411071 |
| 经　　销 | 各地新华书店 |
| 印　　刷 | 廊坊市华北石油华星印务有限公司 |
| 开　　本 | 787毫米×1092毫米　1/16 |
| 印　　张 | 25 |
| 字　　数 | 444千字 |
| 版　　次 | 2011年4月第1版 |
| 印　　次 | 2017年9月第13次 |
| 书　　号 | ISBN 978-7 5429-2856-6/B |
| 定　　价 | 29.00元 |

如有印订差错，请与本社联系调换

# 前 言

为什么要学习心理学?

——我们游走人间一世,到底追求的是什么?很多人会说:快乐!的确,实现快乐正是生命意义所在。那么,快乐是什么呢?快乐是一种心理感受,是人们的一种心理感知,快乐与否并不取决于外在的世界,而取决于我们如何审视这个世界。可是,如何获得快乐呢?这便是一个涉及心理学领域的命题。因此如果你希望与快乐为伴,你应该学点心理学。

——当你刚刚从电影院出来到户外的时候,你会感觉到光线强烈地看不见东西,经过一个短暂的适应期后,你才能看清户外的东西,这种现象便是心理学中所说的"明适应",与之相应,当你从光线较强的地方进入黑暗场所的时候,刚开始你也无法看见东西,这种现象叫做"暗适应"。上述现象也是心理学所研究的领域之一,因此,为了从生物体的角度更好地体察我们人类自身,你应该学点心理学。

——几乎每一个人都有做梦的经历,夜晚安眠以后,仍然有一个梦幻的世界活跃在我们的大脑中,有的梦境是快乐的,有的梦境则是令人不快的,那么,为什么人会做梦呢?心理学家弗洛伊德认为,梦是人的潜意识的一种表达,梦把无意识中被压抑的纠葛和欲望反映到了意识当中,梦的解析是精神分析的重要手段之一。比如,关于找寻的梦象征着"担心失去重要的人或东西";坠落的梦象征着"对于道德堕落的恐惧,害怕失去现有的地位或职位。"由此可见,为了更正确地洞察自我、了解自我,你应该学点心理学。

——人们总是不自觉对外表较佳的人怀有好感,乐于与他们交往,为什么美貌具有如此大的魔力呢?心理学中的"光环效应"给予了合理的解释,人们都有这样一种心理,如果一旦认可了某一个人的某一方面的优点,就会认为这个人在其他方面也很优秀。心理学探究被心理所操纵的社交法则,所以如果你希望在社交中知己知彼,更好地玩转社交法则,你应该学点心理学。

——在传统的概念中,纳粹分子都被视为无恶不作之徒,那些屠杀手无寸铁的纳粹分子真是丧心病狂之辈吗?还是在他们的行为背后隐藏着某种社会心理学动机?心理学家经研究发现,纳粹分子的屠杀行为与他们自身的素质没有关系,而是他们受到了"权威效应"的操纵,他们像失去意识的机器人一样听从法西斯头子的指示，因为他们被灌输了这样一种理念：法西斯头子的指示正反映了真理，如果他们没有按照法西斯头子的指示从事，他们将可能被众人所孤立和唾弃。以此来看，放下关于善和恶的论断，从社会心理学的角度来分析各种事件，你会更清晰地看清人类社会运行的逻辑。从这个角度来看，你应该学点心理学。

——当你逛便利店时，你会发现有的便利店把饮料放在商店的最里面，饮料应该说是销路比较好的商品，为什么不把他们放在离顾客和大门挨着最近的门口，而要摆放在最里面呢？原来这种做法是出于经济利益的考虑，把饮料摆放在最里面，当顾客去拿饮料的途中，自然会不自觉地逛一逛，从而增加了额外消费。上述问题便是经济心理学所研究的范围，洞悉这些问题，有助于你了解商家的营销伎俩，躲开他们的陷阱。看来，为了成为一个理性的消费者，你应该学点心理学。

——为什么灯光昏暗的酒吧会成为爱情的滋生地？原来，这是"黑暗效应"使然，在光线比较暗的场所，约会双方彼此看不清对方表情，就很容易减少戒备感而产生安全感。在这种情况下，彼此产生亲近的可能性就会远远高于光线比较亮的场所。谁说爱情没有规律可循，爱情心理学会向你揭示爱情的科学性，懂一些爱情心理学，更有助于你巧妙地屡获恋人的心。为此，你应该学点心理学。

——人们明明知道赌博是无益于身心的游戏，对于业余者而言，进行多次赌局后，基本上只是维持收益平衡，那么，为什么全世界仍然有那么多的赌徒出入拉斯维加斯呢？投资心理学研究了与此相关的问题，得出了"赌场的钱效应"、"赌徒心理"、"赌徒谬误"等结论，很好地解释了赌博让人们欲罢不能的原因。推而广之，知道点投资心理学，对于你更好地把握股票投资市场也是非常有利的。基于这个原因，你应该学点心理学。

心理学所揭示的问题不仅仅上述这些，只要是与人的心理有关的事物都是心理学所涉及的，可以这么说，心理学几乎涵盖了人类社会方方面面的问题，揭示了关于个体和社会的种种真相。所以，适当地学点心理学，对于一个人全面地了解主观自我和客观世界，是非常必要的。

目前，市面上所出现的心理学读本，大多只探讨一个方面，或者只是探究性格心理学，或者只讲述社会心理学，难以从中一窥心理学全貌。《每天学点心理学大全集》弥补了这个缺憾，对心理学进行了全面的梳理，包括性格心理学、认知心理学、社会心理学、社交心理学、成功心理学、管理心理学、经济心理学、爱情心理学、情绪心理学等内容。此外，该书在内容上注重理论联系实际，力争使心理学从理论层次上升到应用层次。

希望这本《每天学点心理学大全集》可以为读者带来关于心理学的全新感受。

编　者

# 第一篇　心理学到底在说什么

## 第一章　"我"是谁

人格的构成：本我、自我、超我 …………………………… 002
体液学说：气质的成因 …………………………………………… 004
人性定理：人都是以服务于他自己为目的的 ……………… 006
周哈里窗：其实你没有那么了解自己 ………………………… 007
"镜中我"理论：为什么"人言可畏" ………………………… 010
人格面具：你为什么常常言不由衷 …………………………… 012
角色效应：为什么"男儿有泪不轻弹" ………………………… 013
巴纳姆效应：为什么你总会迷信星座运程 ………………… 014

## 第二章　我们如何认知世界

归因：为什么我们常会认为"小人得志" …………………… 023
听众设计：为什么家长常常委婉地向孩子解释生理现象 … 025
构造社会现实：为什么说"历史是任人打扮的小姑娘" … 026
信念偏见效应：爱需要证明吗 ………………………………… 027
既视感：你为什么会对某些事物、某个场景感到似曾相识 … 028
心理定势：都是思维惯性惹的祸 ……………………………… 029
鸡尾酒会效应：为什么你能在嘈杂场所听到自己的名字 … 031

## 第三章　行为背后的心理玄机

为什么狗屎状的冰淇淋让人难以下咽 ………………………… 033
人们为什么选择世界名胜为目的地 …………………………… 034
为什么有的人会毕生从事不喜欢的工作 ……………………… 035
为什么人们总是难以承认自己的错误 ………………………… 036
为什么密室总会有好奇的闯入者 ……………………………… 037
波利菲尔桥上的自杀之谜 ……………………………………… 037
为什么迈克尔·杰克逊把自己比作永远长不大的孩子 …… 039

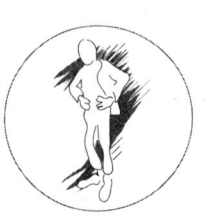

# 目录

### 第四章 快乐之谜
- "ABC理论"：你为什么不快乐 …………………………… 041
- 三大不合理的认知模式 …………………………………… 042
- 为什么你会觉得在某一天坏事不断 ……………………… 044
- 你能知道鱼的快乐吗 ……………………………………… 045
- "事后诸葛亮"是人类的共性 …………………………… 046
- 为什么无辜的人总会成为"出气筒" …………………… 046
- 你是什么，你看到的便是什么 …………………………… 048
- 其实你没有自己想象的那么重要 ………………………… 048
- 哭不一定比笑差 …………………………………………… 049

### 第五章 有意思心理学
- 目击证人的记忆：证人真的陈述了事实的真相了吗 …… 051
- 月曜效应：为什么会出现"假期综合症" ……………… 052
- 个人空间：为什么人们乘电梯时常爱向上看 …………… 053
- 社会促进：为什么与朋友一起减肥会获得更好的效果 … 054
- 库里肖夫效应：电影是怎么拍成的 ……………………… 055
- 巴克斯特效应：植物也有喜怒哀乐 ……………………… 056
- 错误归属偏差：投资者为什么在天气晴朗的时候买入股票 … 058

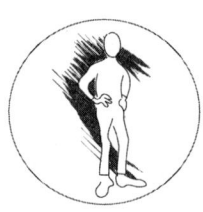

## 第二篇 我们都是社会性动物

### 第六章 社会心理学
- 人们为什么会帮助毫无关联的人 ………………………… 062
- 为什么平时和善的人也会枪杀公司同事 ………………… 063
- 卧底警察的心理困扰 ……………………………………… 064
- 孟母为什么要"三迁" …………………………………… 065
- 公众为什么对受害者见死不救 …………………………… 066
- 为什么脏乱差的城市犯罪率较高 ………………………… 067
- 社会传统是如何形成的 …………………………………… 068

## 第七章　关于社交的心理效应

刻板效应：你总会受到刻板偏见的左右 …………………… 070
首因效应：第一印象总是占据着主导地位 ………………… 071
近因效应：对他人最近、最新的认识占了主体地位 ……… 071
晕轮效应：情人眼里出西施的根源 ………………………… 072
名片效应：相似的态度和价值观有助于形成优质的人际关系 … 073
改宗效应：一味地认同对方并非上上之策 ………………… 074
变色龙效应：模仿对方的身体语言，你会更受欢迎 ……… 074
跷跷板互惠原则：投之以桃，报之以李 …………………… 075
贝勃定律：为什么你的好心总是付了东逝水 ……………… 077

## 第八章　如何成为社交宠儿

为什么要进行人际交往 ……………………………………… 078
像个成功人物的二十条军规 ………………………………… 080
如何为自己的可信赖度加分 ………………………………… 087
增强与他人的亲密感的若干秘籍 …………………………… 092
幽默让你在社交中无往不利 ………………………………… 096

# 第三篇　成功不过是一种唯"心"主义

## 第九章　成功从"心"开始

自我实现的诺言：心想事成的秘密 ………………………… 102
自我效能感：不要尘封你的梦想 …………………………… 103
习得性无助：屡败之后不妨再战一次 ……………………… 105
自我妨碍：预约失败的自欺欺人之举 ……………………… 106
安慰剂效应：心理暗示的巨大力量 ………………………… 107
标签效应：不要让别人的评价决定了你的未来 …………… 109
拱道效应：为什么名校"盛产"优秀毕业生 ……………… 110
摩西奶奶效应：有志不在年高 ……………………………… 110

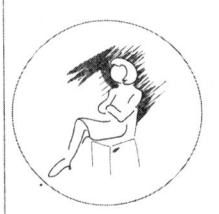

## 第十章　关于成功的秘密

- 桑代克试误说：为什么说"失败是成功之母" ············ 114
- 社会学习理论：选择朋友的标准决定了你自身的标准 ······ 115
- 艾宾浩斯记忆遗忘曲线：学习不是一劳永逸的事 ·········· 116
- 培根记忆术：过目不忘的秘密 ························ 117
- 蔡加尼克效应：开夜车的弊端 ························ 117
- 酝酿效应：为什么放弃思考了反而会豁然开朗 ·········· 118
- 乡村维纳斯效应：跳槽的必要性 ······················ 119
- 瓦拉赫效应：失败只是因为你没有做应该做的事 ········ 120
- 迁移效应：为什么很多明星都"演而优则唱" ············ 121

## 第十一章　职场生存战

- 印象管理：如何提高你面试成功的概率 ················ 123
- 包装效应：为成功而打扮 ···························· 124
- Yerkes-Dodson法则：有压力不一定有动力 ············ 125
- 地位效应：为什么上级比你更有话语权 ················ 125
- 蘑菇管理定律：牛人都是熬出来的 ···················· 126

- 彼得原理：晋升也许是条"死亡"之路 ·················· 127
- 帕金森法则：为什么升职的总是那些不如你的同事 ······ 129
- 玻璃天花板效应：为什么升职记的主角为"杜拉拉"更有噱头 ···· 131
- 马太效应：为什么"小资"和"高产阶级"有着天壤之别 ···· 132
- 如何虏获上级的心 ·································· 133

- 如何征服同事的心 ·································· 138

# 第四篇　身份心理学
## ——如何获得进入上流社会的筹码

## 第十二章　摆谱心理学

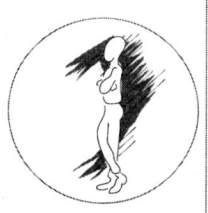

- 至少看起来要像个有实力的人 ························ 148
- 把出身背景亮出来 ·································· 150
- 要摆谱，开高价 ···································· 152

用拒绝将身价推到高位 ·············· 154
　　矜持一点，身价便高一些 ············ 156
　　越神秘，身价越高 ················ 158

### 第十三章　品位心理学
　　上流社会玩的是品位 ··············· 160
　　品位等同于社会等级 ··············· 162
　　品位存在于细节中 ················ 163
　　品位事关修养和趣味 ··············· 164
　　真正的高品位崇尚古风 ············· 166

### 第十四章　消费心理学
　　炫耀性消费：只买贵的，不买对的 ······ 168
　　高档品牌消费是显摆的最佳武器 ······· 170
　　低调是上流社会消费潜规则之一 ······· 172
　　消费文化意义而非活动本身 ·········· 173
　　高级别的消费用于体育运动项目 ······· 174

### 第十五章　借势心理学
　　踏进上流社会第一步：与各界名流同列 ··· 176
　　投资那些有助你成功的人 ············ 178
　　你认识谁决定了你是谁 ············· 180
　　尽可能拓展人际网络 ··············· 182

# 第五篇　上班族应该知道的管理心理学

### 第十六章　管理与心理学
　　管理心理学是个什么东西 ············ 186
　　为什么提供高薪仍然难以让员工满意 ···· 188
　　马斯洛需求层次：为什么我们难以处于满足完成时的状态 ··· 191
　　双因素理论：我们努力工作的真正驱动力是什么 ······ 194

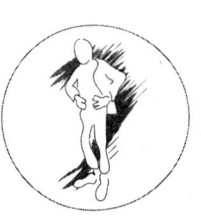

强化理论：企业为什么要评选优秀员工 …………………… 195
德西效应：你为什么沦为薪水的奴隶 …………………… 196

### 第十七章　好上级到底是个什么样

南风法则：与人为善好过与人为恶 …………………… 198
印加效应：大权独揽是好上级的硬伤 …………………… 199
蓝斯登原则：出来混，迟早是要还的 …………………… 201
特里法则：知错能改，善莫大焉 …………………… 202
杜利奥定理：失去热忱等于失去生命 …………………… 203
刺猬法则：距离不是越近越好 …………………… 205
出丑效应：增加管理者魅力 …………………… 206

# 第六篇　经济心理学

### 第十八章　你被商家算计了

睡眠者效应：脑白金广告为什么会导致产品的热销 ……… 210
选择性注意：为什么商家都会对眼球经济倍加推崇 ……… 211
名人效应：商家为什么热衷于名人代言 …………………… 212
登门槛效应：为什么店员总是建议你"试一试" ………… 213
拆屋效应：商家为什么总喜欢使用打折扣的促销策略 …… 214
权威效应：商家为什么请专家推荐商品 …………………… 215
乐队花车效应：商家为什么会请多人推荐某产品 ………… 215
稀缺效应：人们往往会追捧限量版物品 …………………… 216
参考价格效应：为什么知名品牌商品都在专卖店销售 …… 217

### 第十九章　令人费解的本能

沉没成本：为什么你会强忍着看完不喜欢的电影 ………… 219
棘轮效应：收入增长了，为什么你仍然是"月光族" …… 220
鸟笼效应：欲望膨胀的秘密 …………………… 221
边际效用递减法则：为什么曾经的"奢望"变成今日的"不满足" … 222
心理账户：为什么巨额奖金获得者再次沦为垃圾工 ……… 223

凡勃伦效应：富商为什么高调征婚 …………………… 224

### 第二十章　股市受伤定律

代表性思维：投资好公司的股票，不一定是理性的投资 … 226
熟悉性思维：过多投资熟悉的股票是高风险行为 ………… 227
平均值谬误：过于自信是投资者的致命伤 ………………… 228
趋向性效应：出售盈利股票并不总是理性的 ……………… 229
禀赋效应：人们为什么不卖出亏损的股票 ………………… 229
羊群效应：投资市场上的趋同性心理 ……………………… 230
框架效应：快卖涨势股，慢卖跌势股 ……………………… 231
赌徒心理：执迷于随机的成功 ……………………………… 232
赌徒谬误：三个跌停板之后，市场不一定会反弹 ………… 233

## 第七篇　来自火星的男人和来自金星的女人

### 第二十一章　关于男人的那点事

男人必修的三大心理健康课 ………………………………… 236
男人也自卑 …………………………………………………… 237
家庭暴力的心理溯源 ………………………………………… 238
为什么男人会追捧《花花公子》…………………………… 239
为什么男人总觉得别人的老婆好 …………………………… 241
男人的若干真相 ……………………………………………… 242

### 第二十二章　关于女人的那点事

现代女性的心理需求 ………………………………………… 245
女性易患的心理疾病 ………………………………………… 246
女性的五大事业心理误区 …………………………………… 248
大龄单身女性的三大心理障碍 ……………………………… 248
女人在性爱中的性心理 ……………………………………… 249
已婚女性的七大心理误区 …………………………………… 250
女人的若干真相 ……………………………………………… 252

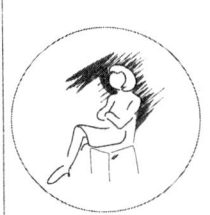

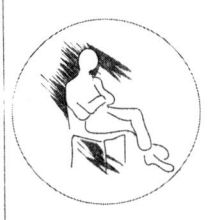

# 目录

### 第二十三章 男人来自火星 女人来自金星

男女心理的天生差异 ………………………………………… 255
男女的埋单理论 …………………………………………… 258
男女对于选择的偏好 ………………………………………… 259
男人对女人的三大误解 ……………………………………… 261
真实的谎言 ………………………………………………… 263
男人与女人的思维为何如此不同 …………………………… 264
细节识男人——读懂男人的行为与体态 …………………… 266
细节识女人——读懂女人的行为与体态 …………………… 275

### 第二十四章 爱情的诞生

爱情的起源——追求"完美之我" ………………………… 288
爱情的原动力——性欲 ……………………………………… 289
爱情的其他动力 …………………………………………… 290
爱情的最高原则：般配 ……………………………………… 292
关于爱情的五大理论 ………………………………………… 293
为什么人们会日久生情 ……………………………………… 297

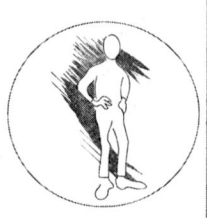

不安感是爱情的催化剂 ……………………………………… 297
斯德哥尔摩综合症：人质为什么会爱上罪犯 ……………… 298
"俄狄浦斯情结"与"爱烈屈拉情结"：恋母情结与恋父情结 … 301
罗密欧与朱丽叶效应：为什么越反对越相爱 ……………… 302
黑暗效应——为什么暗恋者通常借助烛光晚餐示爱 ……… 302

"啤酒眼镜"效应——为什么有"酒后乱性"的说法 …… 303
打烊效应——酒吧打烊有助于增加异性的魅力指数 ……… 304
吊桥效应——越危险，爱情来得越快 ……………………… 305

### 第二十五章 当男女进入围城

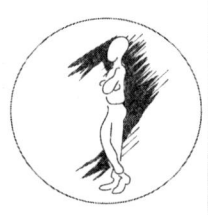

人类为什么要结婚 …………………………………………… 307
不可忽视的男女婚后心理差异 ……………………………… 308
谁会在婚姻关系中拥有更高的权力 ………………………… 310
为什么婚前是王子，婚后成了癞蛤蟆 ……………………… 311
男人的寿命与妻子美貌程度成反比 ………………………… 312

## 第二十六章　不可不说的性心理

- 性行为的典型心理特征 …………………………………… 314
- 男人的性心理 …………………………………………… 317
- 女人的性心理 …………………………………………… 319
- 性梦解析 ………………………………………………… 322
- 和谐性生活的必备条件 …………………………………… 325
- 两性性爱误区 …………………………………………… 326

# 第八篇　情绪决定生老病死

## 第二十七章　心理与健康的微妙关系

- 心是身的主宰者 ………………………………………… 330
- 情绪与健康的密切关系 …………………………………… 334
- 心情快乐可强化免疫功能 ………………………………… 334
- 如何拥有良好情绪 ………………………………………… 335
- 心理与冠心病 …………………………………………… 338
- 心理与癌症 ……………………………………………… 339
- 心理与溃疡病 …………………………………………… 340
- 心理与头痛 ……………………………………………… 340
- 心理与失眠 ……………………………………………… 341
- 心理与胃肠神经症 ………………………………………… 345
- 心理与慢性疼痛 …………………………………………… 346

## 第二十八章　与生俱来的心理防御机制

- "压抑"：为什么女子完全记不起前男友 ………………… 349
- "否定"：为什么有的人难以承认亲人离世的事实 ………… 350
- "退回"：为什么大人偶尔也会表现得像个小孩 …………… 351
- "潜抑"：痛苦也有滞后期吗 ……………………………… 351
- "反向"：为什么关爱的背面是嫉妒 ……………………… 352
- "合理化"：自欺欺人是人类的本能 ……………………… 353

# 目录

"仪式与抵消"：为什么出轨的丈夫会送礼物给妻子 ········· 354
"隔离"：为什么表白用"I love you"而不是"我爱你" ··· 355
"理想化"：男人为什么将相貌一般的女友视为美女 ········ 355
"转移"：失恋男子为什么要报复女性 ············· 356
"投射"：为什么有的人会"以小人之心度君子之腹" ····· 357
"幻想"：为什么有的人从集中营里活着出来 ········· 357
"补偿"：为什么相貌平庸的女子更容易获得事业成功 ······ 358
"升华"：为什么痴迷网络游戏的少年也可以有所建树 ······ 359

## 第二十九章　心理治疗

精神分裂症：为什么原本正常的人会出现怪异行为 ········ 361
依赖症：酒鬼为什么放不下酒瓶 ················ 362
摄食障碍：都是减肥惹的祸 ················· 363
恋物癖：难以启齿的恋物情结 ················ 365
洁癖：恨不得活在真空里 ·················· 366
自闭症：躲在孤岛上的孩子 ················· 367
神经衰弱：有如惊弓之鸟般的日子 ·············· 369
社交焦虑症：游离于社交圈之外 ··············· 370
微笑型抑郁症：他的哭泣从来不让别人看见 ·········· 372
强迫症：难以驾驭的强迫想法 ················ 373

## 第三十章　快乐之路

长寿者的心理特征 ······················ 376
保持最佳心境的五个处方 ··················· 377
创造快乐的六个秘籍 ····················· 379
让大脑去"散步" ······················ 379
拿得起，放得下 ······················· 381

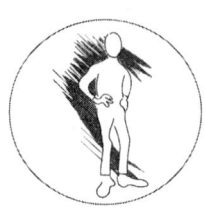

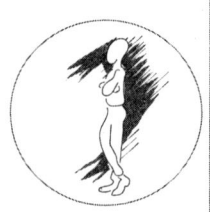

# 第一篇
# 心理学到底在说什么

# 第一章
# "我"是谁

## 人格的构成：本我、自我、超我

2008年7月1日，北京籍男子杨佳带着一把20多厘米长的单刃剔骨刀，闯入上海市闸北区政法办公大楼，用刀连续袭击9名警察和1名保安，导致6名警察死亡，3名警察和1名保安受伤，杨佳后被制服。

被擒后，杨佳没说一句话，只是不断喘粗气，喉咙里发出"嘀嘀"的低吼声，双眼通红，手上沾满鲜血，白色T恤的左半部已被鲜血浸湿。脚底下，是那把20多厘米长的单刃剔骨刀，带着血。

在紧急支援的持枪特警出现之前，被多位民警制服的杨佳暂时被反铐在办公室内。一支枪对准了杨佳。他终于开口："你开枪把我打死吧，我已经够本了。"没有任何忏悔的意思。

一位权威人士透露，在一度拒绝配合警方录口供之后，杨佳首度解释犯案动机的第一句话赫然是：有些委屈如果要一辈子背在身上，那我宁愿犯法。任何事情，你要给我一个说法，你不给我一个说法，我就给你一个说法。

看到这则新闻的时候，人们在感到震惊之余，不禁产生疑问：为什么会发生这种事？

根据司法部司法鉴定科学技术研究所的评定，杨佳并不存在精神问题，也不是精神分裂，意识也很清醒。从眼前情况看，应该是人格上有问题。据此，心理专家分析，杨佳可能是偏执性人格和攻击性人格的结合体。

专家所说的"杨佳可能是偏执性人格和攻击性人格的结合体"，意思是说，他的人格出了问题，有了障碍。人格有障碍的人是一个不完整的人。所以，我们常常听到一些骂人的话也常常与"人格"搭上边，如："你的人格不健全！""人格有缺陷！""你有人格障碍！"

如果我们听到别人对自己这样的评论，我们会不假思索，本能地反击过去——"你的人格才不健全呢！""你的人格才有问题呢！"很显然，他人说我们人格有缺陷，并不是什么好事，也是我们极力否认的；而当我们听到他人赞扬我们有"人格魅力"的时候，我们常常会欣然接受，并高兴不已。

那么，到底什么是人格呢？

人格通俗被称为个性。这个概念源于希腊语，原来主要是指演员在舞台上戴的面具，类似于中国京剧中的脸谱。后来心理学借用这个术语来说明：在人生的舞台上，人们也会根据在戏中扮演的角色的不同而戴上不同的面具，这些面具就是人格的外在表现。摘掉面具后才是真实的真我，即真实的人格，它可能和外在的面具截然不同。

在心理学上，由于心理学家各自的研究取向不同，对人格的看法也有很大差异。一般来说，人格是一个人的独特思维、情感和行为模式。每个人都是由独特的才智、价值观、期望、感情、仇恨以及习惯构成，这就使得我们形成了一个与众不同的自己。人格不仅具有独特性，同时也具有稳定性，这也决定了你以前是什么样，现在和将来都是什么样。

奥地利心理学家弗洛伊德将人格分为"本我"、"自我"和"超我"三部分。

"本我"是人出生时就有的固着于体内的一切心理积淀，是被压抑的、非理性的、无意识的心理本能，如生命力、内驱力、本能、冲动、欲望等。它就像一个小孩子一样，不考虑其他因素，只想满足自己。

"超我"与"本我"相反，是人格系统中专管道德的"司法部门"。它凌驾于"自我"之上，仿佛是社会道德训条、高尚道德的代表，来监督控制"自我"。它遵守的是一种道德原则。它就像一个执法机关，随时监督你的道德准则和行为。

"自我"则介于"本我"和"超我"之间，是一个人后天学习形成的，是对自身与社会的理智的认识。它正视现实、符合社会需要、按照常识和逻辑行事。它遵照现实原则，压抑"本我"的种种冲动和欲望以进行"自我"保存，另外也尽量使"本我"得以升华，将其盲目冲动、欲望引入社会认可的渠道。比如，抑制自己的欲望。虽然饿，但知道什么能吃，什么不能吃。这都是"自我"的控制和压制。

本我、自我和超我之间不是静止的，而是始终处于冲突——协调的矛盾运动之中。本我在于寻求自身的生存，寻求本能欲望的满足，是必要的原动力；超我在监督、控制自我接受社会道德准则行事，以保证正常的人际关系；而自我既要反映本我的欲望，并找到途径满足本我欲望，又要接受超我的监督，还有反映客观现实，分析现实的条件和自我的处境，以促使人格内部协调并保证与外界交往活动顺利进行，不平衡时则会产生心理异常。

通常来说，"自我"、"本我"和"超我"三者之间是不稳定的，有时候会出现此消彼长的情况。如果把握不好，就容易产生人格方面的困惑。

刘薇已经25岁了，至今还没有男朋友。主要是因为她家教比较严，父母不让她在外面胡乱认识男人，他们说，碰到合适的会给她介绍。在他们看来，主动地去找男朋友的女孩都比较轻浮。刘薇也认为父母说得有道理。于是刘薇将那些追求者全部打入冷宫，不再来往。

但在生活中，刘薇很想引起男性的注意。一个偶然的机会，她结识了一个网友，每天她都准时上网。她感觉和这个朋友聊天很放松，生活中遇到的事都给他说，有的时候甚至想打电话。刘薇自己有时候也纳闷：我一面排斥男人一面又想引起他们的注意，是不是我有什么毛病？

当然了，刘薇没有什么毛病。这只是她在人格上的一种冲突。一方面，她觉得应该听父母的话，自己要做个守规矩的女孩，不能在外面瞎谈朋友，不能影响了自己的名誉；另一方面，她希望被异性欣赏与接纳，在与男性电话聊天时满足了其自身心理需要，所以她就会出现一方面拒绝男性的追求，一方面又想打电话给他。这就是她的"本我"与"超我"在不断地斗争。

刘薇需要做的是逐步改正自己的观念，毕竟现在不是封建社会，女孩子也可以有正常的男女交往；另外，交往中也要自重，避免轻浮。总之，要协调好"本我"和"超我"之间的关系，掌握好其中的平衡，尤其要避免走向两个极端。

一个真正健康的人格中，"自我"、"本我"、"超我"这三个组成部分必须是均衡、协调的。一个人要想拥有完善、健康的人格，就应该学会平衡和协调"自我"、"本我"和"超我"这三者的关系。

# 体液学说：气质的成因

公元前430年，雅典发生了可怕的瘟疫，许多人突然发烧、呕吐、腹泻、抽筋、身上长满脓疮、皮肤严重溃烂。患病的人接二连三地死去。瘟疫为雅典城带来了破坏性后果，很短的时间内，雅典城中便随处可见来不及掩埋的尸首。对这种索命的疾病，人们避之唯恐不及，大家都纷纷求助神灵保佑。就在瘟疫肆虐之际，一位来自希腊北边马其顿王国的御医来到了雅典城，他一面调查疫情，一面探寻病因及解救方法。不久，他发现全城只有一种人没有染上瘟疫，那就是每天和火打交道的铁匠。他由此设想，或许火可以防疫，于是他建议全城各处燃起火堆来消灭瘟疫。

这位御医就是被西方尊为"医学之父"的古希腊著名医学家、欧洲医学奠基人希波克拉底。其主要著作为《箴言》和《语言的艺术》。卡斯蒂廖尼在《医学史》

中评价：希波克拉底使数个世纪以来的知识理想化。

在希波克拉底有价值的一生中，希波克拉底最大的贡献是把医学从宗教和迷信当中分离了出来。他说，所有的疾病都不是神灵的作用，而是有自然的原因的。那时，古希腊医学受到宗教迷信的禁锢。巫师们只会用念咒文，施魔法，进行祈祷的办法为人治病。为了抵制"神赐疾病"的谬说，希波克拉底积极探索人的肌体特征和疾病的成因。在恩培多克勒的"宇宙论"启发下，提出了著名的"体液学说"。他认为复杂的人体是由血液、黏液、黄胆、黑胆这四种体液组成的，四种体液在人体内的比例不同，形成了人的不同气质：

### 1. 多血质

多血质又称活泼型，这类人敏捷好动，善于交际，在新的环境里不感到拘束。在工作学习上富有精力而效率高，表现出机敏的工作能力，善于适应环境变化。在集体中精神愉快，朝气蓬勃，愿意从事合乎实际的事业，能对事业心向神往，能迅速地把握新事物，在有充分自制能力和纪律性的情况下，会表现出巨大的积极性。兴趣广泛，但情感易变，如果事业上不顺利，热情可能消逝，热情消逝的速度与投身事业的速度一样快。对于这类人，从事多样化的工作往往成绩卓越。

### 2. 黏液质

这种人又称为安静型，他们在生活中是一个坚持而稳健的辛勤工作者。具有这种气质类型的人行动缓慢而沉着，严格恪守既定的生活秩序和工作制度，不为无所谓的动因而分心。黏液质的人态度持重，交际适度，不作空泛的清谈，情感上不易激动，不易发脾气，也不易流露情感，能自治，也不常常显露自己的才能。这种人长时间坚持不懈，有条不紊地从事自己的工作。其不足是有些事情不够灵活，不善于转移自己的注意力。惰性使其因循守旧，表现出固定性有余，而灵活性不足。

### 3. 抑郁质

抑郁质的人一般表现为行为孤僻、不太合群、观察细致、非常敏感、表情腼腆、多愁善感、行动迟缓、优柔寡断，具有明显的内倾性。

### 4. 胆汁质

胆汁质的气质特征是外向性、行动性和直觉性。这类人具有强烈的兴奋过程和比较弱的抑郁过程，情绪易激动，反应迅速，行动敏捷，暴躁而有力；在语言、表情、姿态上都有一种强烈而迅速的情感表现。这种人的工作特点带有明显的周期性，埋头于事业，也准备去克服通向目标的重重困难和障碍。胆汁质人一旦就业，往往对本职工作不那么专注，喜欢跳槽，倾向于经常更换工作单位，渴望成为自由职业者。比如作曲家贝多芬和亨德尔就是此类气质型，这种气质反映在音乐风格中，多有慷慨激昂的激情，有崇高的英雄主义情绪，有突发的强音迸发出强烈的感

情。这类型的人不足是缺乏自制性、粗暴和急躁、易生气、易激动，因此要注意在耐心、沉着和自制力等方面的心理修养。

# 人性定理：人都是以服务于他自己为目的的

"人性定理"也叫"主体人自我肯定原理"，指的是任何一个健康的人的任何一个行为，都是以服务于他自己为目的的。

"人性定理"有如下内涵：

### 1. 自我意识

人都有关于自我的意识，深知自我是不同于他人、他物的一种独立存在，并能准确地感知自我与非我的边界，有明确的主体我与客体他人、他物的区分和界定。

### 2. 自我决策

即人都具有行为选择自由，没有什么外在力量，可以无条件地决定主体我只能是什么，而不能是什么。主体我是什么，是主体我自我决定和自我选择的结果。

### 3. 自我肯定

人活动的目的是寻求自我肯定。这种自我肯定表现为，任何一个健康的人，他的任何一个行为，都只是服务于他自己特定的目的，无论多么高尚的人，都不例外。自我肯定的内容包括生存需求（有）的满足、自我价值（能）的实现和自我价值判断（善）的实现。

### 4. 自我中心

人都以自我为中心，并视世界万事、万物为与主体我对立的客体。它们的意义和价值都是由主体我赋予的，是它们能够被用作主体我自我肯定的工具，服务于自我肯定的目的。

### 5. 欲望无限

人在确知生存需求（有）的欲望，不可能永恒地满足时，开始转向自我价值实现（能）、自我价值判断实现（善）的追求，并力求通过这两种欲望的满足，来获得生存的意义和价值，通过精神生命的获得，来延长短促的肉体生命。这后两种欲望，不会像吃饭一样有饱的满足。

### 6. 自我异化

人作为一种动物，总是向往安逸，在没有外部环境压力的作用时，会沉醉于动物本能满足的肌肤之利，而销熔自我，使对自我肯定的寻求，异化为一种自我否定，像吸毒者一样，为了片刻的虚幻体验，毁掉自己的身体健康。

关于人性理论，马克思在哲学层次对其进行了研究，马克思认为人不是抽象的、一般的、宗教的、空洞的人，而是现实的、真正的、能动的人，并提出了"人不是脱离社会实践的、抽象的、'类'的本质的人"，"人是社会关系的总和"的观点。

1. 人不是抽象的人，而是现实的人

马克思的人性理论首先是现实的。在《一般意识形态，德意志意识态》中，马克思写道："……但这里所说的个人不是他们自己或别人想象中的那种人，而是现实中的个人，也就是说，这些个人是从事活动的，进行物质生产的，因而是在一定的物质的、不受他们任意支配的界限、前提和条件下能动地表现自己的。"

马克思以前的哲学家都认为"人"是抽象的，马克思主义哲学对此进行了批判。"哲学家们在已经不在屈从于分工的个人身上看见了他们名之'人'的那种理想，他们把我们所描绘的整个发展过程看作是'人'的发展过程，而且他们用这个'人'来代替过去每一历史时代中所存在的个人，并把他描绘成历史的动力。"因而，人也就成了抽象的、"类"的人的本质。

2. 人是真正的人，能动的人

马克思讲的真正的人是有别于西方的宗教化了的、抽象的、一般的、理想化了的人。马克思讲："德国哲学从天上降到地上；和它完全相反，这里我们是从地上升到天上，就是说，我们不是从人们所说的，所想象的，所设想的东西，也不是从只存在于口头上所说的，思考出来的，想象出来的，设想出来的人出发，去理解真正的人。……"

马克思坚决反对将人看成是僵化的、呆板的、不变的、被动的人。被动的、僵化的、没有创新性的人无疑只是动物而已；但人有其独特的能动性和创造性。人不仅仅是环境和教育的产物，"人创造了环境，同样环境也创造了人"。"环境正是由人来改变的，而教育者本人一定是受教育的。""环境的改变和人的活动的一致，只能被看作是并合理地理解为革命的实践。"

3. 人是社会关系的总和

马克思主义的人性理论认为，人不是单个的、抽象的个人，人是历史的、社会的、现实中的人。

# 周哈里窗：其实你没有那么了解自己

苏格拉底晚年的时候，很想点化一下一名学得很不错但却缺乏自信的助手。他把助手叫到床前说："我需要一个最优秀的传承者，他不仅要有相当的智慧，还得有充分的信心，非凡的勇气，来将我的学说传承下去。这样的人选直到目前我还未见到，你能帮我找找吗？"助手说："好的，我一定竭尽全力寻找，决不辜负您的信任和栽培。"

果然，这位助手一诺千金，他不辞劳苦地寻找着苏格拉底事业的接班人，可是他找来的人都——被苏格拉底婉言谢绝了。有一天，当那位助手再次无功而返时，已病入膏肓的苏格拉底硬撑着坐起来，抚着那位助手的肩膀点化他说："真是辛苦你了，不过，你找来的那些人都远不如你……"可助手仍然不明白，只是向老师保证："我一定加倍努力，就是找遍天涯海角也要把最优秀的人给您找出来。"半年后，最优秀的人选还是没有找到。助手非常惭愧，流着泪对老师说："我真对不起您，让您失望了。"苏格拉底伤心地说："失望的是我，对不起的却是你自己。本来，最优秀的就是你自己，只是你不敢相信自己，才把自己给忽略了……其实，每个人都是优秀的，差别就在于如何认识自己、如何发掘和重用自己……"话未说完，一代伟大的哲人就离开了这个世界。

助手始终没有理解苏格拉底的话，他从来没有意识到自己就是苏格拉底心中最优秀的人，不禁令人感到惋惜。其实，很多人都像这名助手一样，毕生都没有客观地认知自己。

关于客观自我，心理学家鲁夫特与英格汉提出"周哈里窗"模式，用"窗"喻指一个人的心，普通的窗户分成四个部分，人的心理也是如此，人的内在可以分为四个部分：开放我、盲目我、隐藏我、未知我。

| 开放我 | 盲目我 |
| --- | --- |
| 隐藏我 | 未知我 |

**开放我**

左上角那一扇窗称为"开放我"，也称"公众我"，属于自由活动领域。这是自己清楚别人也知道的部分，符合"当事者清旁观者也清"的逻辑。比如，我们的性别、外貌，以及某些可以公开的信息，包括婚否、职业、工作生活所在地、能力、爱好、特长、成就等等。

"开放我"的大小取决于自我心灵开放的程度、个性张扬的力度、人际交往的广度、他人的关注度、开放信息的利害关系等。

"开放我"是自我最基本的信息，也是了解自我、评价自我的基本依据。

**盲目我**

右上角那一扇窗称为"盲目我"，也称"背脊我"，属于盲目领域。这是自己不知道而别人却知道的部分——可以是一些很突出的心理特征，比如有人轻易承诺却转眼间忘得干干净净；也可以是不经意的一些小动作或行为习惯，比如一个得意的或者不耐烦的神态和情绪流露——自我常常察觉不到这些关于自我的信息，但是别人却心知肚明。

盲目点可能是一个人的优点，也可能是一个人的缺点，由于本人对此毫不知觉，当别人将这些盲目点告诉自己时，一般会产生或惊讶、或怀疑、或辩解的情绪反应，尤其当听到的信息与自己的自我认知不相符时。

"盲目我"的大小与自我观察、自我反省的能力有关，通常内省特质比较强的人，盲点比较少，"盲目我"比较小。

### 隐藏我

左下角那一扇窗称为"隐藏我"，也称为"隐私我"，属于逃避或隐藏领域。这是自己知道而别人不知道的部分，与"盲目我"正好相反，也就是我们常说的隐私，不愿意或不能让别人知道的事实或心理。身份、缺点、往事、疾患、痛苦、窃喜、愧疚、尴尬、欲望、意念等等，都可能成为"隐藏我"的内容。相比较而言，心理承受能力强的人，隐忍的人，自闭的人，自卑的人，胆怯的人，虚荣或虚伪的人，隐藏我会更多一些。

### 未知我

右下角那一扇窗称为"未知我"，也称为"潜在我"，属于处女领域。这是自己和别人都不知道的部分，有待挖掘和发现。通常是指一些潜在能力或特性，比如一个人经过训练或学习后，可能获得的知识与技能，或者在特定的机会里展示出来的才干，其中也包含着弗洛伊德提出的潜意识层面，潜意识仿佛隐藏在海水下的冰山，力量巨大却又容易被忽视。充分探索和开发未知我，才能更全面而深入地认识自我、激励自我、发展自我、超越自我。

由于"盲目我"和"未知我"的存在，导致人们虽然每天与自身相处，但是其实并不是十分了解自己，这便需要借助一些外在的力量来完全认知自己。下面这则故事或许能够给朋友们一些启发。

一个替人割草的孩子打电话给一位陈太太说："您需不需要割草？"陈太太回答说："不需要了，我已有了割草工。"这个孩子又说："我会帮您拔掉花丛中的杂草。"陈太太回答："我的割草工已经做了。"这孩子又说："我会帮您把草与走道的四周打扫干净。"陈太太说："我请的那人也已做了，谢谢你，我不需要新的割草工人。"孩子便挂了电话。孩子的哥哥在一旁问他："你不是就在陈太太那儿割草打工吗？为什么还要打这个电话？"孩子带着得意的笑容说："我只是想知道我做得有多好！"

故事中的孩子十分聪明,因为他学会用旁敲侧击的办法来认识自己,更因为他敢于尝试去认识一个真实的自己。关于如何客观认识自我,有如下三种渠道:

### 1. 从自己与他人的关系认识自己

与他人的交往,是个人获得自我认识的重要来源。心理学上有一个概念叫"镜我",是根据他人的判断而反映出的自我概念。从幼年到成年,我们从简单的家庭关系扩展到外面的友爱关系,进入社会又体会到复杂的人际关系。聪明而善于思考的人能从这些关系中用心向别人学习,获得足够的经验,然后按照自己的需要去规划自己的前途。

### 2. 从"我"与事的关系认识自我

即从做事的经验中了解自己。我们可以通过自己所做过的事,所取得的成果、成就看到自己身上的缺点和优点。

### 3. 从"我"与自己的关系中认识自我

这一点看似容易,其实做到是非常困难的。我们可以从以下几个角度去尝试认识自己:

第一,自己眼中的我。指个人眼中观察到的客观的我,包括身体、容貌、性别、年龄、职业、性格、气质、能力等。

第二,别人眼中的我。指在与别人交往时,从别人对我们的态度、情感反应而感觉到的我。不同关系的人、不同类型的人对自己的反应和评价是不同的,它是个人从多数人对自己的反应中归纳出的认识。

第三,自己心中的我。也指自己对自己的期待,即理想中的我。

# "镜中我"理论:为什么"人言可畏"

关于我们如何获得自我认知,很重要的一个参考标准就是他人对自己的评价。比如当一个人被上级评价为"聪明能干"时,多会变得心花怒放,但是如果部门主管指着某个下属的脑袋,做出"朽木不可雕"的负面评价,这名下属最可能的反应就是心情沮丧,觉得自己不太可能有什么好的发展前景。他人对自己的态度犹如一面镜子,我们从中获知自己的形象定位,并从而形成自我概念,这便是美国社会心理学家库利所提出的"镜中我"理论。库利认为,人们通过与其他人的交往形成自我观念,一个人对自己的认识是其他人关于自己看法的反映,人们总是借助别人对自己的评价形成关于自我的观念。也就是说一个人如何看待自己,往往是由别人对自己的态度所决定的,由此获得的关于自我的印象被称为"反射的自我"、"镜中我"。在心理学领域,这种现象也称为"镜像效应"。

那么，为什么会出现"镜像效应"呢？主要原因有如下三个方面：

### 1. 社会化的结果

所谓的"社会化"，主要是指首属群体对个体的影响。一个人来到社会后与生俱来的只是生物人，这种生物人要变成思想情感丰富的社会人，必须经过社会化，而这种社会化主要就是个人在社会生活实践中通过与他人、群体与社会之间的互动影响，从而成为合格社会角色的过程。其中影响最大最早的群体就是首属群体，如狼孩的首属群体是狼群，社会化的过程是狼群"社会化"的过程，其结果在狼孩大脑中只能形成自我的狼孩概念。但对绝大多数人来说，首属群体是家庭，家庭中父母是重要的影响人物。库利所言的"镜"，也是各色各样的，其中形成"镜中我"最为重要的"镜"是家庭，有些镜子对个体的作用十分有限。

### 2. 个体对"镜子"的认知与评估作用

正如上述所言的，个体只对重要的"镜子"作出反应，而对一些不重要的"镜子"便会作出忽略不计的反应，使之不能进入"自我"。这就是说，从他人镜中反映出来的我，只有经过生理我、本我、或已有自我的想象、评价，才会被"自我"所接受，形成"自我概念"。可见，"镜子"虽然重要，但如何照、如何看也很重要。可以说，"镜中我"并非个体所照看到的"我"，已被原有"自我"解读过的"我"。

### 3. "镜中我"还与"镜外我"的地位、身份、名誉等有关

按理说，镜中我与镜外我应是一致的，但是镜中我经过这面镜子一照，就有了许多光的折射，使镜外我变形，但个体不通过镜子自己又无法看到镜外我，即使能去看（如反省、反思等），也会受到其他因素（如原有的自我、经验、认知结构等）的影响，也无法真正看到镜外的我。因此，唯一的方法就是用许多面镜子来照，这样全方位的照看，会使镜中我与镜外我逐渐融合。上述可见，"镜外我"的地位、身份、名誉等会对镜像效应产生重要的影响。

库利的"镜中我"概念将自我意识分为三个阶段：

(1) 设想自己在他人面前的行为方式；

(2) 做出行为后，设想他人对自己行为评价；

(3) 根据自己对他人的评价的想象来评价自己行为。

比如说，关于你自身究竟是一个什么样的人——是外向还是内向，是热情如火还是冷漠像冰，是思维严谨还是擅长粗线条思考——如此种种的自我判断，虽然你自身可以形成一套认知态度，但是你会更多地参考他人的意见，尤其是那些你比较认可的、权威人士的意见。比如，如果你的老板说你在IT行业发展，将难以出人头地，他认为你在交际方面更有天分，是一个不可多得的销售界潜力股，你很可能会质疑自己目前的职业选择，甚至改弦易辙，作出更改职业方向的决定。

通过"镜中我"理论，便可以理解为什么"人言可畏"了——如果一个人没有强大的内心，多会被他人的评价所左右，从而按照他人的评价去认知自己，以致认为自己真的是他人口中所说的样子。假如这些评价是负面的话，自然会导致个体陷入自我怀疑或自我憎恨中，难以排解恶劣的情绪。

## 人格面具：你为什么常常言不由衷

"人格面具"是瑞士心理学家和精神分析师荣格所提出的精神分析理论之一，指的是一个人公开展示的一面，它是个体内在世界和外在世界的分界点。"人格面具"是靠我们的身体语言、衣着、装饰等所体现。我们以此告诉外部世界我是谁，用人格面具去表现我们理想化的我。人们之所以要佩戴"人格面具"，是为了给其他人一个好的印象，以得到社会的认同，保证自己能够与其他人，甚至那些不喜欢的人和睦相处，从而实现个人的目的。从某种程度来看，这也导致"人格面具"维护了人的虚伪与怯懦，这种反应来自于自身对未知事物或人的恐惧，从而启动了心理防卫机制，使人不自觉地步入了与真实人性不同的心境。

"人格面具"的叫法最初出自希腊文，本义是指使演员能在一出剧中扮演某个特殊角色而戴的面具，是人类在社会生活中具有各个层面适应性的能力，它是为了使个人在社会上得到某种身份的认可而存在的。荣格认为："人格最外层的人格面具掩盖了真我，使人格成为一种假象，按着别人的期望行事，故同他的真正人格并不一致。人可靠面具协调人与社会之间的关系，决定一个人以什么形象在社会上露面……人格面具是原型的一种象征。"

人格面具具有多重性——在家中，我们是父亲、丈夫，在职场上，我们又换上了"领导"、"下属"等面具，当所佩戴的面具不同时，我们的行为方式也会出现一定的差异，比如一个出言不逊、看似冷漠、凶悍的部门领导在面对女儿时，便是一副性情温顺的姿态。

人格面具的产生不仅仅是为了认识社会，更是为了寻求社会认同。也就是说，人格面具是以公众道德为标准的，是以集体生活价值为基础的表面人格，具有符号性和趋同性。荣格认为，人格面具在人格中的作用既可能是有利的，也可能是有害的。

关于人格面具有利的一面，它使我们的行为更符合社会规范，在社会规范认同的范围内，有助于带来和谐的人际关系，因为真实的我们有时候是并不受欢迎的，比如，一个朋友让你评价他的新发型，你真实的想法很可能是"太糟糕了"，但是你往往不会这么表达，而是言不由衷地告诉对方："这个新发型很适合你的脸型"。在这个过程中，你对朋友撒了谎，但是这种无关紧要的谎言却使得你在朋友圈中更受欢迎，为了获得和谐的人际关系，你多会把那些真实的负面想法转变为积极的认可。

不过，人格面具对人也有消极影响，如果一个人过分地热衷和沉湎于自己所扮演的角色，认为自己就是自己扮演的角色，人格的其他方面就会受到排斥，使得人们受到人格面具的支配，逐渐与自己的天性疏远而背离。因为当一个人习惯撒谎后，日久天长，在惯性的驱动下，个体便会逐渐遗忘乃至抛弃了真正的自己。

# 角色效应：为什么"男儿有泪不轻弹"

现实生活中，人们以不同的社会角色参与家庭活动和社会活动，这种因角色不同而引起的心理或行为变化的现象被称为"角色效应"。

有位心理学家通过观察发现：两个同卵双生的女孩，她们的外貌非常相似，在同一个家庭中长大，从小学到中学，直到大学都就读于相同的学校，在同一个班级读书。然而，这对双胞胎的性格却大为不同：姐姐性格开朗，具有自主意识，喜好交际，待人主动热情，处理问题果断，较早地具备了独立工作的能力；而妹妹遇事缺乏主见，惯于依赖他人，性格内向，不善交际。

对于这个现象，心理学家非常感兴趣，他经过研究后发现，双胞胎姐妹之所以会性格迥异，主要原因是她们充当的"角色"不一样。在她们成长的过程中，父母对待双胞胎的态度截然不同，虽然她们是孪生姐妹，但是父母对他们进行了不同的角色划分：姐姐应该照顾好妹妹，要对妹妹的行为负责；妹妹则必须听姐姐的话，遇事多与姐姐商量。长此以往，姐姐逐渐培养起独立解决问题的能力，时时都扮演着妹妹的"保护人"角色，妹妹则理所当然地充当着被保护的角色。

可见，被赋予了不同的角色是造成双胞胎姐妹性格迥异的主要原因。在现实生活中，我们也常会发现，那些有弟弟妹妹的人一般在性格上更加独立，更加有担当性，不经意中就会流露出照顾人的天性。

除了家庭关系赋予的角色外，社会以及团队对个体所赋予的角色的特征对人们的心理和行为也有很大的影响。日本心理学家长岛真夫等人，研究了班级指导对"角色"加工的意义。他们在某小学五年级的一个班上进行了实验。这个班共有47名学生，他们挑选了在班级中地位较低的8名学生，任命他们为班级委员，在他们完成工作任务的过程中给予适当的指导。一个学期结束后，心理学家们发现这8名学生在班级中的地位发生了显著的变化——第二学期选举班干部时，这8名学生中有6名又被选为班级委员。另外，他们也观察到这6名新委员在性格方面，诸如自尊心、安定感、明朗性、活动能力、协调性、责任心等方面都发生了积极的变化。

上述现象也是一种"角色效应"，当人们被赋予某种角色后，为了不辜负社会

和他人对自己的期望,他们便会不自觉地按照角色规范来要求自己,在角色期望和角色认知的基础上,采取相应的角色行为。

人们常说"男儿有泪不轻弹",固然在性格素质方面,这有男人比女人更坚强的因素存在,但是究其根本,还是因为男人受限于自己社会角色和家庭角色原因,不得不克制自己的软弱罢了。在社会和家庭中,男人一直被赋予为强大、敢于承担的形象,为了匹配这种形象,即使遇到挫折和坎坷,男人也常常会强忍着自己的脆弱,至少不会让他人看见自己的眼泪。

## 巴纳姆效应:为什么你总会迷信星座运程

肖曼·巴纳姆是一位很受欢迎的著名魔术师,他曾经这样诠释自己的成功:我的节目之所以受欢迎,是因为节目中包含了每个人都喜欢的成分,所以每一分钟都会有人上当受骗。"巴纳姆效应"由此而来,也就是说,人们常常认为一种笼统的、一般性的人格描述十分准确地揭示了自己的特点,心理学上将这种倾向称为"巴纳姆效应"。

针对这种自我认知的效应,一位心理学家曾经做过一个实验,他给一群人做完明尼苏打多相人格检查表后,出示了两份结果,让参与者判断哪一份是自己的结果。事实上,一份是参加者自己的结果,另一份是多数人的回答平均起来的结果。结果,大多数参加者都认为后者更准确地表达了自己的人格特征。

实验的结果表明:很多人都容易相信一个笼统的、一般性的人格描述特别适合自己,即使这种描述十分空洞,但他们仍然认为这种描述准确地反映了自己的人格面貌。曾经有心理学家向大学生出示了这样一份材料,让他们判断这种人格描述是否适合自己:

你很需要别人喜欢并尊重你;

你有自我批判的倾向;

你有许多可以成为你优势的能力没有发挥出来,同时你也有一些缺点,不过你一般可以克服它们;

你与异性交往有些困难,尽管外表上显得很从容,其实你内心焦急不安;

你有时怀疑自己所做的决定或所做的事是否正确;

你喜欢生活有些变化,厌恶被人限制;

你以自己能独立思考而自豪,别人的建议如果没有充分的证据你不会接受;

你认为在别人面前过于坦率地表露自己是不明智的;

你有时外向、亲切、好交际,而有时则内向、谨慎、沉默;

你的有些抱负往往很不现实。

对于上述笼统的、几乎适合于任何人的话，很多大学生都认为自己正是材料中所描述的那样，简直太匹配自己的性格了。

在现实生活中，常会发生"巴纳姆效应"，比如我们让算命先生算命后，有时会认为某个算命先生太料事如神了，所描述的状况完全契合自己的处境，其实，一般而言，春风得意、没有困惑疑虑的人一般不会求助算命的人，惯于算命的人都是情绪处于低落、失意的时候，此时他们对生活失去了控制，缺乏安全感，很容易受到暗示的影响，加之算命先生总是善于察言观色，揣摩他人的心意，他们应景地说一些无关痛痒的笼统的话，算命者便会对算命先生崇拜起来，中了他们的圈套。

**性格测试：**

DISC（Dominance-支配，Influence-影响，Steady-稳健，Compliance-服从）性格测试题

20世纪20年代，美国心理学家威廉·莫尔顿·马斯顿创建了一个理论来解释人的情绪反应，在此之前，这种工作主要局限在对于精神病患者或精神失常人群的研究，而马斯顿博士则希望扩大这个研究范围，以运用于心理健康的普通人群，因此，马斯顿博士将他的理论构建为一个体系，即"正常人的情绪"。

为了检验他的理论，马斯顿博士需要采用某种心理测评的方式来衡量人群的情绪反应-"人格特征"，因此，他采用了四个他认为是非常典型的人格特质因子，即Dominance-支配，Influence-影响，Steady-稳健，以及Compliance-服从。而DISC，正是代表了这四个英文单词的首字母。在1928年，马斯顿博士正式在他的《正常人的情绪》一书中，提出了DISC测评以及理论说明。

目前，DISC理论已被广泛应用于世界500强企业的人才招聘，历史悠久、专业性强、权威性高。

下面便是DISC测试题，回答这些题目对于了解你自己十分有帮助。

在每一个大标题中的四个选择题中只选择一个最符合你自己的，并在英文字母后面做记号。一共40题。不能遗漏。（注意：请按第一印象最快地选择，如果不能确定，可回忆童年时的情况，或者以你最熟悉的人对你的评价来从中选择）

一、1.富于冒险：愿意面对新事物并敢于下决心掌握的人；D

2.适应力强：轻松自如适应任何环境；S

3.生动：充满活力，表情生动，多手势；I

4.善于分析：喜欢研究各部分之间的逻辑和正确的关系。C

二、1.坚持不懈：要完成现有的事才能做新的事情；C

2.喜好娱乐：开心充满乐趣与幽默感；I

3.善于说服：用逻辑和事实而不用威严和权力服人；D

4.平和：在冲突中不受干扰，保持平静。S

三、1.顺服：易接受他人的观点和喜好，不坚持己见；S

2.自我牺牲：为他人利益愿意放弃个人意见；C

3.善于社交：认为与人相处是好玩，而不是挑战或者商业机会；I

4.意志坚定：决心以自己的方式做事。D

四、1.使人认同：因人格魅力或性格使人认同；I

2.体贴：关心别人的感受与需要；C

3.竞争性：把一切当作竞赛，总是有强烈的赢的欲望；D

4.自控性：控制自己的情感，极少流露。S

五、1.使人振作：给他人清新振奋的刺激；I

2.尊重他人：对人诚实尊重；C

3.善于应变：对任何情况都能作出有效的反应；D

4.含蓄：自我约束情绪与热忱。S

六、1.生机勃勃：充满生命力与兴奋；I

2.满足：容易接受任何情况与环境；S

3.敏感：对周围的人事过分关心；C

4.自立：独立性强，只依靠自己的能力、判断、与才智。D

七、1.计划者：先做详尽的计划，并严格按计划进行，不想改动；C

2.耐性：不因延误而懊恼，冷静且能容忍；S

3.积极：相信自己有转危为安的能力；D

4.推动者：动用性格魅力或鼓励别人参与。I

八、1.肯定：自信，极少犹豫或者动摇；D

2.无拘无束：不喜欢预先计划，或者被计划牵制；I

3.羞涩：安静，不善于交谈；S

4.有时间性：生活处事依靠时间表，不喜欢计划被人干扰。C

九、1.迁就：改变自己以与他人协调，短时间内按他人要求行事；S

2.井井有条：有系统有条理安排事情的人；C

3.坦率：毫无保留，坦率发言；I

4.乐观：令他人和自己相信任何事情都会好转。D

十、1.强迫性：发号施令，强迫他人听从；D

2.忠诚：一贯可靠，忠心不移，有时毫无根据地奉献；C

3.有趣：风趣，幽默，把任何事物都能变成精彩的故事；I

4.友善：不主动交谈，不爱争论。S

十一、1.勇敢：敢于冒险，无所畏惧；D

2.体贴：待人得体，有耐心；S

3.注意细节：观察入微，做事情有条不紊；C

4.可爱：开心，与他人相处充满乐趣。I

十二、1.令人开心：充满活力，并将快乐传于他人；I

2.文化修养：对艺术学术特别爱好，如戏剧、交响乐；C

3.自信：确信自己个人能力与成功；D

4.贯彻始终：情绪平稳，做事情坚持不懈。S

十三、1.理想主义：以自己完美的标准来设想衡量新事物；C

2.独立：自给自足，独立自信，不需要他人帮忙；D

3.无攻击性：不说或者做可能引起别人不满和反对的事情；S

4.富有激励：鼓励别人参与、加入，并把每件事情变得有趣。I

十四、1.感情外露：从不掩饰情感、喜好，交谈时常身不由己接触他人；I

2.深沉：深刻并常常内省，对肤浅的交谈、消遣会厌恶；C

3.果断：有很快作出判断与结论的能力；D

4.幽默：语气平和而有冷静的幽默。S

十五、1.调解者：经常居中调节不同的意见，以避免双方的冲突；S

2.音乐性：爱好参与并有较深的鉴赏能力，因音乐的艺术性，而不是因为表演的乐趣；C

3.发起人：高效率的推动者，是他人的领导者，闲不住；D

4.喜交朋友：喜欢周旋聚会中，善交新朋友不把任何人当陌生人。I

十六、1.考虑周到：善解人意，帮助别人，记住特别的日子；C

2.执著：不达目的，誓不罢休；D

3.多言：不断地说话、讲笑话以娱乐他人，觉得应该避免沉默而带来的尴尬；I

4.容忍：易接受别人的想法和看法，不需要反对或改变他人。S

十七、1.聆听者：愿意听别人倾诉；S

2.对自己的理想、朋友、工作都绝对忠实，有时甚至不需要理由；C

3.领导者：天生的领导，不相信别人的能力能比上自己；D

4.活力充沛：充满活力，精力充沛。I

十八、1.知足：满足自己拥有的，很少羡慕别人；S

2.首领：要求领导地位及别人跟随；D

3.制图者：用图表数字来组织生活，解决问题；C

4.惹人喜爱：人们注意的中心，令人喜欢。I

十九、1.完美主义者:对自己、对别人都高标准、一切事物有秩序;C

2.和气:易相处,易说话,易让人接近;S

3.勤劳:不停地工作,完成任务,不愿意休息;D

4.受欢迎:聚会时的灵魂人物,受欢迎的宾客。I

二十、1.跳跃性:充满活力和生气勃勃;I

2.无畏:大胆前进,不怕冒险;D

3.规范性:时时坚持自己的举止合乎认同的道德规范;C

4.平衡:稳定,走中间路线。S

二十一、1.乏味:死气沉沉,缺乏生气;S

2.忸怩:躲避别人的注意力,在众人注意下不自然;C

3.露骨:好表现,华而不实,声音大;I

4.专横:喜命令支配,有时略显傲慢。D

二十二、1.散漫:生活任性无秩序;I

2.无同情心:不易理解别人的问题和麻烦;D

3.缺乏热情:不易兴奋,经常感到好事难做;S

4.不宽恕:不易宽恕和忘记别人对自己的伤害,易嫉妒。C

二十三、1.保留:不愿意参与,尤其是当事情复杂时;S

2.怨恨:把实际或者自己想象的别人的冒犯经常放在心中;C

3.逆反:抗拒、或者拒不接受别人的方法,固执己见;D

4.唠叨:重复讲同一件事情或故事,忘记已经重复多次,总是不断找话题说话。I

二十四、1.挑剔:坚持琐事细节,总喜欢挑不足;C

2.胆小:经常感到强烈的担心焦虑、悲戚;S

3.健忘:缺乏自我约束,导致健忘,不愿意回忆无趣的事情;I

4.率直:直言不讳,直接表达自己的看法。D

二十五、1.没耐性:难以忍受等待别人;D

2.无安全感:感到担心且无自信心;S

3.优柔寡断:很难下决定;C

4.好插嘴:一个滔滔不绝的发言人,不是好听众,不注意别人的说话。I

二十六、1.不受欢迎:由于强烈要求完美,而拒人千里;C

2.不参与:不愿意加入,不参与,对别人生活不感兴趣;S

3.难预测:时而兴奋,时而低落,或总是不兑现诺言;I

4.缺同情心:很难当众表达对弱者或者受难者的情感。D

二十七、1.固执:坚持照自己的意见行事,不听不同意见;D

2.随兴：做事情没有一贯性，随意做事情；I

3.难于取悦：因为要求太高而使别人很难取悦；C

4.行动迟缓：迟迟才行动，不易参与或者行动总是慢半拍。S

二十八、1.平淡：平实淡漠，中间路线，无高低之分，很少表露情感；S

2.悲观：尽管期待最好但往往首先看到事物不利之处；C

3.自负：自我评价高，认为自己是最好的人选；D

4.放任：允许别人做他喜欢做的事情，为的是讨好别人，令别人鼓吹自己。I

二十九、1.易怒：善变，孩子性格，易激动，过后马上就忘了；I

2.无目标：不喜欢目标，也无意订目标；S

3.好争论：易与人争吵，不管对何事都觉得自己是对的；D

4.孤芳自赏：容易感到被疏离，经常没有安全感或担心别人不喜欢和自己相处。C

三十、1.天真：孩子般的单纯，不理解生命的真谛；I

2.消极：往往看到事物的消极面、阴暗面，而少有积极的态度；C

3.鲁莽：充满自信有胆识但总是不恰当；D

4.冷漠：漠不关心，得过且过。S

三十一、1.担忧：时时感到不确定、焦虑、心烦；S

2.不善交际：总喜欢挑人毛病，不被人喜欢；C

3.工作狂：为了回报或者说成就感，而不是为了完美，因而设立雄伟目标不断工作，耻于休息；D

4.喜获认同：需要旁人认同赞赏，像演员。I

三十二、1.过分敏感：对事物过分反应，被人误解时感到被冒犯；C

2.不圆滑老练：经常用冒犯或考虑不周的方式表达自己；D

3.胆怯：遇到困难退缩；S

4.喋喋不休：难以自控，滔滔不绝，不能倾听别人。I

三十三、1.腼腆：事事不确定，对所做的事情缺乏信心；S

2.生活紊乱：缺乏安排生活的能力；I

3.跋扈：冲动地控制事物和别人，指挥他人；D

4.抑郁：常常情绪低落。C

三十四、1.缺乏毅力：反复无常，互相矛盾，情绪与行动不合逻辑；I

2.内向：活在自己的世界里，思想和兴趣放在心里；C

3.不容忍：不能忍受他人的观点、态度和做事的方式；D

4.无异议：对很多事情漠不关心。S

三十五、1.杂乱无章：生活环境无秩序，经常找不到东西；I

2.情绪化：情绪不易高涨，感到不被欣赏时很容易低落；C

3.喃喃自语：低声说话，不在乎说不清楚；S

4.喜操纵：精明处事，操纵事情，使对自己有利。D

三十六、1.缓慢：行动思想均比较慢，过分麻烦；S

2.顽固：决心依自己的意愿行事，不易被说服；D

3.好表现：要吸引人，需要自己成为被人注意的中心；I

4.有戒心：不易相信，对语言背后的真正的动机存在疑问。C

三十七、1.孤僻：需要大量的时间独处，避开人群；C

2.统治欲：毫不犹豫地表示自己的正确或控制能力；D

3.懒惰：总是先估量事情要耗费多少精力，能不做最好；S

4.大嗓门：说话声和笑声总盖过他人。I

三十八、1.拖延：凡事起步慢，需要推动力；S

2.多疑：凡事怀疑，不相信别人；C

3.易怒：对行动不快或不能完成指定工作时易烦躁和发怒；D

4.不专注：无法专心致志或者集中精力。I

三十九、1.报复性：记恨并惩罚冒犯自己的人；C

2.烦躁：喜新厌旧，不喜欢长时间做相同的事情；I

3.勉强：不愿意参与或者说投入；S

4.轻率：因没有耐心，不经思考，草率行动。D

四十、1.妥协：为避免矛盾即使自己是对的也不惜放弃自己的立场；S

2.好批评：不断地衡量和下判断，经常考虑提出反对意见；C

3.狡猾：精明，总是有办法达到目的；D

4.善变：像孩子般注意力短暂，需要各种变化，怕无聊。I

将以上的选择做一个统计，并记在括号内。

D-（　　）　I-（　　）　S-（　　）　C-（　　）

测试结果的使用说明：

计算你的各项得分，超过10分称为显性因子，可以作为性格测评的判断依据。低于10分称为隐性因子，对性格测评没有实际指导意义，可以忽略。如果有两项及以上得分超过10分，说明你同时具备那两项特征。

**Dominance-支配型/控制者**

高D型特质的人可以称为是"天生的领袖"

在情感方面，D型人是一个坚定果敢的人，酷好变化，喜欢控制，干劲十足，独立自主，超级自信。可是，由于不太会顾及别人的感受，所以显得粗鲁、霸道、没有耐心、穷追不舍、不会放松。D型人不习惯与别人进行感情上的交流，不会恭维人，不喜欢眼泪，匮乏同情心。

在工作方面，D型人是一个务实和讲究效率的人，目标明确，眼光全面，组织力强，行动迅速，解决问题不过夜，果敢坚持到底，在反对声中成长。但是，因为过于强调结果，D型人往往容易忽视细节，处理问题不够细致。爱管人、喜欢支使他人的特点使得D型人能够带动团队进步，但也容易激起同事的反感。

在人际关系方面，D型人喜欢为别人做主，虽然这样能够帮助别人作出选择，但也容易让人有强迫感。由于关注自己的目标，D型人在乎的是别人的可利用价值。喜欢控制别人，不会说对不起。

描述性词语：

积极进取、争强好胜、强势、爱追根究底、直截了当、主动的开拓者、坚持意见、自信、直率

Influence-活泼型/社交者

高I型的人通常是较为活泼的团队活动组织者

I型人是一个情感丰富而外露的人，由于性格活跃，爱说，爱讲故事，幽默，彩色记忆，能抓住听众，你常常是聚会的中心人物。你是一个天才的演员，天真无邪，热情诚挚，喜欢送礼和接受礼物，看重人缘。情绪化的特点使得你容易兴奋，喜欢吹牛、说大话，天真，永远长不大，富有喜剧色彩。但是，似乎也很容易生气，爱抱怨，大嗓门，不成熟。

在工作方面，I型人是一个热情的推动者，总有新主意，色彩丰富，说干就干，能够鼓励和带领他人一起积极投入工作。可是，I型人似乎总是情绪决定一切，想哪儿说哪儿，而且说得多干得少，遇到困难容易失去信心，杂乱无章，做事不彻底，爱走神儿，爱找借口。喜欢轻松友好的环境，非常害怕被拒绝。

在人际关系方面，I型人容易交上朋友，朋友也多。关爱朋友，也被朋友称赞。爱当主角，爱受欢迎喜欢控制谈话内容。可是，喜欢即兴表演的特点使得I型人常常不能仔细理解别人，而且健忘多变。

描述性词语：

有影响力、有说服力、友好、善于言辞、健谈、乐观积极、善于交际

Steady-稳定型/支持者

高S型的人通常较为平和，知足常乐，不愿意主动前进

在情感方面，S型人是一个温和主义者，悠闲，平和，有耐心，感情内藏，待人和蔼，乐于倾听，遇事冷静，随遇而安。S型人喜欢使用一句口头禅："不过如

此。"这个特点使得S型人总是缺乏热情，不愿改变。

在工作方面，S型人能够按部就班地管理事务、胜任工作并能够持之以恒。奉行中庸之道，平和可亲，一方面习惯于避免冲突，另一方面也能处变不惊。但是，S型人似乎总是慢吞吞的，很难被鼓动，懒惰，马虎，得过且过。由于害怕承担风险和责任，宁愿站在一边旁观。很多时候，S型人总是焉有主意，有话不说，或折中处理。

在人际关系方面，S型人是一个容易相处的人，喜欢观察人、琢磨人，乐于倾听，愿意支持。可是，由于不以为然，S型人也可能显得漠不关心，或者嘲讽别人。

描述性词语：

可靠、深思熟虑、亲切友好、有毅力、坚持不懈、善倾听者、全面周到、自制力强

Compliance-完美型/服从者

高C型的人通常是喜欢追求完美的专业型人才

在情感方面，C型人是一个性格深沉的人，严肃认真，目的性强，善于分析，愿意思考人生与工作的意义，喜欢美丽，对他人敏感，理想主义。但是，C型人总是习惯于记住负面的东西，容易情绪低落，过分自我反省，自我贬低，离群索居，有忧郁症倾向。

在工作方面，C型人是一个完美主义者，高标准，计划性强，注重细节，讲究条理，整洁，能够发现问题并制订解决问题的办法，喜欢图表和清单，坚持己见，善始善终。但是，C型人也很可能是一个优柔寡断的人，习惯于收集信息资料和作分析，却很难投入到实际运作的工作中来。容易自我否定，因此需要别人的认同。同时，也习惯于挑剔别人，不能忍受别人的工作做不好。

对待人际关系方面，C型人一方面在寻找理想伙伴，另一方面却交友谨慎。能够深切地关怀他人，善于倾听抱怨，帮助别人解决困难。但是，C型人似乎始终有一种不安全感，以至于感情内向，退缩，怀疑别人，喜欢批评人事，却不喜欢别人的反对。

描述性词语：

遵从、仔细、有条不紊、严谨、准确、完美主义者、逻辑性强

# 第二章

# 我们如何认知世界

## 归因：为什么我们常会认为"小人得志"

雨后，一只蜘蛛艰难地向墙上那张已经支离破碎的网爬去。由于墙壁潮湿，每当它爬到一定高度，就会从高高的墙上掉下来。它一次次不停地往上爬，一次次地掉下来……

这时正好有三个人经过这里。

第一个人看到了，他说："这只蜘蛛真蠢，从旁边干燥的地方就能爬上去，我以后可不能像它那样愚蠢。"于是，他开始聪明起来。

第二个人看了，他立刻被蜘蛛这种不屈不挠、屡败屡战的精神打动了，并从中得到启发，对自己说："我要像蜘蛛那样。"于是，他变得顽强起来。

第三个人看见了，他叹了口气，自言自语道："我一生不正如这只蜘蛛吗？忙忙碌碌而一无所得，有什么意思呢？"于是，他变得日渐消沉。

为什么这只蜘蛛会不断地往上爬？为什么三个人对蜘蛛的态度有这么大的差距？

假如我们对人的一生中所说的频率最高的话做一个总结，那么"为什么"一定是其中出现频率最高的一句话。原因是人类天生就有追求事物发展精确性的需求，这是我们人性中天生的一部分，谁也无法摆脱。

在心理学中，关于"为什么"的问题有一个专业名词，叫做"归因"，也就是我们常说的"找出问题的原因"。对于生活中的很多事情，你一定有很多疑问，比如为什么我没有像某个大学同学一样成功？为什么至今没有遇到心仪的对象？为什么某个同事似乎比我更能讨取上级的欢心？人们在产生疑问后，总是试图去分析某些行动、事件或后果的可能原因，归因理论便是一种关于知觉者推断和解释他人和自己行为原因的社会心理学理论，奥地利社会心理学家F.海德在其1958年出版的《人际关系心理学》中首先提出归因理论。

关于归因理论，协变原理指出，如果某个因素一旦出现就会看到某个行为，该因素不出现就看不到这个行为，那么人们就会把该因素归结为该行为的原因。比如，你与你的朋友一起出游，迎面走过来了一匹马，你的朋友指着马大声尖叫，你便要确定是朋友精神出现了问题，还是因为危险正在临近。

当人们试图解释某个人的行为时，人们要就三方面的有关信息来评估协变：区别性、一贯性和一致性。

区别性：该行为是否是特定情境下的具体行为——你的朋友是否对所有的马都大喊大叫？

一贯性：指行为是否反复出现以回应这一情境——这匹马过去是否让你的朋友大喊大叫？

一致性：指其他人是否在同样情境下也产生同样的行为——每个人都指着马并大喊大叫吗？

归因一般分为内部归因和外部归因：内部归因，指存在于个体内部的原因，如人格、品质、动机、态度、情绪、心境以及努力程度等个人特征；外部归因，是指行为或事件发生的外部条件，包括背景、机遇、他人影响、工作任务难度。

试想一下，在某一个交通拥堵的早晨，当你发现一辆小车是造成拥堵的罪魁祸首时，你通常会有什么样的反应？恐怕大部分的人都无法抑制心中的愤怒，都会倾向于认为，小车的司机有问题，因为他的某种不恰当的行为，使得大家忍受着上班迟到而被扣奖金的可能，这个人会在瞬间被我们定义成一个自私的、冷漠的、不为别人考虑的家伙。

心理学家发现，当我们对别人的问题进行归因时，外部的因素很容易被我们忽略。如前面提到的小车中的司机，很有可能他是遇到了主观所无法克服的情况，不得已才造成了堵塞。

有意思的是，当同样的事情发生在我们自己身上时，情况可能就恰恰相反了。**被降薪的人**大多会认为公司"过河拆桥"，经济不景气的时候总是拿员工开刀，而很少立刻从自己身上找原因。这是因为当人的自尊受到威胁时，我们会本能地采取自利归因的方式，也就是把降薪的原因归结为外部因素（比如经济不景气），因为承认自己的能力逊于其他的同事，对我们的自尊是一种打击。但是，当我们获得加薪的奖励后，我们又会本能地将加薪的原因归结为是自己的能力比别人强。

这种区别对待的归因方式直接导致我们产生"小人得志"的愤慨，当看到某个人比我们成功后，我们便会将其所获得成就归结为好运气，不知不觉地作出外部归因。

# 听众设计：为什么家长常常委婉地向孩子解释生理现象

在养育子女的过程中，很多家长都会有一个困扰，那就是当孩子问及自己是如何出生的时候，家长常常不知该如何巧妙应答。因为对于孩子而言，性始终是一个尴尬的问题。请看下面这样一则笑话：

妈妈怀孕了，4岁的海柯百思不得其解，她问爸爸未来的弟弟或者妹妹是如何生出来的。

爸爸向她解释道："先生出头，再生出身子，最后是两条腿，懂了吗？"

"懂了，爸爸，然后你用螺丝把它们组装起来，对吗？"

在这则笑话中，爸爸便委婉地解释了关于孩子如何出生的真相，没有涉及性层次方面的解释。从心理学的角度来看，描述这种情况有一个专门术语——听众设计。

所谓"听众设计"，是语言生成过程中第一步，简单地说，就是：你说话的方式依赖于你的听众。比如，现在需要你向另外一个人介绍一幅画，听众是一个盲人与听众是正常人，所采用的表述方式肯定是不一样的。

哲学家保罗·格赖斯提出自然语言有其独特的逻辑关系，他认为会话的最高原则是合作，称为合作原则，也就是听众设计原则。

在合作原则下，人们在交际中要遵守如下四个准则：

**1. 数量准则**

使自己所说的话达到当前交谈目的所要求的详尽程度。不能使自己所说的话比所要求的更详尽。也就是说，你必须判断出你的听众真正需要的信息有多少。

**2. 质量准则**

不要说自己认为错误的话。不要说缺乏足够证据的话。即当你说话时，听者会假设你能够用合适的证据支持你的断言。当你说每句话前，你都必须考虑这句话所基于的证据。

**3. 关联准则**

说话要贴切，前后有关联。即你必须保证你的听者能够看出你正在说的如何与你以前说的相关联。如果你希望转移话题，那么，你便需要做出解释。

**4. 方式准则**

避免晦涩的词语。避免歧义。说话不要累赘，要简要。说话要有条理。

举个例子，比如你现在正在和你的朋友王华一起吃饭，此时，你接到了你母亲的电话，你母亲问你正在做什么，如果你的母亲并不知道王华是谁，从来没有听过这个名字，你便不会说："我正在和王华吃饭。"但是如果你的母亲也认识王华的话，你便会告诉母亲与你一起吃饭的人的名字。

很多家长在向年幼的孩子解释生理现象的时候，一般都不会讲述真正的生理知识，而是以委婉的方式来讲述，便是因为基于"听众设计原则"，家长必须从孩子的认知层次来解释这个问题，否则只会增加孩子的困惑，导致他们更加疑惑不解。

## 构造社会现实：为什么说"历史是任人打扮的小姑娘"

在法庭上，常会出现这样的情况，针对同一件事情，被告和原告在描述的时候，使用了两种截然不同的措辞，在被告的描述中，被告是出于正当防卫才会对原告造成人身伤害，原告在重现事实的时候，则把被告描述为鲁莽的、不怀好意的攻击者。虽然被告和原告经历的是同一事件，但对事件的解释却大相径庭。这便是心理学中所说的"构造社会现实"——每个人总是带着自己的知识和经验来解释情境，从自我认知和情绪的角度来表征事件，从而构造出不同的社会现实。

有这样一个经典的社会心理学的例子，"常青藤联盟杯"两支球队——普林斯顿大学球队和达特茅斯大学球队之间进行了一场橄榄球比赛，结果普林斯顿队赢了。整个比赛非常粗野，犯规处罚也非常多，两队球员受伤都很严重。然而，比赛之后，两所学校的新闻报道对于所发生的事情的描述却截然不同。

社会心理学家对这一现象非常感兴趣，他们同时调查两所大学的学生，给他们看比赛录像带，并记录他们就各队犯规次数所作的判断。结果，普林斯顿的大学生在观看比赛录像时，"看到"达特茅斯球队队员犯规次数是自己球队的两倍之多，对于同样的录像，达特茅斯的大学生却"看到"双方犯规次数一样多。

虽然观看的是同一场活动，但是对于不同的学生来说，由于自己的学校背景不同，已经天然地具备了某种倾向，所以他们"看到"了不同的比赛。

由此可以理解，不论一家媒体标榜地多么客观公正，他们在报道新闻事件的时候，总会带着一定的倾向性，虽然没有直接表明自己的爱与憎，但是字里行间却流露出他们的立场与好恶。

由此可以想到,我们从书籍上看到的历史故事确实是当时的真实场景吗?当然不是,事实上,我们所看到的不过是记录者眼中的历史事件罢了,这些历史事件多有加工的成分,并非是客观历史的真实还原。有这样一种说法——"历史是任人打扮的小姑娘",从某种意义上来看,这不过是心理学术语"构造社会现实"的另一种表述。

# 信念偏见效应:爱需要证明吗

在诠释"信念偏见效应"之前,先请看下面的这个三段论,并判断结论的对与错。

前提一:所有有发动机的东西都需要油。

前提二:汽车需要油。

结论:汽车有发动机。

大多数人都会说这个结论是对的,但是按照逻辑的规则,这种推论方式是不正确的。

再看如下的三段论——

前提一:所有的猫都有四条腿。

前提二:狗有四条腿。

结论:狗是猫。

关于猫的这个逻辑推理,你肯定会说这个结论是不正确的。

在产生认知时,相对于用其他事物(如猫)的情况,当用"汽车"时,人们更倾向于判断它是对的,这个结果说明了"信念偏见效应",即人们倾向于把他们能为之构建一个合理的现实世界模型的结论判断为正确的,而把那些他们不能为之构建合理现实世界模型的结论,判断为是错误的。比如,对于汽车知识的了解把握使人们难以看出上面的结论是错误的。

奥斯卡获奖电影《美丽心灵》以诺贝尔经济学奖得主约翰·福布斯·纳什为原型,讲述了一个关于爱和人生意义的故事。在电影中,纳什与其女朋友(艾丽西娅)有如下一段对白:

纳什:艾丽西娅,我们之间的关系是否能保证长远的承诺呢?我需要一点证明,一些可以作为依据的资料。

艾丽西娅:你等等,给我一点时间……让我为自己对爱情的见解下个定义。你要证明和能作为依据的资料,好啊,告诉我宇宙有多大?

纳什:无限大。

艾丽西娅:你怎么知道?

纳什:因为所有的资料都是这么指示的。

艾丽西娅：可是它被证实了吗？

纳什：没有。

艾丽西娅：有人亲眼见到吗？

纳什：没有。

艾丽西娅：那你怎能确定呢？

纳什：不知道，我只是相信。

艾丽西娅：我想这和爱一样。

当纳什希望艾丽西娅为自己提供可以证明关系长久的资料时，艾丽西娅用宇宙类比，以此说明没有被证明存在过的事物也可以是存在的，就像她对纳什的爱情一样，是一种不需要被证明的事实真相。可以看出，艾丽西娅在认知世界时，没有受到"信念偏见效应"的影响——她对于事物的认知凭借的是合理的逻辑，而不是现实世界已经存在的模型。

"信念偏见效应"提醒我们，当我们在认知世界的时候，应该信仰逻辑，而不是已经存在的事物。比如，当一个人在30岁萌发转变职业方向的时候，常会选择他人的故事为参考依据，如果正好他知道有一个人30岁转变职业方向获得了成功，便会增强自己的信念，如果他恰好听到了30岁转变职业方向失败的故事，也许便会打消自己的念头。然而事实上，这个人转变职业方向后的成败并不取决于那些已经存在的故事，而是此人的内在因素。

同样，在爱情领域，热恋的男女常会让对方证明自己的爱，或许以感情付出的方式，或许以物质赠予的方式，似乎可以证明的爱才是爱。然而通过艾丽西娅的解读，我们可以判断出——不能够证明的爱不一定就是不存在的。

## 既视感：你为什么会对某些事物、某个场景感到似曾相识

你是否有过这样的经历：突然感觉眼前的场景无比熟悉，对于每一个细节都感到似曾相识，甚至对于接下来所要发生的一幕，你也了若指掌，恍若昨日重现一般。这种似曾相识的感觉便是"既视感"，指的是人类在现实环境中突然感到自己曾于某处亲历某个画面或者经历一些事情的感觉，就是没见过的场景、事物也仿佛见过的一种错觉。

根据目前心理学界的定义，既视感包括如下三种类型：

### 1. 某种场景好像在何时经历过

这是最常见的一种既视感，特点是感觉强烈，细节清晰，不仅仅是视觉，连听觉、味觉、嗅觉、触觉以及周围的一切一切，都好像是过去某个时刻的全部复制，就如同过去某个事件被你遗忘，现在突然想起来一样。不过，事实上，这并不是你所恢复的记忆，因为这种场景一般很短，只有几秒至几十秒。

### 2. 某种感觉好像在何时有过

这种感觉与场景经历不同的是，你所经历的不再是某个场景，而是某种感觉，无论这种感觉是愉悦还是郁闷，你都会感到好像与这种感觉重逢一样。

### 3. 某个地方好像在何时去过

这种感觉的经历者是最少的，具体表现为一个人到达某个从未去过的地方时，感觉周围的环境是如此熟悉，对周围的每一个细节都了如指掌，仿佛曾经生活在这个环境中很长时间。

据科学调查显示，大约70%的人在一生中至少经历过一次既视感。人们为什么会出现这种似曾相识的感觉呢？——心理学家认为这是因为在某些时候，人们无意识接受了某些信息，但自己却浑然不知，当人们再次接触无意识所接受的信息时，就会感到好像似曾相识一样。比如说，你去朋友家做客，你忽略了朋友家墙上的一幅油画，虽然主观上你不认为自己看到过这幅画，但是实际上这幅画的信息已经被你的记忆库所记录、所存储。经过一段时间后，当你再次看到这幅画的时候，你的大脑所记录和存储的相关信息就会被调出来，你就会想当然地认为已经看过这幅画了，于是，既视感便产生了。

尽管很多的人都会出现这种"似曾相识"的主观体验，但是每个人所发生的频率是不一样的。一般而言，人们更容易对一些与情绪密切相关的事情记忆深刻，因此当人们处于一种情绪不稳定的状态时，"似曾相识"发生的概率就比较大。

## 心理定势：都是思维惯性惹的祸

关于什么是"心理定势"，在介绍之前，先请你回答如下几个问题。

(1) 一个桌子有4只角，砍去1只角，还有几只角？

"心理定势"告诉你：3只。正确答案：5只。

(2) 树上有3只鸟，用枪打下来1只，树上还有几只鸟？

"心理定势"告诉你：2只。正确答案：0只，全吓走了。

(3) 不许用任何数学符号，把三个1组成尽可能大的数，这个数是什么？

答案很明显，是"111"。

(4) 不许用任何数学符号，把三个2组成尽可能大的数，这个数是什么？

"心理定势"告诉你：大概是222。然而，错了！正确答案是2的22次幂。

(5) 不许用任何数学符号，把三个3组成尽可能大的数，这个数是什么？

经过前两个题目，这时"心理定势"也许会告诉你：看来绝不是3的33次幂。事实上，你又错了！正确答案恰好是3的33次幂。

如果在回答上述题目的时候，你给出了错误的答案，便说明你出现了"心理定势"。心理定势是一个心理学上的概念，是指对某一特定活动的准备状态，它可以使我们在从事某些活动时能够相当熟练，甚至达到自动化程度，可以节省很多时间和精力；但同时，心理定势的存在也会束缚我们的思维，使我们只会用常规方法去解决问题，而不求用其他"捷径"突破，因而也会给解决问题带来一些消极的影响。在了解"心理定势"之前，不妨先看这样一则笑话：

一个人走进商店，对胖老板说："请给我一品脱蓖麻子油。"

胖老板从里头搬出一个铝梯，架好后爬到上面的储藏间，打开门，拿起一大桶子油将玻璃瓶倒满，关上门，然后爬下铝梯将瓶子交给顾客。

这时，另一个顾客走进商店，说："老板，给我一品脱蓖麻子油。"

胖老板望了望上头，又爬上铝梯，倒好油，正在这时候，第三名顾客走进了商店，胖老板在梯子上问："你也要一品脱蓖麻子油吗？"

顾客摇头，胖老板说："那，请你稍等一下！"

胖老板爬下梯子，然后对第三名顾客说："您想买点什么？"

第三名顾客说："老板，请给我半品脱蓖麻子油。"

无疑，笑话中的胖老板就是受到心理定势的影响，根据惯性心理对顾客的购买要求作出判断，结果被现实小小地耍了一下。在现实中，关于心理定势的故事时有发生。

阿西莫夫是一名有着俄国血统的美国人，一生中撰写了400部书，算得上世界知名度最高的科普作家。有一次，他遇到了一位汽车修理工，修理工对阿西莫夫说："嗨，博士！我来考考你的智力，出一道思考题，看你能不能回答正确。"阿西莫夫点头同意。修理工便开始出题："有一位既聋又哑的人，想买几根钉子，来到五金商店，对售货员做了这样一个手势：左手两个指头立在柜台上，右手握住拳头作出敲击状的样子。售货员见状，先给他拿来一把锤子；聋哑人摇摇头，指了指立着的那两根指头。于是售货员就明白了，聋哑人想买的是钉子。聋哑人买好钉子，刚走出商店，接着进来一位盲人。这位盲人想买一把剪刀，请问：盲人将会怎样做？"阿西莫夫心想，这还不简单吗？便顺口答道："盲人肯定会这样——"阿西莫夫伸出食指和中指，做出剪刀的形状。汽车修理工一听，开心地笑起来："哈哈，你这笨蛋，答错了吧！盲人想买剪刀，只需要开口说'我买剪刀'就行了，他干吗要做手势呀？"

阿西莫夫十分聪明，年轻时曾多次参加"智商测试"，得分总在160左右，属于"天赋极高者"，但是对于修理工所提出的问题，阿西莫夫却给出了错误的答案，在这个过程中，阿西莫夫就因为受限于心理定势，无端地被汽车修理工取笑了一番。

凡事都有正反两面，同样，除了消极意义，心理定势也有积极意义。1930年，心理学家迈尔研究过定势在解决问题中的作用。在他的实验里，对部分参加实验者利用指导语给以指向性暗示，对另一些参加者则不给指向性暗示。结果，前者绝大多数被试能解决问题，而后者则几乎没有一个能解决问题。再比如说，很多演奏家5岁练钢琴，练到15岁才能登台演出，就是为了形成一种强烈的定势。在这个意义上，定势是主体对一定活动的一种预先的心理准备状态，它不仅是人的局部的心理活动，而且是主体的完善的个性状态。只有形成最完备、最全面定势的人，才能幸运地成为演奏家。

## 鸡尾酒会效应：为什么你能在嘈杂场所听到自己的名字

在人声嘈杂的鸡尾酒会上，人们隔着几个人仍然能与某个人聊天，清楚地听到对方在说什么，但是对于身边的人的交谈内容却常常听不清楚，尤其是如果一个人与你隔着很远的人正在叫你的名字，不论现场多么喧闹，你也能分辨出来，向声音的发出方望去。在鸡尾酒会上，人们总是听到了自己想听的，这种现象被称为"鸡尾酒会效应"。

对于鸡尾酒会上的这一独特现象，可用美国心理学家特瑞斯曼（Treisman）的衰减模型来解释——当人的听觉注意集中于某一事物时，意识将一些无关声音刺激排除在外，而无意识却监察外界的刺激，一旦一些特殊的刺激与自己有关，就能立即引起人们的注意。这一效应也有心理学实验为证，实验者让被试戴上耳机，让他的两个耳朵听不同内容的东西，在听的过程中，让被试说出其中一个耳朵（追随耳）听到的内容。当摘下耳机后，则要求被试说出另一个耳朵（非追随耳）听到的内容。结果发现，被试一般都没听清楚非追随耳的内容，即使当原来使用的英文材料改用法文或德文呈现时，或者将材料内容颠倒时，受试者也很少能够发现。

实验表明，从追随耳进入的信息，受到了被试的注意，而从非追随耳进入的信息，被试则没有注意到。不过，如果在非追随耳的内容中加入受试者的名字，受试者则能清楚地听到——这也是为什么人们在鸡尾酒会上对自己的名字非常敏感的原因所在。

# 第三章
# 行为背后的心理玄机

## 为什么狗屎状的冰淇淋让人难以下咽

你和两个朋友看完了一场电影，你认为这部电影简直就是一堆垃圾，根本就没有什么欣赏的价值，你的一个朋友则认为这部电影笑料十足，是一部非常不错的喜剧电影，你的另一个朋友对于这部电影则无动于衷，认为没有必要去评价些什么。对于同样的事物，为什么人们会产生形形色色的观点，甚至有的观点还是严重对立的？这个问题涉及的便是心理学中的态度理论，即人们的价值观和道德观是如何形成的。

经典条件反射理论便是阐述态度理论的一种观点，该观点认为，态度对象（条件刺激物）与引起积极或消极情绪的事件（无条件刺激物）之间的重复的、系统的联系，可以产生对该对象的积极或消极的态度。比如说，纳粹分子这个词通常与恐怖罪行相联系，人们对于纳粹分子一般都深恶痛绝，便是因为人们把纳粹分子与恐怖罪行联系了起来。

诺贝尔奖金获得者、俄国生理学家伊凡·巴甫洛夫（IvanPavlov，1870-1932）最早提出经典性条件反射。他在研究消化现象时，观察了狗的唾液分泌，唾液分泌量的有无和多少可以体现出狗对食物的反应特征。巴甫洛夫的实验方法很特别，他把食物显示给狗，并测量其唾液分泌。在这个过程中，他发现如果随同食物反复给一个中性刺激，即一个并不自动引起唾液分泌的刺激，如铃响，狗就会逐渐"学会"在只有铃响但没有食物的情况下分泌唾液。一个原是中性的刺激与一个原来就能引起某种反应的刺激相结合，而使动物学会对那个中性刺激作出反应，这就是经典性条件反射的基本内容。

巴甫洛夫将自己的研究成果公布后不久，一些心理学家，如行为主义学派的创始人华生，开始主张一切行为都以经典性条件反射为基础。虽然在美国这一极端的看法后来并不普遍，但在俄国以经典性条件反射为基础的理论在心理学界在相当长的时间内曾占统治地位。无论如何，人们一致认为，相当一部分的行为，用经典性条件反射的观点可以作出很好的解释。

借助经典条件反射理论，巴甫洛夫解释了学习行为，他认为"所有的学习都是联系的形成，而联系的形成就是思想、思维、知识"。他所说的联系就是指暂时神经联系。他说："显然，我们的一切培育、学习和训练，一切可能的习惯都是很长系列的条件的反射。"

人的态度形成同样遵从经典条件反射理论，比如，假如把美味的冰淇淋做成了狗屎的样子，不论你多么喜欢吃冰淇淋，面对这个狗屎状的食物，你也多会扔在一边。

## 人们为什么选择世界名胜为目的地

一致性理论是由查尔斯·埃杰顿·奥斯古德和坦南包姆于1955年提出的，指的是当信息源提供对某件事的看法时是否会引起态度改变的问题。

一致性理论认为，人对周围各种人和事物由于不同评价而有相同或相异的态度。这些态度之间可以是互不相干而独立的，比如说，一个人既喜欢自己的朋友，同时也喜欢看美国电影，但如果态度对象中的一方发出有关另一方的信息，如朋友表示喜欢或者不喜欢美国电影——朋友则成为信息源，对美国电影的评价则成为信息对象，两者以及有关两者的态度之间就有了关联。如果这个人对两件事都持有一样的态度，他就会感到愉快，无需改变原态度；而假如朋友表明他不喜欢美国电影，这时人就会体验到冲突、不安或不快。

为达到心理上的一致与和谐，人便会从内部产生动力，驱使他去调整对两件事的态度，或者放弃对朋友的感情，或者与朋友一样，同样拒绝美国电影。一般而言，人在调整自己的态度过程是迅速完成的，自己往往并不能明确意识到。

一致性理论涉及三个变量：

（1）个人对信息源的态度；

（2）个人对信息源所评论的事件的态度；

（3）信息源对于这个概念的论断性质。

这一理论概括起来就是：如果我们喜欢的信息源提出了我们赞同的看法，他的论断将符合我们的参照点；如果我们喜欢的信息源提出了我们不赞同的看法，或者我们不喜欢的信息源提出了我们赞同的看法，那么他的论断将不符合我们的参照点。体验到不符合的人就会改变其对信息源或者信息源所评价的事的态度。

按照一致性理论的观点，也可以解释人们在旅游时，为什么总会选择一些知名旅游地点为目的地了，这是因为那些知名的旅游地点为游人提供的服务具有品质保证，它们为游人提供的愉快和便利是可以预见的，一般而言，在这些知名旅游景点，人们遭遇不愉快经历的风险是很小的。

# 为什么有的人会毕生从事不喜欢的工作？

认知失调理论最早由费斯廷格（Leon Festinger）于1957年提出，该理论认为当两种认知或认知与行为不协调时，为了保持一致，人们将会改变自己的态度。在费斯廷格看来，所谓的认知失调是指由于做了一项与态度不一致的行为而引发的不舒服的感觉，比如你本来想帮助你的朋友，实际上却帮了倒忙，这便会让你产生内疚的情绪。一般而言，人们的态度与行为是一致的，比如你与你喜欢的人一起从事很多活动，对于那些你不喜欢的人，你则爱理不理。但有时候态度与行为也会出现不一致，比如一个人认为吸烟有害身体，暗暗告诫自己一定不要吸烟，但是有一次，这个吸烟的反对者却与同事一起吸了烟。当态度与行为不一致时，常常会引起个体的心理紧张，为了克服这种由认知失调引起的紧张，为了减少自己内心的不舒服感，这个人便为自己的吸烟行为找了一个"合理"的理由：与同事一起吸烟，有助于让自己得到他们的认同，可以为自己带来和谐的职场关系。

关于认知失调理论，费斯廷格做过一个著名实验，让三组被试从事重复乏味的作业一个小时，然后让第一组被试向其他人说明作业的情况，让第二组和第三组被试把作业说成有趣好玩的，第二组和第三组的唯一区别是，第二组的被试获得了1美元，第三组被试获得了20美元。最后，问这三组被试对作业的态度。

实验结果显示，第一组被试表示出最消极的态度，但是第三组被试比第二组被试表示出更消极的态度，实际上只有第二组被试对作业表示出积极评价。对于第二组和第三组之间所表现出的差别，实验者认为，第二组被试只得到了1美元，他们认为为了1美元的报酬撒谎显然说不过去，这时，第二组被试便出现了认知失调，为了消除这种失调，第二组被试便改变了自己对于作业的态度，对于作业给予了正面的较高的评价。而第三组被试获得了20美元，20元钱的报偿足以诱使被试说出与自己体验相反的话，他们没有感到高度的认知失调，所以他们没有改变自己的评价，仍然认为作业十分枯燥乏味，自己只不过是为了钱而向其他的人撒谎罢了。

在现实的事业选择中，有的人毕生所从事的工作并不是自己喜欢的，甚至是十分厌恶的，但是他们仍然为这份工作付出了大半生的时间，其中的一个原因很可能就是，这份工作薪水比较高，获得不菲的薪水不会导致他们出现认知失调，由于具备高薪这个诱因，他们便会认为接受自己所厌恶的工作是理所当然的。

# 为什么人们总是难以承认自己的错误

古书教导我们：知错能改，善莫大焉。然而，虽然很多人也知道这个道理，但是当真正成为当事者后，即使他们明知自己先前的观点是错的，也很难说一句："我错了。"为什么开口承认自己的错误如此困难呢？为什么放弃那些公开表达的观点这么不容易呢？

原来，与在公众面前没有公开讲出来的观点相比，一个公开的观点更难以改变，心理学中把这种现象称为合法化效应，也称公开化效应。阿希是最先对这种现象做出研究的心理学家，他在实验中发现——如果被试在一开始就说出了与团体的观点相对立的意见，即使后来团队对某一个客体作出了正确的评价，他们仍然倾向于捍卫自己的意见。其后的多次实验表明，一种观点在它被公开地说出后，往往就会合法地得到加强，也就很难再改变。

另一名心理学家杰拉德（B·Gerard）曾就此提出过一个假设，他的观点是，一旦某个被试对团体的意见持相反的立场，哪怕后来团队作出了正确的评价，被试也不会改弦易辙，仍然站在团体的对立面，千方百计捍卫自己的观点。杰拉德给出的解释是，之所以会出现这种情况，是由于个人已经公开采取了与团体相反的立场，这便迫使个人不得不坚持到底，甚至不惜故意刺激团体，说一些明显错误的评价意见。

观点合法化效应，已经在许多实验中得到了证明。要让被试改变他们所隐蔽着的观点，这比要他们改变那些合法化了的，在社会面前公开说出自己的观点，容易得多。可见，观点合法化势必加强一个人的定势。一个人的定势和观点在社会公开后，这种情况势必加强这个人信守这种观点的心情。

那么，为什么会产生合法化效应呢？一般而言，有如下三个方面的原因：

（1）出于维护自尊心的需要。维护自尊是人的自发的举动，一旦自尊心受到破坏后，人们便会千方百计地进行维护。一个人说错话、公开表达某一观点后，即使知道自己观点错了，与群众或周围人不同，他为了维护自己的自尊心，就会坚持自己的错误观点，并尽力使其合法化，能自圆其说。可见，一个人为了不失自尊心、不失面子，就会产生合法化效应。

（2）受到了虚荣心的操纵。有些人公开表达自己的观点后，明明知道这个观点是经不起推敲的，在随后的日子中，也意识到自己错了，但是为了维护自己的权威，也会百般狡辩，不愿承认自己的错误。一些地位较高的领导人物更易发生合法化效应，笑话中的牧师正是如此。

（3）如果在公开的场合表达自己的意见的时候，在场的人数较多，一些重要的、可对观点表达者产生影响的人物在场的话，观点表达者也更容易发生合法化效应。

## 为什么密室总会有好奇的闯入者

古希腊神话有这样一个故事，宙斯给了潘多拉一个密封的盒子，让她送给娶她的男人。普罗米修斯深信宙斯对人类不怀好意，告诫他的弟弟埃庇米修斯不要接受宙斯的赠礼。可他不听劝告，娶了美丽的潘多拉。潘多拉被好奇心驱使，打开了那只盒子，立刻里面所有的灾难、瘟疫和祸害都飞了出来。心理学把这种"不禁不为、愈禁愈为"的现象，称为"潘多拉效应"。

如果宙斯当初送给潘多拉盒子时，便告诉她盒子里装的是什么以及为什么不能打开的原因，想必潘多拉很可能就不会打开那个魔盒。当人们被禁止采取某个行为、又没有被提供给可以接受的理由时，人们多会逆道而行，在好奇心理和逆反心理的操纵下，做一些被禁止的事情。

倘若想避免潘多拉效应，便要在要求人们做什么或者不做什么的时候，给予对方充分的、合理的解释，否则，单纯的禁止只会引起人们各种各样的疑虑、揣度、猜测，并为探究为什么不许做而跨越禁区，结果人们毅然决然地犯禁，与禁令发出者的期望南辕北辙。

在武侠电影中，常会出现这样的情节，一个密室或者房间被规定为禁区，不准人们进入，结果反而让很多的好奇者闻讯而来，他们千方百计地进入密室，想一窥究竟，看看里面到底隐藏了什么样的秘密。对于秘密，人们有一种天生的获知欲，这也正是"潘多拉效应"产生的根本原因。

## 波利菲尔桥上的自杀之谜

波利菲尔是一座位于伦敦附近泰晤士河上的大桥，这座大桥非常有名，但是它的声名远扬并不是因为桥的设计和外观，而是因为每年都有很多人在这里投河自尽，人们常说这座桥上不时地有幽灵出没。

由于自杀者的数目太惊人了，伦敦市议会向皇家医学院的研究人员寻求帮助，希望他们能破解自杀之谜。研究人员进行了一番研究后发现，原来自杀和桥的颜色有很大的关系，桥的黑色把失意的人们引至了这里。研究人员建议伦敦市议会把桥身的颜色换成绿色。市议会听从了研究人员的建议，彻底把黑色的大桥涂成了绿色。结果，当年跳桥自杀的人就减少了56%。

为什么当桥的颜色从黑色变成了绿色后，自杀率就下降了那么多呢？原来色彩与人的心理有着微妙相关的联系。

心理学家发现，不同的颜色会引发人们产生不同的联想。比如，看到蓝色我们会想到天空，看到红色会想到血液，看到绿色会想到草地……而这些不同的联想，就造成我们对不同颜色的感觉。当我们看到一种颜色的时候，除了颜色本身，我们还会感受到冷暖、远近和轻重，这就是心理上的错觉。通过联想，色彩也就影响了我们的情绪。

现在我们可以解释为什么黑色的大桥会激发人自杀的欲望了。黑色本身给人的感觉就是黑暗、肃静、消沉，进而造成心理上的压抑。而这种压抑，正好对那些想自杀的人起到了催化剂的作用，让他们的绝望之心更加严重。于是，在主客观双重暗示下，那些人从大桥上纵身跳了下去。而当黑色换成了绿色，桥对人的心理造成压抑的成分就消失了，绿色代表的是生机和希望，无形中就打消了想自杀的人的压抑和悲观的情绪。

一般而言，每个人都有自己所偏好的颜色，而根据一个人所喜欢的颜色，可以大致判断出这个人的性格：

**白色**：象征着纯洁。既无比高尚，又充满幻想。如果你喜欢白色，这说明你一定是个志向高远的人，不论对恋爱还是事业，都抱有很高的理想和追求，而且多半是个完美主义者。喜欢白色的人会向着自己的目标不懈努力；

**黑色**：与白色相反，喜欢黑色的人往往对生活充满忧郁，感觉事事不顺心，愁绪满怀；

**灰色**：喜欢这种颜色的人能明辨是非，但疑虑重重，他们往往深思熟虑之后才采取某项决定。喜欢灰色的人做事一般都比较低调；

**红色**：中国人喜爱的传统颜色。但从心理学角度看，喜欢红色的人也是容易激动、做事勇敢、坚强、威严、暴躁的人；

**棕色**：有稳定生活来源的人喜欢这种颜色，珍惜传统和热爱家庭的人也倾心于棕色，自尊心很强的人对棕色的反应是激动和兴奋；

**黄色**：喜欢黄色的人为人比较随和，善于交际，另外对任何事都充满着不知疲倦的好奇心，创新能力强；

**紫色**：喜欢紫色的人感情充沛，情趣高尚；态度温和，责任心强，实实在在生活的人不喜欢紫色；

**蓝色**：他们的性格平静、沉着，喜欢有条不紊，喜欢思考。他们坚毅、平易近人的性格会得到孩子的尊重。他们天生不自私，只要有人请求帮助，他们便会伸出援助之手，而他们自己，哪怕是在最困难的情况下也不愿求助别人；

**绿色**：天然之色，春天之色，生存之色。喜欢绿色的人害怕别人的影响，情绪很容易发生波动；

**粉红色**：生命之色。喜欢这种颜色的人们多愁善感，心灵敏感而易受伤害。不过，他们总是努力隐藏委屈。这种人天生是优秀的协调家，他们可以很好地感受到周围人的不满情绪，并能努力改善它。他们也容易抑郁。

## 为什么迈克尔·杰克逊把自己比作永远长不大的孩子

迈克尔·杰克逊是无可置疑的天王巨星，在音乐世界，他收获了巨大的成功，他的粉丝超越了国界、超越了种族、超越了信仰，有无数的人迷恋他那魔幻般的舞步，甚至把他视为精神领袖。然而这个在流行音乐界呼风唤雨的大人物却饱受精神心理方面的困扰。杰克逊的精神困扰与其成长经历密切相关，当他还是孩子的时候，便被父亲逼着在社会演出挣钱，他的童年几乎与快乐无关，甚至连生日和圣诞节都从未庆祝过，这种独特的成长经历导致杰克逊出现了某些"怪异"的行为，如果用心理学知识注解他的这种怪异的话，那便是"彼得·潘综合症"。

彼得·潘是著名的童话人物，他永远生活在梦幻般的"永无乡"里，永远也不想长大。而彼得·潘综合症的患者就是这个童话人物的现实版。1983年美国心理学家丹·基利撰文描述了彼得·潘综合症的患者："这类人渴望永远扮演孩子的角色而不愿成为父母。"通常来说，彼得·潘综合症患者很爱玩也很好相处，但免不了也有不少孩子的弱点，如优柔寡断、缺乏自我保护意识、渴望被人接受又害怕被人拒绝等。因此他们的行为同年龄很不相称，大多数情况下这无伤大雅，但总有一天，等他们突然明白生活原来并不如想象中那么称心如意时，已经太晚了。也就是说，彼得·潘综合症的患者多是青年人，他们害怕面对现实世界的激烈竞争，渴望回到儿童世界，依赖他人，畏惧承担责任。这类患者多是生长在过分保护的家庭环境中，可以说是这种过分保护的家庭教育导致了他们的不成熟感。解决这种病症的最好办法就是迫使他们直面现实。

迈克尔·杰克逊曾经默认了自己是彼得·潘情结，他这样说："我觉得自己只有4岁，我是彼得·潘。"为了补偿童年所不能得到的一切，当他有足够财力的时候，根据童话《小飞侠彼得·潘》所描绘的场景，斥巨资在加州圣巴巴拉建起了一个属于他和孩子们的"梦幻乐园"。杰克逊定期邀请患病和癌症儿童，以及各国的穷苦儿童免费到庄园游玩。他觉得和孩子们在一起的世界，没有嫉妒、猜忌和仇恨，是人生最快乐的享受。

由于迈克尔·杰克逊总把自己比作那个童话中永远长不大的孩子——彼得·潘，当这个天王巨星与这个世界告别的时候，美国《时代》周刊等媒体在报道他的死讯的时候，采用了这样的标题——"彼得·潘走了"。

# 第四章

# 快乐之谜

## "ABC理论"：你为什么不快乐

ABC理论是由美国心理学家埃利斯创建的，该理论认为激发事件A（activating event的第一个英文字母）只是引发情绪和行为后果C（consequence的第一个英文字母）的间接原因，而引起C的直接原因则是个体对激发事件A的认知和评价而产生的信念B（belief的第一个英文字母），即人的消极情绪和行为障碍结果（C），不是由于某一激发事件（A）直接引发的，而是由于经受这一事件的个体对它不正确的认知和评价所产生的某种信念（B）所直接引起的。

简单地说，就是我们的情绪困扰不是来自于所发生的客观事实，而是我们对这件事情所进行的解释。我们常有这样的体验，同一件事发生在不同的人身上，所带来的情绪体验往往是截然相反的。比如，两个人都遗失了100块钱，其中的一个人愤懑不堪，认为自己倒霉透顶，不开心的情绪持续了将近一天，另一个人则做出了无所谓的样子，用"丢财免灾"的理由安慰自己，这一意外丢钱事件几乎没有为他的情绪带来任何负面影响。

所以，决定我们情绪如何的前因并不是所发生的事情，而是我们对所发生的事情给予的解释，有这样一个故事：

有位秀才第三次进京赶考，住在一个经常住的店里。考试前两天他做了三个梦，第一个梦是梦到自己在墙上种白菜；第二个梦是下雨天，他戴了斗笠还打伞；第三个梦是梦到跟心爱的表妹脱光了衣服躺在一起，但是背靠着背。

这三个梦似乎有些深意，秀才第二天就赶紧去找算命的解梦。算命的一听，连拍大腿说："你还是回家吧。你想想，高墙上种菜不是白费劲吗？戴斗笠打雨伞不是多此一举吗？跟表妹都脱光了躺在一张床上了，却背靠背，不是没戏吗？"秀才一听，心灰意冷，回店收拾包袱准备回家。

店老板非常奇怪，问："不是明天才考试吗，怎么你今天就回乡了？"秀才如此这般说了一番，店老板一听就乐了："哟，我也会解梦的。我倒觉得，你这次一定要留下来。你想想，墙上种菜不是高种吗？戴斗笠打伞不是说明你这次有备无患吗？跟你表妹脱光了背靠背躺在床上，不是说明你翻身的时候就要到了吗？"秀才一听，觉得更有道理，于是精神振奋地参加考试，居然中了个探花。

由此可见，所有的事情都是中立的，它们没有任何祸与福的象征，如果你为某一件事情标注为负面的色彩，也就等于是为自己的情绪设定了负面的定位，从而很难快乐起来。

基于ABC理论，20世纪50年代，心理学家阿尔伯特·埃利斯在美国创立了合理情绪疗法，艾利斯宣称：人的情绪不是由某一诱发性事件的本身所引起，而是由经历了这一事件的人对这一事件的解释和评价所引起的。如果你想驱除坏情绪，便要放弃那些不合理的信念。一般而言，阻挠人们遇到良好情绪的不合理信念有如下这些：

（1）人应该得到生活中所有对自己是重要的人的喜爱和赞许；

（2）有价值的人应在各方面都比别人强；

（3）任何事物都应按自己的意愿发展，否则会很糟糕；

（4）一个人应该担心随时可能发生灾祸；

（5）情绪由外界控制，自己无能为力；

（6）已经定下的事是无法改变的；

（7）一个人碰到的种种问题，总应该都有一个正确、完满的答案，如果一个人无法找到它，便是不能容忍的事；

（8）对不好的人应该给予严厉的惩罚和制裁；

（9）逃避挑战与责任可能要比正视它们容易得多；

（10）要有一个比自己强的人做后盾才行。

# 三大不合理的认知模式

基于"ABC理论"的观点，关于负面情绪的发生源问题，心理学家们认为多是由不合理认知模式所引发的。常见的三大不合理认知模式有：绝对化要求、以偏概全、糟糕至极。

**1. 绝对化要求**

所谓的"绝对化要求"，是指人们以自己的意愿为出发点，对某一事物怀有认为其必定会发生或不会发生的信念，它通常与"必须"，"应该"这类字眼连在一起。比如："我必须获得成功"，"别人必须友善地对待我"，"生活应该符合'好人有好报'的法则"等等。当产生这种信念后，人们极易陷入情绪困扰中——客观事物的发生、发展都有其特定规律，它们并不会对人的意志作出妥协。就某个具体的人来说，他不可能在每一件事情上都获得成功，他很难让所有的人都喜欢自己，同样，"好人有好报"的理论也很难在现实生活中得到求证。因此，当某些事物的发生与他们对事物的绝对化要求相悖时，他们的情绪就会变得非常负面，感到周围的一切让人难以接受，由于无法适应而使情绪变得非常糟糕。

### 2. 以偏概全

"以偏概全"是另外一种不合理认知模式，艾利斯（美国临床心理学家，合理情绪行为疗法的创始人）曾说过，以偏概全是不合逻辑的，就好像以一本书的封面来判定其内容的好坏一样。

"以偏概全"包括两个方面的认知：

一是人们对自己的不合理的评价。当自己遭受失败后，便悲观地认为自己"一无是处"、"一钱不值"、是"废物"等。只是单纯通过自己在一件事或者几件事上的结果来评价自己，对于自己的能力和未来作出判断，这种认知方式常会导致人们产生自责自罪、自卑自弃的心理，以致情绪也变得焦虑和抑郁起来。

二是对他人的不合理评价，即别人稍有差错就认为对方品德不佳、一无是处等。当被人全盘否定后，个体便会理所当然地责备他人，甚至产生敌意和愤怒等负面情绪。按照艾利斯的观点来看，以一件事的成败来评价整个人，这无异于一种理智上的法西斯主义。他认为一个人的价值就在于他具有人性，因此他主张不要去评价整体的人，而应代之以评价人的行为、行动和表现。

### 3. 糟糕至极

"糟糕至极"是这样一种想法，即个体认为一旦一件不好的事情发生了，将会带来非常可怕、非常糟糕的结果，甚至引发一场灾难。怀有"糟糕至极"的信念后，将导致个体陷入极端不良的恶性情绪循环中，在这之中，耻辱、自责自罪、焦虑、悲观、抑郁等情绪交替或者同时出现。

当一个人认为糟透了、糟极了的时候，对他来说往往意味着碰到的是最最坏的事情，是一种灭顶之灾。艾利斯指出这是一种非常不合理的信念，因为对任何一件事情来说，都有可能发生比之更好的情形，没有任何一件事情可以定义为是百分之百糟透了的。当一个人沿着"糟糕至极"的思路想下去，认为遇到了百分之百的糟糕的事情时，便等于将自己引向了极端的、负面的不良情绪状态之中。

"糟糕至极"常常伴随着"绝对化要求"的认知倾向，即人们所认为的"必须"和"应该"的事情背离了他们的意愿时，他们就会感到无法接受这种现实，进而走向极端，认为事情已经糟到了极点。

人生一世，一些不如意的事情常会发生，尽管我们都不希望发生这种事情，但是上帝常常与人们开个恶劣的玩笑，让人们不得已去面对一些非常事实。这时，我们最好的选择就是接受现实、与困境共处，竭尽全力地去改善乃至改变我们的处境，如果自己无能为力改变些什么，便要学会与那些无常和平共处，乐观地生活下去。

## 为什么你会觉得在某一天坏事不断

你往往会将某一天视为自己的"倒霉日"，比如早晨闹钟突然出了故障，结果导致自己没有按时起床，你匆匆忙忙地起床后，意外地发现今天正好下雨，你在马路上打车时，平时空闲的出租车消失殆尽，你等了10多分钟才终于打上了一辆出租车。当你到达公司后，发现平时只在下午才来的老板竟然已坐在了办公室里，而且还恰巧发现了你这个迟到者。于是，你便会感觉，这一天真是糟透了，简直是"屋漏偏遭连夜雨"，所有不好的事情都让自己遇到了。

然而真的有所谓的"倒霉日"吗？或许事实并不如此。在心理学中，有一种认知偏见叫做"证实性偏见"，认为人们总是过于关注支持自己决策的信息，即人们在主观上支持某种观点的时候，往往倾向于寻找那些能够支持原来的观点的信息，而对于那些可能推翻原来的观点的信息则忽视掉了。也就是说，人们普遍偏好能够验证假设的信息，而不是那些否定假设的信息，人们总是过于关注支持自己决策的信息。比如对于上述事例，当一个人因最初发生的一两件事情而将某一天视为自己的"倒霉日"后，便会格外关注一些"不好"的事情，通过这些"不好"的事情来证明自己厄运不断。但事实上，这一天很可能还发生了一些"好"的事情，如自己撰写的方案得到了老板的认可，一个客户打电话来说明他们愿意在合约上签字。但由于"证实性偏见"的存在，这些"好"的事情都被屏蔽掉了，只剩下了那些糟糕的事情——"倒霉日"的概念由此而来。

证实偏见是普遍存在的认知偏见，比如如果一个人讨厌某一位同事，便会下意识关注这名同事负面的人格素质和行为，用以证明这位同事确实不怎么样，导致这种不喜欢的情绪逐渐升级恶化，造成人际关系对立；如果一个人赞同某个观点，便会列出很多理由来证明这个观点的正确性，对于观点不合理的一面则视而不见。

要想摆脱恶劣的情绪，便要试着从"证伪"的角度发现事实，试着去寻找那些与自己负面态度背离的事实，这样才不会庸人自扰地认为自己是上帝的弃儿。

## 你能知道鱼的快乐吗

庄子和惠子是好朋友,有一天他们一同在濠水的桥上游玩。庄子叹道:"鲦鱼出游从容,是鱼之乐也(这些鲦鱼游得多么悠闲自在,大概这就是鱼儿的快乐吧)!"惠子反问道:"子非鱼,安知鱼之乐(你不是鱼,你怎么知道鱼的快乐是什么)?"庄子说:"子非我,安知我不知鱼之乐(你不是我,你怎么知道我不知道鱼儿的快乐)?"惠子说:"我非子,固不知子矣;子固非鱼也,子之不知鱼之乐,全矣(我不是你,固然不知道你;你也不是鱼,你不知道鱼的快乐,也是完全可以肯定的)。"庄子接着说道:"请循其本。子曰'汝安知鱼乐'云者,既已知吾知之而问我。我知之濠上也(还是让我们顺着先前的话来说。你刚才所说的'你怎么知道鱼的快乐'的话,就是已经知道了我知道鱼儿的快乐而问我,而我则是在濠水的桥上知道鱼儿快乐的)。"

虽然从辩论的角度来看,与惠子相比,庄子的说辞更胜一筹。但是从心理学的角度来说,人们确实很难真正地知道鱼的快乐,如果一个人认为自己懂得了鱼的快乐,那不过是发生了"共识偏见"罢了。所谓的"共识偏见",简单地说,就是人们不自觉地把自己的认识强加给别人的认知倾向。比如,A非常害怕孤独,她认为一个人过日子是一件非常恐怖的事情,因此她在23岁的时候便嫁给了一个自己不喜欢的男人,B则是一个奉行独身主义的女性,她在30岁的时候事业有成,但是却孑然一人,身边没有可以依赖的伴侣。当A遇到B后,A就会觉得B非常可怜,因为她认为"女人干得好不如嫁得好",然而B却会认为A的人生十分无趣——没有事业,没有爱情——就像行尸走肉一样。总之,A和B都是以自己的思维意识去认知对方的处境,从而对对方的真实心理和情绪现状作出了不正确的判断。

在现实生活中,我们时常会产生共识偏见误差,我们用自己意识世界的规则去解释别人的世界,以致给对方作出了类似"像笨蛋一样"、"十足的傻瓜"、"毫不理性"的负面论断。比如,一个人欣赏了这样一部电影,电影里的主人公是一个投资高手,他在赚取了亿万财产之后却千金散尽,将它们全部捐给了慈善机构,自己则隐姓埋名,在一个不知名的小村落里过着简单的生活。如果一个人在欣赏这部电影的时候,正在汲汲于声名和财富,对于身居简陋房屋的生活感到痛苦不堪,很可能他便会对主人公的行为作出如下判断:脑袋一定被驴踢了!

不可否认的是,与家人和朋友相处的时候,大多数人都希望对方的意见能与自己相同,一旦听到了与自己的判断不和谐的声音,便会抱怨理解的荡然无存,从而心情也变得恶劣起来。从心理学的角度来看,这时便出现了"共识偏见",其实,

世界之所以美丽便在于各种事物的各有千秋，有时候，放下偏执的自我，从对方的角度看待世界，你才能看到世界的另一种美。

## "事后诸葛亮"是人类的共性

人们往往会认为自己在事前就可以预测到结果，其实他们未必可以如自己想象的那样准确地作出预测，这就是后视偏见，也就是人们常说的"马后炮"。在你的周围，常会出现这样的人，他们自得地跟你炫耀自己如何料事如神："其实我早就料到最近一段时间某某公司的股票会大涨"、"某某刚刚谈恋爱的时候，我就知道那段感情长不了"、"房价的上涨趋势全在我的预料之内"……当然，你也可能在不自觉的状况下，"事后诸葛亮"般炫耀自己的预知。

当产生后视偏见后，对人们认知世界、获取经验、拥有和谐的人际关系有非常大的负面影响：

其一，如果一个人认为很多事件的结果都在自己预料之内，他便不会从中吸取经验，比如，当一个所投资的股票出现暴跌后，如果他认为自己当初已经预知到这个结果，只是因为反应迟钝而没有出手手里的股票，他便不会仔细分析自己投资失误的真正原因所在；

其二，如果一个人对自己的预知能力产生崇拜，甚至认为可以提前预测出他人的行为，这样便很难获得和谐的人际关系。举个例子，一天，你的朋友很沮丧地向你倾诉，告诉你对方遭遇了裁员危机，很可能将面临失业的危险，如果你过于高看自己的预知能力，不屑对对方说："我早就知道你们公司很难度过金融危机，当初你加入这家公司的时候，我就觉得非常不妥。"面对这种说辞，很可能的结果是，你的朋友再也不对你真心相对，因为你在炫耀自己的预知时，也无形中侮辱了对方的眼光。

当然，其实你往往没有自己所想象的那么有先见之明，这不过是一种认知偏见罢了。一个改变后视偏见的最简单易行的方式是，当一些重要的事情发生的时候，在你不知道事情结果的情况下，将你的判断写下来，并阐述你判断的缘由所在。因为你的记忆常常会欺骗你，当你在没有文本证据的情况下回忆事实时，你只会记起那些与事情的结果相符合的证据，那些不相符的证据则被你自动略过了。

## 为什么无辜的人总会成为"出气筒"

有一位父亲在公司受到了老板的批评，他气愤难耐地回家后，正好看到自己的孩子在沙发上跳来跳去，不由得把孩子臭骂了一顿。孩子感到非常委屈，就用身边的猫泄愤，狠狠地踢了一下猫。于是，猫逃到了街上，恰巧一辆卡车开了过来，司机赶紧避让，结果撞伤了路边的孩子。这便是心理学上著名的"踢猫效应"，形象地说明了坏情绪的互动感染，指出人的不满情绪和糟糕的心情，一般会随着社会关系链条逐级传递，由地位高的传向地位低的，由强者传向弱者，最终，无处发泄的最弱小者便成了恶劣情绪的牺牲品。

发生"踢猫效应"时，人们一般都会选择身边的亲密的人为发泄对象，因为这些人不太倾向于把恶劣情绪"转赠"于你，然而，这并不能说明，他们对你的发火无动于衷，其实，虽然他们采取了默默承受的态度，但是他们对你以及你们之间的关系却产生了失望的情绪——这种不良人际互动自然会导致人际的疏离感、冷漠感，从而对你的心理造成潜在的伤害。

此外，"踢猫效应"也启示我们，有时候我们认为他人与我们所期望的行为相差甚远时，其实并不是因为对方的行为真的如你想象的那么让人难以接受，而是因为我们自身已经蓄积了恶劣的情绪，这种情绪无处发泄，导致我们不自觉地将其他人视为了泄愤对象。人们常会有这样的情绪体验，如果对某一天的职场生活非常满意，回到家后，便会觉得恋人非常体贴；而如果恰好某一天你被老板炒了鱿鱼，回到家后，恋人温暖的笑意也会被视为一种嘲笑，甚至悲观地认为恋人早已认为自己是个十足的笨蛋。

不可避免地，每个人都会遇到很多不如意的事情，但是客观事实是人们无法控制的一种存在，如果一个人学会了从容控制自己的情绪，即使在面对生命的无常时，他也会是强大的一方。否则，一个人便会在恶劣情绪的蛊惑下，无形中伤害了自己生命中最爱他的人。

为了尽量不伤害那些无辜的人，我们便要学会克制自己的愤怒情绪。关于如何克制愤怒的情绪，一个小男孩的故事非常有启示意义。

从前，有一个脾气很坏的男孩，他经常和伙伴们吵架。有一天，他的父亲给了他一袋钉子，并且告诉他，每次发脾气或者跟人吵架的时候，就在院子的篱笆上钉一颗钉子。一周以后，男孩在篱笆上共钉了36颗钉子。后面的几天他学会了控制自己的脾气，尽量避免发脾气和别人吵架，每天钉的钉子也逐渐减少了。他发现，控制自己的脾气，实际上比钉钉子容易得多。终于有一天，他一颗钉子都没有钉，他高兴地把这件事告诉了父亲。父亲并没有表扬他，而是说："从今以后，如果你一天都没有发脾气，就可以拔掉一颗钉子。"男孩按父亲的话去做了，终于有一天，钉子全部被拔光了，他忙去告诉父亲。爸爸带他来到篱笆边上，对他说："儿子，干得不错！但是，篱笆上的这些钉子洞，永远也不可能消失的。就像你和一个人吵

架，说了些难听的话，就在他心里留下一个伤口，像这个钉子洞一样。"

不要轻易伤害那些爱你的人，因为插一把刀子在一个人的身体里，即使后来拔了出来，也会留下伤口，无论你怎么弥补挽救，伤痕始终会留在那里，无声地讲述着一个关于伤害与被伤害的故事。

## 你是什么，你看到的便是什么

你一定有过这样的体会，当你买了一件新衣服后，如果你发现正好有人穿了与你一样的衣服时，你便会感慨怎么有这么多人买了与你一样的衣服；如果你大龄未婚，偶遇了几个同样单身的高龄人士后，你就会觉得单身未婚的人士太多了……总之，对于那些你平时不怎么关注的东西，当你关注的时候，你会在不经意间发现一下子增加了很多。这种现象就是心理学中所说的"视网膜效应"，指的是当我们自己拥有一件东西或一项特征时，我们就会比平常人更多注意到别人是否跟我们一样具备这种特征。

"视网膜效应"也可以解释为：你所看到的世界，正是你内心世界的外在反映。假如你觉得这个世界都是抱怨的人，也许说明你平时便喜欢抱怨，如果你觉得周围的人脾气都很糟糕，很可能意味着你是一个脾气不太好的人。美国的戴尔·卡耐基先生很久以前就提出一个论点，那就是每个人的特质中大约有80%是长处和优点，而20%左右是我们的缺点。当一个人只知道自己的缺点是什么，而不知道发掘自己的优点时，"视网膜效应"就会促使这个人发现他身边也有许多人拥有类似的缺点，进而使他的人际关系无法改善，生活也不会快乐。

不妨环顾一下你生活的四周，你会发现，那些常常抱怨人性本恶的人，自身便是一位品德低下、脾气很坏的人；而那些认为周围的人都十分友好的人，他们自身便是与人为善的人。由此可见，我们心里的大部分忧伤其实是我们自己制造出来的，你之所以会产生失落、悲观、空虚、无助等消极的情绪，是因为你自身便充满着负面的事物。所以关于如何改变恶性情绪的命题，最终的落脚点是你自身，如果你试着让自己变得积极起来，你所看到的便会是一个十分可爱的世界，此时，你的不良情绪也便烟消云散了。

## 其实你没有自己想象的那么重要

某一天，你换了一个新发型，改变了以往的穿衣风格，穿了一件以往从来没有穿过的蓝色裙子，当你走出家门以后，不论是在上班途中，还是进入公司的大门后，你都会感觉所有的人都在看着自己，都在对自己的外貌和穿着品头论足，这种现象便是心理学中所说的"焦点效应"。

"焦点效应"，也叫做社会焦点效应，指的是人们常常高估周围人对自己外表和行为的关注度。也就是说，人类往往会把自己视为一切的中心，并且直觉地高估别人对我们的注意程度。

关于焦点效应，心理学家季洛维奇曾经用实验验证过，在实验中，他让一名被试穿了一件画有喜剧演员头像的T恤。然后以等候参加实验为借口，让这名被试坐在其他另外五名穿普通衣服的学生中间。随后，实验者让被试作出判断，让他估计一下那五名学生有几名注意到了他的T恤。被试回答说大概50%以上的人。然而，事实上，当向那五名学生提问时，只有10%~20%的学生回答说注意到了被试的穿着。

焦点效应常会导致人们过度关注自我，过分在意自己在公众场合的表现，为一些自以为是的小尴尬而懊悔郁闷，比如，你会为参加同学聚会时不慎把饮料撒在身上而懊恼不已，你会因为在一个PARTY上摔了一跤而感到万分尴尬，你也会因为在员工会议上回答不出老板的问题而恨恨不已。其实这种负面的心理不过是庸人自扰罢了，因为事实上很多人都没有留意到你所认为的窘态。

很多时候，都是我们对自己过分关注，并以此联想到别人也会如此关注自己。其实，这不过是"焦点效应"在作怪罢了，总觉得自己是人们视线的焦点，自己的一举一动都受着监控，这样就会让人产生社交恐惧。社交恐惧者总是"感到"在人群中大家都在关注自己。不自觉地高估自己的社交失误和公众心理疏忽的明显度。比如，一个人不小心触动了图书馆的警铃，或者自己是宴会上唯一一个没有为主人准备礼物的客人，他可能会非常苦恼。但是研究发现，个体所受的折磨别人不太可能会注意到，还可能很快会忘记。

如果你不是演艺明星，或者某个位高权重的人物，通常来说，其实你没有自己想象的那么重要，在人群中，你所受到的关注也没有你想象的那么多。因此，你根本没有必要为自己在公共场合的失当之举而耿耿于怀，或者因为害怕他人评价而不敢尝试某件事情，因为不论你的表现是好还是坏，他人遗忘的速度总是快于你的想象，甚至转身以后，他们便不再记得你曾经做过什么。

## 哭不一定比笑差

随着我们渐渐地长大，形形色色的压力也接踵而来，升学压力、就业压力、业绩压力、社交压力、家庭压力……当面对这些压力的时候，有一种理论是：挺住，打死也不能哭！否则便说明你在向这个世界示弱，是一种弱者的表现。然而心理学证明，当一个人遭遇极大痛苦的时候，哭不一定比笑差，适当地释放反而有助于缓解不良的情绪。

英国诗人丁尼生在一首诗中记述了一件事：一位战士战死，有人将他的尸首带到他妻子面前。妻子见后发呆，强制告诉自己不能哭。丁尼生说："她必须哭，否则她将会死去。"但始终没有办法使她哭。后来一位聪明的奶娘将她的小孩带到她的眼前，看着失去父爱的孩子，妻子情不自禁哭了出来。她对孩子说："我亲爱的孩子，我将会为你好好活着。"通过一场痛哭，妻子强压的高度心理紧张得到了缓解，使其能够坦然地面对失去至爱的伤痛。

因哭泣而产生心情舒畅、避免不幸后果的现象，在心理学中有一个专有名词，称为"哭泣效应"。那么，为什么哭泣会产生积极的效应呢？原因有如下两方面：

其一，通过流泪能排泄出有害于人体健康的化学物质。在通常情况下，哭泣会扰乱人的生理功能，使呼吸失去规律，造成不规律心跳。有的人哭泣后会出现睡不好觉、吃不下饭的情况。不过，当人在遭遇到严重的精神创伤时，毫无顾忌地大哭一场，反而有利于人摆脱不良情绪。1957年，美国化学家布鲁纳西首先发现，动感情的眼泪与因洋葱刺激而流的眼泪，其化学成分是不同的。美国生物学家弗雷也认为，一个人在悲痛时流出的眼泪与因伤风感冒或风沙入眼流的眼泪，所含的化学成分是不同的。他们认为，人在悲伤时流出的眼泪是有益于健康的。也就是说，人在悲伤时的哭泣等同于一个排毒的过程。

其二，哭泣有助于缓解人极度紧张的状态。大量研究证明，一个人如果处于极度紧张的状态，就会分泌出去甲肾上腺素类的荷尔蒙，这种荷尔蒙适量分泌对人体有益，但此时已大量分泌，远远超过限度，因此血压就上升，血流就不畅，从而引发高血压，同时还会产生大量的活性氧，并生成过氧化脂质这种老化物质，从而大大提高患病率，因此，有人称"精神状态紧张是万恶之源"。关于对抗精神紧张的法宝，哭泣无疑是非常有效的一个。

因此，当你遭遇痛苦的时候，与其把自己封闭在家中独自消沉，不如与一个值得信赖的朋友见一下面，趴在他的肩膀上痛痛快快地哭一场。当哭泣终结的时候，你会发现，那些悲伤抑郁的情绪已经不翼而飞了。

# 第五章

# 有意思心理学

## 目击证人的记忆：证人真的陈述了事实的真相了吗

在刑侦电视剧中，我们常会看到证人在法庭上这样起誓："我以我的人格及良知担保，我将忠实履行法律规定的作证义务，保证如实陈述，毫无隐瞒。如违誓言，愿接受法律的处罚和道德的谴责。"因此，对于"证人"这个字眼，我们便把其解读为提供客观证据的人，当然被利益集团和个人所收买的作伪证的人除外。然而，心理学研究证明，很多证人提供的证词都不太准确，或者说是具有个人倾向性，带有个人的观点和意识。

心理学家洛夫特斯和同事对目击证人的记忆进行了研究，他们发现，目击证人对于所看到信息的记忆很容易被事后信息所歪曲。在一项研究中，他们给被试看一个关于车祸的电影，然后让被试估计车的行驶速度。对于第一组被试，实验者进行如下提问："当两辆车相撞时，它们开得有多快？"当这样提问后，这一组被试估计车速超过了40公里/小时；对于另外一组被试，实验者这样问被试："两辆车接触时，它们开得有多快？"结果，这一组的被试给出的答案为"30公里/小时"。大约一个星期后，实验者分别问两组被试："你是否看到了玻璃碎片？"事实上，影片中根本没有玻璃碎片出现，然而，结果却很让人诧异——第一组的被试有三分之一的人声称他们看到了碎片，第二组被试只有14%的人说他们看到了玻璃碎片。这项实验证明，看到事件后的信息对于目击证人的报告有潜在影响。

此外，另有心理学家研究证明，证人对他们的证词的信心并不能决定他们证词的准确性。心理学家珀费可特和豪林斯让被试看一个简短的录像，是关于一个女孩被绑架的案件。第二天，让被试回答一些有关录像里内容的问题，并要求他们说出对自己回答的信心程度，然后做再认记忆测验。接下来，使用同样的方法，让被试回答一些一般知识问题，这些问题来自百科全书和通俗读物。

珀费可特和豪林斯发现，在证人回忆的精确性上，那些对自己的回答信心十足的人实际上并不比那些没信心的人更高明，但对于一般知识来说，情况就不是这样，信心高的人回忆成绩比信心不足的人好得多。

对于上述实验，心理学家给出了如下解释：通常来说，人们对于自己在一般知识上的优势与劣势有自知之明，这是因为一般知识是一个数据库，在个体之间是共享的，它有公认的正确答案，因此被试可以自己去衡量。比如，人们会知道自己在体育问题上是否比别人更好或更差一点。但是，目击的事件不受这种自知之明的影响，比如，从总体上讲，人们不太可能确切知道自己比记忆事件中的某个人的头发颜色更好还是更差。

通过上述分析可以得知，即使证人在法庭上主观上认为他们已经提供了事实的真相，但是某些时候，这种真相已经是被证人的记忆所加工过的"伪真相"。

# 月曜效应：为什么会出现"假期综合症"

很多人都曾经遭遇过"假期综合症"，当尽情尽兴地享受了一个周末后，本以为经过两天的休息能够以更好的状态投入工作当中，然而再次开始工作时，反而感觉萎靡不振、无精打采，身与心都无法投入工作当中。在心理学中，这种现象被称为"月曜效应"——由于周末的休息扰乱了人们的正常生活起居和工作秩序，导致人们工作意志下降、注意分散、精神不振，从而影响了工作的效率。在古代，"月曜"是星期一的另一个称谓，所以"月曜效应"又叫"星期一效应"。除了周末能带来月曜效应外，这种效应还体现在人们每天早晨开始工作时，当新的工作日来临时，人们总是需要花费不少的时间才能完全进入状态。

一般而言，当经过一段时间的休息后，人们本应该以更饱满的状态投入工作，然而月曜效应却颠覆了这一逻辑，为什么会出现月曜效应呢？原因有如下几个方面：

（1）当休息日来临时，人们常会利用这段时间从事很多悠闲轻松的活动，比如与朋友通宵达旦地聚会、进行短期旅游、彻夜投身电脑游戏等。当周一开始工作时，人们便需要从悠闲状态转换为紧张状态，然而人在重新开始工作或学习时，往往存在一个预热期或启动期，这便导致人们一时之间难以适应，无法实现状态的成功转换。

（2）根据Yerkes-Dodson法则，唤醒与操作之间呈倒U型关系，也就是说过高的唤醒水平与过低的唤醒水平都不利于人们开展工作。一般而言，每当星期一时，人们大多会接到较多的工作任务，这便要求人们需要具备较高的唤醒水平，然而事实上，人们主观上并没有达到这一标准，以致产生月曜效应。

（3）虽然名为"休息日"，但是人们并没有真正地让自己休息下来，反而从事了很多耗费体力与精力的活动，导致周一的工作细胞受到了抑制，出现了精神不振的状态。

# 个人空间：为什么人们乘电梯时常爱向上看

有一天，一个妈妈带着一个不到10岁的小女孩和往常一样乘电梯。乘电梯的人很多，妈妈仰头看着显示的楼层数，突然小女孩问道："妈妈，为什么乘电梯的时候人们都会仰着头往上看呢？"

电梯里的人听到了以后，四周看了一下，发现别人果然和自己一样，也都仰着头看着显示的楼层数。难道显示的楼层数有什么神奇的魔力吗？还是有什么不可思议的心理效应在背后起作用呢？

不只在电梯里面，在地铁里，我们也经常可以看到乘客们选择座位的情景。如果这是一节较空的地铁车厢，有很多座位可以选择，我们不难发现以下规则：最先上车的人会坐在长椅的两端，随后上车的人会选择中间的座位，接下来的人会坐在前两者之间的座位上。而且，当所有的人都坐好后，乘客之间的间隔是等距离的。这种现象表明，我们总是在尽可能地避免与他人的接触。

我们在自己的身体周围，划分了一个无形的领域，以此来确保自己的私人领域。这个领域就是"个人空间"，人们借此来保持彼此的距离，而且这个领域会随着人的移动放大或者缩小。当这个领域被固定下来时（比如自己的房间等），就形成了"地盘"。我们不会侵入别人的地盘，而且总是维护着先到先得的优先权。

当个人空间或地盘被侵犯时，我们就会产生压力，并会想方设法采取行动消除这种压力。逃避—退避行为就是其中之一，如果地盘受到侵犯，我们一般会躲到个人空间里。比如，我们在拥挤不堪、不能保证个人空间的情况下，也会尽量不和他人发生接触——在拥挤的电梯里，不看他人，而是看显示的楼层数。在这种逃避行为中，我们把他人当做无生命的物体，借此来缓解压力。但有时我们在个人空间被侵犯、无法躲避时，会转为攻击——拥挤车厢内发生的乘客吵架事件就是其中之一。

同样的道理，我们在乘电梯时往上看的行为与我们的"个人空间"也有着很大的关系。一旦有人闯入我们的个人空间，我们就会感觉不舒服、不自在。

个人空间的大小因人而异，但大体上是前后0.6~1.5米，左右1米左右。据调查数据显示，女性的个人空间比男性的大，具有攻击性格的人的个人空间更大。在拥挤的地铁中我们会感觉不自在，就是因为有人进入了自己的个人空间。

电梯是一个非常狭小的空间。在电梯中，人与人的个人空间出现了交集，也就是说互相感觉到对方进入了自己的个人空间，所以会感到不舒服，都想尽早离开电梯这个狭窄的空间，向上看正是想尽快"逃离"这个狭小空间的心理表现。

此外，盯着显示楼层的数字看，不只是为了确认是否到了自己要去的楼层。当我们急于离开这个狭小空间时，不停变换的数字能让我们感到电梯在移动，让我们感觉到自己是在向"解放"前进，从而缓解焦急的心理。

生活中这样的例子很多，比如：下班后，你感到特别疲倦。在公交车站等车时，你特别盼望上车后能有个位子坐一坐。车来了，幸运的你一上车就看到有空位子，只是都在公交车的最后一排，而且，在第一和第五个位子上已经有两个陌生人坐好了。那么，通常情况下，你会选择坐在哪个位子上呢？是的，你会选择坐在第三个位子上。你正在图书馆里看书，周围没有什么人，这时突然有一个陌生人坐在了紧靠你身边的位子，你会觉得这个人有点奇怪，明明有那么多的空位子，干吗非要坐在我的身边呢？你一下子觉得别扭起来，不能再像刚才那样专心地看书了，甚至你的防御系统也不由自主地启动了，干脆你就换了一个座位。

当然，对个人空间的需要没有绝对的意义，需要的个人空间大小和我们对侵犯的反应取决于特殊的环境。在马路上，即使行人很多，空间很小，你仍不会在乎别人是否离你太近，觉得这是合情合理的事。相反如果在一个盛大的宴会上，别人都给你留有很大的空间像是在躲着你，你反而会觉得不安，你希望与人亲密地交谈，友好地接触。这样看来，人们确实需要个人空间，但并不是在任何情况下都对这个空间那么敏感。

# 社会促进：为什么与朋友一起减肥会获得更好的效果

减肥是一件苦差事，是一场艰苦卓绝的毅力与惰性之战，对于那些意欲减肥的肥胖人士，减肥忠告常包含这样一条：与你的朋友一起减肥，你会获得更好的减肥效果。其实这句忠告并不是泛泛而谈，从心理学的角度来看，具有很大的科学性。

在心理学中，有一个名词叫做"社会促进"，也称"社会助长"，指个体完成某种活动时，由于他人在场或与他人一起活动而导致行为效率提高的现象。"他人在场"有三种形式：实际在场、隐含在场以及想象在场。19世纪末，心理学家特里普利特对社会促进现象进行了研究，他通过对三种条件下自行车竞赛成绩的测量，发现个人单独骑自行车的速度要比一群人一起骑自行车的速度慢20%。后来，他又以一群10~12岁的儿童作为实验对象，让他们进行卷线操作，发现团体卷线比单独工作的效率高10%。他根据这两个实验得出结论：团体工作效率远比个人工作效率高。

美国社会心理学家扎云克提出"社会促进的驱力水平理论"，对社会促进现象作出了解释。该理论认为他人在场时，可以提高个体的驱力水平。驱力水平的提高可以使人的优势反应更易于表现出来，如运动员在体育竞赛条件下大多能提高效率。扎云克的理论还认为，如果作业活动是复杂的、生疏的和技术性的，就会因为他人在场导致驱力水平的提高而降低工作效率。这是与社会促进相反的另一种现象，叫做社会抑制或社会促退。比如，当人们学习新行为或者正在从事复杂的智力活动时，如果有他人在场，将会导致学习效率降低，然而，随着个体重复操作复杂反应训练，使其变为个体熟练的优势反应后，则会出现社会促进现象。

针对社会抑制现象出现的原因，有人提出了"分心—冲突模型"。该理论认为他人的存在之所以会降低其工作绩效，是因为此时引起了个体两种基本倾向之间的冲突——即人们既不自觉地会注意周围观众或者与自己一起参与活动的人，又试图把注意力转移到自己不熟悉的活动中——这便导致个体分心，无意识中影响了工作绩效。

关于社会促进现象，有如下两种效应：

**1. 结伴效应**

在结伴活动中，个体会感到某种社会比较的压力，从而提高工作或活动效率。

**2. 观众效应**

个体从事活动时，是否有观众在场，观众多少及观众的表现对其活动效率有明显的影响。

针对减肥这项活动，加入一个群体，会更有助于个体减掉体重，就是因为"结伴效应"发挥了正面的效用。

# 库里肖夫效应：电影是怎么拍成的

苏联电影导演列夫·库里肖夫为了弄清楚蒙太奇（注：蒙太奇就是根据影片所要表达的内容和观众的心理顺序，将一部影片分别拍摄成许多镜头，然后再按照原定的构思组接起来）的并列作用，从某一部影片中选了演员莫兹尤辛的一个特写镜头，这个特写没有任何表情。然后，库里肖夫把这个镜头与其他影片的小片断连接成三个组合。在第一种组合中，特写后面紧接着一张桌上摆了一盘汤的镜头；第二个组合是莫兹尤辛面部的镜头与一个棺材里面躺着一个女尸的镜头紧紧相连；第三个组合是这个特写后面紧接着一个小女孩在玩着一个滑稽的玩具狗熊。库里肖夫把这三种不同的组合放映给观众看，结果看了三个组合的观众都对演员的表演大为赞赏，观看第一个组合的观众从那盘忘在桌上没喝的汤，看出了莫兹尤辛的沉思的心情；观看第二个组合的观众则看到演员沉重悲伤的表情，并且也感到非常感动；而观看第三个组合的观众却看到了演员轻松愉快的微笑，一起跟着高兴起来。因此，库里肖夫认识到造成观众情绪反应的并不是单个镜头的内容，而是几个画面的并列；单个镜头只是电影的素材，蒙太奇的创作才是电影艺术！——这便是库里肖夫效应。

库里肖夫效应是一个关于认知的心理效应，说明人的认知并不完全依赖于单个场景或者单个元素，而且还取决于这些场景或者元素的连接顺序。比如，有这样三个片段，一个是一张微笑的脸，一个是一张惊恐的脸，另一个是对着一个人瞄准的手枪。如果我们按照先微笑的脸、继而瞄准的手枪、最后惊恐的脸的顺序将这三个片段连接起来，人们就会认为这个人是一个懦夫；然而，如果我们把顺序变换一下，按照如下的顺序连接片段：惊恐的脸、瞄准的手枪、微笑的脸，人们则会认为这个人很英勇。

正是由于人的认知存在库里肖夫效应，才使得电影导演在创作时有了充分的发挥空间。我们平时所看的电影，在创作的时候，制作者并不是按照事件的发生顺序拍摄镜头的，而是导演按照剧本或影片的主题思想，分别拍成许多镜头，然后再按原定的创作构思，把这些不同的镜头有机地、艺术地组织并剪辑在一起，使之产生连贯、对比、联想、衬托、悬念等联系，从而构成一个符合逻辑的故事。

## 巴克斯特效应：植物也有喜怒哀乐

对于大多数人而言，植物只是美化环境的装饰品，它们没有任何的主观情绪。然而，一位名叫克里夫·巴克斯特的专家却发现了植物的情绪，他通过实验证明，其实植物也有喜怒哀乐。人们把他的这一伟大发现命名为"巴克斯特效应"。

克里夫·巴克斯特是美国中央情报局的测谎仪专家，1966年2月的一天，他像平时一样为庭院里的花草浇水。在浇水的时候，他一时心血来潮，把测谎仪的电极连到了一株天南星科植物——牛舌兰（一种热带植物，大叶，小花，与棕榈相似）的叶片上，然后向它的根部浇水。当水从根部徐徐上升时，巴克斯特发现了一件十分令人震惊的事情，测谎仪的电流计并没有像预料中那样出现电阻减小的迹象，在电流计图纸上，自动记录笔记下了一大堆锯齿形的图形，这种曲线图形与人在高兴时感情激动的曲线图形十分相似。

这一发现让巴克斯特十分兴奋，随后他改装了一台记录测量仪，把它与植物相互连接起来。为了更好地研究植物的情绪，巴克斯特准备对植物实施一次威胁活动,用火烧植物的叶子。巴克斯特取来了火柴,在他刚刚点着的一瞬间,记录仪上再次出现了明显的变化。燃烧的火柴还没有接触到植物,记录仪的指针已剧烈地摆动,甚至记录曲线都超出了记录纸的边缘,这表明植物出现了强烈的恐惧表现。后来他又重复多次类似的实验。比如,当他假装着要烧植物的叶子时,图纸上却没有这种反应。植物还具有辨别人真假意图的能力。

随后,巴克斯特和他的同事们在全国各地的其他机构用其他植物和其他测谎仪作了类似的观察和研究。他们对25种以上不同的植物和果树进行试验,其中包括莴苣、洋葱、橘、香蕉等,得到的是相同的观察结果。

巴克斯特还设计了这样一个试验:他当着植物的面,把几只活海虾丢入沸腾的开水中,当海虾被丢入沸水时,测试仪显示,植物出现了强烈的情绪刺激。试验多次,植物每次都有同样的反应。为了排除任何可能的人为干扰,保证试验绝对真实严谨,他用一种新设计的仪器,不按事先规定的时间,自动把海虾投入沸水中,并用精确到1/10秒的记录仪记下结果。巴克斯特在三间房子里各放一株植物,让它们与仪器的电极相连,然后锁上门,不允许任何人进入。

第二天,巴克斯特去看试验结果,发现每当海虾被投入沸水后的6~7秒钟后,植物的活动曲线便急剧上升。根据这些,巴克斯特指出,海虾死亡引起了植物强烈的反应,这并不是一种偶然现象。几乎可以肯定,植物之间能够有交往,而且,植物和其他生物之间也能发生交往。在美国耶鲁大学,巴克斯特曾当众将一只蜘蛛与植物置于同一屋内,当触动蜘蛛使其爬动时,仪器记录纸上出现了奇迹——早在蜘蛛开始爬行前,植物便产生了反应。显然,这表明了植物具有感知蜘蛛行动意图的超感能力。

为研究植物的记忆能力,巴克斯特将两棵植物并排置于同一屋内,让一名学生当着一株植物的面将另一株植物毁掉。然后让这名学生混在几个学生中间,都穿一样的服装,并戴上面具,向活着的那株植物走去,最后当"毁坏者"走过去时,植物在仪器记录纸上立刻留下极为强烈的信号指示,表露出了对"毁坏者"的恐惧。

巴克斯特的发现在世界上引起了轰动。美国加利福尼亚国际商业公司的化学博士麦克·弗格则认为这种研究有点荒诞可笑。他为了寻找反驳和批评的可靠证据也做了很多实验。当他做完一系列实验后,他却放弃了原来的怀疑,并改弦易辙支持巴克斯特的研究结果。因为,弗格在实验中发现,当植物被撕下一片叶子或受伤时,会产生明显的反应,而且还证明了植物具有感知人心理活动的能力。于是,麦克.弗格大胆地提出,植物具备心理活动,也就是说,植物会思考,也会体察人的各种感情。

# 错误归属偏差：投资者为什么在天气晴朗的时候买入股票

如果现在有人告诉你，当天气晴朗的时候，投资者更易于买进股票，也许你会认为这是无稽之谈，但是投资心理学发现，这种无厘头的现象的确是事实。

传统金融学认为，人们在面对风险和不确定性时能作出理性的决策，从而使他们的财富最大化。然而心理学家通过实验证明，人们很难克服情绪的困扰，情绪在一定程度上影响了投资行为的正确性，甚至可以这么说，情感在复杂的决策制定过程中起主导作用。

在相当长的时间内，心理学家一直在记录阳光与人类决策行为的相关性。他们发现，阳光不足总是与抑郁和自杀事件联系在一起。当阳光普照的时候，人们的心情也会随之开朗起来，进而变得非常愉快，这种愉快的情绪会让人们对投资前景感到非常乐观，从而采取冒进的投资决策行为。

戴维·赫什拉佛和泰勒沙姆韦是密歇根大学的金融经济学家，他们观察了世界各大金融城市的天气情况和股票市场收益，特别将拥有股票市场的26个城市的天气与全球26个股票交易所的日收益进行了对比。他们发现，天气晴朗的日子的日收益比天气较差的日子的日收益高。两位学者进而把26个城市一年中天气晴朗和天气糟糕的日子的区别列了出来，结果表明：前者比后者的收益率竟然高出24.6%。这说明，投资者在晴天更可能买入而不是出售股票，股市本身也会受到影响。

背景感觉，或者说情绪，对金融决策会产生一定的影响，这种现象被誉为"错误归属偏差"。情绪弱化了人们的理性思考，人们总是不自觉地将情绪带入金融决策中。如果一个人在某一天的情绪十分好，他便很可能对投资作出乐观的预测，选择买进股票，即使事实上，这只股票的升值潜力非常小。由此我们可以得出这样一个结论：好（坏）情绪将增加（降低）投资风险资产的可能性。

理智的投资行为应该基于对基础分析和现代投资组合理论等工具的应用，如果因为心情好，便作出乐观预测，进而加大投资力度，这种做法是十分危险的。

通常来说，一只股票的价格通常是被那些乐观者所决定的，因为悲观者只是秉持观望态度，采取不作为，乐观主义者纷纷购买某只股票，自然会抬高股票的价格，使股票价格偏离了基本面。

17世纪30年代的荷兰，当时的人们疯狂地购买郁金香球种，结果使其价格攀升到了令人吃惊的程度：一个球种价值10万美元，抵得上20头公牛。后来，一名外地水手不慎把球种当成洋葱吃进了肚里，这时，人们清醒了，开始怀疑郁金香球种是否真的值那么多的钱。结果，出现了市场泡沫，引发了严重的市场恐慌。只在一周内，价值连城的球种就变得一文不值。

所以，如果你不想成为市场泡沫的买单者，便要规避情绪的因素，在采取投资行为前，千万不要盲从于感觉的驱使，而是根据实实在在的严密分析采取投资决策。

# 第二篇
## 我们都是社会性动物

# 第六章

# 社会心理学

## 人们为什么会帮助毫无关联的人

2004年12月26日，印度洋发生特大海啸，这场突如其来的灾难给印尼、斯里兰卡、泰国、印度、马尔代夫等国造成巨大的人员伤亡和财产损失。海啸发生后，各个国家纷纷慷慨解囊，为这些受灾的国家送去了大量的物资和钱财。不长的时间，全球援助总额就达到了30亿美元。

2008年5月12日14时28分04秒，四川汶川、北川发生8级强震，伤亡惨重。灾难发生后，各方人士和机构便积极组织捐助，中国本土人民和国际人士为灾区人民提供了大量的援助。

人们为什么要帮助那些毫无关联的人呢？从社会心理学的角度来看，这便属于一种亲社会行为。亲社会行为又叫积极的社会行为，它是指人们表现出来的一些有益的行为。人们在共同的社会生活中经常会表现出类似这样的行为，比如帮助、分享、合作、安慰、捐赠、同情、关心、谦让、互助等，心理学家把这一类行为称为亲社会行为。亲社会行为是人与人之间在交往过程中维护良好关系的重要基础，对个体一生的发展意义重大。

关于亲社会行为的动机，心理学家给出了如下四个方面的解释：

利他主义：纯粹为了使他人获益，个体在做这种亲社会行为的时候并没有考虑到个人的安全和利益。

利己主义：以自我利益为中心——某些人之所以帮助他人，是为了得到回报和报酬。

集体主义：为了有利于某一特定群体——人们可能会做一些帮助性行为来改善家庭、妇女联合会、政党等的处境。

规则主义：支持道德原则——有些人做亲社会行为是因为遵循宗教或习俗的原则。

美国心理学家E威尔逊认为，亲社会行为倾向源于动物的遗传本能，亲社会行为在动物身上有很多体现。在蜜蜂中，工蜂会用叮的办法攻击入侵者，当它叮了入侵者以后，螯针就留在入侵者身上，这样叮入侵者的工蜂就死掉了。这说明，工蜂虽然死了，但它却增加了蜂群生存的机会。威尔逊同样认为，亲社会行为也是"人类本性"天生的部分，在我们的生存中起着重要作用，而且是无须学习的。

从行为主义的观点来看，亲社会行为不仅使我们能够获得来自社会的、他人的和自我的奖励，而且能够避免来自社会的、他人的和自我的惩罚。这会促使人们形成积极的社会价值观，有利于自身的身心健康，并有助于人们从友谊中获取很多的快乐。

亲社会行为导致人与人之间出现了互帮互助的现象，这对于维护与促进整个人类世界的稳定与繁荣是非常有意义的。比如当一个地方遭遇自然灾害后，国际上很多国家的志愿者都奔赴那里，去帮助那些身处苦境的人，哪怕自己的利益会遭受现实的或潜在的危害。

# 为什么平时和善的人也会枪杀公司同事

在交通拥堵的马路上，你常会听到脾气火爆的司机口出恶语，看到那些被困在公交车上的上班族与人产生口角之争，在这种情境里，由于遭遇了"困在马路中"的挫折，很多人都出现了严重的暴力倾向，易于做出攻击他人的举动。人们在遭遇挫折后，攻击他人的意向会明显增强，这便是"挫折—攻击假设"理论的核心内容。比如说，当儿童要求家长为自己购买新玩具的愿望落空后，他们便常常会拿家中的宠物和旧玩具出气，显现出攻击他人的动机和行为。

1939年，美国耶鲁大学心理学家J·多拉德和N·米勒等五人在《挫折与攻击》一书中首先提出了"挫折—攻击假设"的概念，他们认为挫折与攻击行为之间具有一种内在的因果关系：挫折导致某种形式的攻击行为；攻击行为的产生总是以某种形式的挫折存在为先决条件。该假说将挫折定义为"目标反应的受阻"。至于挫折在多大程度上引起攻击行为，则取决于以下四个因素：

（1）反应受阻引起的驱力水平。
（2）挫折的程度。
（3）挫折的累积效应。
（4）攻击反应和可能受到的惩罚程度。

不过，挫折并不总会导致攻击行为，如果挫折是出于无意，引起攻击行为的可能性就比较低。比如说，一个孩子不小心把菜汤撒在了大人的身上，对于大多数成人而言，他们并不会对孩子采取暴力行为。但是，如果一个人遭受挫折是源于有意的行为，受挫折方多会采取攻击行为。

2008年年末，金融危机席卷全球的时候，一名在美国加州硅谷工作的华人工程师吴京华在被裁员数小时后，返回了公司，开枪打死了三名公司负责人。然而当警方向吴京华的邻居调查其行为人格时，邻居对吴京华给予了如下评价——和善而沉默寡言的人。由此可见，在这起枪杀事件中，吴京华所遭遇的事业挫折是其采取枪杀举动的主要诱因，这也说明，在人们的攻击行为中，挫折常常扮演了极为重要的"唆使角色"。

针对攻击行为，心理学家还进行了更加深入的研究，他们发现温度和攻击行为之间也有一定的关系。一般而言，在夜间或凌晨的几个小时（也就是说，晚上9点到凌晨3点），温度与攻击行为的关系较明显。心理学家解释说，晚上9点到凌晨3点，由于人们没有工作和其他责任的束缚，更容易释放自己的性情。这也可以作为解释为什么暴力犯罪多发生在夜间的原因。

## 卧底警察的心理困扰

菲利普·津巴多是美国著名心理学家，他一直有一个疑问，那就是为什么监狱会成为一个暴力经常发生的地方，这难道是由囚犯的特征造成的？或者应该归咎于监狱自身腐朽的制度结构？

为了找到答案，津巴多在斯坦福大学心理学系的地下室建立了一个模拟监狱，他征募了一些性格鲜明的年轻自愿男子，他们之前没有任何犯罪前科，并顺利通过了"正常"心理学测试。他们随机指派一半的年轻男子扮演囚犯角色，另一半人则充当警卫。他的实验计划持续两个星期，细致地观测这些自愿者在监狱中的角色产生的交互影响。

模拟监狱的群居关系变得十分恶化，在第一个晚上，囚犯们开始发生反抗，警卫在囚犯的不顺从下感受到了威胁，很难进行镇压。他们开始研究如何训练囚犯的方法，比如：随机性进行光身检查、减少洗浴特权、语言辱骂、剥夺睡觉权力以及扣发食物。

在压力之下，第一个囚犯开始"爆发"，在之后的第一个36小时，他发出来自内心的大声尖叫声，在6天之内，其他4名囚犯也跟随了他的领导，很快大家都进入一个新的角色，而并未意识到这仅是一场游戏。甚至津巴多自己意识到被这种腐朽的心理学状态所侵蚀，后来他意识到这些囚犯有可能真实地进行一次越狱，同时他试图接触真警察寻求帮助。此时，津巴多发现许多事情都已失控。仅仅度过了6天，之前快乐单纯的大学生通过实验竟变成了愠怒的囚犯和残酷成性的警卫。

第7天早上，津巴多召开会议，并且告诉每一个人解散回到家中。囚犯被释放时感到明显的轻松自如，而那些警卫却显然不安。他们已完全喜欢上自己新的权力，并不希望放弃。

这便是著名的斯坦福监狱实验，津巴多坦言："在那里现实和错觉之间产生了混淆，角色扮演与自我认同也产生了混淆。"监狱角色模拟实验表明，一个简单假设的角色可以很快进入个人的社会现实中，他们从中获得自我认同，无法从他们扮演的角色中清楚自己的真实身份。

在香港电影《无间道》中，梁朝伟所饰演的卧底警察陈永仁因为长期混迹于黑社会中，日常的行为在无意识中出现了明显的黑帮分子的特征——而这种行为表现与其卧底的目的并没有任何关联——陈永仁为此饱受心理困扰，他不知道该如何挣脱出卧底角色对自己行为和心理的控制——借助监狱模拟实验所得出的结论，很容易解释陈永仁遭遇心理困境的原因——与其说我们塑造了角色，还不如说角色塑造了我们。

## 孟母为什么要"三迁"

对于大对数中国人而言，孟母三迁是一个耳熟能详的故事——

孟子在童年时期，父亲便早早地过世了，孟子的母亲始终守节而没有改嫁。最初，孟子和母亲住在墓地旁边，孟子就和邻居的小孩一起学着大人跪拜、哭嚎的样子，玩起办理丧事的游戏。孟子的母亲看到这一切后，决定搬离这个地方。随后，孟子的母亲带着孟子搬到了市集，一个靠近杀猪宰羊的地方。住到市集后，孟子又和邻居的小孩学起了商人做生意和屠宰猪羊。孟子母亲看到后，便决定再次搬家，因为她认为这不是一个自己的孩子成长的地方。于是，他们又搬家了。这一次，孟子的母亲搬到了学校附近。每月夏历初一这个时候，官员到文庙，行礼跪拜，礼貌相待，孟子见了都一一学习并记住。孟子的母亲非常满意，她觉得终于找到了适合儿子成长的地方。

孟子的母亲为什么要几次三番搬家呢？环境对于一个人的性格塑造和兴趣取舍果真起着非常大的作用吗？心理学中的"场化效应"证明孟子母亲的选择确实是明智之选。所谓的场化效应就是由群体心理场所产生的效应——一个个体本来不具备某些个性特征，但是一旦进入某个群体后，便会被这个群体所产生的心理场所磁化，从而产生某些自身不具备的个性特征行为与情绪。比如，有的人本来对赌博并不感兴趣，但是当置身于赌场时，也会情不自禁地加入赌博人群；有的人性格比较内向，很少在公众面前表达自己的情绪，可是当参加一个气氛比较热烈的演唱会时，也会像那些疯狂的歌迷一样，与他们一起呼叫、高喊。

关于场化效应的产生原因，主要有如下解释：

一是集体意向说。它认为群体心理场能产生一致性的集体意向，这种集体意向是一种从许多人的潜意识中发展而来的。该理论认为，群体中的人，似乎都有一种大权在握的感觉，他们接受社会传染，并模仿他人行动，也易于受到催眠的暗示。

二是精神感应说。它认为同一群体的人，集中注意于同一个对象，很可能产生同样的情绪，以致共同做出出格的举动。这主要是因为他们觉得在群体中的行为比较安全，不怕受到惩处，当然，人们也往往认为群体的要求总是对的。

三是模仿说。这种理论认为，群体中的情感或行为是从一个参与者传到另一个参与者，其实质是模仿。社会学家布鲁迈是这一理论解释的提出者，他对社会传染进行研究后指出："吸引并感染了许多人，他们中有许多人本来是超然的和无动于衷的观众和旁观者。开始时，人们可能仅仅是对那一行为好奇或者有些兴趣，当他们获得那种激动的精神，也就对那一行为更加注意了，同时也就有更加介入进去的倾向。"

四是循环反应说。它认为主要是循环反应过程导致了"场化效应"，在这个过程中，情绪和行为在不同的个体间相互传染，导致大家趋同一致化。比如，在一次演出中，只要有一个人喝倒彩扔东西，便会导致更多的观众喝倒彩扔东西，行为从个人波及群体。

五是责任扩散说。它认为置身于群体之中，个人分摊到的行为责任很小，因此一些平时胆小、怕事、保守的人便会做一些一个人不敢做的事。

六是从众说。它认为群体会对个体产生一种压力，如果个体不按群体规范行事，便可能被群体其他人员冷落、责难、孤立，为了避免这些恶性境遇，个体便会做出与群体一致的行为举动。

# 公众为什么对受害者见死不救

某些新闻媒体曾经刊登过这样的事件，在公众场所，一名女子遭到了不法分子的侵害，但是周围的人们却没有为女子提供任何援助，任其身心遭受不法分子的蹂躏。针对诸如此类的社会事件，很多人都义愤填膺地指责公众的麻木不仁，哀怨社会道德的沦丧。那么，这类社会事件的背后，是否隐藏着更深的社会心理因素呢？心理学家曾经对此类现象进行了研究，并将公众对受害者见死不救的现象定义为"旁观者效应"。心理学家的研究始于一起发生在美国纽约的暴力事件。

1964年3月13日夜晚3时20分，在美国纽约郊外某公寓前，一位叫朱诺比白的年轻女子在归家的途中，遇到了意欲行凶之人，她绝望地喊叫："有人要杀人啦！救命！救命！"顿时，附近住户纷纷亮起了灯，打开了窗户，凶手被吓跑了。当一切恢复平静后，凶手再次来到了朱诺比白的跟前，女子再次喊叫，附近的住户再次亮起了灯，凶手仓皇逃跑。就在朱诺比白以为逃过了一劫，坦然地回到自己的公寓上楼时，凶手突然出现，朱诺比白拼命地叫喊，她的邻居中至少有38位人到窗前观看，但没有一个人见义勇为，结果朱诺比白死在了楼梯上。心理学家对这一社会案件进行了仔细的研究，将这种众多的旁观者见死不救的现象称为"旁观者效应"。

旁观者效应也称为责任分散效应，是指对某一件事来说，如果是单个个体被要求单独完成任务，责任感就会很强，会作出积极的反应。但如果是要求一个群体共同完成任务，群体中的每个个体的责任感就会很弱，面对困难或遇到责任时往往采取退缩的态度。当看到朱诺比白身处险境的时候，每一个邻居都认为即使自己不出手相救，肯定会有其他人挺身而出，结果导致所有的人都只是若无其事地倚窗相望，朱诺比白猝然死在了凶犯手下。

假设另外一种情境，朱诺比白明确向某个邻居发出了呼救的信号，她叫喊着某个邻居的名字，请求他帮助自己报警或者赶走歹徒——在这种情况下，朱诺比白获救的概率会更大一些——因为如果只有他一个人能提供帮助，他会清醒地意识到自己的责任，对受难者给予帮助。如果他见死不救会产生罪恶感、内疚感，这需要付出很高的心理代价。

因而，如果你确实需要某个人的帮助，为了避免"旁观者效应"，你应该明确地把自己的请求传达给具体的人，让对方确知自己需要承担的责任。在一个心理学实验中，当一名快餐店的被试离开餐桌前，如果他请求特定的一个人为自己看管皮包的话，"小偷"（实验者的同谋）把皮包拿走后，那些委托人都对"小偷"的行为作出了行为反应。在第二种情境中，被试离开前仅仅对别人问了一句"你有时间吗？"，结果，这些人只是无动于衷地看着"小偷"把皮包拿走。

# 为什么脏乱差的城市犯罪率较高

美国斯坦福大学心理学家菲利普·辛巴杜（Philip Zimbardo）在1969年进行了一项实验，他把两辆一模一样的汽车停在了不同的两个社区，其中一个社区是加州帕洛阿尔托的中产阶级区，另一个则是治安相对不太好的纽约布朗克斯区。停在布朗克斯的那辆车，他特意摘掉了车牌，打开了顶棚，结果不到一天，汽车就被偷走了。而停在帕洛阿尔托的那一辆，一个星期后仍然完好如初。后来，辛巴杜用锤子把那辆车的玻璃敲了个大洞，结果仅仅过了几个小时，汽车就无踪无影了。根据这个实验的发现，政治学家威尔逊和犯罪学家凯琳提出了一个"破窗效应"理论，认为：如果有人打坏了一幢建筑物的窗户玻璃，而破损的窗户又得不到及时的维修，别人就可能受到某些暗示性的纵容去打烂更多的窗户。久而久之，这些破窗户就给人造成一种无序的感觉。结果在这种公众麻木不仁的氛围中，犯罪就会慢慢滋生繁荣，难以得到有效遏制。

因此对于一个城市而言，如果政府希望降低犯罪率，首要的举措就是改善城市的环境状况。18世纪的纽约以脏乱差闻名，环境恶劣，犯罪猖獗，地铁的情况尤为严重，是罪恶的滋生地，平均每7个逃票的人中就有一个通缉犯，每20个逃票的人中有一个携带武器者。1994年，布拉顿就任纽约市警察局局长。为了有效地遏制犯罪，布拉顿对纽约的环境状况进行了大力度的改善。他从地铁的车厢开始治理：车厢干净了，站台跟着也变干净了，站台干净了，阶梯也随之整洁了，随后街道也干净了，然后旁边的街道也干净了，后来整个社区干净了，最后整个纽约变了样，变整洁漂亮了。随着环境的改善，渐渐地，纽约成为全美国治理最出色的都市之一，这件事也被称为"纽约引爆点"。

## 社会传统是如何形成的

很多人都有这样的经历，当进入一个陌生的场所后，如果对该场所的规则不甚了解的话，就会暗暗地模仿其他人的举动，以免自己做出超乎规则的举动，遭到他人的嘲笑。从心理学的角度来看，这便是一种"从众行为"。所谓的"从众行为"，就是对于一些自己不熟悉的情境，或者自己不确定自己的判断是否正确的场合，为了避免自己的态度和行为不合时宜，招致他人的取笑，很多人一般会倾向于跟随大多数人的观点和做法，以致所有的人都采取了同样的行为。

谢里夫·穆扎法是美国心理学家，他曾经做过一个与自主运动效应有关的实验，在实验中，他要求参与者判断一个光点的运动量，该光点出现在一个全黑的背景上，没有任何参照点，虽然它实际上是静止的，但看上去是运动的——这便是称之为自主运动效应的知觉错觉。在最初的时候，谢里夫让参与者单独作出判断，个人判断的差异很大。然而，当参与者被召集在一起，每个人都大声地说出自己的判断时，他们的判断就趋向一致。他们一致认为看到光点朝着同样的方向移动，并且移动量也相同。随后，谢里夫让参与者结束集体观看之后，独自回到同样的暗室，让他们重新判断光点是否移动，实验发现他们仍然遵从刚刚形成的群体规范。

人们之所以会从众，有时候便是受到了信息性影响。所谓的信息性影响，便是希望准确无误地了解特定情境下的正确的反应方式。就像那个古老的童话——《皇帝的新装》——所阐述的那样，虽然很多人都没有看到皇帝穿着的衣服，但是他们不确定其他人是否看到了皇帝的新装，如果自己说没有看到衣服，便会被视为愚蠢的人，于是每一个人都追随其他人的观点，一致赞不绝口地说皇帝的新装多么美妙绝伦。

所以，一个人越见多识广，对于自己的观点越自信，便越不容易被群体的力量所征服，从而成为一个有见解的人。

同时，在实验中还体现出这样一种现象：群体解散后，那些参与者独自回到暗室后，仍然遵从既已形成的群体规范，这正揭示了现实生活中的传统是怎么形成的。因为随后的研究发现，关于自主运动所形成的群体规范在一年后的测试中依然存在，即使最初创立规范的小组成员都离开后，最初所形成的关于自主运动的观点仍然经过几代的小组成员传递下来。通过这个实验，你便会明白那些传统规范为什么至今仍然操纵着现代人的生活了。

# 第七章

# 关于社交的心理效应

## 刻板效应：你总会受到刻板偏见的左右

刻板效应，又称定型效应，是指人们用刻印在自己头脑中的关于某人、某一类人的固定印象，以此固定印象作为判断和评价人依据的心理现象。

苏联社会心理学家包达列夫曾经做过这样的实验，将一个人的照片分别给两组被试看，照片的特征是眼睛深凹，下巴外翘。包达列夫向两组被试提供了截然相反的介绍，他告诉甲组"此人是个罪犯"，对乙组则说："此人是位著名学者"，然后，请两组被试分别对此人的照片特征进行评价。

关于人物特征的评价，出现了非常有趣的现象，甲组被试认为——此人眼睛深凹表明他凶狠、狡猾，下巴外翘反映着其顽固不化的性格；乙组的判断则是这样的：此人眼睛深凹，表明他具有深邃的思想，下巴外翘反映他具有探索真理的顽强精神。

针对同一张照片的面部特征，为什么会出现如此迥然有异的评价呢？心理学家分析说，这是因为人们对社会各类的人有着一定的定型认知——把他当罪犯来看时，自然就把其眼睛、下巴的特征归类为凶狠、狡猾和顽固不化，而把他当学者来看时，便把相同的特征归为思想的深邃性和意志的坚忍性。

探究这种现象的本质，可以发现刻板效应其实来自于认知偏见，人们对不同人进行分类，然后产生了不同的固化印象，在这种印象的影响下，对不同的人群产生了不同的态度和行为倾向。就像笑话中的上帝为不同肤色的小朋友安排了不同的命运一样，你也常会受限于既有的刻板印象，从而用刻板印象的信息来决定自己的行为。比如，身为中国人，你多会认为日本人更加有暴力倾向，美国人则更喜欢插手别人的事情。

# 首因效应：第一印象总是占据着主导地位

人与人第一次交往中给人留下的印象，在对方的头脑中形成并占据着主导地位，这种效应即为首因效应。首因效应也叫首次效应、优先效应或"第一印象"效应。它是指当人们第一次与某物或某人相接触时会留下深刻印象，第一印象作用最强，持续的时间也长，比以后得到的信息对于事物整个印象产生的作用更强。心理学研究发现，与一个人初次会面，45秒钟内就能产生第一印象，形成第一印象的主要是性别、年龄、衣着、姿势、面部表情等"外部特征"。

首因效应本质上是一种优先效应，当不同的信息结合在一起的时候，人们总是倾向于重视前面的信息。即使人们同样重视了后面的信息，也会认为后面的信息是非本质的、偶然的，人们习惯于按照前面的信息解释后面的信息，即使后面的信息与前面的信息不一致，也会屈从于前面的信息，以形成整体一致的印象。

在人际交往中，首因效应发挥着重要的作用——每个关系的建立都肯定会有第一次见面，如果一个人无法为他人留下较好的第一印象，将不利于以后人际关系的发展，至少会对人际发展进程产生负面影响。所谓的"新官上任三把火"、"先发制人"、"恶人先告状"便利用了首因效应的正面影响，很多的人极为注重出现在一个陌生场合的首次印象。争取让自己为他人留下正面的印象，便是希望可以借此带来更和谐的人际关系发展。

# 近因效应：对他人最近、最新的认识占了主体地位

"近因效应"，与首因效应相反，是指在多种刺激按不同顺序出现的时候，印象的形成主要取决于后来出现的刺激，即在交往过程中，我们对他人最近、最新的认识占了主体地位，以致掩盖了以往形成的对他人的评价。比如，让你此时此刻判断一下你与某个朋友的关系，如果你们几天前刚刚吵过架，你就会认为你们的关系不是很好，而如果这个朋友昨天刚刚借给你1 000块钱，你就会将你们的关系定义为"患难之交"，认为对方是你真正的朋友。

美国心理学家卢钦斯以实验的方式证明了"首因效应"与"近因效应"。在实验时，卢钦斯准备了两段文字，在第一段文字中将一个叫做吉姆的男孩描述为热情外向的人，在第二段资料中将吉姆描述为冷淡而内向的人。然后，卢钦斯将这两段材料组合成四组：

第一组　描写吉姆热情外向的文字先出现，冷淡内向的文字后出现。
第二组　描写吉姆冷淡内向的文字先出现，热情外向的文字后出现。
第三组　只显示描写吉姆热情外向的文字。
第四组　只显示描写吉姆冷淡内向的文字。

卢钦斯让四组被试分别阅读一组文字材料，然后回答一个问题"吉姆是一个什么样的人？"实验结果显示，第一组被试中有78%的人认为吉姆是友好的，第二组中只有18%的被试认为吉姆是友好的，第三组中认为吉姆是友好的被试有95%，第四组只有3%的被试认为吉姆是友好的。

通过上述实验，卢钦斯得出结论：信息呈现的顺序会对社会认知产生影响，先呈现的信息比后呈现的信息有更大的影响作用。

后来，卢钦斯在进一步的研究中发现，如果在两段文字之间插入描述某些活动的文字内容，如吉姆做数学题、吉姆听故事等，则大部分被试会根据活动以后得到的信息对吉姆进行判断，也就是说，最近获得的信息对他们的社会知觉起到了更大的影响作用——这一实验结果证明了"近因效应"。

通常来说，近因效应一般不如首因效应明显和普遍。在印象形成过程中，当不断有足够引人注意的新信息，或者原来的印象已经淡忘时，新近获得的信息的作用就会较大，就会出现近因效应。

## 晕轮效应：情人眼里出西施的根源

晕轮效应又称"光环效应"、"成见效应"、"光圈效应"、"日晕效应"、"以点概面效应"，指的是在人际知觉中所形成的以点概面或以偏概全的主观印象。人们对于他人的认知判断首先是根据个人的好恶得出的，然后再从这个判断推论出认知对象的其他品质。如果认知对象被标明是"好"的，他就会被"好"的光圈笼罩着，并被赋予一切好的品质。这种强烈知觉的品质或特点，就像月亮形式的光环一样，向周围弥漫、扩散，从而掩盖了其他品质或特点，所以晕轮效应也形象地被称为光环效应。

心理学家爱德华·桑戴克做过一个这样的实验。他让被试者看一些照片，照片上的人有的很有魅力，有的无魅力，有的中等。然后让被试者在与魅力无关的特点方面评定这些人。结果表明，被试者对有魅力的人比对无魅力的赋予更多理想的人格特征，如和蔼、沉着、好交际等。

晕轮效应最早是由美国著名心理学家爱德华·桑戴克于20世纪20年代提出的。他认为，人们对人的认知和判断往往只从局部出发，扩散而得出整体印象，也即常常以偏概全。一个人如果被标明是好的，他就会被一种积极肯定的光环笼罩，并被赋予一切都好的品质；如果一个人被标明是坏的，他就被一种消极否定的光环所笼罩，并被认为具有各种坏品质。这就好像刮风天气前夜月亮周围出现的圆环（月晕），其实，圆环不过是月亮光的扩大化而已。据此，桑戴克为这一心理现象起了一个恰如其分的名称"晕轮效应"，也称作"光环作用"。

通过上面的笑话，由此你也可以理解为什么明星总是有那么多绯闻了，我们总是对于媒体关于明星的丑闻爆料十分感兴趣，对此津津乐道，然而事实上，我们所看到的关于明星的形象都是媒体所展现给我们的那圈"月晕"，或许这些故事只是媒体的断章取义，与事实的真相相距十万八千里。

## 名片效应：相似的态度和价值观有助于形成优质的人际关系

在人际交往中，如果首先表明自己与对方的态度和价值观相同，就会使对方感觉到你与他有很多的相似性，从而很快地缩小对方与你的心理距离，使其愿意与你接近，从而结成良好的人际关系——这便是"名片效应"，相似的态度和价值观就犹如一张心理名片，将自己以实现良性互动的目的介绍给了对方。

如果希望在人际交往中产生"名片效应"，首先便要向对方传播一些他们可能感兴趣和喜欢的观点和思想，然后再不经意地将自己的观点渗透其中，这样便会让对方产生一种印象，认为你的思想观点与他们的极为类似，从而拉近彼此的关系，增加交际对象对你的认同感。

有这样一个关于里根总统的笑话，一次，里根面对的是一群意大利血统的美国人，他说道："每当我想到意大利人的家庭时，我总是想起温暖的厨房以及更为温暖的爱。有一家意大利人刚开始住在狭小的公寓房间里，后来他们迁到了乡下的一座大房子里。一位朋友问这家一个12岁的儿子托尼：'喜欢你的新居吗？'孩子回答说：'我们喜欢，我有了自己的房间。我的兄弟也有了他自己的房间。我的姐妹们都有了自己的房间。只是可怜的妈妈，她还是和爸爸住一个房间'。"毋庸置疑的是，里根在讲话中传达出自己对于意大利人的正面印象，这种说辞自然能赢得意大利血统美国人对自己的认可，拉近自己和选民的心理距离。从某种意义上来看，里根正是恰当运用了"名片效应"对人际互动的积极影响。

一般而言，人们总是更喜欢与自己价值观和情感倾向类似的人，这有助于他们提高自我认同度，减少自己和外界的冲突，由此也可以理解人们为什么总是对偶遇知音如此欢欣雀跃了。

## 改宗效应：一味地认同对方并非上上之策

美国社会心理学家哈罗德·西格尔有一个出色的研究，题目是"改宗的心理学效应"。研究表明，当一个问题对某人来说十分重要的时候，如果针对这个问题，他能使一个最初的"反对者"改变意见而和自己的观点一致，相对一个最初的"同意者"而言，那名改宗的"反对者"更容易获得此人的认可。

在经营人际关系时，为了赢得他人的好感，很多人惯于做"好好先生"，对于对方的态度和观点一味称好，即使自己内心并不真正地赞成，也会做出完全苟同的样子。然而改宗效应说明，这种好好先生式的人际相处方式并不一定能使自己赢得他人的认可，人们更欣赏以反对之声作序的相同意见。因为如果一个人能够让他人实现从"反对"到"同意"的态度转变，便可以显现出此人对他人的影响力，凸显出此人观点的力量——一般而言，人们总是很享受拥有这种影响力的快乐。

虽然人们在选择朋友时总是乐于寻找与自己相似的人，但是人们也欢迎一些友好的、值得借鉴的不同意见，以此作为自己态度和行为的参考。一个"反对者"改宗为"同意者"后，便具备了如上两种特质：既能提供相异的意见，也会成为步伐一致同盟者——这种人往往会是人们选择朋友时的上上之选。

所以，为了获得质量更高的人际关系，可以使用如下策略：即使你百分之百地赞成某个人的意见，也不妨适当地夹杂些反对之声，然后再笔锋一转，赞成对方观点中的合理部分。

## 变色龙效应：模仿对方的身体语言，你会更受欢迎

"变色龙效应"是指人们经常无意识地模仿其他人的姿势、怪癖和面部表情的心理学现象。通过实验，心理学家巴奇和查特朗识别了以"变色龙效应"表现出来的部分肢体语言，他们进而得出结论：如果一个人模仿了他人的手势或者身体姿势，人们往往会更喜欢这个人。

巴奇和查特朗做了这样一个实验，他们让78名被试坐下来分别与一名实验者进行交谈，在交谈的时候，实验者故意改变交谈中的习惯动作，比如露出更多的笑容，与被试进行频繁的面部接触、脚部不停地摆动。

结果发现，被试确实会不经意地模仿实验者的习惯动作。心理学家发现，在所

有的被试中，面部接触的比例上升了20%，被试脚部摆动的比例上升了50%。

继而，巴奇和查特朗便想验证"模仿是否能增进好感"的观点，于是，他们又做了第二个实验，他们安排78名被试在一个房间与另一名实验者（以陌生人的身份出现）就一张照片分别进行交谈，在交谈的过程中，实验者会主动模仿一部分被试的肢体语言，当交谈结束后，心理学家让被试对实验者的好感度和交流的顺利程度作出评价。

结果显示，针对好感度和交流顺利程度两个方面，被模仿者给实验者打出了6.62和6.76的平均分数，而未被模仿者提供的平均分数只有5.91和6.02。实验说明，人们的确更喜欢那些模仿自己身体语言的人。

"变色龙效应"属于一种社交互动中的温暖回应，实验表明，确实大多数人会在交谈中不自觉地模仿对方的身体语言，而且人们还会从这种模仿行为中无端受益，因为人们倾向于喜欢那些模仿自己的人。

## 跷跷板互惠原则：投之以桃，报之以李

丹尼斯·雷根教授曾经做过这样一个实验。在这个实验中，有两个人被邀参加一次所谓的"艺术欣赏"，也就是两人一起给一些画作评分，其中一人乔是雷根教授的助手。实验在两种情况下进行。在第一种情况下，乔主动送了那个真正的实验对象一个小小的人情，在评分中间短暂的休息时间里，他出去几分钟，回来时带回了两瓶可口可乐，一瓶给实验对象，一瓶给自己，并告诉实验对象，"我问他（主持实验的人）是否可以买一瓶可乐，他说可以，所以我给你也带了一瓶。"在另一种情况下，乔没有给实验对象任何小恩小惠，中间休息后只是两手空空地从外面进来。但在所有其他方面，乔的表现都一模一样。

稍后，当评分完毕，主持实验的人暂时离开了房间，乔要实验对象帮他一个忙。乔说自己在为一种新车卖彩票。如果他卖掉彩票的数目最多，他就会得到50块钱的奖金。乔想要实验对象以25分一张的价钱买一些彩票："买一张算一张，但当然是越多越好了。"结果那些得过他的好处的实验对象所购买的彩票数目是另一种情况下的两倍。平均下来，在这种实验条件下，乔做了一笔很合算的生意：他的投资回报率达到了500%。

在上述实验结束后，雷根让实验者填写关于是否喜欢乔的问卷，结果发现，在未接受乔的可乐的条件下，实验对象购买彩票的数量与对乔的喜欢程度成正比。但在接受了乔的可乐的情况下，这种正相关关系完全消失了，也就是说，不管他们喜不喜欢乔，他们都觉得有责任来报答他，因此都买了较多的彩票。

由此可见，当人们接受了某人的好处后，很容易答应对方一个在没有负债心理

时一定会拒绝的请求，以此来实现利益的互惠交换。人与人之间的利益互动，就如坐跷跷板一样，偶尔处于低势，偶尔处于高势，通过高势与低势的转换，个体并不会损伤自己原来的利益，反而在转换的过程中，既实现了利益所得的丰富化，也体会到了赠送与回馈之爱。

投之以桃，报之以李——如果不懂得人际互惠原则，从不将自己拥有的物品与他人分享，拥有桃子的一方很难品尝到李子的味道。

**心理测试：**

### 你能和朋友们融洽相处吗

尽管朋友之间可以相互理解和宽容，但有时也难免会产生一些小的矛盾或摩擦。这些矛盾或摩擦产生的根源在哪里呢？赶紧自己反省一下吧。

如果今天是你的生日，你兴致勃勃地请一些同学和同事来参加你精心准备的生日宴会。新朋旧友齐聚一堂，其中有个家伙竟然穿着一身"乞丐服"出场，使你觉得浑身不自在。请问你会怎么处理这件事情呢？

A. 直接对他说："你不觉得破坏了今天的盛会吗？"

B. 在他背后贴个标语整整他。

C. 调侃着说："不错嘛！这身打扮很适合你。"

D. 一句话都不说，一笑而过。

E. 间接地提醒他，并说出自己的感受。

选择分析：

选择A：你的个性十分爽直，做事从不拖泥带水，也不会像一些敢怒不敢言的变色龙一样心口不一，颇具"将相本无种，男儿当自强"的气魄。可是这种性格最显著的缺点就是不给自己和别人留后路，容易得罪人。

选择B：你的方式总是很特别，而且你很容易和周围的人打成一片。这个"打"字有两种意义：第一是热烈的意思，第二是真的"打"起来。无论如何，你的开放性格，是这个社会动力的源泉，值得提倡。不过要注意场合和分寸，方式不能太过激。

选择C：你总是喜欢故作神秘状，但是任谁都知道你在讽刺他，但也只是心照不宣。幸好，你善于和颜悦色，颇有人缘。你的危险之处在于说话时流露出的恶意的讽刺，这样很容易伤人的。

选择D：你总是含蓄地不肯表达对别人的看法，让人觉得很冷。不善人际关系是你的隐忧，因为你的本质较为内向，行事太过保守，不能给他人特别的帮助。不过你的本性是非常善良的。

选择E：你始终不能和亲戚朋友以不拘小节的方式进行沟通，人际关系虽好，但不见得真实。即使是再亲密的朋友，总给人一种刻意经营的感觉，不够自然，不够真实。乍看之下，你好像是真心对待朋友，时间久了，就会让人产生疏离感。

# 贝勃定律：为什么你的好心总是付了东逝水

一个人右手举着300克的砝码，这时在其左手上放305克的砝码，他并不会觉得有多少差别，直到左手砝码的重量加至306克时才会觉得有些重。如果右手举着600克的砝码，而这时左手上的重量要达到612克才能感觉到重。也就是说，原来的砝码越重，后来就必须加更大的重量才能感觉到差别，这种现象被称为"贝勃定律"，意思是：当人经历强烈的刺激后，之后施予的刺激对他来说也就变得微不足道。

在人际交往中同样有"贝勃定律"，有的人常常抱怨：我对他那么好，他却总是不知足，别人只是偶尔对他表示了一下关心，他就将对方视为大善人，太没天理了！进而产生这种疑问：为什么我的好心总是付了东逝水呢？究其根本，原因便在于"贝勃定律"。

在距情人节来临两个月前，一位意大利的心理学家曾在两对具有大体相同的成长背景、年龄阶段和交往过程的恋人当中，做了这样一个送玫瑰花的实验。心理学家让其中一对恋人中的男孩，每个周末都给自己心爱的姑娘送一束红玫瑰；而让另一对恋人中的男孩，只在情人节那一天向自己心爱的姑娘送去一束红玫瑰。

由于两个男孩的送花频率和时机不同，导致了结果的截然不同：那个在每个周末收到红玫瑰的姑娘，表现得相当平静。尽管没有大的不满意，但她还是忍不住说了一句："我看到别人送给自己女友大把的'蓝色妖姬'，比这普通的红玫瑰漂亮多了，心里真是很羡慕！"而那个从来没有接过红玫瑰的姑娘，当手捧着男朋友送来的红玫瑰花时，表现出了被呵护、被关爱的极度甜蜜，随后竟然旁若无人、欣喜若狂地与男友紧紧拥吻在一起。

相较那个每个周末都送玫瑰花的男孩，另一个男孩只是在情人节送了一次玫瑰，就让女朋友感激涕零起来，用经济学的视角来打量，可以说，第二个男孩的做法实现了更高的投入产出比。

因此，这便提醒我们，虽然人际交往遵循互惠原则，但是这并不意味着竭尽全力地对一个人好便是最优选择，有时候对一个人的好漫不经心一些，反而会获得更高的人际回报。

# 第八章
# 如何成为社交宠儿

## 为什么要进行人际交往

心理学家马斯洛曾经指出：人类有五大类需要——生理需要、安全需要、归属和爱的需要、尊重的需要和自我实现的需要。上述每一种需要的满足都离不开人际交往，通过人际交往，我们实现了个体的社会化过程。人际交往伴随人的一生，是人的基本需要之一。缺乏或被剥夺了正常的交往活动，个体就会出现消极情绪反应和心理紊乱，久之便导致身心疾病。因此，人际交往是维持人的正常心理、生理健康的必要因素。

心理学家研究认为，人际交往的心理需求可以分为三个方面：本能、自我肯定的需要和合群需要。

### 1. 本能

心理学家认为，人际交往需要是个体在发展进化的过程中逐渐形成的，这是一种适应社会生活的能力，属于个体通过遗传直接传递给后代的本能之一。在远古时代，个体的自我保护能力非常低，在危机四伏的自然界中，只有采取集体行动、依靠群体的力量，才能抵御外敌的侵害，从而保持种族的繁衍。经过漫长的进化和演变过程，古猿逐渐形成了群居习性，并将这种习性遗传给后代。

大量的研究表明，人类个体早期的社会性交往是日后适应社会生活的基础，也是个体的个性发展的基础。人类个体最早形成的社会性交往是婴儿和母亲的交往：婴儿一出生就需要周围环境能为其提供温暖、舒适、食物和安全，以保证其健康成长；通常母亲能为其提供这些需要，于是婴儿与母亲进行了积极交往和情感联系。社会心理学家研究发现，婴儿通过和母亲的积极交往，学会和形成了团结、同情、关心、帮助他人、与人分享、合作、谦让、尊敬长辈、文明礼貌等等大量的社会行为规范和许多良好的社会行为，习得了最初的社会交往技能，如学会了如何参与交往、发动交往、维持交往和解决交往中的冲突和矛盾等，并积累了社会交往经验。因此可以说，母婴关系是诸多其他社会关系形成的基础，在很大程度上影响了婴儿以后人际关系的形成和质量。

人类天生就有与别人共处、与别人交往的本能需要；只有在与别人的正常交往中，保持一定的情感联系、形成亲密的人际关系，人才会有安全感；人类的这种本能需要影响和制约着个体的健康成长和发展。

**2. 自我肯定的需要**

随着自身生理方面的成熟、对周围环境认识的加深，婴儿逐渐能够区分开自己与周围环境的关系、自己与他人的关系，也就产生了自我意识。但个体对自己真正的了解，还必须依赖于与他人的交往。

20世纪初的社会学家发现，个体的自我认识开始于认识别人的评价。个体可以从别人对待自己的评价、态度、行为方式之中了解自己、界定自己，形成相应的自我概念。例如，如果一个孩子被他的父母所钟爱、被老师所重视、被朋友所喜欢和尊重，那么他就一定会认为自己是一个具有某些令人喜爱的品质的人；如果个体从出生起就没有接触人类社会、没有与人正常交往的机会，那么他的自我概念发展就会受到抑制，尽管其各方面的生理机能可能发展正常。个体的自我概念会引导个体塑造实际的自我。所以，在有效的社会人际交往中了解别人对自己的态度和评价，我们就可以更好地了解自己、确立自己在群体中的地位、树立相应可行的奋斗目标。

一般地，我们不会满足于只知道自己的一些品质或某些特征。心理学研究发现，个体总喜欢选择一些心理上愿意接受的群体，将自己的态度、价值观和行为等等都与这些群体对照，并接受这些群体对自己的影响。这个过程离不开社会人际交往。比如，当一个人知道自己的身高达到170厘米的时候，他一定还会产生同龄人的平均身高是多少、自己在同龄群体中是高还是矮等等问题，而这必须和别人去交流才会获得答案。我们与他人比较，不仅限于自己生活周围的同龄人，有时也会与一些理想中的人进行比较，比如自己的父母、老师、英雄人物、青春偶像等，比较之后往往就会受到他们的影响。

与他人比较并不是最理想的了解自己的方法，因为别人不一定完全了解我们的内心世界，或者心存偏见，其评价也不一定正确、客观、公平。过分依赖他人的评价来认识自己，会形成不恰当的自我概念和不良的行为方式。正确的做法是，既要与别人相比，以了解自己与别人的差距和自己的独特之处，同时又要与自己相比，以看到自己的进步和发展。如此这般，我们才会更好地成长和发展。

**3. 合群需要**

个体的合群需要也是产生人际交往的心理需要之一。每一个人都有合群需要，

适当的人际交往是个体满足自身合群需要的手段。

心理学家曾经做过一项实验：将实验对象分为高恐惧组和低恐惧组。在高恐惧组条件下，实验对象被告知，他们将参加一项电击实验，电击会很痛，但不会留下永久性伤害；在低恐惧组条件下，实验对象被告知，电击只是有些轻微的震动，不会有任何伤害性后果。然后，在被试者等待接受电击的时间里，研究者逐个询问他们是愿意独自等待还是想与其他人一起等待。结果发现，高恐惧组个体倾向于寻求与他人在一起、倾向于寻求他人伴同；低恐惧组个体的这种倾向没有那么强烈。可见，与人交往能增加人的安全感。

人们在日常生活中何尝不是如此。在漆黑的夜晚，当你一个人走在一条小路上时，你是不是很渴望有人来作伴呢？如果突然听到人的说话声，你是不是顿时觉得释然了许多？

# 像个成功人物的二十条军规

### 1. 在发表意见的时候，将意见整合为若干大项

说话清晰，可以让人觉得"头脑好"，这一道理相信大家都同意。但如何说才能口齿清晰呢？最好的方法，是一开始就将今天所要讲的话有哪几大项以及每一项的内容又如何等先说清楚！

为什么要先做上述的报告呢？由于人类是一种喜欢推理的动物，因此一旦事先表明了大概的内容，听众就可以一边听讲，一边进行下一步骤要说什么的推测，并且由于有了某些心理上的准备，他们对讲演内容的吸收也会特别快。

换句话说，事先简单地说明将要讲演的内容，由于听众已经有了某种程度的心理准备，因此就算讲演的人偶尔口齿不清，也不会影响到听众的感受，因此可以让他们产生"此人头脑不错"的印象。

### 2. 每次都能将意见归纳成三大项，别人就会对你的归纳能力留下深刻的印象

人们对于"三"总是有一种特殊的感觉。"三"往往可以带给人们一种安全感。具有说服力的人，往往善于利用"三"的战术。有位商社的副社长士光敏夫先生就是其中的佼佼者。他对于任何问题的答复都是"这个问题有三个答案"，并且在回答问题时也都将问题归纳成三大项。这样不但问题被整理得容易理解，对于整个问题的探讨也颇有助益。

反过来说，若将问题的答案仅仅限定为一项，则容易使人有一种武断的感觉，如限定为两项则又易使人有左右摇摆不定的印象。

### 3. 任何话都尽量在三分钟以内说完，也是表现"自己头脑好"的诀窍

我们常常可以看到类似"三分钟讲演术"以及"三分钟自我介绍"的书。事实上"三分钟"对我们而言，的确具有特殊的作用。通常一般人讲三分钟的内容，是不用看稿可以侃侃而谈的极限。

据有人在广播电台主持每天2分50秒的迷你节目的经验，发现这一时间正好可以不多不少地讲完一个主题。以一般谈话的内容而言，一分钟太短，五分钟又太长！

为什么？事实上三分钟是人类表达自己意见的最适当时间。任何谈话只要有三分钟，就可以表达得清清楚楚。超过此时间所说的话，很可能就是废话了！

说话最重要的目的就是要让听众有良好的感受。世界上没有任何事会比内容贫瘠的话更令人觉得无聊的了。因此与其多说废话，倒不如将说话的内容精简在三分钟以内说完，这样反而容易让听众接受，并且听众还会对讲演者产生"此人头脑不错"的印象。

### 4. 凡事考虑周到，想到最坏的结果

举一个很简单的例子，假定有一位汽车推销员，他每月销售业绩是三十部汽车，但本月他只销售了十部汽车。如果事先他已向上司报告说："这个月由于其他车厂推出新型车，因此预测自己本月只能卖出四五部汽车。"如今卖出了十部汽车的这一事实，看起来就不再是一项缺憾而是一项突破了。但若他事先向上司表示"虽然这个月份其他车厂推出了新型车，但我至少可以卖出十四五部汽车"，则售出十部汽车的这项事实，就会被认为是一项"失败"！这也从另一个角度解释了本书第二章所讲过的"欲扬先抑"定律的潜在内涵。

### 5. 平常说话时偶尔加入一两个专业名词，可以使人感觉你有深度

当我们坐在车上或咖啡厅里，听到旁边有人说外国话或专业名词时，我们的目光往往会不由自主地去注视他们。

这种现象就是记忆心理学上所谓的"凝离效果"。例如若将一个特殊符号放在一大堆数字当中，则这个特别符号一定会特别醒目，这就是所谓的"凝离效果"。

所以当你追求女朋友的时候，如果常在谈话中加入一些外语，对方往往会觉得你很有学问。一旦感觉某人有学问，我们对于这个人谈话的内容就会格外注意。

反过来说，若总用这种方法，则不但"凝离效果"会越来越淡，并且反倒会使对方感觉谈话的人肤浅甚至卖弄！如此不但达不到表现自己有学问的目的，反而会给对方留下坏印象。因此，卖弄深度也得适可而止。

### 6. 若想让别人接受自己的意见，可以尝试以名言或谚语的方式表达自己的意见

有时我们想拒绝一件事，往往由于某些因素，我们无法很干脆地拒绝，因为一不小心就可能又树立了另一个敌人！

此时我们就必须找借口来拒绝了。但若所找的借口又与自己有密切的关系时，虽然对方因此接受了我们的拒绝，但另一方面他同时也会感觉到直接被人拒绝的愤怒。

那么如何才能既不伤感情又达到拒绝的目的呢？通常，若要真正地做到两全其美，是相当困难的。这里有一个比较理想的方法，你不妨试一试。那就是翻一翻历史，找一找历史名人们说过的话，是否有适合自己目前处境的名言。若有，则我们可借该名人的话，向对方表达自己想表示的意思。例如，我们可以用"孔子曾说……"的方式来表达（暗示）自己目前的心境。这样一来，对方的感受往往也不会再那么强烈，而我们想拒绝的目的就达到了。

此外，引用名言或谚语，往往也可以加强自己的说服力。这就是心理学上所谓的"威光暗示"效果。

### 7. 叙述数字时若能将个位数也表示清楚，可以提高别人对自己的信赖感

试想，如果我们听到对方把小数点以下的数字，都清清楚楚地说出来，我们有什么感觉？是否会认为对方的记忆力惊人？通常有些人被尊为"超人"，就是因为他们肯下功夫，将小数点后的数字都记起来的缘故。

其实牢记数字，往往还能让听讲的人产生信赖感。例如有一位杂货店的老板到银行申请贷款时，他要求银行借他91万元。银行的经理觉得很奇怪，就问他为何不干脆借100万元。这位老板很坚决地表示，他贷款的金额经过他仔细计算，确实只需借91万元，因此他只要借91万元即可。银行经理听到后觉得他非常可靠，于是立刻批准了他的贷款。

### 8. 某些畅销书就算没读过，别人提到时也要表现出感兴趣的样子

无论从事何种工作，一旦丧失了时代感，就不可能会有任何进步。事实上，在各种变化都很激烈的时代，"时代感"是每个人都不可缺少的一种素质。

为了达到具有时代感的目的，我们必须对流行语、广告词、电视的热门节目、各种周刊、杂志以及畅销书等，都有一定程度的了解。虽然许多流行现象并没有太值得我们学习的地方，但由于它们是一种社会时尚，因此我们也不能轻易地否定他们。

虽然有人认为，只读畅销书的人没什么水平，但事实上却不尽然。姑且不论它的内容如何，只要由它能在短短的时间里就拥有一二百万的读者这一事实来看，就可以知道这实在是一种不可忽视的社会时尚。

因此，虽然我们不见得一定要读完所有的畅销书，但在报纸杂志上看到介绍畅销书的文章不妨看一看，对于我们只有好处而没有坏处！原因是我们很可能在许多聊天的场合，听到其他的人以目前畅销书内容来作为话题。若自己连书名、作者都不清楚，试想别人对你的印象将会如何？

畅销书明显地反映了一个时代的发展趋势，对畅销书有几分了解，至少表明我

们不是"out"一族。

### 9. 与他人一起就餐时，对于菜品的选择不要优柔寡断

有些人在与人一起到餐厅用餐时，常常无法决定自己要吃的东西。另外，有些人还会在好不容易决定自己要吃的东西后，又要求取消而另外再更换其他的东西。此时，如果是女孩子，旁人还可以容忍，但若是男人，则会给人留下优柔寡断的坏印象，并且还会被人瞧不起。

虽然有人或许会说，只不过是无法决定自己想吃什么，怎么会被人认为优柔寡断？根本就是小事一桩！但若换个角度来看，就因为是小事，才必须更加注意！

倘若我们要做一个与自己或公司未来命运有关的重大决定时，任何人都不可能立刻决定。就算看似立刻决定，那也是由于他平时就已对这个问题进行了思考，早就胸有成竹。

不过对于决定自己要吃什么，相信任何人都应该能在短时间内决定。若连吃什么这种决定都要想来想去，则别人就会很自然地联想到，若让他决定一件比吃什么更难、更重大的问题时，他的表现又将如何！

### 10. 与人约定下次见面时间时不妨先翻看一下记事本，再确定时间，可提升自己的社交价值

与人约定时间时，对方通常会有两种反应：一种是表示什么时间都可以，而另一种则表示要翻一翻记事本，看看哪个时间可以。

排除一些特殊的情况，如果你表示什么时间都可以，可能会给人留下无所事事的感觉，如果你将自己的日程表拿出来，则会显示出自己的重要性，从而提升自己的社交价值。

### 11. 为了看起来像个"大人物"，不妨将各种动作放慢

从前有位朋友曾与一位号称最伟大的记者有过一面之缘，虽然他的言谈举止相当有深度，但给人的感觉不但不像个大人物，反而有点瘪三！事后想想，这是由于那位记者的各种动作不够稳重的缘故。虽然动作与人的本质并没有直接的关系，但我们对一个人的印象，却往往会因他所表现的动作而有所改变。

人一向就有一种先入为主的观念。通常所说的大人物，他的各种动作一定是缓慢而稳重的。因此若想让别人把你当作大人物般看待，就应该刻意地将自己的各种动作放慢。缓慢且稳重的动作，不论在视觉或心理上，都可以让对方感觉到你是个大人物！

### 12. 逆光走向对方会使人产生此人较"大"的感觉

欧美人士相当重视心理学在商业上的应用。尤其是身为公司的高级干部，他们平时更重视自己的服装、室内摆饰等等，都以尽可能给人留下好印象为目的。

在美国还有专为此论点写的一本很厚的书。书中分别说明大人物的谈吐（由如何选词造句到每句话之间应停顿多少等）、应对表情、说话的语调姿态、抽烟的姿势等等，巨细无遗。其中最让人觉得有趣的，就是它还提到"逆光走向对方会使人产生此人较'大'的错觉"。

逆光当然不容易让对方看清楚自己脸上的表情，因此会让对方产生不知道他在想什么的威胁及压迫感。有些人甚至按自己谈话的对象或内容，调整自己房间内灯光的明亮度，从而制造最适当的气氛。

我们或许还用不着做到这种地步，不过在与人说话时选择逆光的位置的确比较好。因为逆光会使对方看不清楚我们脸上的表情，一旦我们露出犹豫不决的表情时，对方也不容易察觉，从而可使自己为别人留下好印象。

### 13. 直条纹的衣服可使你看起来较高

错觉是视觉心理的一种原理。其中常被人应用的是直条纹与横条纹带给人的视觉差异。这项错觉原理常被应用在服装上，我们若想使自己看起来个子高一点，不妨穿直条纹的衣服，反之，若想使自己看起来胖一点，则可改穿横条纹的衣服。

对自己身高不满意的人，可以常穿直条纹的衣服，使别人产生错觉。根据美国一所大学的研究报告，身高与未来的升迁有绝对的关系。一般人站在个子比自己高的人身边，多少总会感受到有一股压迫感，这是一项不争的事实。换言之，身材高大的人可以让别人产生自己能力强的错觉。因此我们应该多穿直条纹的衣服，让自己看起来更高更大。这样可以给别人一种大人物的印象。

### 14. 一定要对交谈对象的谈话内容有所回应

以前有两位杂志社的编辑，有一次为了连载小说的刊登事宜，两人一起到一位小说作家的家中拜访。其中有一位是老资格的编辑，另一位则是初出茅庐的新编辑。

见面时由老资格的编辑展开话题，但是为了日后交接工作，他仍刻意地安排让同来的新编辑有说话的机会。可是那位新编辑却根本不搭腔。第二天，那位作家就打电话来向老编辑表示"昨天与你同来的那位老弟头脑是否有问题？"

显然，几乎每个人在说话时，都希望得到对方的回应，倘若对方没有任何回应，说话者便会认为听话者对自己的谈话内容一点都不感兴趣，至少是心不在焉的。因此我们在听人说话时，一定要有所回应，哪怕只是轻轻地点头默许，或者针对某些讲话内容提出自己的疑问，都会让对方感到你正在关注着他。

### 15. 重复"我认为……"、"我的……"等话语，可以加深别人对自己的印象

我们在一些演讲场合，经常可以听到演讲者在他们的话中，不时重复"我认为"、"我的……"等语。对于这些从事政治活动的人而言，向大众推销自己是最迫切需要的事。而多用"我"这个字眼，正是加深别人印象的主要方法。

与欧美的语言比较，东方人原本就比较少用"我"这个字，并且在日常的生活中，东方人通常都会尽量避免用"我"这个字。那么为何东方人会避免用"我"这个字呢？最主要的原因，就是在潜意识中想逃避责任，不想让对方知道这是自己的意见、自己的感受。换而言之就是一种潜在的防卫意识，认为如此做同时还能避免与周围的人发生冲突。

的确，一个人若不时表示"我的看法是……"或"我认为……"，则往往会给人自大、固执的印象。相反，若想让别人对自己留下深刻的印象，则不妨在言谈中多使用"我认为……"、"我的……"等话语。但这种方法不宜使用太频繁，否则反而会有反效果。这一点必须特别注意。

### 16. 将自己的"特点"归纳在三个以内，可以加深别人的印象

在日本的东北部，有一家知名度颇高的饭店。这家饭店虽然并不是什么百年饭店，但附近的人们举行喜庆宴会时，大多数都会选择在这家饭店举行。据了解，当地的人认为若能在这家饭店举行婚礼，是件非常值得骄傲的事。这家饭店之所以能够如此成功，完全要归功于这家饭店的总经理，他将该饭店的特点归纳为两个：其一，饭店推出正统式餐饮；其二，饭店所装饰的吊灯，都是价钱极为昂贵的高级货。据说他们最小房间中所装设的吊灯，价值就有4 000万日币，大房间中的吊灯，价格更高达1亿日币！因此，当你到达那个城市之后，只要向计程车司机表示要到这家饭店，司机就会立刻反问："是那家装设昂贵吊灯的饭店吗？"或"是那家推出正统餐饮的饭店吗？"

由此可见，在向外界展示自己的时候，尽量将自己的特点归纳为少数几项，反而更能加深对方的印象。

### 17. 专精于某一件事，往往可让人另眼相看

在日本NHK担任巴洛克音乐解说的皆川达夫先生，他因在NHK从事巴洛克音乐的解说工作，而获得意大利的音乐首奖。他也是巴洛克音乐的权威。他的本职是教大学西洋音乐史的教授，但他的兴趣却极为广泛，有的兴趣甚至和他的本职毫无关系。高中的时候他曾参加歌舞剧的演出，而且对于葡萄酒也非常内行，甚至还写了一本有关葡萄酒的书。

虽然一般人或许无法像皆川先生一样，对于任何事都非常深入，但专门研究某一件事并且深入探讨，则是任何人都能做到的！例如对葡萄酒有兴趣的话，只要稍微下一点工夫，很快就能精通，甚至成为专家。或者以世界各国的语言来练习"早安"和"你好"，甚至学习一些口技（如学公鸡叫）等都可以给别人留下深刻的印象。这些雕虫小技虽然看似无聊，但往往可因此使别人对你另眼相看。

### 18. 不按既定规则办事，可给别人留下"能干"的印象

一些公司每年都会举办许多活动，因此每个职员都会有承办活动的机会。当我们被选派承办活动时，正是我们表现自己的大好机会。此时若能避免因循守旧，就可以给同事留下"能力强"的印象。

不过也不必样样都与众不同。例如，主办年终聚餐活动时，只要选一个别人都没去过的好场所，让大家吃惊一下，那也就够了。

但必须注意的是，若平时工作不努力，只在主办一些宴会时大出风头，则别人对他的印象也不会太好，或许别人会私下戏称他是宴会部长。

因此这些与众不同的变化，最好别太夸张，只在一些细节上去求变化即可。另外自己平时的工作表现也必须力求完美，这样才能给同事留下工作能力强又会玩的好印象。在社会上只会工作不懂娱乐的人，并不见得会受到别人尊敬，既会工作又会玩的人，才真正会受到大家的尊重。

### 19. 腰部挺直的坐姿，可让人留下"才俊"的印象

腰部挺直给人的印象往往会非常好。缩成一团坐在椅子上，不但表现出没有自信，并且还可能让对方留下你畏惧他的印象。

正确的姿势会让人产生私生活正常和思想正直（即不会胡思乱想，把别人的好意当成恶意）的印象。另外正确的坐姿还会给人诚实以及能力强、"才俊"的印象。

在参加会议或面谈等重要的场合时，尤其应该注意挺直自己的腰杆。事实上，在这类场合，腰杆是否挺直，往往是成败的关键所在，因为驼背的人再怎么看，都不可能会像是"才俊"！

再从心理学的观点来看，驼背的人通常都比较内向，防卫意识也比较强，同时也可能是较不合群的人。

### 20. 说话时直视对方的眼睛，可以给对方留下好印象

由于工作的关系，我们经常会接触到各式各样的人。他们的年龄、嗜好、职业与社会地位都不尽相同。其中最能让人留下好印象的，是那些与你说话时直视你眼睛的人！

谈话时相互凝视对方，对双方来说都会产生紧张感，因此我们会因为在潜意识中想逃避这种紧张，无意中将视线飘离对方的眼睛。最明显的例子就是搭乘电梯时，大家都会不约而同地注视电梯的天花板或地板，避免彼此目光的接触。

因此，我们若能注视着对方的眼睛说话，相对地，就会给对方留下我们对自己充满自信的好印象！相反，若我们逃避对方的视线说话，则往往会给对方留下自信心不足的印象，同时也在不知不觉中降低了自己在对方心目中的分量。

许多人都有眼睛看着下方说话的习惯。这种表现往往会让对方留下非常软弱的印象，对当事者来说，是非常大的损失。直视对方的眼睛说话虽然会有少许的紧张感，但仍应养成注视对方眼睛说话的习惯。尤其要说服对方时，这一点绝对必要。因为注视对方的眼睛说话，正是让对方感受到你的压力及信心，同时也是提高说服力的最有效方法！

# 如何为自己的可信赖度加分

**1. 不要刻意隐藏缺点，要知道，刻意隐藏缺点是"欲盖弥彰"**

百货公司偶尔会举行次品大拍卖。一旦这种大拍卖展开，每天都会吸引许多的人前往抢购，为什么次品也会如此受欢迎呢？

人的心理通常是隐恶扬善的，所以他们会想尽办法去掩饰缺点，宣扬优点。因此，一旦有人明确地指出自己产品的缺点，反而会让人觉得这家公司很诚实而对它产生信赖感（当然价钱低也是吸引人抢购的原因之一）。

做人的道理也是一样。将自己的缺点明白地表示出来，往往会得到别人的信赖。但这并不是说要将自己的缺点一五一十全都说出来，这样做不但得不到上述效果，反而会收到破坏自己形象的反面效果。

那么应该怎么做效果才会最好呢？我们可以透露自己的缺点，但不能太多，顶多透露一两项无关紧要的缺点就行。有少许小缺点的人，给人的感觉往往是"虽然有少许缺点，但大体上很好"。这样的人往往更能获得别人的信赖。

**2. 知之为知之，不知为不知，是知也**

一次，美国加州大学的一位教授讲课，教授揭示出他做的一项老鼠实验的结果。此时有一位学生突然举手发问，提出了自己的看法，并问这位教授假如用另一种方法来做，实验结果将会如何。会场的听众都看着这位教授，等着看他如何回答这个他根本就不可能做过的实验。结果这位教授却不慌不忙，直截了当地说"我没做过这个实验，我不知道"。

同样的情况若发生在东方某位教授身上，情形可能就会完全不同。他一定会绞尽脑汁，说出"我想结果会是……"的话。

一般人都有不想让别人看出自己弱点的心理，因此，很难开口说"不知道"。但有时承认不知道，反而可以增加别人对我们的信任。

因为直截了当地说不知道，会给人留下非常诚实的印象，并且敢说不知道，其勇气也是别人所佩服的。对于这种人所说的其他答案，别人会认为一定是千真万确的才会说，因此对他也就会更加信任。

### 3. 放慢说话的速度，给人留下诚实的好印象

优秀的推销员绝大部分都是木讷型的。虽然这并不表示口齿伶俐的人不适合当推销员，但口齿伶俐并不是一个推销员所必须具备的条件。事实上，太过于伶牙俐齿，往往会让人产生反射性的怀疑——真的这么好吗？反过来说，若是木讷点，反而会令对方产生"诚实"的印象，会有听听看再说的念头。

当然要促使顾客有购买欲望，必须运用各种促销技巧才能达成。但最重要的，首先就是获得对方的信任。

这一点不仅推销员，在任何需要说服别人的场合都可能应用得到。尤其是想打动一个人的心时，说话速度太快往往只会导致相反的结果。或许我们是不想浪费对方太多的时间，才会快速地叙说我们所要表达的一切，以免因太多地占用对方的时间而留下坏印象。但事实上，我们传达给对方的不只是一些表面的数据资料，最重要的是让对方产生信任感。若不能获得对方的信赖，我们表达再多的资料也是枉然。

因此，我们应该借助一些技巧，来争取对方的信任。其中最简单有效的方法，就是将说话的速度放慢。尤其是与人初次见面的时候更须如此，这样才不会让对方留下轻浮的坏印象。

### 4. 果断地表达自己的观点

算命的人在给人算命时，虽然开头会讲各种模棱两可的话，但到了最后，一定会说"你将会如何如何……"，而不会说"你可能会如何如何"。这些算命的人，对于果断式的心理暗示效果非常清楚，才会说出这样的话，让人产生信服的感觉。

另外，这类暗示效果也常被应用在催眠术上。

当初松下电器公司开始创建时，松下幸之助把奋斗的目标设定在谁也无法相信的最高数值上。但他本人却充满了信心，对任何人都表示"松下公司一定会如预期的成长"的态度，获得了大家的好感，结果业绩果然达到了他预期的设想。

像这样使用果断式的言论，正是表现自己有信心的绝妙方法之一。

### 5. 提前十分钟到达约会的地方

与人约会要守时，是尽人皆知的道理。但若是由自己主动邀请的约会，那我们就必须比约定的时间提前十分钟到达，以表现出自己的诚意。

不迟到是一种守信的行为，可给人留下诚实的印象，进而获得他人的信任感。但最重要的不是守时，而是不让对方等。因此就算我们准时到达，但若对方已先我们而到，就失去了意义。因此我们应该比预定的时间提早到达，以便等待对方的到来。

### 6. 只借一二十元也如期偿还

骗子最常用的方法之一，就是先向人借一点小钱，而且有借必还，等到建立起

信用后，再借一笔大钱，然后逃之夭夭！虽然时代不断地进步，人们的知识水准也不断地提高，但上当的人却仍然层出不穷。

随着时代的进步，金钱的价值越来越低，因此许多人认为借一点小钱根本就用不着还。这些骗子正是利用了人们的这种心理，建立起自己诚实的形象，达到诈骗的目的。

我们也可以正面使用这种方法，建立自己的信用。换句话说，就是要靠向人借一块钱，也要记得及时偿还，从而建立起别人对我们的信任感。

这一论点不仅适用于金钱，就是与人做小小的约定时，也同样地要依约履行。这样的人才会让人信任，无论做任何事也都将更为顺利。

### 7. 直截了当地承认过错，可以表现自己的坦诚

考试成绩很差的小孩，往往会不敢直接回家，或者是回家后找一大堆理由，尽量推卸考不好的责任。

其实，我们向人道歉时，最好的办法是直截了当地说出对自己不利的一切。这样原本想对你发动攻击的人，也会丧失攻击的动机，因为这正表现了你的诚实。事实上，这比找一些借口支吾其词地向人解释来得有效且勇敢。

因为支吾其词，往往会给人逃避责任的印象，并且还会给对方"他根本就没有真正认错的诚意"的感觉。相反，若直截了当地认错，就可以增加自己的信誉，让对方有不妨让他再试一次的想法。由于道歉态度的各异，往往会给人截然不同的感受，这一点我们务必要牢牢记住。

### 8. 与其辩护，不如弥补

某公司在开会时，在发给每位与会者的资料中，因人为因素少印了几张重要的文件。虽然这几张文件对该会议并没有造成严重的影响，但事先负责影印这份文件的年轻女职员，却被她的上司叫去狠狠地骂了一顿。

这位女职员在郑重道歉后，要求她的上司让她重新影印一次，把完整的资料补发给与会的人。听到她的这项要求，上司对她的印象突然改变了。因为她不只用道歉来弥补此次工作的过失，还设法用实际行动来弥补自己的过失，表现了其强烈的责任感。从此上司对这位女职员就留下了深刻的好印象。

因此有过失时，与其辩护，还不如立刻提出改善的方法，较能表现自己的责任感，从而获得对方的好感。

### 9. 复述对方的问题，以表现自己对对方的高度重视

有一些人虽然喜欢演讲，但却不喜欢答复台下的人所提出的问题。的确，他们所提问题的内容有时真是莫名其妙，有时甚至会与讲演的内容毫不相干。关于这一点，有一位评论家所使用的方法就值得我们学习。

他的方法其实也很简单。每当有人向他提出问题时，他总是不厌其烦地重复一次对方的问题，再开始进行解答。而在重复问题的这短短时间当中，他就可以思考着该如何回答。这种方法往往可以让询问的人留下"他真的在认真思考我的问题"的印象，自然而然地对他产生了好感。另外，重复对方的问题还有另一个好处，那就是可以让询问的人确认自己询问的是否就是这个问题，避免因听错或会意错，而答出不相干的内容。

这种回答的方法在面试等较严肃的场合尤其有效。在这种情况下若能用这种方式回答问题，可以让主考官留下"认真"的好印象。试想，如果主考官发问后，你就立刻冲口回答或沉默不语，主考官会有怎样的感觉？收到的效果当然会是负面的。因此，不论回答的答案是否得体，开始回答问题前，先复述一次问题，绝对可以让对方留下好印象。

### 10. 积极响应对方的话题

我们打电话时，若对方一直闷不吭声，我们一定会觉得很不好受，似乎有被对方忽视的感觉。这一点不只在电话中，就是与人面对面谈话时，若对方毫无反应，我们也一定会觉得很不好受。

此时我们虽然可以用"嗯"、"喔"等语气表示我们确实在听，但最好的方法是在说到某一个段落时，重复一次对方所说的内容的重点。这样不但能消除对方的不安全感，同时也可以让他觉得我们很专心地在听，理解力也很强。事实上，这一点在公事上也可以加以应用。当上司命令我们做事时，我们每次都复述上司命令，则上司会认为下属确实已经理解了他的命令而感到放心。另外，复述上司命令，对我们本身而言，同时还具有加强记忆的作用。因此无论从哪个角度来看，复述命令对我们而言，是绝对有益无害的。

### 11. "请你听我说"听起来比"我要告诉你"谦虚得多

想让对方对我们产生信任感，最主要的一点就是要消除对方的警戒心。而在谈话时，最重要的一点就是要让对方觉得他是主角。"我要告诉你"是以说这句话的人为"主"，因此对方的感受往往不如"请你听我说"来得悦耳！这不但是以对方为"主"，并且还可以表现自己的谦虚，是件一举两得的事。

### 12. 满足对方不经意间流露出的愿望

有位任职于某企业的经理，曾讲述了一件令他很感动的事。他说有一位任职于他客户公司的年轻职员，有一天送他一瓶他们家乡的土特产酒。究其原因才知道，原来不久之前，在他们一起喝酒的时候，这位年轻的职员向他表示，他们家乡所酿的土特产酒味道不错。结果这位经理就不经意地向他表示，方便的话，哪天就送他一瓶。这位年轻职员果真没忘记他们之间的约定，把酒送来了。这种诚意着实使他深深地感动。

一般来说，不信守约定被认为是种不好的行为，但喝酒时所定的约定却是例外，因此若能遵守喝酒时所定的约定，将会让人刮目相看。

事实上，想让人留下深刻的印象，"意外感"所占的比例往往是相当大的。因此，若想让人留下深刻的好印象，就必须遵守一些非正式的约定，这样对方将会因感到意外而留下更深刻的好印象。

### 13. 从容不迫地道别

有些人在工作告一段落，要与客户道别时，会一边整理东西一边向客户道别。虽然这是一种无意识的小动作，但这样做往往会让人觉得你归心似箭，从而给他人留下坏印象。

我们必须意识到，道别是一个独立的事件，不可以把它和其他的事情合并进行，否则一定会给对方留下坏印象。

### 14. 认真倾听失意者的倾诉

心里有什么不舒服，往往可以因找到倾诉的人而得到松弛，人际关系也会因此得到润滑。

可是人一旦陷入低潮，往往会连与人谈话的兴致都没有，但心里想诉说的苦楚却越来越多，这是一种恶性循环。对于这样的人，我们应该尽力去帮助他。而他实际上最需要的，就是一个愿意倾听他诉苦的人。因此我们可以邀他喝酒或请他吃饭，慢慢地松弛他的苦心，让他愿意倾诉他的苦恼。我们若如此地从心底去帮助他，日后他对我们的信任感将会大大增加。

### 15. 对不在场的第三者表示关心，可以加强对方对我们的好印象

有位初任职某出版社的年轻编辑到朋友家拜访。当谈到一半时，他不时地看表，然后突然站起来向朋友表示，他还有另一个约会必须赶去。当这个朋友送他到门口后，他果真跑着去赶赴另一场约会了。

或许有的人会认为他的这种态度很没礼貌，但他当时给人的印象，却是真正地关心另一个人，给人留下了很好的印象。

当然他当时并非是表演给人看的，而是真的要赶赴另一个约会，但若想"表演"一下也未尝不可。例如当我们与人交谈到一半时，可以起身打个电话，然后跟对方说"我下一个约会可能会迟到10分钟，所以必须先打个电话跟他说明一下"。如此一来对方一定会设身处地地想，假如我是他的下一个约会对象，他也同样会关心我，从而对他留下很好的印象。

### 16. 身为男性，为女性提供关怀和实质帮助

为女性提供关怀和实质帮助，是一个男人显示自己的绅士风范最好方法之一。

能够对女性做到体贴关怀，往往会为一个男人的可信赖度加分。

# 增强与他人的亲密感的若干秘籍

**1. 与人初次相见时，坐在他的旁边**

相信每个人都有过这样的经验，那就是与人面对面谈话时，往往会特别紧张。因为人与人一旦面对面，眼睛的视线难免会碰在一起，容易造成彼此间的紧张感。

相反，与人肩并肩谈话，在精神上绝对比面对面谈话要来得轻松。因此与人初次相见，坐在他的旁边往往较容易进入状态。这一点同样适用与异性约会的时候。

**2. 不时地制造与对方身体接触的机会，借以缩短彼此间的心理距离**

有位评论家曾经说过，有一次他去百货公司买衬衫时，售货员小姐立刻拿皮尺，帮他量颈围。由于此时的售货员必须与他靠得很近，所以会使他产生好像与亲人在一起的感觉，而生意也往往在这种气氛下成交。

事实上，每个人都拥有一个无形的"自我保护圈"。通常除非是非常亲密的人，否则不容易侵入这个范围。但反过来说，若对方已经侵入了这个圈内，则往往就会产生对方是自己亲密者的错觉。

一本杂志上有一句很有趣的话——只要男女开始勾肩搭背，他们就已经是情人！的确，人与人之间有了直接的接触，彼此间的距离会一下子缩短许多。

因此，若想在短时间内缩短与初识者间的距离，最简单的方法就是不时地制造一些与对方身体接触的机会。当然，这种方法在使用的时候也要避免过犹不及，以不引起对方反感为操作准则。

**3. 面带微笑地谈话有助于拉近彼此间的距离**

著名的节目主持人崔永元，之所以会受到大众的欢迎，并非由于口才好，而是由于他总是能微笑着听人说话。

同样，虽然说些笑话有改善彼此间紧张关系的润滑作用，但有时一不小心，也可能会弄巧成拙。因此，与其费尽心思逗人笑，不如认真听对方说话自己笑，反而可以拉近彼此间的距离。大家一起笑，很快地就能消除彼此间的紧张感，并且可以在很短的时间内建立亲密感。

**4. 若与对方有共同点，就算再细微的也要强调**

人与人之间一旦有了共同点，就可以很快地消除彼此间的陌生感，产生亲近的感觉。这样不但可以使对方感到轻松，同时也具有使对方说出真心话的作用。事实上，我们每个人都具有这样相同的心理。例如两个陌生人一旦发现彼此竟然曾就读同一所小学，顷刻间就会产生"自己人"的感觉，立刻打成一片。

在人际交往中，对于交际对象，找一些共同点强调一下，在拉近彼此距离方面会收到相当不错的效果。

**5. 对于那些与自己关系密切的人，把他们的名字写在电话记事簿的首页，会让对方欣喜万分**

当你到一位交往很久的同事家做客，你们尽兴地谈完准备回家的时候，他对你说："这些文件待会儿再送到您家。"说完他顺手打开电话记事簿，准备确认你的电话号码与住址。突然间你发现，你的名字竟然被写在第一位！老实说，你当时一定非常高兴！

每个人对"自己"都非常敏感，因此一旦发现自己受到与众不同的待遇时，不是感到非常兴奋就是感到非常愤怒！

对于那些与自己关系密切的人，把他们的名字写在电话记事簿的首页，会让对方欣喜万分。

表示对别人重视的方法很多，其中记住对方曾经说过的话，然后向对方表示"您曾说过……"，是相当好的一种方法。另外，记住对方的兴趣、嗜好或计划等，再找个机会赞美他一番，也是一种获得对方喜欢的好方法。

**6. 指出对方的服装或饰物上的小变化，可使对方感觉我们很重视他（她）**

很多丈夫都不太懂得奉承自己的太太，更不会拍太太的马屁。例如太太从美容院回来，丈夫内心也觉得她的确比以前漂亮了，但却不会顺口赞美她几句。而太太本身也由于得不到丈夫的赞美，往往会产生"丈夫不关心我"的感觉。

每个人都希望被人关心，并且对于关心他的人，会很自然地产生好感。若想让对方对自己产生好感，最好的方法就是积极地表现出你真正地在关心对方。因此，我们对于对方的服装或随身饰物等，要随时注意，稍有变化就赞美他几句，这样往往可以让对方感到愉快！

上述方法对女性尤其重要，因为女性往往比男性更重视自己的容貌与装饰。对方一旦觉得你在关心他（她），就会自然地对你产生亲切感。

**7. 若想让对方觉得我们关心他，就应该夸赞他的各种潜力**

对于关心我们的人，除非他的关心会伤害到我们，否则对方的一切我们大都不会计较。尤其是当对方关心与我们自尊心有关的问题时，我们往往会对他产生好感。

那么怎样的问题，才是与自尊心有关的问题呢？其实，夸赞对方的各种潜力，就是很好的方法。例如，与其说"你的发型很好"，不如说"若再剪短一点会更可爱！"这样说，对方就会觉得你真正地关心他，自然会对你留下好印象。

### 8. 常用"我们"这两个字来拉近彼此间的距离

有位心理专家曾经做过一项有趣的实验。他让同一个人分别扮演专制型、放任型与民主型三种不同角色的领导者，而后调查其他人对这三类领导者的观感。结果发现，采用民主型方式的领导者，他们的团结意识最为强烈。而研究结果又指出，这些人当中使用"我们"这个名词的次数也最多。

事实上，我们在听演讲时，对方说"我认为……"带给我们的感受，远不如他采用"我们……"的说法，因为采用"我们"这种说法，可以让人产生共同体意识。

### 9. 会话中多叫几次对方的名字可增强彼此间的亲近感

欧美人士在谈话中，常会不断地称呼对方的名字，往往会使刚刚才认识的人产生彼此已经认识了很久了的错觉。因此会话中多叫几次对方的名字，可以增进彼此间的心理距离。

### 10. 记住对方"特别的日子"（如结婚纪念日、生日等），并在那一天表示自己的祝福，可以给对方留下好印象

相信许多人若不是太太提醒，往往会忘了自己的结婚纪念日。如此健忘，太太当然会怀疑他是否还真的爱她。

技术高明的推销员，就会善用这项人们常会忽略的事，来达到加强对方对自己的好感的目的。例如，他们会在对方的生日，打个电话祝他生日快乐，或者当对方的结婚纪念日快来时，寄一张贺卡。虽然这只是一些不起眼的行为，但在掳获人心方面却非常有效。

### 11. 赞美对方较不易为人所知的优点，可以加深对方对你的好印象

就算再差劲的人，也会有一两处值得赞美的优点。例如，一个人或许没有什么优点，但玩台球的技术却很高明，或者酒量非常好等都可以加以利用。有的人很在意自己的这些小优点，有的人根本就不在意。但无论如何别人赞美他，一定会使他感到高兴的。

有时锦上添花式的赞美，引不起对方太大的喜悦。例如，对一位已被公认是很漂亮的女孩子说，"你真漂亮"，由于她平时已被夸赞惯了，所以很难让她觉得兴奋。相反，若能找出对方较不易为人所知的优点，则往往可以使对方感到意外的喜悦。

### 12. 见面时间长不如见面次数多

据说必须靠拜访客户来争取业绩的工作，最有效的工作方法就是经常到客户那里去坐一坐。它的道理就类似我们读书时，同样是读12小时，但连续读12小时，其效果绝对不如一天读2小时，连续读6天的效果好。

人际关系的培养，主要是要让对方觉得自己亲切而留下好印象。而逐次给对方

留下的好印象，将比集中一次让对方留下的好印象更不易被淡忘。

通常有人认为，偶尔陪人通宵达旦饮酒或聊天等，可以很快拉近彼此间的距离，而让人留下很深刻的印象，但这样造成的好印象，若不继续加强，很快地就会消失。试想，当别人问"你和某某人的关系如何"时，其一是"我们只见过一次面"，其二是"我们偶尔见面"，其三是"我们时常见面"。这三种答案，给人的印象当然有很大的差别。因此，若想与人建立亲密的关系，记住，见面的时间长不如见面的次数多。

### 13. "投其所好"，可以更让对方喜欢自己

有一位朋友，一向习惯在别人名片背后，密密麻麻地写上一大堆资料。起初有人以为他是为了便于了解对方，才故意记录的。后来才发觉他的真正用意，比别人想象的还高明，使人更加佩服！原来他所写的资料，并不是对方的年龄、籍贯等，而是记载自己如果下次再与他碰面时，必须做些什么！其中他最重视的，是对方的兴趣。他会刻意搜集与对方兴趣有关的所有资料，并于下次见面时将这些资料（情报）当作"礼物"馈赠。例如，对方的兴趣是钓鱼，他就会收集有关钓鱼这方面的资料，并于下次见面时与他大谈钓鱼之道。当对方一听到他对钓鱼如此了解，便会产生"同好"而感觉倍加亲切。

或许有人会认为如此太过于功利主义，但事实上却不尽然。收集各种资料，不但下次见面可以有共同的话题，对于自己知识领域的充实也是有利无害的，并且以长远眼光来看，这将是一项非常有用的自我表现方法。

### 14. 表达感谢之意，写信比打电话好

由于电话的普及，我们往往会忘了写信的作用。但若要加强对方的印象，尤其是需要向对方表达感谢之意时，写信的效果比打电话好得多。

为什么呢？因为写信比打电话麻烦。因此，写信往往给人一种有诚意的感觉。并且信件可永久保留，每读一次信件，对对方的印象就会不由自主地加深一次。另外，信函是一种视觉的效果，通常视觉效果，比听觉效果给人的印象更深刻。

还有一点也相当重要。那就是有些在电话中不大好意思说的话（例如"此恩终生难忘"等），用信函来表达就容易多了。

信函的内容在"密度"方面，也比电话强。试想，我们若将电话中三分钟所讲的内容，用文字来叙述，其字数将会有多少？因此我们不难了解，打电话时我们必定说了不少废话，写信就可以避免这种缺点！因此，我们应该尽量以写信代替打电话，这样不论在哪一方面，都可以给对方留下较好的印象。

### 15. 想缩短与异性间的距离，应该直呼其名而不要连名带姓地叫

有人说，男女之间的交往，可以由相互称呼对方名字的改变情形，看出彼此间

关系的进展。事实上，男女之间刚开始交往时，通常都是连名带姓地叫，等到关系比较亲密后，就直呼其名了！

因此若想缩短与异性间的距离，就应该直呼其名，避免连名带姓地叫。

### 16. 意欲缩短与心理紧张者的心理距离，可以采取一些稍微粗鲁的举动

有一位教授，许多人第一次与他见面都会感到紧张，有时就算他再三地向他们强调不要紧张也没有用。为了消除对方的紧张感，教授就会使出自己的独家法宝——脱掉上衣（甚至连衬衫也脱掉），拿起桌上的蛋糕就吃！紧张的人看到这一情形，起初会愣一下，但随即就会完全放松了。

如果对方处于紧张的状态，我们不能消除对方的紧张感，就无法与对方建立亲密的关系。因此意欲缩短与紧张者间的心理距离，不如采取些粗鲁点的举动，这样有助于心理紧张者放松下来。

### 17. 穿着与对方风格类似的服装，有助于较快获得对方的认可

物以类聚，穿着打扮类似的人，往往容易聚在一起。这种现象在心理学上称为"同步化"。因为人类可以借着与周围的人共同的行动，获得安全感。

事实上，穿着类似的服装，并不是女性的专利，男性在公司穿着与同事类似的服装，也具有缩短彼此间距离的作用。

有的记者会因采访的对象不同，而改穿不同款式的服装，以便增进与被访问者间的亲密感。服装的重要作用由此可见一斑。

### 18. 闲聊自己的失败往事，比谈自己成功的事，更易拉近彼此间的距离

男人聚在一起，大多会谈些不登大雅之堂的话题，来拉近彼此间的距离。此时若谈自己曾经失败过的事，会比谈自己成功的事，更容易拉近彼此间的距离。因为总是炫耀自己成功的光荣事情，容易让人产生反感，而留下不好的印象。

# 幽默让你在社交中无往不利

幽默是一种魅力，也是一种人格力量。幽默所包含的特性是逗人快乐，所包含的能力是感受和表现有趣的人和事，制造愉悦的气氛。对于个人而言，懂得幽默的人往往比不懂幽默的人更具有吸引力和凝聚力。

一个秃头的人，当别人称他"理发不用花钱，洗头不用汤"时，他当场变了脸，原本轻松的环境变得紧张起来。一位教授也是一个秃头，当他当众演讲作自我介绍时说："一位朋友称我聪明透顶，我含笑地回答：'你小看我了，我早就聪明绝顶了。'"然后他指了指自己的头说，"我今天演讲的题目是外表美是心灵美的反映。"教授就这样开始了自己的演讲，整个会场充满了活跃的气氛。同样是秃头，

同样容易受到别人的揶揄和嘲谑，为什么不同的人得到的却是别人不同的认可，其中的缘故就是是否有幽默感。

有一次，钢琴家波奇在美国密歇根州的福林特城演奏，当时座位尚有一半多还是空着的，对于这种难堪的局面，波奇却说："福林特这个城市一定很有钱，我看到你们每个人都买了两三个座位的票。"于是整个大厅里充满了欢笑，波奇也以寥寥数语化解了尴尬的场面。

由此可见，幽默不仅反映出一个人随和的个性，还显示了一个人的聪明、智慧以及随机应变的能力。但需要注意的是，幽默既不是毫无意义的插科打诨，也不是没有分寸的卖关子，耍嘴皮。幽默要在入情入理之中，引人发笑，给人启迪。这需要一定的素质和修养。

生活中应用幽默，可缓解矛盾，调节情绪，促使心理处于相对平衡状态。著名的喜剧大师卓别林曾说："通过幽默，我们在貌似正常的现象中看不出不正常的现象，在貌似重要的事物中看不出不重要的事物。"

我们常有这样的体味，在会场或课堂上，一席趣语可使笑语满堂，气氛和谐而轻松，增加了接受效果；在友人间的笑谈中，一则笑话，常令人捧腹不止，在笑声中交流和深化了感情；在旅游登山时，一句幽默，引出一阵嘻嘻哈哈，顿使人倦意全消，鼓劲前行。可见，幽默与笑是情同手足的姐妹。上乘的幽默是鼓劲的维生素，是交际的润滑剂，是智慧的推进器。

"不懂得开玩笑的人，是没有希望的人。"这是俄国文学家契诃夫说过的一句话。幽默是一种特殊的情绪表现。它可以淡化人的消极情绪，消除沮丧与痛苦。具有幽默感的人，生活充满情趣。许多在他人看来痛苦烦恼之事，他们却应付得轻松自如。这是因为他们掌握了幽默这一适应环境的工具，学会了面临困境时减轻精神和心理压力的有效方法。

那么，该如何培养自己的幽默感呢？下面是一些小建议。

1. 扩大知识面

幽默是一种智慧的表现，它必须建立在丰富知识的基础上。一个人只有具备审时度势的能力、广博的知识，才能做到谈资丰富，妙语成趣，从而给出巧妙的应答。因此，要培养幽默感必须广泛涉猎不同知识，充实自我，不断从浩如烟海的书籍中收集幽默的浪花，从名人趣事的精华中撷取幽默的宝石。

2. 陶冶情操，乐观对待现实

幽默是一种宽容精神的体现，要善于体谅他人，要使自己学会幽默，就要学会雍容大度，克服斤斤计较的弊端，同时还要乐观。乐观与幽默是亲密的朋友，生活中如果多一点趣味和轻松，多一点笑容和游戏，多一份乐观与幽默，那么就没有克服不了的困难，也不会出现整天愁眉苦脸，忧心忡忡的痛苦者。

### 3. 培养深刻的洞察力

提高观察事物的能力，培养机智、敏捷的能力，是培养幽默感的一个重要方面。只有迅速地捕捉事物的本质，以恰当的比喻，诙谐的语言，才能使人们产生轻松的感觉。当然在幽默的同时，还应注意，重大的原则总是不能马虎，不同问题要不同对待，在处理问题时要有灵活性，做到幽默而不俗套，使幽默能够为人类精神生活提供真正的养料。

逗笑是幽默的基本表现特征，"无笑无以言幽默"。康德说："在一切引起活泼的、感动人的大笑里必须有某种荒谬悖理的东西存在着。""笑是一种从紧张的期待突然转化为虚无的感情。"康德的这两句话，都在一定程度上反映了幽默致笑的因果联系。

### 4. 巧妙地说一些可产生幽默效果的话

（1）奇异的话

幽默的结构常常能造成使人出乎意外的奇因异果，从而令人惊奇地发笑。康德所讲的"从紧张的期待突然转化为虚无"，正是来自幽默的结构常常能造成使人出乎意外的奇因异果。

例如，老师对学生们说："牛顿坐在苹果树下，忽然有一个苹果掉下，落在他的头上。于是，他发现了万有引力定律。牛顿是个科学家！"

"可是老师，"一个学生站了起来，"如果牛顿也像我们这样整天坐在学校里埋头书本，会有苹果掉在他头上吗？"本来老师是讲牛顿受苹果落地的启示，发现了万有引力定律，成为了科学家，而学生却冷不丁冒出一句含有不应该埋头读书的结论，真是出乎意外，超出常理。

下面的例子也是如此：经理正忙得不可开交，电话铃响了，女秘书起身接电话。

"谁的电话？"经理问。

"您的太太打来的。"女秘书说。

"说什么了吗？"经理又问。

"她说吻你。"女秘书说。

"好极了，"经理头也不抬地吩咐道，"你先替我收下，然后再还给我。"

真亏经理想得出，吻居然也能转接。这实在是不合常理的，但这样的话新奇怪异，使人大大出乎意料，所以能引来别人的笑。幽默就是要能想人之未想，才能出奇致笑。有人说："第一个把女人比喻成花的是智者，第二个把女人比喻成花的是傻瓜。"这句话似乎有点偏激，但新奇、异常的确是幽默构成的一个重要因素。

(2) 巧妙的话

幽默的核心是应该有赢得使人赞叹不已的巧思妙想,从而产生令人欣赏的欢笑。俗话说:"无巧不成书。"巧可以是客观事实上的巧合,但更多的是主观构思上的巧妙。巧是事物之间的某种联系,没有联系就谈不上巧。如果能在别人没有想到的方面发现或建立某种联系,并顺乎一定的情理,就不能不令人赏心悦目。

下面的两个例子就是以回答巧妙而产生幽默效果的:

例一:某学生的英语读音老是不准,老师批评他说:"你是怎么搞的,你怎么一点都没进步呢?我在你这个年纪时,已经读得相当准了。"

学生回答:"老师,我想一定是您的老师比我的老师好。"

例二:林肯总统小时参加一次考试,老师问他:"你是愿意答一道难题,还是愿意答两道简单的题?"

林肯答:"还是答一道难题吧。"

"好,请你回答:鸡蛋是怎么来的?"

"鸡生的。"

"那么鸡又是从哪来的呢?"

"对不起,老师,这已经是第二道题了。"

(3) 荒谬的话

幽默的内容往往要含有使人忍俊不禁的荒唐言行,从而使人情不自禁地发笑。俗话说:"理不歪,笑不来。"荒谬的东西是人们认为明显不应该存在的东西,然而它居然展现在人们面前,不能不激起人们心灵的震荡,从而使人发笑。

例如下面这个例子——

一人要出远门,临行时嘱咐其子:"我走后,如果有人来找我,你就说我有点小事出门了,并请他进屋喝茶。"此人深知其子愚呆,怕他忘记,又把这番交代的话写在纸上。儿子把纸条放在袖子里,时不时拿出来看看。可是过了三天,还不见有人来。儿子以为这纸条没用了,就把它给烧了。烧后第二天,来了个人找他父亲。儿子急忙到袖子里找纸条,找不到,便说:"没了。"客人一听,以为他父亲死了,惊问:"几时没的?"儿子对曰:"昨天晚上就烧了。"风平浪静的水面,投进一块石头,就会一下子发出响声。常规思维的心理,被超常的信息搅扰,也会引起心波荡漾、心潮起伏、心花怒放。奇异、巧妙、荒谬就是这种超常的信息,就是幽默之所以致笑的要因,也是我们学会幽默应把握的要诀。

# 第三篇
## 成功不过是一种唯"心"主义

# 第九章
# 成功从"心"开始

## 自我实现的诺言：心想事成的秘密

关于"心想事成"，很多人或许会想，所谓的心想事成不过是自欺欺人的把戏，正所谓"三分人事，七分天意"，至于能不能心想事成，主要还取决于上帝的想法。然而，心理学家却通过实验证明，如果你怀有好的期望和信念，你便可能看到你所希望的事情的发生。心理学家将这种现象誉为"自我实现的诺言"，指的是关于某些未来行为或事件的预测对行为互动改变很大，以至于产生预期的结果。试想，某一天，你去参加一个聚会，如果在参加聚会前，你便认为这个聚会非常无聊和浪费时间，当你参加聚会时，你的感觉很可能与当初预期的一样。

美国著名心理学家罗森塔尔等人于1968年做过一个著名实验。他们到一所小学，在一至六年级各选3个班的儿童进行煞有介事的"预测未来发展的测验"，然后他们认为有些学生属于大器晚成，他们把"大器晚成"的学生名单提供给了教师。其实，这个名单并不是根据测验结果确定的，而是随机抽取的。8个月后，罗森塔尔再次对名单上的学生进行智力测验，结果发现他们的成绩显著优于第一次测得的结果。为什么会出现这种结局呢？罗森塔尔认为，这可能是因为老师们对那些学生予以特别照顾和关怀，以致使他们的成绩得以改善。后来人们便把由期望而产生实际效果的现象叫做"罗森塔尔效应"，也叫做"皮格马利翁效应"（皮格马利翁效应源于古希腊神话的一个故事——塞浦路斯国王性情孤僻，常年一人独居。他善于雕刻，孤寂中用象牙雕刻了一座表现了他理想中的美女像。久而久之，他竟对自己的作品产生了爱慕之情。他祈求爱神阿佛罗狄忒赋予雕像以生命。阿佛罗狄忒为他的真诚所感动，就使这座美女雕像活了起来。皮格马利翁遂称她为伽拉忒亚，并娶她为妻。皮格马利翁效应的宗旨可以概括为："说你行，你就行，不行也行；说你不行，你就不行，行也不行。"）

现代量子力学表明，世上的万事万物都是由能量组合而成的，而能量就是一种振动频率，每样东西都有它不同的振动频率，正因为此，世界上才出现了纷繁各异的事物。无论是像桌子、椅子等有形的物体，还是思想、情绪等无形的东西，都是由不同振动频率的能量组成的。比如一排音叉，当你敲响其中一个，音叉发出清脆的高调乐声，没多久，其他的音叉也会发出同样高调的乐声，它们的声音会互相应和，产生共鸣，甚至愈来愈大声。

振动频率相同的东西，会互相吸引而且引起共鸣。人们的意念、思想是有能量的，脑电波是有频率的，它们的振动会影响其他的东西。也就是说，你生活中的所有事物都是你吸引过来的！是你大脑的思维波动所吸引过来的！所以，你将会拥有你心里想的最多的事物，你的生活，也将变成你心里最经常想象的样子——这就是如今风靡世界的"吸引力法则"！

你可以这样来理解吸引力法则：无论你的注意力和能量集中在哪个方面，也无论这种注意力或者能量是消极的还是积极的，你都在吸引着它们成为你生活的一部分——这便是如何心想事成的秘密：持续关注那些可以让自己成功的事物，并认为其是可以实现的，那些成功的事物便会成为你生命的一部分。

# 自我效能感：不要尘封你的梦想

朱莉·安德鲁斯是英国女演员、歌手和作家，她曾获奥斯卡金像奖、英国电影学院奖、艾美奖、金球奖、格莱美奖、美国演员工会奖、全美民选奖和世界戏剧奖。在其自传《家》中，她提到了自己在12岁那年到米高梅试镜的经历。安德鲁斯这样写道，"当时我看起来如此平凡，他们必须给我化点妆才行。""最后的结论是，'她不够上镜。'"

J·K·罗琳那本关于一个少年魔法师的小说《哈利波特与魔法石》在被伦敦一家小型出版社接纳之前，曾经遭到12家出版社的拒绝。

华特·迪士尼曾经被一家报纸的编辑以"缺乏想象力"为由解雇。

"飞人"迈克尔·乔丹上高中时曾被校篮球队拒之门外。

……

那么，究竟是什么让这些人走出失败的阴霾并最终获得了成功，而有些人却在挫折面前认了输？心理学家称之为"自我效能感"，就是指个体对自己是否有能力为完成某一行为所进行的推测与判断。那些后来成功的人在遭遇挫折时，也始终坚信自己能实现自己的梦想，并且矢志不移地践行自己的梦想，终于从现实中获得了丰厚的回报。

"自我效能感"由斯坦福大学心理学家阿尔伯特·班杜拉在20世纪70年代首次提出，班杜拉在他的动机理论中指出，人的行为受行为的结果因素与先行因素的影响。行为的结果因素就是通常所说的强化，他认为，在学习中没有强化也能获得有关的信息，形成新的行为。因此，他认为行为出现的概率是强化的函数这种观点是不确切的，行为的出现不是由于随后的强化，而是由于人认识了行为与强化之间的依赖关系后对下一步强化的期望，他的"期望"概念也不同于传统的"期望"概念。传统的期望概念指的只是对于结果的期望，而他认为除了结果期望外，还有一种效能期望。结果期望指的是人对自己某种行为会导致某一结果的推测。如果人预测到某一特定行为将会导致特定的结果，那么这一行为就可能被激活和被选择。比如说，如果你感到自己每天努力工作就能获得加薪的奖励，你兢兢业业完成上级布置的任务的概率就会较高。效能期望指的则是人对自己能否进行某种行为的实施能力的推测或判断，即人对自己行为能力的推测。它意味着人是否确信自己能够成功地进行带来某一结果的行为。当人确信自己有能力进行某一活动，他就会产生高度的"自我效能感"，并会去进行那一活动。也就是说，你不仅意识到兢兢业业工作可以带来较高的薪酬，而且还感到自己有能力去胜任这份工作，你才会对于工作全力以赴。

影响自我效能感形成或改变的因素有如下五个：

（1）成败经验。一般而言，成功的经验能提高个人的自我效能感，多次的失败会降低自我效能感。

（2）替代性经验。人们通过观察他人的行为而获得的间接经验，从而对自我效能感产生重要影响。

（3）言语劝说。言语劝说的价值取决于它是否切合实际。缺乏事实基础的言语劝说对自我效能感的影响不大，在直接经验或替代性经验基础上进行劝说的效果会更好。

（4）情绪反应和生理状态。个体在面临某项活动任务时的身心反应、强烈的激动情绪通常会妨碍行为的表现而降低自我效能感。

（5）情境条件。不同的环境提供给人们的信息是大不一样的。某些情境比其他情境更难以适应和控制。当一个人进入陌生而又易引起焦虑的情境中时，其自我效能感水平与强度就会降低。

哈佛大学医学院的心理学家罗伯特·布鲁克斯表示，"人们在任何年纪都可以发展坚韧的心智。"他说，一个关键是要避免做自我挫败的假设。如果你被解雇了，或者被女友甩了，不要放大被拒绝的感受，不要假设你再也找不到工作，或者再也不会有约会了。（但是，在接踵而来的批评面前，坚持信念是很难的。一位教师在谈及年轻时代的G.K.却斯特顿时这样说，如果打开他的脑袋，"我们除了一堆白色脂肪以外，应该找不到什么头脑。"却斯特顿后来成为了英国极负盛名的作家。）

"自我效能感"对我们的启示是，千万不要因别人的负面评价而尘封自己的梦想。布鲁克斯教授说，"生活中最大的障碍之一就是对羞辱的恐惧。"他说，他与之工作的一些人，过去30年来，一直不愿承担任何风险或者挑战，就是因为他们担心自己会犯错误。

# 习得性无助：屡败之后不妨再战一次

1967年，美国心理学家塞利格曼做了这样一个实验：他把一只狗关在笼子里，只要蜂音器一响，就对狗进行十分难受的电击，狗试图逃跑，但是笼子被牢牢锁住了，经过努力挣扎后，狗对于逃避电击无能为力，便放弃了逃跑的举动，只是被动地接受电击。实验人员对狗做了多次电击后，把笼门打开，蜂音器响后，便对狗实施电击，这次狗本可以跑到笼子外逃避电击的，但是狗不但没有逃跑，反而在电击之前就倒在地上呻吟和颤抖——本来可以主动地逃避却绝望地等待痛苦的来临，这就是心理学中所说的"习得性无助"。

1975年，塞利格曼再次做了与"习得性无助"有关的实验，他选择大学生为被试，将学生分成三组：让第一组学生听一种噪音，这组学生无论如何也不能使噪音停止。第二组学生也听这种噪音，不过他们通过努力可以使噪音停止。第三组是对照，不给受试者听噪音。当受试者在各自的条件下进行一段实验之后，即令受试者进行另外一种实验：实验装置是一只"手指穿梭箱"，当受试者把手指放在穿梭箱的一侧时，就会听到一种强烈的噪音，放在另一侧时，就听不到这种噪音。

实验结果表明，在原来的实验中，能通过努力使噪音停止的受试者以及未听噪音的对照组受试者，他们在"穿梭箱"的实验中，学会了把手指移到箱子的另一边，使噪音停止，而第一组受试者，也就是说在原来的实验中无论怎样努力，都不能使噪音停止的受试者，他们的手指仍然停留在原处，听任刺耳的噪音响下去，却不把手指移到箱子的另一边。

为了证明"习得性无助"对以后的学习有消极影响，塞里格曼又做了另外一项实验：他要求学生把下列的字母排列成字，比如 ISOENDERRO，可以排成NOISE和ORDER。实验结果表明，原来实验中产生了无助感的受试者，很难完成这一任务。

"习得性无助"与人们的归因方式紧密相关，如果个体把控制力缺失归因为永久性而不是暂时性的，认为是自己的内在人格因素而非情境因素导致了自己的无能为力，便会将这种想法渗透到生活的其他方面，易产生习得性无助。

"习得性无助"对于获得成功而言，是一种消极的心理暗示，如果人们在经历多次失败后，便认为自己注定无力改变现状，或者取得突破性进展，就会索性放弃努力，不再进行任何新的尝试，哪怕实际上他们仍有获得成功的潜力。从这个角度来看，所谓的成功就是一种屡败屡战的坚持，也就是说，成功并没有人们想象的那么难，如果你想获得想象中的成功，屡败之后不妨再战一次。

## 自我妨碍：预约失败的自欺欺人之举

在大学学期末，各科考试接踵而来，有的学生平日经常逃课，日常也疏于学习，但是当考试临头时，他们非但没有认真复习学习内容，反而结伙到酒吧买醉，或者通宵打游戏，为什么会出现这种现象呢？难道临时抱佛脚的紧急复习不是更好的应对策略吗？

上述现象可以用"自我妨碍"来解释，所谓的"自我妨碍"，就是当人们担心自己没有能力完成某项任务时，他们会故意破坏任务的完成，以便为自己的失败准备托辞：这并不意味着我没有能力。比如说，一个学生并没有为第二天的考试而用功，反而沉迷于电脑游戏，如果他的考试成绩很差的话，他便会说："我只是没有努力罢了。"如此这般，这个学生的自尊便会受到较低的影响，他可以心安理得于自己的失败。

从个体维护自尊和印象管理的角度来看，"自我妨碍"实际上是一种自我保护行为，它一方面为个体的失败提供了冠冕堂皇的理由，另一方面，当个体获得成功时，还有助于发挥自我增强的作用——没有努力也可以获得成功，个体便可以洋洋自得地宣称自己智商超人。

个体在实施"自我妨碍"行为时，通常通过两种形式表现出来：

**1. 行动式自我妨碍**

对于难以预知的成败，个体为了做出有利于自己的归因而事先采取了一系列妨碍成功的行为，如有的学生在考试前喝酒玩乐、降低努力程度以及为自己设置过高的成就目标等。

**2. 自陈式自我妨碍**

个体在从事任务之前，为将来可能的失败寻找一系列不可控制的借口，一些可能会影响自己发挥水平的因素，如考试焦虑、突然感染疾病、遭遇创伤性的生活事件等。

对于个体来说，大部分的研究认为，自我妨碍行为虽然有助于个体免受负面评价的影响，但是，经常进行自我妨碍的话，不仅会降低个体的自信心，还会增加他们的焦虑反应——因为即使个体能使他人不对他们进行负面评价，他们自身也会对自己形成消极的看法。再者，如果过多地实施自我妨碍行为，个体还会增加遭遇失败的可能性，以致减少对学习的兴趣，继而又会进行自我妨碍行为，从而陷入恶性循环中。而且，研究者还发现，即使他人没有对实施"自我妨碍"者进行负面评价，他们也不会对这些人产生较好的印象，也就是说，与没有实施自我妨碍行为的人相比，自我妨碍者往往会得到他人更低的评价。

由此可见，实施自我妨碍行为后，人们并非能如愿以偿地获得他人的较高评价，不过是在虚伪的自尊心的操纵下，预约了更多的失败而已。

## 安慰剂效应：心理暗示的巨大力量

一个小女孩生长在一个十分贫困的家庭里，在她很小的时候，父亲便去世了，小女孩与妈妈相依为命。小女孩非常自卑，她从来没有穿过漂亮的衣服，也没有佩戴过什么首饰。就这样，小女孩长到了18岁，在她18岁那年的圣诞节，妈妈给了小女孩20美元，让她为自己买一份圣诞礼物。

她大喜过望，准备去商店为自己买一份礼物，但是她自卑惯了，根本没有勇气从大路上大大方方地走过，只是贴着墙角朝商店走去。

一路上，她看见所有人的生活都比自己好，心中不无遗憾地想，我是这个小镇上最抬不起头来、最寒碜的女孩子。看到自己特别心仪的小伙子，她又酸溜溜地想，今天晚上盛大的舞会上，不知道谁会成为他的舞伴呢？

她就这样一路嘀嘀咕咕躲着人群来到了商店。一进门，她感觉自己的眼睛都被刺痛了，她看到柜台上摆着一批特别漂亮的缎子做的头花、发饰。她看呆了，售货员对她说："小姑娘，你的亚麻色的头发真漂亮！如果配上一朵淡绿色的头花，肯定美极了。"在售货员的蛊惑下，尽管小女孩觉得16美元的价位有些贵，但还是任由售货员把那朵淡绿色的头花戴在了自己头上。她看了看镜中的自己，突然惊呆了，她从来没看到过自己这个样子，她觉得这一朵头花使她变得像天使一样容光焕发！

她不再迟疑，掏出钱来买下了这朵头花。她感觉自己突然之间变成了一个漂亮的天使，她陶醉其中，接过售货员找的零钱后，转身便往外跑。在出门的刹那，她与一个老绅士撞了一下，她顾不得回头，只是兴奋地往外跑去。

她不知不觉就跑到了小镇最中间的大路上，她看到所有人投给她的都是惊讶的目光，她听到人们在议论说，没想到这个镇子上还有如此漂亮的女孩子，她是谁家的孩子呢？她又一次遇到了自己暗暗喜欢的那个男孩，那个男孩竟然叫住她说：

"不知今天晚上我能不能荣幸地请你做我圣诞舞会的舞伴?"

她心花怒放,决定用剩下的4美元再给自己买点东西。于是她又一路飘飘然地回到了小店。

刚一进门,她就看见了那个老绅士,绅士微笑着对她说:"孩子,我就知道你会回来的,你刚才撞到我的时候,这个头花也掉下来了,我一直在等着你来取。"

从心理学的角度来剖析这个故事,女孩身上便出现了"安慰剂效应"。"安慰剂效应",又名伪药效应、假药效应、代设剂效应(英文为"Placebo Effect",源自拉丁文"placebo",该词意思为"我将安慰"),指病人虽然获得无效的治疗,但却"预料"或"相信"治疗有效,而让病患症状得到舒缓的现象。这种似是而非的现象在医学和心理学研究中都并不鲜见。由此,不少医生在对病人进行治疗时,不得不将这种"安慰剂效应"考虑进去。比如,医生利用安慰剂来激发病人的"安慰剂效应"——当患者对某种药的疗效坚信不疑时,就可以增强该药物的治疗效果,提高医疗质量。

美国牙医约翰·杜斯在其几十年行医生涯中,常常遇到这种情况:一些牙痛患者来到他的诊所后,会释然地对他说:"一来这里我的感觉就好多了。"这些患者的良好感觉可能出自如下原因:他们觉得马上会有人来处理他们的牙病了,从而情绪便放松了下来;他们像参加了宗教仪式一样,当他们接触到医生的手时,病痛便得以缓解了……实际上,患者所出现的这种现象与"安慰剂效应"大同小异。

关于"安慰剂效应"的科学性,有实验为证。实验者将被试分为四组——A组、B组、C组和D组,其中A组服用一种温和的镇痛药;B组服用色泽形状相似的假药;C组接受针灸治疗;而D组接受的是假装的针灸治疗。试验结果显示:四组人员的痛感均得以减轻,四种不同方法的镇痛效果并没有明显差异。这说明,镇痛药和针灸的效果并不见得一定比安慰剂或安慰行为更为奏效。

实际上,人类已经有相当悠久的使用安慰剂的历史。早在抗生素发明以前,医生们便常常给病人服用一些没有任何疗效的粉末,而病人在不知情的情况下却从这些粉末中看到了希望,结果,一些病人果然奇迹般地康复了,有的甚至还平安地度过了诸如鼠疫、猩红热等"鬼门关"。

观察你周围的世界,"安慰剂效应"可以说是屡见不鲜——一队战士在阿尔卑斯山的风雪中迷路了,凭借一张地图,他们扎营熬过了风雪,确定了自己的方位,两天后顺利回到营地。当他们讲述着这张非凡的地图的时候,人们却发现,这是一张比利牛斯山的地图;有的小孩子非常胆怯,他的父母便告诉他上天已经偷偷地赐给了他勇气和力量,结果这名胆怯的儿童积极地参与了学校的很多活动,还取得了优秀的成绩;一些从小长在城市的人到了乡村后,他们感觉乡村的泉水十分甘甜,然而他们所喝到的泉水不过是同伴所带来的普通矿泉水——种种现象表明，积极的自我暗示虽然不会改变外在的客观世界，但对人们的情绪和态度塑造却有着极为重要的积极意义。

# 标签效应：不要让别人的评价决定了你的未来

当一个人被一种词语名称贴上标签时，他就会作出自我印象管理，使自己的行为与所贴的标签内容相一致。这种现象是由于贴上标签后而引起的，故称为"标签效应"。

为什么会出现"标签效应"呢？主要是因为"标签"具有定性导向的作用，无论是"好"是"坏"，它对一个人的"个性意识的自我认同"都有强烈的影响作用。给一个人"贴标签"的结果，往往是使其向"标签"所喻示的方向发展。

心理学家克劳特曾做过这样一个实验：他要求一群参加实验者对慈善事业做出捐献，然后根据他们是否有捐献，分别说成是"慈善的人"和"不慈善的人"。相对应地，还有一些参加实验者则没有被下这样的结论。过了一段时间后，当再次要求这些人做捐献时，发现那些第一次捐了钱并被说成是"慈善的人"，比那些没有被下过结论的人捐钱要多，而那些第一次被说成是"不慈善的人"，比那些没有被下过结论的人捐献得要少。

上述实验充分演示了标签效应对人们的影响，现实生活中也常有这样的事例，比如一旦一个人被某个组织赋予了某个称号，他们随之的行为总是会受到这个称号的影响，使自己的行为匹配这个称号的内涵。1945年2月反法西斯即将全面胜利，在一次摄影大奖赛中，伊拉·海斯与其他战士的一张合影获了大奖，照片在美国印刷数百万张，海斯被民众视为战争英雄，由于被贴上了"英雄"的标签，从此以后，海斯总是以英雄的姿态亮相。

同样，给某一个人贴上一个正面的标签，也会促使对方在态度和行为上做出积极的反应。二战期间，针对一批行为不良、纪律散漫、不听指挥的新士兵，美国心理学家做了如下实验：让他们每月都向家人寄发一封信，在信中描述自己在前线如何遵守纪律、听从指挥、奋勇杀敌、立功受奖等内容。结果，半年以后，原先不可救药的士兵发生了很大的变化，他们真的像信上所说的那样去努力了。

"标签效应"对个人的启示是，从某种意义上说，你的人生是被"标签"出来，比如，一个人在童年时期非常喜爱跳舞，但是父母和朋友都说他不可能在舞蹈界混出名堂，天长日久，这个人渐渐地放弃了自己对于舞蹈的爱好，正如其父母和朋友所言的那样，他没有在舞蹈方面获得成功。然而，按照"标签效应"的逻辑来推理，可以发现，这个人之所以没有在舞蹈方面获得进展，可能并非因为他不具备跳舞的天分，而是因为父母和朋友的负面标签发挥了消极作用。因此，别人怎么看你并不重要，重要的是你如何给自己定位，你所认可的自我定位决定了你将会被时间塑造为什么样的自我。

## 拱道效应：为什么名校"盛产"优秀毕业生

英国心理学家德·波诺在《思维的训练》一书中提出了"拱道"的概念，他认为学校犹如一个拱道，名牌学校就会产生积极的"拱道效应"，即一批优秀人物走进拱道，从拱道里就会走出一批优秀毕业生。对于"拱道效应"，更学术化一点的解释就是——一种经过"拱道"而使人产生积极心理反应的现象。波诺认为，优秀人物在名校学习的过程中，拱道除了望着他们通过外，在塑造优秀人物方面，所起的作用非常微小。也就是说，名牌学校批量生产优秀毕业生，主要原因并不是学校为学生们提供了出色的教学内容和方式，而是由于名校为学生们设置了较高的进入门槛，加之名校的品牌效应，导致名牌学校招收的本来就是一些十分优秀的学生。这种理论确实有一定的逻辑，但也不能因此就完全抹杀名校对塑造优秀学生的作用，毕竟与普通学校相比，名牌学校还是为学生们提供了更有优势的教学资源。

能够成为名校的一员，对于学生而言，本来就是一件十分自豪的事情，于是他们在学习时便有巨大的动力，更加乐于积极地表现，以持续证明自己的优秀，在这个过程中，便发生了"拱道效应"。而那些沦入非名校的学生，由于对学校持有一种消极的态度，他们认为一旦自己进入这种普通学校，便难以有出头之日，于是他们对学习丧失了兴趣，只想得过且过。从某种意义上来说，一个学生到底会成为一个优秀的人物还是庸常之辈，并不取决于他就读于名牌学校还是普通学校，而是取决于他对学校的态度。一个人因步入普通学校便放弃了继续奋斗的勇气，这才是他难以优秀的最关键因素，而非他所就读的学校导致了他的失败。

因此，"拱道效应"启示我们，即使你与名校无缘，因为一次考试失误而进入了普通的学校，也不要悲观地认为自己的人生已经被宣判，只要你没有失去奋斗的力量和勇气，只要你为了博取精彩人生而努力不懈，你可以比那些出自名校的毕业生更有作为。

## 摩西奶奶效应：有志不在年高

美国艺术家摩西奶奶至暮年才发现自己有惊人的艺术天分，75岁以后开始作画,80岁举行首次女画家个人画展,轰动艺术界,美国学者称这种现象为"摩西奶奶效应"。

摩西奶奶(1860—1961年)原名安娜·玛丽·罗伯逊·摩西,生于纽约州格林尼治村的一个农场,27岁嫁给了弗吉尼亚州斯汤顿的一个农民。后来她重回纽约州,在离出生地不远处生活了将近20年。摩西奶奶一生共孕育了10个子女,在她绘画之前,她的双手做的都是诸如此类的琐事:擦地板、挤牛奶、装蔬菜罐头、刺绣等。直到76岁的时候,摩西奶奶因为关节炎发作而告别了家庭琐事,开始试着画画,并在当地展示自己的画作。有一天,陈列在杂货店橱窗中的作品引起了艺术收藏家Louis J. Cal-dor的兴趣,也正是他使摩西奶奶引起画商Otto Kallir的注意,Kallir将摩西介绍到艺术界。80岁的时候,摩西奶奶在纽约举办了个人画展,引起巨大轰动,从此以后,她的作品成为艺术市场的热卖点。

1961年12月13日,摩西奶奶在纽约的胡西克瀑布逝世,终年101岁。虽然她从未接受过正规的艺术训练,但对美的热爱使她爆发了惊人的创作力,在20多年的绘画生涯中,她共创作了1 600幅作品。摩西最早的绘画是柯里夫和艾夫斯图片和明信片的临摹品。不久她根据对农场的早期生活回忆而创作,描绘了童年时期美丽的乡村景色。摩西的风景画能敏锐捕捉到季节、天气和时间的细微差别,她的作品并不仅仅是个人生活的记录和对过往的伤感怀旧,而是体现了永恒之美。

摩西奶奶效应启示人们,一个人如果不去挖掘自己的潜在能力,它就会自行泯灭。你最愿意做的那件事,才是你真正的天赋所在。

关于摩西奶奶,还有这样一段逸事,一位叫春水上行的日本人给摩西奶奶写了一封信,在信中倾吐了自己的犹豫:他很想从事写作,可是大学毕业后,自己一直在一家医院里工作,眼看着自己马上就要30岁了,他不知该不该放弃那份令人讨厌却收入稳定的职业,以便从事自己喜欢的行当。摩西奶奶的回信是这样的:做你喜欢做的事,上帝会高兴地帮你打开成功之门,哪怕你现在已经80岁了。

后来,这个踌躇的日本年轻人成了日本乃至全世界大名鼎鼎的作家渡边淳一。

**心理测试**

你是否掌握了成功的秘诀?

有人说成功的真正秘诀,在于没有秘诀。这种说法不无道理。因为成功的秘诀不止一条,对于不同的人,有不同的因素决定着他们的成功。要想知道自己是否掌握了成功的秘诀,做做下面的测试就知道了。

对于下面的每道题,从1~5个数字中选择一个数字,表示你对该陈述的认同度或者适合你的程度。一共35道题,每条陈述只选择一个数字。选5表示你最认同或是最适合于你，顺序递减到1表示你最不认同或是最不适合于你。

1. 我是实干家，不是空想家。
2. 我努力工作是因为被自己内心的信仰和追求所驱动，而不仅仅是为了酬劳。
3. 在生活中，我总是自己创造机会，无论好坏。
4. 我总是觉得下班时间太早。
5. 我是那种总有很多工作要做的人。
6. 我是一个特别自信的人。
7. 我从不放弃好的计划。
8. 为了得到想要的东西，我有时会很无情。
9. 无论其社会地位如何，我总让人们感觉在我的公司工作是一段有意义的经历。
10. 完美是不可能的理想。
11. 尽力做好每一件事十分重要。
12. 人生的成功远远不限于实现自己设定的目标。
13. 尽管我深深地爱着我的业余爱好，但我还是会准备放弃它，如果这样做对我而言意味着事业成功的话。
14. 我很喜欢刨根问底。
15. 我认为应当抓住人生的每一个机会，哪怕有时要冒一定的风险。
16. 我很容易对某一件事情长时间地集中注意力。
17. 我总是展望未来。
18. 我不是万金油式的三脚猫。
19. 我可以毫不费力地向别人表达自己的想法和感受。
20. 每一天我都感觉自己更加自信。
21. 世界上没有所谓的好的失败者，尽管有些失败者的情形会略好一点。
22. 我不害怕成功，尽管这可能给我带来敌对者。
23. 做任何事我都永不放弃。
24. 如果不与其他人交往，不可能获得成功。
25. 当我在别人的公司时，我感觉自己很重要并且很特别。
26. 每个人都可以克服社会隔阂。
27. 我强烈认为，一旦开始工作，就要有始有终。
28. 我不喜欢听其他人吹嘘自己的成就。
29. 我比一般人的担忧要少得多。
30. 我从不采取折中的办法。
31. 在大批听众面前演讲时，我不会感到紧张。

32. 我不害怕失败。
33. 努力工作是成功之道。
34. 我很清楚5年后自己大概是什么样子。
35. 我是那种不断尝试的人。

分数分配

你选择1~5个数字中的哪一个，就得几分，最后计算总分。

得分分析

**126~175分**：你的得分表明，如果你现在还没有成功，那么你的成功也是指日可待；如果你已经获得了一定程度上的成功，那么你还将取得更大的成功。你几乎拥有成功所需要的所有品质，例如，性格、坚持、才能和想象力。当然还有最重要的雄心壮志，它激励着你努力实现你所能够达到的成就。需要警惕的是，你要注意不要成为完全的工作狂，不要以牺牲家庭或者最终的个人幸福为代价。如果你能够成功地维持两者之间的平衡，那么无论是在个人生活还是在事业生涯上，你都能够实现大部分目标。

**90~125分**：你确实渴望成功，并且拥有许多成功所需要的品质，但是也许你工作应当再努力一些，并且向自己再灌输一些自信心，相信自己可以获得成功；也许你仅仅是在梦想成功，却没有指望能够实现。只有依靠自己，并且消除自我怀疑，才能够将这些梦想变成现实。许多成功者都为自己设计目标，然后从自己目前所处的位置向目标迈进。

**低于90分**：如果希望在自己从事的领域中获得成功，你还需要付出大量的努力。对有些人而言，成功是拥有一份收入可观的稳定工作，并且能胜任这份工作；对另一些人来说，成功是在自己从事的行业中到达顶峰；还有一些人则认为成功不外乎名誉和财富。成功的大小不同，关键是给自己一个明确的定位。

# 第十章

# 关于成功的秘密

## 桑代克试误说：为什么说"失败是成功之母"

桑代克（E.L. Thorndike）是美国著名的教育心理学家，他曾经做过很多关于动物学习的实验，其中，让饿猫逃出"问题箱"的实验对于学习的实质与机制给予了合理的解释。

桑代克将一只饿猫置于一个用木条钉成的箱子里，箱子里有一个能打开门的脚踏板，当门打开后，猫就能逃出箱子，并获得奖赏物———条鱼。饿猫刚开始进入箱子中时，只是无目的地乱咬、乱撞，后来偶然碰上脚踏板，饿猫打开箱门，逃出箱子，并得到了食物。

第二次，桑代克再次把出逃的饿猫关在箱子中，如此重复多次，最后，猫一进入箱中就能打开箱门。

这个实验表明，猫的操作水平都是相对缓慢地、逐渐地和连续不断地改进的。由此，桑代克得出了一个非常重要的结论：猫的学习是经过多次的试误，由刺激情境与正确反应之间形成的联结所构成的。

桑代克据此认为，学习的实质就是有机体形成"刺激"（S）与"反应"（R）之间的联结。他明确地指出"学习即联结，心即是一个人的联结系统。"同时，他还认为学习的过程是一种渐进的尝试错误的过程。在这个过程中，无关的错误的反应逐渐减少，而正确的反应最终形成。根据他的这一理论，人们称他的关于学习的论述为"试误说"。

桑代克认为，动物的基本学习方式是试误学习，人类的学习方式可能要复杂一些，但本质是一致的。他从动物学习研究中，试图揭示普遍适用于动物和人类学习的规律。根据实验的结果，桑代克提出了众多的学习律，其中桑代克认为试误学习成功的条件主要有三个：练习律、准备律、效果律。

1. 练习律

指学习要经过反复的练习。

2. 准备律

这个规律包括三个组成部分：a."当一个传导单位准备好传导时，传导而不受任何干扰，就会引起满意之感。" b."当一传导单位准备好传导时，不得传导就会引起烦恼之感。" c."当一个传导单位未准备传导时，强行传导就会引起烦恼之感。"此准备，不是指学习前的知识准备或成熟方面的准备，而是指学习者在学习开始时的预备定势，简而言之，联结的增强和削弱取决于学习者的心理调节和心理准备。

3. 效果律

指"凡是在一定的情境内引起满意之感的动作，就会和那一情境发生联系，其结果当这种情境再现时，这一动作就会比以前更易于重现。反之，凡是在一定的情境内引起不适之感的动作，就会与那一情境发生分裂，其结果当这种情境再现时，这一动作就会比以前更难于再现。"这也就是说当建立了联结时，导致满意后果（奖励）的联结会得到加强，而带来烦恼效果（惩罚）的行为则会被削弱或淘汰。

中国有句古话"失败是成功之母"，常被失败者作为自我鼓励之语，从"桑代克试误说"的观点来看，这句古语并非浅显的自我安慰之语，而是包含着深刻的心理学学问。

# 社会学习理论：选择朋友的标准决定了你自身的标准

社会学习理论是由美国心理学家阿尔伯特·班杜拉（Albert Bandura）于1977年提出的，这种理论侧重探讨学习和自我调节在引发人的行为中的作用，重视人的行为和环境的相互作用。

班杜拉通过一个名为"波波玩偶"的实验研究了儿童的攻击性暴力行为，波波玩偶是与儿童体形接近的一种充气玩具。在这个实验中，班杜拉选用儿童作为实验对象，因为通常儿童很少有社会条件反射。班杜拉试图使儿童分别受到成人榜样的攻击性行为与非攻击性行为的影响，然后将这些儿童置于没有成人榜样的新环境中，以观察他们是否模仿了成人榜样的攻击性行为与非攻击性行为。实验表明，那些目击了攻击性成人榜样行为的被试，将试图模仿或实施类似的攻击性行为，即使榜样并不在现场。

班杜拉主张，如果早在儿童时期就能诊断出攻击行为，那么就可以重新塑造这些儿童以免使他们沦为成年犯罪人。班杜拉认为，人后天习得行为主要有两种途径：一是依靠个体的直接实践活动，这是直接经验学习；另一种是间接经验学习，即通过观察他人行为而学习，这是人类行为的最重要来源，建立在替代基础上的间接学习模式是人类的主要学习形式。通过观察学习，可以使人们避免去重复尝试错误而带来的危险，避免走前人走过的弯路。

传统的学习理论，如桑代克的联结理论、华生的经典性条件反射理论等几乎都局限于直接经验的学习，不能解释人类许多习得的行为，班杜拉另辟蹊径地发现了间接学习即观察学习的重要性。

关于"如何成为成功人物"的命题，其中的方法之一便是与那些优秀的人物为伍，根据社会学习理论所表述的观点来看，确实，近朱者赤，近墨者黑，一个人选择朋友的标准也决定了他自身的标准。如果一个人周围的朋友都是游手好闲之辈，即使此人十分进取，也会不知不觉变得懒散起来；如果一个人善于结交积极上进的人，当然，此人也会被影响着去追求一些更有意义的事物。

## 艾宾浩斯记忆遗忘曲线：学习不是一劳永逸的事

艾宾浩斯是德国一位著名的心理学家，1885年，他发表了一份关于记忆的实验报告：人类输入的信息在经过人的注意过程的学习后，便成为了人的短时的记忆，但是如果不经过及时的复习，这些记住过的东西就会遗忘，而经过了及时的复习，这些短时的记忆就会成为人的一种长时记忆，从而在大脑中保持很长的时间。也就是说，遗忘在学习之后立即开始，而且遗忘的进程并不是均匀发生的，而是最初遗忘速度很快，随之逐渐减慢。艾宾浩斯由此得出结论"保持和遗忘是时间的函数"，并根据实验结果绘成描述遗忘进程的曲线，即著名的艾宾浩斯记忆遗忘曲线。艾宾浩斯记忆遗忘曲线，又被称为"艾宾浩斯记忆保持曲线"，曲线的纵坐标代表了记忆的保持量，横轴表示时间（天数），曲线表明了遗忘发展的一条规律：遗忘进程是不均衡的，在识记的最初遗忘很快，以后逐渐缓慢，到了相当的时间，几乎就不再遗忘了，也就是遗忘的发展是"先快后慢"。有人做过一个实验，两组学生同时学习一段课文，甲组在学习后不久进行一次复习，乙组不予复习，一天后甲组保持98%，乙组保持56%；一周后甲组保持83%，乙组保持33%——乙组的遗忘平均值比甲组高。

此外，遗忘的进程不仅受时间因素的制约，也受其他因素的制约。艾宾浩斯在关于记忆的实验中发现，记住12个无意义音节，平均需要重复16.5次；为了记住36个无意义章节，需重复54次；而记忆6首诗中的480个音节，平均只需要重复8次！——一般而言，人们最先遗忘的是那些没有重要意义的、不感兴趣、不需要的材料。

艾宾浩斯记忆遗忘曲线启示我们，学习不是一劳永逸的事，当你通过学习掌握一项技能后，仍然需要不断地进行重复，否则，你的遗忘速度会快于你的学习速度。

# 培根记忆术：过目不忘的秘密

在有些电视节目中，曾有人做过所谓奇特的记忆表演。一般都是在舞台上立一块黑板，然后随意让观众说出一些词语、数字、节目名称、公式、外语单词等等，并按序写在黑板上。表演者快速地看一眼黑板上的内容，随后背对黑板，十分神奇的是，表演者能根据观众的要求准确地讲出其中的任意一项内容，甚至还能把全部内容倒背出来。

为什么这些表演者具备过目不忘的本领呢？原来这与培根记忆术有关。所谓的培根记忆术，就是联想记忆法，即个体在记忆的时候，自创一套记忆编码，比如，①——帽子，②——眼镜，③——围巾，④——衣服，⑤——腰带，⑥——裤子……并熟练地记下来，然后通过联想与要记的材料相连接。比如现在要求你记住这样几个词：①大象，②打气，③洗澡，④电风扇，⑤自行车，⑥水……这样你就可以把大象与固定编码的第一号帽子联系起来，联想到大象的鼻子上戴了一顶帽子。要记住第六个词"水"时，把它与裤子产生联想——水把裤子弄湿了。通过这样的编码联想，有意识地把联想的事物放大，表象清晰而奇特。例如要记住第四个词——电风扇与衣服发生联想时，如果表象是电风扇吹开了衣服就很一般，但如果想象成电风扇穿了一件羽绒服，就非常奇特，这就更便于记住这一对象。

培根记忆术的固定编码有很多种，如按照自己身体各部分的上下编号，按进门后能看到的东西编码，按自己的亲朋好友的姓名编号等等。

培根记忆术可以避免记忆的枯燥单调。如果想高效地应用培根记忆术，关键的环节是善于联想，联想越奇特醒目越有助于记忆。

# 蔡加尼克效应：开夜车的弊端

20世纪20年代，苏联心理学家B.蔡加尼克做了这样一项研究：

她分派给被试15~22种不同的任务。有些任务属于手工操作的性质，有些任务则明显要求智能的运用。这些任务繁简不一，例如写下一首你喜欢的诗、从55倒数到17、完成拼板、演算数学题、把一些颜色和形状不同的珠子按一定的模式用线穿起来等等。完成每次任务所需要的时间大体相等，一般为几分钟。

在实验中，蔡加尼克只让被试完成一半任务，例如当被试进行一些智力任务时，允许他们坚持完成，直到发现答案为止；当被试进行另一半任务时，主试则中途打断，让被试停止操作，而做其他的事情。这里，允许做完和不允许做完的任务的出现顺序是随机排列的。

当实验结束后，在出乎被试意料的情况下，立刻让他们回忆做了22件什么任务，结果发现，约有50%的任务能被回忆起来；未完成的任务平均被回想起68%，已完成的任务只能被回想起43%——前者是后者的1.6倍。

根据实验结果，蔡加尼克提出了"蔡加尼克效应"，描述了对未完成工作的记忆优于对已完成工作的记忆现象。蔡加尼克认为，这种效应是由于完成任务的需要而引起的紧张状态所造成的。当一项任务没有完成就受阻止时，紧张状态还要持续一段时间，最多持续24小时，有时只持续十几分钟，这时被试的思想仍然比较容易指向未完成的任务，从而被回忆起来的可能性就大些。

后来的一些心理学家也曾重复过这类实验，大部分都证实了"蔡加尼克效应"的存在，并对效应的存在给予了如下解释：

（1）中途中断任务会引起被试的一种不满的自我体验，它导致被试为发泄这种不满而激发动机，从而产生更好的回忆。

（2）中途中断任务具有一种强化的效应，促使被试作出力图完成任务的反应。

（3）从格式塔理论角度说，被试具有一种力求完整的心理，中断破坏了这种完整性，导致被试为争取完整性而提高保持率。

（4）被试的强化史影响以及保持率，也就是说如果被试过去有过完成任务获得奖励的体验，则中断就会推动这种奖励，所以被试为追求奖励而在意念中需要完成任务，这就会产生一种更好的回忆比率。

关于"蔡加尼克效应"，很多人应该都有切身体会，比如，你担心自己忘了某个重要约定，特意把它记录在备忘录上，但是最后还是忘记了，这是因为一个该做的事情往往会在人心理上引起一个张力系统，但写进备忘录这个行动代替了践约，心理上认为这件事情已经做好了，结果张力系统放松了。而没有这种替代措施的时候，张力系统仍在继续，反而更记得住。

与此同理，惯于考前"开夜车"的学生常常在通过考试后，很快就遗忘了所考过的东西，这种现象便是学生放下重负后张力系统迅速松弛的结果。

## 酝酿效应：为什么放弃思考了反而会豁然开朗

当一个人长期致力于解决某一个问题而百思不得其解的时候，如果他暂时停止对这个问题的思考，转而去做一些其他的事情，几小时、几天或几周之后，他可能会忽然想到解决搁置难题的办法，这种现象就是"酝酿效应"。酝酿效应似乎与人的定势心理有关——一个人最初考虑解决问题的途径不成功，走到了一条死胡同后，暂时让自己离开这种情境一会儿，反而常能曲径通幽地顿悟到其他的解决方法。

"酝酿效应"来自于古希腊科学家阿基米德的亲身经历——

国王让工匠打造了一顶纯金的王冠，但是他又怀疑金匠在王冠中掺了银子，可是这顶王冠与当初交给金匠的金子一样重，谁也不知道金匠是否私吞了金子。于是，国王找来了阿基米德，让他解决这个难题。阿基米德为了解决这个问题冥思苦想，尝试了很多方法，都失败了。

隔了一段时间，阿基米德在洗澡的时候，当他坐进澡盆后，看到水往外溢，同时感觉身体似乎被轻轻地托了起来，这时，阿基米德恍然大悟，终于想到运用浮力原理便可解决国王为自己布置的难题。

心理学家认为，在酝酿过程中，虽然人们已不再从事暂时搁置的工作，但其实仍然在潜意识层面进行着推理和思考活动，储存在记忆里的相关信息在潜意识里组合，从而使个体意外地获得问题的解决方案。此外，人们之所以会在休息的时候与正确答案不期而遇，原因还在于当人们处于放松状态时，消除了前期的心理紧张，由于遗忘了那些不正确的、导致僵局的思路，以致处于另一番创新思维状态。

美国化学家普拉特和贝克等人也都讲述过亲身经历的"酝酿效应"，普拉特和贝克在文章中写道："摆脱了有关这个问题的一切思绪，快步走到街上，突然，在街上的一个地方——我至今还能指出这个地方——一个想法仿佛从天而降，来到脑中，其清晰明确犹如有一个声音在大声喊叫。我决心放下工作，放下有关工作的一切思想。第二天，我在做一件性质完全不同的事情时，好像电光一闪，突然在头脑中出现了一个思想，这就是解决的办法，简单到使我奇怪怎么先前竟然没有想到。"

因此，如果当你因为遭遇一个难题而抓耳挠腮时，不妨先把它放在一边，去和朋友散散步、聊聊天，或者从事一些能让自己心情放松的事情，说不定就在你停下来的时候，原来把你逼到死角的难题迎刃而解，你真正体会到了"山重水复疑无路，柳暗花明又一村"的惊喜。

# 乡村维纳斯效应：跳槽的必要性

在偏僻的乡村，村里最漂亮的姑娘会被村民们当作世界上最美的人——维纳斯女神,在看到更漂亮的姑娘之前,村里的人再也想象不出还有比她更漂亮的人——这便是"乡村维纳斯效应",指的是人们在认识世界时,一旦接受了一个与事实相符的解释,由于受到自我满足思维的约束,往往就无法想象出还会有其他更好的解释。

人们在认识世界时,一旦对某个问题有了合乎逻辑的解释,就会把它当作正确的解释,由此产生了自我满足感,不想再去寻找更符合逻辑的解释。"乡村维纳斯效应"出现的原因也多是因为人们产生了自我满足感,放弃了对于事实的进一步探寻,结果导致自己的认知局限在既定的范围内,无法有所超越。也就是说,人们的认知往往会受到既有的经验和知识的影响,在没有接触更多的信息源之前,他们无法想象认知结构之外的未见事物。所以他们便会以为自己所感知的世界便是真实的全部世界。

当出现"乡村维纳斯效应"后,人们便会以一种夜郎自大的方式与这个世界互动——如果一个人是一家公司业绩最好的销售员,他便会想当然地认为自己是这个行业里的精英,如果自己已享受到相对丰厚的薪水收入,便会认为最幸福的白领生活也不过如此。

由此可见,如果一个人长期任职于一家小公司,天长日久,他便会丧失前进的动力,业务已经非常熟练,在公司也已经具备一定的资历,这时,他便会产生一种满足的心态,看不到外面更广阔的世界。从某种意义上说,他的发展潜力也无形中被抑制了,从而失去获取潜在成功的机会。

对于一个上进的职场人而言,跳槽对于其迈向更远大的前程是必要的,这样的话,他除了会接受新的挑战外,也会让自己的视野看到更远的地方,从而树立更大的志向。当然,如果你所就职的公司已经是业内第一,如果你发现自己目前在公司内已没有上升的空间,你所考虑的问题就不是跳槽了,或许是创业。

## 瓦拉赫效应:失败只是因为你没有做应该做的事

奥托·瓦拉赫是一名德国化学家,他首次成功地人工合成香料,在脂环族化合物的研究中作出了巨大贡献,于1910年被授予"诺贝尔化学奖"。

然而,瓦拉赫的成才过程极富传奇色彩。瓦拉赫刚进入中学的时候,父母为他选择的是一条文学之路,不料一个学期下来,教师为他写下了这样的评语:"瓦拉赫很用功,但过分拘泥。这样的人即使有着完美的品德,也绝不可能在文字上发挥出来。"此后,他改学油画。可瓦拉赫既不善于构图,又不会调色,对艺术的理解力也不强,成绩在班上是倒数第一,学校的评语更是难以令人接受:"你是绘画艺术方面的不可造就之才。"面对如此"笨拙"的学生，绝大多数老师认为他已成才无望，注定一生会是个平庸之辈。然而瓦拉赫的化学老师并不这么想，他认为瓦拉赫做事一丝不苟，善于钻研，正好具备了做好化学实验应有的品格，于是，这位化学老师建议瓦拉赫试学化学，瓦拉赫的父母接受了化学老师的建议。从此以后，瓦拉赫智慧的火花一下被点燃了，文学艺术的"不可造就天才"一下子变成了公认的化学方面的"前程远大的高才生"。

"瓦拉赫效应"便由此而来，指的是：每个人的智能发展都是不均衡的，都有智能的强点和弱点，他们一旦找到自己智能发挥的最佳方式，使智能潜力得到充分的发挥，便可取得惊人的成绩。

某些励志书常会这样鼓励人们：只要你努力尝试，你就可以在任何领域获得你想要的成功。然而，理智地推敲这句话，你会发现事实并不如此。每个人的核心优势都是不同的，你只有选择一个适宜的领域，这个领域允许把自己的最大优势发挥出来，你才可以成为一个成功者，这正是瓦拉赫的成长经历提供给我们的启示。

如果，此时此刻，你仍然认为自己是一个失败者，困惑于自己在目前的工作领域毫无发展，千万不要否定自己，因为或许你的困境只在于，你没有做应该做的事。

## 迁移效应：为什么很多明星都"演而优则唱"

观察整个娱乐圈，我们会发现这样一个现象：某个演员因为一部戏红了后，或者其在表演领域获得较高的成就后，便进入了演唱领域，成为真正的影视歌"三栖"明星。演员作出这样的事业规划，多与经济利益有关，但是从心理学的角度来看，"演而优则唱"也有一定的现实合理性。

在心理学领域，有一个名词叫做"迁移效应"，指的是先行学习对后继学习的影响，即已有知识和经验对解决新问题的影响，即通常所说的触类旁通、举一反三。比如，从棒球队员中选拔出一些成员参加高尔夫球集训，在短期内，这些学员就能取得较好的训练效果；让那些会英语的人去突击学习法语、德语或者西班牙语，与不会任何一门外语的人相比，他们更容易掌握第二外语——这是迁移效应中的"正效应"，即先行学习A促进了后继学习B的效应。当然，迁移效应也会以"负效应"的形式表现出来，如果来自日本的司机在美国开车，常会发生困难，甚至出现车祸，这主要是因为在日本是"车左、人右"，而在美国却恰好相反。

关于出现迁移效应的原因，心理学家给予了如下解释：

(1)形式训练说。该理论认为,学习的迁移是人的心灵官能受到训练而自动发展的结果。也就是通过某种学习使某种心灵官能得到训练,从而转移到其他学习上去,使其他学习更加容易。

(2)共同要素说。其观点是,只有当两种学习具有共同要素(相同或相似之处)时,才会产生迁移效应。

(3)概括化说。这种理论认为,能否发生迁移效应,关键在于学习主体对已有知识、经验的概括。概括力高,迁移效应就大,反之,就小。

(4)学习定势说。这是苏联定势心理学派提出的一种迁移理论,该理论强调在学习中定势对迁移的影响作用。定势是关于活动方向选择方面的一种倾向,也是一种活动经验。

在演艺领域,表演与歌唱有很大的相通性,当一个成功的演员同时经营演唱事业时,多会开辟出一个新的天地,这便是迁移效应中的"正效应"发挥了效用。

**心理测试**

### 你身上有哪些成功的潜质

好不容易,终于盼来了休息日,这一天你准备去钓鱼,你会选择去哪里垂钓?

A.山谷小溪

B.海岸边

C.人工养鱼池

D.乘船出海

测试结果分析:

答案A:你目光远大,有详细的工作计划。

答案B:你能以比较少的投入换取较大的收获,有生意人的眼光。

答案C:你信心十足,头脑冷静而果断。

答案D:你工作起来有一股狂热劲,喜欢乘风破浪的快感。

# 第十一章
# 职场生存战

## 印象管理：如何提高你面试成功的概率

"印象管理"是心理学家库利、戈夫曼等人提出的一个概念，是指人们试图管理和控制他人对自己所形成的印象的过程。通常，人们总是倾向于以一种与当前的社会情境或人际背景相吻合的形象来展示自己，以确保个体能够获得所期望的评价。几乎很多人在别人面前所做的事情，都是为了实现较好的印象管理。比如，在公共卫生间，如果有别人在场的话，人们多会便后洗手；女士与男士一起吃饭的时候，也倾向于减少食量，比单独就餐吃得少一些。

如果你需要在社会上谋取一份工作获取生存保障或者发展自己的事业，你尤其需要在面试时注重自身的印象管理，因为面试只是对你能力素质的匆匆一瞥，如果你不能在这有限的时间里为面试官留下较好的印象，你的求职愿望很可能会泡汤。

很多人在面试过程中倾向于讨好面试官，比如夸赞面试官着装有品味，较有人格魅力等，但是心理学家在研究中发现，这些努力并不能更有助于你获得这个职位。心理学家指出，在使用印象管理技术的求职者中，关注自身优点的求职者得到的评价高于那些关注面试考官的求职者。举个例子，一个求职者应征销售经理的职位，如果他在面试时强调自己具备这些优势：擅长与人打交道、与人交流时具有较强说服力，对他恭维面试考官的努力相比，前者更有助于他获得这个职位。

此外，如果应聘者在面试时使用了虚假的印象管理手段，如夸赞面试考官具有某些其不具备的人格特质，还会使结果适得其反。固然大多数人都喜欢别人恭维自己，但是他们非常厌恶别有用心的虚伪恭维，因此，应聘者最好不要在面试时画蛇添足，导致与中意的工作擦肩而过。

有心理学家指出，存在权力差距的情况下，较为成功的印象管理方式是模糊策略。也就是说，应聘者可以在一定程度上表现谦虚，甚至自嘲"非常一般"。成功使用这种模糊策略的关键是：在一些无足轻重的小事上表明自己的平庸，而在关键事件上自我赞美、自我抬高，通过利用谦虚和自嘲来增强自我抬高的可信度。比如，在应聘销售经理职位时，应聘者描述自己的某一次工作经历时，除了强调自己克服了重重困难、卓有成效地完成工作外，还可以开玩笑的口吻称，他之所以需要换一份薪水更高的工作，是因为超速行驶而被多次罚款。面试官意欲寻找的是一名优秀的销售经理，而不是司机，所以应聘者的这种面试策略等于是强化了与工作相关行为的可信度："我想我是一个很糟糕的司机，但却是一个优秀的销售经理。"

## 包装效应：为成功而打扮

在印象管理心理学中，人们把一个人因包装行为而发生给人印象大变的现象，称之为包装效应。

畅销书作家约翰·莫雷致力于研究不同阶层不同年龄的职业人士的着装表现和效果，他曾被《时代》周刊誉为"美国第一位职业形象工程师"。为了研究着装对人们的影响，他做了很多相关的实验。其中的一个实验是让一些被试穿着所谓的"名牌"高档服饰，然后让他们随着真正的客人一起进入高级宾馆，让另外一些被试穿着破旧的衣服进入同一座宾馆，结果发现，对于前者，有94%的人给他们让了路，给后者让路的人的比率只有82%，甚至5%的人还骂了被试。

约翰·莫雷的另外一个实验是分别让100名穿着高档服装的被试和另外100名穿着普通衣服的被试完成打字和复印的工作，结果，前者中约84%的人在10分钟内完成了任务，而后者大多数人都花费了20分钟以上。这便说明，相对不错的着装不但能使他人对个体作出较高的评价，还可以使个体产生愉悦的心情，从而提高工作效率。

服装除了发挥遮体御寒的基本功能外，在目前的商业交际社会，还体现着一个人的社会地位、经济水平以及内涵和修养等。即使你认为以貌取人只是一种肤浅的社会认知，但是毋庸置疑的事实是，在职场交际场合，你的着装可以传达给别人很多关于你自身的讯息。因此，你不应该忽略自己的着装，而是需要一些很专业的指导，选择那些符合自己身份与地位的服装，或者说选择那些符合你想成为的某类人的着装风格。从某种意义上说，着装可以算是一项投资，一项为了实现成功而必不可少的投资。

# Yerkes-Dodson法则：有压力不一定有动力

Yerkes-Dodson法则，也称"叶杜二氏法则"，该理论认为压力与业绩之间存在着一种倒U型关系，适度的压力水平能够使业绩达到顶峰状态，过小或过大的压力都会使工作效率降低。

"Yerkes-Dodson法则"的提出者是心理学家叶克斯与杜德逊，他们经实验研究归纳出了Yerkes-Dodson法则，解释了心理压力、工作难度与作业成绩三者之间的关系。他们认为人们因动机而产生的心理压力，对人们的工作表现有促动功能，不过压力所产生的促动功能的大小，还因工作难度与压力高低而异。通常来说，在简单易为的工作情境中，当人们承受较大的工作压力时，将会实现较佳的成绩。这是因为简单工作多属重复性的活动，人们长时间从事这种活动便会形成自动化的连锁功能，在完成工作时，一般不需太多的认知思考，便可充分胜任。因此，如果存在心理压力的话，不但不会影响自动化功能的进步，反而有可能提升自动化的速度。但是对于那些复杂困难的工作，便是另一回事了——由于人们在从事复杂、需要较多智力付出的活动时，心理活动易于受到复杂困难情绪的扰乱，如果承受了较大的压力，思考稍有疏忽，就难免会忙中出错，引致一些不良后果。

通过Yerkes-Dodson法则，可以得出如下结论：
(1) 各种活动都存在一个最佳的动机水平。
(2) 动机的最佳水平随任务性质的不同而不同。
(3) 在难度较大的任务中，较低的动机水平有利于任务的完成。

很显然，一般而言，那些可以灵活调整自己动机强度的人，更易于取得较好的工作业绩。这是因为在现实环境中，没有一个人总是在执行固定难度的任务，而是总会遇到不同性质的任务，如果一个人能根据任务性质的不同进行适当的动机调整，他便能取得较好的成绩。

# 地位效应：为什么上级比你更有话语权

在职场中，很多的小人物都产生过这样的无奈，当你提出一个想法后，大家嗤之以鼻，认为那是小人物的狂想，但是同样的观点经由你老板之口说出后，大家便会认为这一观点闪耀着智慧的光芒——由于职场地位不同，同样的意见和方法产生了大相径庭的影响力：地位高的人所提意见、办法会被多数人认同、赞成，并执行，而地位低的人所提意见、办法，哪怕是正确的，或与地位高的人一模一样，而很少会被人认同、赞成，更不会去执行。这种现象便是心理学中的"地位效应"——在人群心理学中，人们把由于处于不同地位而提出的意见、办法而产生不同效应的现象，称之为地位效应。

美国心理学家托瑞是"地位效应"的提出者，他曾做过一个佐证实验：让飞机场空勤人员（其中有驾驶员、领航员、机枪手）一起讨论解决某个问题，每个成员必须首先提出自己的解决办法，最后把全组同意的办法记录下来，发现绝大多数成员同意领航员的办法而很少同意机枪手的。当领航员有正确办法时，群体会100%同意；而当机枪手有正确办法时，群体只有40%的人同意。——实验充分证明了地位效应的存在。

关于为什么会产生"地位效应"，有如下三个方面的原因：

（1）地位高的人大多阅历较广，才智过人，对某个专业领域有较深的研究，这种个性和背景特质很容易使他们获得他人的崇拜，进而被视为真理的化身。

（2）一般而言，地位高的人都在权力、名气或财富方面拥有较多的优势，正所谓"权大气粗、财大气粗、学大气粗"，一旦忤逆这些地位高的人，人们便会遭遇不安全感、失落感和恐惧感的袭击，为了避免这种恶性境遇的发生，很多人便会屈从于位高者，也许他们并不真的赞成位高者的观点和做法。

（3）毋庸置疑的是，在信息持有量与质方面，位高者明显比位低者更有优势，位高者处于金字塔组织的最顶端，可以接触到整个组织的信息总量，这些信息又经智囊团的过滤细析，自然能得出最有价值的信息。而位低者处于"金字塔"组织的最底层，得到的信息十分有限，他们往往不得不依赖非正式渠道获取小道消息，获取信息的局限性自然导致他们的判断不如位高者更有见地，在话语的影响力方面，两者不可同日而语。

## 蘑菇管理定律：牛人都是熬出来的

20世纪70年代，一批年轻人从事电脑编程的工作，作为行业的先行者，当时很多人都不理解他们的工作，对他们持怀疑和轻视态度，于是，这些郁闷的年轻人便自嘲为"像蘑菇一样的生活"，暗指自己像蘑菇一样，虽然很需要养料和水分，但为了避免阳光的直接照射，只能暗暗地生长在幽暗的角落里，养料也多是来自人和动物的排泄物，这些排泄物虽然是不洁的东西，但又是他们生长所必需的。后来，关于蘑菇的比喻便被引申为"蘑菇管理定律"，指的是组织和组织中故有的成员对新进入者的一种心态，他们常常被安排在不受重视的部门，终日所做的只是一些打杂跑腿的工作，动不动还会无端地受到他人的批评、指责，根本得不到必要的指导和提携，只能在组织中自生自灭。

对于很多的职场人士而言，当他们回忆起人生的第一份工作时，恐怕"蘑菇管理定律"是他们对于新工作最深的感悟了。在那段岁月中，他们得不到重视与尊重，被随意驱使，尽管他们的学历与潜力或许比组织中的老成员更有优势，但可能他们需要为那些老成员负责买咖啡、打扫卫生，他们也鲜有在公司中表现的机会，所做的工作与初入公司的梦想遥不可及，甚至感到自己的未来就要湮没在这种琐碎没有成就感的工作中。

从企业的角度来看，由于聘用新人往往意味着风险，除了那些空降到公司的高端人才外，大多的新员工都会经历一段类似蘑菇的阴暗时期，如果他们真正是符合公司要求的人才，便会渐渐地从阴暗的角落被迁到阳光的地方，被组织委以重任，在公司中获得发展的时机。由此可见，对于新员工而言，最初的"蘑菇时期"更像是一段羽化的过程，在这个阶段，新员工日渐了解公司的企业文化、熟悉公司内部的人际交往、明晰不同部门之间的分工与合作，为以后在组织的发展打下坚实的基础。

虽然蘑菇管理定律是组织运行的一条潜规则，但很多的职场新人都难以忍受类似蘑菇的职场磨合期，自恃拥有本科或研究生的学历，不愿意放下身段去做一些不起眼的小事情，即使做这些小事情时，也心怀愤懑，甚至不惜挑衅组织和组织中的人员，以怀才不遇的心态离开组织。然而，蘑菇管理定律作为成员在组织发展普遍的规律，初入职场的新人应明白这是职场发展的必经阶段，在这个过程中，注重学他人所长累积工作经验，才是缩短"蘑菇期"的有效途径。

当你初入职场时，一定会遇到很多地位比你高、收入比你多的职场前辈，或许在那些职场前辈光鲜的背后，正隐藏着那么一段类似于蘑菇的黑暗岁月，因为职场升迁的普遍规律是：牛人都是熬出来的。

## 彼得原理：晋升也许是条"死亡"之路

几乎每个人在进入职场时，都会为自己树立这样的目标：加薪、升职。由于对于成功的惯性追求，人们总是认为爬得越高就代表越好，可是晋升的真相果然如此吗？

奥克曼是莱姆汽修公司的杰出技师，他对目前的职位相当满意，因此，当公司有意调升他做行政工作时，他很想予以回绝。然而，奥克曼的太太艾玛并不支持他这一决定。艾玛是当地妇女协进会的活跃会员，她鼓励先生接受公司升职的决定。如果奥克曼升职，全家的社会地位、经济能力都会跃升一个台阶。如此一来，艾玛就可以竞选妇女协进会的主席，也有能力换部新车、添购新装，还可以为儿子买辆迷你摩托车了。

奥克曼并不情愿舍弃目前的工作，去承担办公室里枯燥乏味的工作。但在艾玛的劝服与唠叨之下，他终于屈服了。升职6个月之后，奥克曼得了胃溃疡，医生告诫他必须滴酒不沾。艾玛也开始指责奥克曼和新来的秘书有染，并且把失去主席头衔的责任全部推到他身上。除了工作时间冗长不堪外，奥克曼并没有从新职位上获得任何成就感，因此下班回家后，脾气十分暴躁。由于彼此不停地指责和争吵，奥克曼夫妇的婚姻彻底失败了。

另外一个相反的例子是这样的。哈里斯是奥克曼的同事，他也是莱姆公司的优秀技师，而且老板也打算提升他。哈里斯的太太莉莎非常了解先生很喜欢目前的工作，他一定不愿意花更多的时间坐办公室，负更多责任。莉莎没有强迫哈里斯去做一个他不喜欢的工作，因此，哈里斯继续当一名技师。哈里斯一直保持开朗的个性，在社区里是个广受欢迎的人物，工作之余，他还担任社区里青年团体的领袖。社区的车如果需要修理，一定都送到莱姆公司，以回报哈里斯平时对公益事业的热心。哈里斯的老板知道他是公司不可或缺的宝贵资产，所以为他提供了优厚的红利、稳定的工作和一切制度内允许的薪水加级。于是，哈里斯买了一辆新车，为莉莎添购新装，也为儿子买了一辆自行车和棒球手套。哈里斯一家过着舒适美满的生活，他们夫妇幸福的婚姻令亲朋好友非常羡慕。他们在邻里间享有的美誉，正是奥克曼太太梦寐以求的理想。

奥克曼和哈里斯迥然不同的职场经历似乎证明了这样一个关于晋升的真相：晋升也许是条"死亡"之路。对于这种现象，加拿大管理学家劳伦斯·彼得进行了系统的研究，在对千百个有关组织中不能胜任的失败案例进行分析归纳后，他得出了彼得原理：在一个等级制度中，每个职工趋向于上升到他所不能胜任的地位。彼得认为，每一个员工由于在原有职位上工作成绩表现好（胜任），就会被提升到更高一级职位；其后，如果继续胜任将被进一步提升，直至到达他所不能胜任的职位上。因此，彼得的推论为："每一个职位最终都将被一个不能胜任其工作的职工所占据。层级组织的工作任务多半是由尚未达到不胜任阶层的员工完成的。"

1960年9月，在一次由美国联邦出资举办的研习会上，彼得博士首次公开发表了他的发现。然而由于听众是一群负责教育研究计划的主管，他们都已获得了晋升，是晋升的直接受益人群，因而他们对彼得的发言不以为然，并报以敌意和嘲笑。后来，彼得将自己的思想集结成册，以《彼得原理》为书名谋求出版，但是，彼得共收到了14位编辑的退稿信。直到一位记者在报纸上撰文介绍彼得原理，由于获得了读者极大的反响而促使出版商出版《彼得原理》，书籍出版后，在非小说类畅销书排名榜上占据榜首位置达20周。

彼得原理对于现代企业层次结构的设定有着深刻的启示，直接指出了"根据贡献决定晋升"的晋升机制的弊病所在。某位员工在其职位上取得了成就，管理者为了激励员工，常常采用晋升的手段，把他提升到较高的职位上，此时，管理者便犯了一个逻辑错误，认为员工既然能在目前的职位上表现出色，想当然地认为他能胜任更高的职位，但事实上，往往较高职位所需要的才能是员工暂时所不具备的。员工由于表现出色而获得晋升，直到晋升到他们不能胜任的职位上，最终导致企业中绝大多数的职位都由不能胜任的人所担任，造成企业人浮于事、效率低下，很多的平庸者身居高位，却并不具备相应的能力素质。这种理论听起来危言耸听，但现实中很多企业的职位任职状况确实如此。

对于个体而言，如果你不具备胜任能力便被晋升到某一个更高的职位上，很可能你便会成为这种晋升机制的牺牲品，显示出自己相较职位要求较低的能力，沦为一名不合格的职场人士。所以，从晋升的幻梦中醒醒吧，有时候，追求到不切实际的事物后，不过是踏上了枉道速祸之途。

# 帕金森法则：为什么升职的总是那些不如你的同事

一些怀有雄心壮志的人进入职场后，他们都会给自己确定这样一个目标：努力工作，争取早日升职加薪。然而，他们的这种梦想却常常遭到现实的重创，那些明显工作能力不如他们、工作态度不如他们的同事反而比他们更快地升职。于是，这些有志青年陷入了彷徨，一度怀疑这个世界究竟以怎样的规则在运转。如果他们知道"帕金森法则"，就会明白，从某种意义来看，能力高并不是获得升职的通行证。

生于1909年的诺思科特·帕金森（C. Northcote Parkinson）是英国历史学博士，就学于剑桥和伦敦大学，先后在皇家海军学院、利物浦大学和马来西亚大学执教，为英国皇家历史学会会员。60年代移居美国，又在哈佛大学任课。1957年，他在马来西亚一个海滨度假时，悟出了一个法则，这就是"帕金森法则"。帕金森发现，一个人做一件事所耗费的时间有着极大的差别：一个人可以在10分钟内看完一份报纸，也可以看半天；一个忙人20分钟可以寄出一叠明信片，但一个无所事事的老太太为了给远方的外甥女寄张明信片，可以足足花一整天：找明信片一个钟头，寻眼镜一个钟头，查地址半个钟头，写问候的话一个钟头零一刻钟……特别是在工作中，工作会自动地膨胀，占满一个人所有可用的时间，如果时间充裕，他就会放慢工作节奏或是增添其他项目以便用掉所有的时间。

帕金森由此得出推论：在行政管理中，行政机构会像金字塔一样不断增多，行政人员会不断膨胀，每个人都很忙，但组织效率却越来越低下。这便是"帕金森法则"的中心旨意。

帕金森进而具体阐述了机构人员膨胀的原因及后果：一个不称职的官员，可能有三条出路：第一是申请退职，把位子让给能干的人；第二是让一位能干的人来协助自己工作；第三是任用两个水平比自己更低的人当助手。

这第一条路是万万走不得的，因为那样会丧失许多权力；第二条路也不能走，因为那个能干的人会成为自己的对手；看来只有第三条路最适宜。于是，两个平庸的助手分担了他的工作，他自己则高高在上发号施令。两个助手既无能，也就上行下效，再为自己找两个无能的助手。如此类推，就形成了一个机构臃肿、人浮于事、相互扯皮、效率低下的领导体系。

自上而下，一级比一级庸人多，产生出臃肿的庞大管理机构。由于对于一个组织而言，管理人员或多或少是注定要增长的。那么这个帕金森法则，注定要起作用。

帕金森举例说：当官的A君感到工作很累很忙时，一定要找比他级别和能力都低的B先生和C先生当他的助手，把自己的工作分成两份分给B或C，自己掌握全面。B和C还要互相制约，不能和自己竞争。当C工作也累也忙时，A就要考虑给C配两名助手；为了平衡，也要给B配两名助手，于是一个人的工作就变成七个人干，A君的地位也随之抬高。当然，七个人会给彼此制造许多工作，比如一份文件需要七个人共同起草圈阅，每个人的意见都要考虑、平衡，绝不能敷衍塞责，下属们产生了矛盾，他要想方设法解决；升级调任、会议出差、恋爱插足、工资住房、培养接班人……哪一项不需要认真研究，工作愈来愈忙，甚至七个人也不够了……

帕金森用英国海军部人员统计证明：1914年皇家海军官兵14.6万人，而基地的行政官员、办事员3249人，到1928年，官兵降为10万人，但基地的行政官员、办事员却增加到4558人，增加了40%。

帕金森法则深刻地揭示了行政权力扩张引发人浮于事、效率低下的"官场传染病"。

帕金森法则的成立前提就是一个人在一个不断追求完善的组织中，担负着和自身能力不相匹配的平庸的管理角色，且不具备权力垄断的人群中才起作用。那么反弹琵琶，一个没有管理职能的组织，比如网络虚拟学术组织、兴趣小组之类，不存在帕金森法则阐释的可怕顽症。一个不思进取、抱守陈规的组织，不必要引进新人，自然也没有帕金森法则的困扰。一个拥有绝对权力的人，他不害怕别人攫取权力，也不会去找比他平庸的人做助手。一个能够承担他的管理角色的人，没有必要找一个助手，也不存在帕金森法则的情况。

通过上述条件的分析，我们可以清晰地看到：权力的危机感，是产生帕金森现象的根源。恩格斯曾经说过："自从阶级社会产生以来，人的恶劣的情欲、贪欲和权势欲就成为历史发展的杠杆。"人作为社会性和动物性的复合体，因利而为，是很正常的行为。假设他的既有利益受到威胁，那么本能会告诉他，一定不能丧失这个既得利益，这也正是帕金森法则起作用的内因。一个既得权力的拥有者，假如存在着权力危机，不会轻易让渡自己的权力，也不会轻易地给自己树立一个对手。在不妨害他人为前提的良心监督下，会选择两个不如自己的人作为助手，这种行为是卑鄙的，但却是无法谴责的。因为它并没有违反任何的规章制度，于是，帕金森法则充斥于社会的各个角落。

帕金森将自己的发现著书成文，在书中，详细揭示了六项职场潜规则：

潜规则一：不能要太精明能干的下属。

潜规则二：决定权在中间派的手里。

潜规则三：议题涉及金额的大小与讨论的时间成反比。

潜规则四：地位高的人不一定是酒会的关键人物。

潜规则五：假装成"低能儿"才能在暗潮涌动的人事举荐中独领风骚。

潜规则六：领导的功勋越卓著、在位时间越长，接班人越难有出头之日。

因此，这也可以理解这样一种残酷的现实了——为什么升职的总是那些不如你的同事。

# 玻璃天花板效应：为什么升职记的主角为"杜拉拉"更有噱头

最近两年，《杜拉拉升职记》是一本非常畅销的职场书，甚至被改编成了电影、话剧、电视剧，成为白领一族最喜欢的职场读物。《杜拉拉升职记》的主角杜拉拉是一名女性，试想一下，如果该书的主角是一名男性，是否还能如此有看头？为什么升职记的主角为"杜拉拉"更有噱头呢？这要从玻璃天花板效应说起。

玻璃天花板效应是一种比喻，指的是设置一种无形的、人为的困难，以阻碍某些有资格的人（特别是女性）在组织中晋升到一定的职位。玻璃天花板基本上的意涵为，女性或是少数族群没有办法晋升到企业或组织高层并不是因为他们的能力或经验不够，或者是他们不想要其职位，而是针对女性和少数族群在升迁方面，组织似乎设下了一层天然的障碍，这层障碍甚至有时候看不到它的存在。

之所以会产生玻璃天花板效应，一般源于如下三个因素：

**1. 女性没有足够的时间晋升为企业的高层**

人们总是偏执地认为，即使是最优秀的女性，也往往没有时间穿过长长的企业晋升渠道而达到企业的高层，因为如果想晋升为高级管理人员，基本的条件是：硕士学位加上25年的工作经验，但女性往往无法完成这场晋升长跑。

2. 承担社会角色占去了女性较多的时间

除了工作外，家庭和子女一般在女性的生命中占据了较大的比重，她们需要照顾家庭和抚育子女，尤其是由于照顾婴儿的原因，常常导致她们在职场中落后于同期的其他男性同事，并且错过一些重要的发展机会。比如：无法承担海外的长期工作任务、不能与客户进行连续几晚的谈判等。因此公司多将女性安排在人力资源和信息沟通部门，从而限制了女性的职业经验，使其无法晋升为高级管理人员。

3. 男性的刻板印象

升迁的标准往往掌握在男性手中，他们易于对女性产生刻板印象，认为既然自己能胜任这项工作，选择一个男性为继任者自然是理所当然的。

然而越来越多的事实证明，女性可以与男性一样在职场上表现出色，甚至她们能比男性竞争者更加出色，商界中响当当的女性人物不胜枚举：美国百事公司董事长兼执行长努伊（Indra Nooyi）、雅芳公司董事长兼执行长钟彬娴（Andrea Jung）、法国阿海珐（Areva）电力集团执行长罗维津（Anne Lauvergeon）、格力电器总裁董明珠、中国玖龙造纸公司董事长张茵、SOHO中国（房地产）公司中国执行官张欣——各自都在所投身的领域做出了非常的事功。

## 马太效应：为什么"小资"和"高产阶级"有着天壤之别

职场畅销书《杜拉拉升职记》描述了职场各个级别的真实生活：

"经理以下级别叫"小资"，就是"穷人"的意思，一般情况下利用公共交通上下班，不然就会影响还房贷；

经理级别算"中产阶级"，阶级特征是他们买的第一个房子不需要贷款，典型的一线经理私家车是"宝来"；

总监级别是"高产阶级"，"高产"们有不止一处住房，房子是在好地段的优质房产或者"别墅"，可以自愿享受公司提供的商务车，或同等价格的补贴自己买车，和车相关的所有费用完全由公司负担。"

虽然都为上班一族，但是小资和高产阶级的生活质量却相差了十万八千里，关于其中的玄机，社会心理学术语"马太效应"可以解释一二。

《圣经》在"马太福音"这一章，记载了这样一个故事：

主人要到外国去，把三位仆人叫来，按其才干分银子给他们。第一个得了五千，第二个得了二千两，第三个得了一千两。

主人走后，第一个仆人用五千两银子做买卖，又赚了五千两；第二个仆人照样赚了二千两；第三个仆人把一千两银子埋在了地下。

过了好久，主人回来了，与仆人算账。

第一个仆人汇报赚了五千两银子，主人说："好，我要把许多事派你管理，可以让你享受主人的快乐。"

第二个仆人汇报赚了二千两银子，主人说："好，我要派你管理很多的事，让你享受主人的快乐。"

第三个仆人汇报说："我把你分给的银子埋在地下，一个也没少。"主人骂了这个仆人一顿，决定夺回他这一千两银子，分给拥有一万两银子的人。

这个故事的结尾，是这样几行诗："凡有的，还要加给他，叫他有余，没有的，连他所有的也要夺过来。"

美国著名科学哲学家罗伯特·莫顿，最早用这句话来概括一种社会心理效应——"对已有相当声誉的科学家作出的贡献给予的荣誉越来越多，而对于那些还没有出名的科学家则不肯承认他们的成绩。"这便是"马太效应"一词的由来。莫顿将"马太效应"的确切含义归纳为：任何个体、群体或地区，一旦在某一个方面（如金钱、名誉、地位等）获得成功和进步，就会产生一种积累优势，就会有更多的机会取得更大的成功和进步。通俗点说，就是强者愈强，弱者愈弱。

在职场中，"马太效应"是一种常见的现象，比如在GE，公司的用人理念表明，不仅要将员工分类，同时还要给予不同等级的员工以不同的待遇，包括薪资福利和培训机会。就像《杜拉拉升职记》所描述的那样，虽然同样为职场雇佣人士，但在薪水收入和福利待遇方面，小资与高产阶级有着天壤之别。也就是说，也许你的上级的能力只比你高50%，但是他的薪酬待遇却比你高10倍，因此，投身职场，成功的秘密或许就在于，你只比其他人优秀了50%。

# 如何虏获上级的心

对于职场人士而言，从某种意义来看，与上级的关系如何，决定了你未来的发展之路如何。所以对于如何虏获上级的心，是渴望升职人士不得不知的职场潜规则。一般而言，让上级欢迎的下属有如下这些特质：

**1. 精明强干是关键因素**

上级一般都很赏识聪明、机灵、有头脑、有创造性的下属。这样的人往往能出色地完成任务。有能力做好本职工作是使上级满意的前提。一旦被人认为是无能无识之辈，既愚蠢又懒惰，便很危险了。

**2. 善于向上级请教，能够让上级感受到自己的权威性**

与上级的相处中，谦逊是相当重要的。谦逊意味着你有自知之明，懂得尊重他人，有向领导请教学习的意向，意味着"孺子可教"。谦逊可让你得到更多人的支持，帮助你更好地成就事业。

**3. 关键时刻，要为上级挺身而出**

常言道：疾风知劲草，烈火炼真金。在关键时刻，上级才会真切地认识与了解下属。人生难得机遇，不要错过表现自己的极好机会。当某项工作陷入困境之时，你若能大显身手，定会让上级格外器重你。当上级本人在思想、感情或生活上出现矛盾时，你若能妙语劝慰，也会令其格外感激。此时，切忌变成一块木头，呆头呆脑，冷漠无能，畏首畏尾，胆怯懦弱。如此，上级只会认为你是一个无知无识、无情无能的平庸之辈。

**4. 在上级面前不要自吹自擂**

在上级面前，不要吹牛皮，编瞎话，谎报军情。弄虚作假者，往往失信于人。通过欺骗领导而暂时得到的好感和荣誉，是不可能长久地维持下去的。

当然，诚实有诚实的艺术，一般要考虑时机、场合、上级心情、客观环境等因素，否则，诚实也会犯错误，招致上级的反感和不满。

**5. 在上级面前不要计较个人得失**

如果你喋喋不休地向上级提出物质利益方面要求，超过了他的心理承受能力，在感情上，他会觉得压抑、烦躁。

如果"利益"是你"争"来的，上级虽做了付出，但并不愉快，心理上会认为你是个"格调"较低的人，觉得你很愚蠢。

如果你的上级是个糊涂虫，与他争利益得失，反倒会把你的功劳一扫而光。"利"没有得到，"名"也会丧失。最好的办法是让上级主动地给，而不是你去"争"。

你的工作干得漂亮一些，尽最大能力满足他的要求，并且有些特色，有所创造。明白的上级会量力而行，用物质利益奖励你，无须你"争"。

**6. 与上级交谈时，不可锋芒毕露**

君子藏器于身，待时而动。你的聪明才智需要得到上级的赏识，但在他面前故意显示自己，则不免有做作之嫌。上级会因此而认为你是一个自大狂，恃才傲慢，盛气凌人，而在心理上觉得难以相处，彼此间缺乏一种默契。与上级相处，须遵循以下原则：

（1）寻找自然、活泼的话题，令他充分地发表意见，你适当地做些补充，提一些问题。这样,他便知道你是有知识、有见解的,自然而然地就会认识了你的能力和价值。

(2) 不要用上级不懂的技术性较强的术语与之交谈。这样,他会觉得你是故意难为他;也可能觉得你的才干对他的职务将构成威胁,并产生戒备,而有意压制你;还可能把你看成书呆子,缺乏实际经验而不信任你。

### 7. 提建议时,不要急于否定上级原来的想法

提建议时,多注意从正面有理有据地阐述你的见解。有民主要求,还要有民主素质,即要懂得尊重他人意见,尊重上级意见。这样,他才会承认你的才干。

针对上级个人的工作提建议时,尽可能谨慎一些,必须仔细研究上级的特点,研究他喜欢用什么方式接受下属的意见。大大咧咧的上级可用玩笑建议法,严肃的上级可用书面建议法,自尊心强的上级可用个别建议法,喜赞扬的上级可用寓建议于褒奖之中法等等。

### 8. 不要当面顶撞上级

批评上级时,必须照顾其面子,不要令他下不了台。当面顶撞是最愚蠢的。进谏方式很多,如动情法、比喻法、寓规劝于褒奖之中等等。

### 9. 要主动找机会与上级交往

上级需要了解下属,下属也需要了解上级,这是正常的人际交往,不必担心别人的议论而躲避上级。你若希望上级喜欢你,看得起你,那么首先要让上级看得见你。

### 10. 不要在背后议论上级的长短

须知"隔墙有耳"。打小报告的人正在寻找材料好去告密,你的议论为他的拍马屁正好提供了时机。倘若把你的话添枝加叶,传到上级的耳朵里,你努力工作的成绩,可能会因几句牢骚话而化为乌有。

### 11. 适当顺从与认同你的上级

上级可能并不比下属强多少,但只要是你的上级,你就必须服从他的命令。人虽然都有一种不愿意服从别人的心理,但对于比自己强的人还是能接受的。因此有必要多寻找上级优越于你的地方,作出尊敬他、学习他的姿态。凡是尊重、服从上级的部下,即使最初上级对他一点好感也没有,也会逐渐改变印象。只要你认识到尊重上级的必要性,就会从心理上解除对服从的抵触,从而摆脱那种耻于服从的感情。

### 12. 掌握上级的好恶

无论是谁,都会喜欢听一些话,而讨厌听另一些话。喜欢听的就容易听进去,心理上就会觉得舒服。你的上级也不可能摆脱这种情绪。下属要掌握上级的特点,倘若在汇报中插入些上级平素喜欢使用的词,就会让他另眼相看。

此外,对上级的工作习惯、业余爱好等都要有所了解。如果你的上级是一个体

育爱好者，你就不应在他的球队比赛失败后，去请示一个需要解决的其他问题。一个精明老练的、有见识的上级是很欣赏了解他、并能预知他的愿望与心情的下属。

### 13. 把功劳让给上级

中国人在讲自己的成绩时，往往会先说一段套话：成绩的取得，是上级和同志们帮助的结果。这种套话虽然乏味得很，却有很大的妙用：显得你谦虚谨慎，从而减少他人的忌恨。

好的东西，每一个人都喜欢；越是好的东西，越是舍不得给别人，这是人之常情。要是你有远大的抱负，就不要斤斤计较成绩的取得究竟你占有多少份，而应大大方方地把功劳让给你身边的人，特别是让给你的上级。这样，做了一件事，你感到喜悦，上级脸上也光彩，以后，上级少不了再给你更多的建功立业的机会。否则，如果只会打眼前的算盘，急功近利，则会得罪身边的人，将来一定会吃亏。

### 14. 不可张扬你对上级让功之事

对上级让功一事绝不可到处宣传，如果你不能做到这一点，倒不如不让功的好。对于让功的事，让功者本人是不适合宣传的。自我宣传总有些邀功请赏、不尊重上级的味道，千万使不得。宣传你让功的事，只能由被让者来宣传。虽然这样做有点埋没了你的才华，但你的同事和上级总有一天会设法还给你这笔人情债，给你一份奖励。因此，做善事就要做到底，不要让人觉得你让功是虚伪的。

孙子兵法有云："兵无常势，水无常形，能因敌变化者，而谓之神。"与上级交往，也没有统一的技巧，应根据上级的类型采取不同的攻心策略。

#### 1. 与冷静的上级打交道，不可自作主张

说话不多，举止安顺；高兴不会大笑，不会手舞足蹈；悲痛不会大哭，不会逢人诉说；认为对的，不会拍手称许，不会热烈表示赞成，他的举止，始终保持常态。这是头脑冷静的人。

如果遇到冷静的上级，一切工作计划，你提供意见，不要自作主张，等到决定计划后，你只要负责执行便好。至于执行的经过，必须有详细记载，即使是极细微的地方，也不能稍有疏忽。这种一丝不苟的精神，详细记载的报告，正是他所喜欢的。但执行中所遇到的困难，你最好能自行解决，不必请求。随机应变原非他之所长，多去请求反易贻误，最好事后用口头报告当时如何应付，他就会很高兴。但要注意的是，即使事后报告，也要力求避免夸张的口气。虽然当时的确十分难办，也要以平静的口气，加以轻描淡写为好，如此反而更可表现你的应变本领。

#### 2. 与懦弱的上级打交道，要当心他身边的实权人物

懦弱的人，不会当领袖，即使当领袖，大权也必不在手中，自有能者在代为指

挥。你必须看准代为指挥的人是什么性情，再图应对的方法。一个机关的重心，不是名位，而是权力。权力的所在，才是重心所系。虽然说，名不正则言不顺，名位与重心，往往合而为一。然而，对懦弱的上级来说，名位是名位，重心是重心，绝不会合在一起。代为指挥的人如为正人君子，懦弱的上级还可保持着形式的尊严；如果代为指挥的人怀着野心，那是"挟天子以令诸侯"，政由己出，上级只是个傀儡而已。在这种处境下，你必须能与代为指挥者争相抗衡。否则，必遭失败。你也不能与代为指挥者分离，任意分离，必难有所发展。你要明白，他既取得代为指挥的地位，在他的前后左右者是他的羽翼。有些是他特为安排的，有些则是中途依附的。这些人早已布成势力网。在这种情况下，除非他的野心暴露，导致人心思汉，你才能有所作为。

### 3. 与热忱的上级打交道，采取不即不离的方式

你如果遇到热情的上级，逢他对你表示特别好感时，不要完全相信而认为相见恨晚，必须明白他的热情并不会持久，要保持受宠不惊的常态，采取不即不离的方式。"不即"可使他热情上升的走势缓和，不致在短时间内便达到顶点，同时延长了彼此亲热的时间；"不离"可使他不感失望。"君子之交淡如水"，对于热情的上级，最好就是用这种方法。如果你有所主张或建议，也要用零卖方式，不要整批发售，如此才能使他对你时时都感到新鲜。对于他所提的办法，你认为对的，赶快去做，否则"夜长梦多"，过了些时他会反悔的；你认为不对的，不必当面争辩，只要口头接受，手中不动，过了些时他自知不妥就不再提了。

总之，对热情的上级，只能用急脉缓受的方法。万一他的情绪低落，你就安之若素，静待适当机会，再促其感情回升。他的感情好像时钟的摆，摆了过去，还会再摆回来的。除非你们之间发生误会，彼此间多了一重障碍，才不会再摆回来。

### 4. 与豪爽的上级打交道，要突出自己的能力

如果你遇到的是豪爽的上级，那真是值得庆幸。只要善用你的能力，表现出过人的工作成绩，只要时机成熟，绝对不用担心没有发展的机会。他自己长于才气，所以最爱有才气的人。唯英雄能识英雄，你是英雄，不怕他不赏识你；唯英雄能用英雄，你是英雄，也不怕他不提拔你。

当机会未到时，你仍很愉快地工作，并做得又快又好，这表示了你游刃有余的能力。同时还要随处留心机会，一旦发现可以异军突起时，就要好好把握。切记所计划的一切要十分周详，然后伺机提出，只要一经采用便可脱颖而出。意见被采用，表示你有眼力，若再委托你来执行，便足以说明你的能力已被肯定。你的发展，既然已有了好的开端，路子也已经摸准，那么只要一步一步地走上去，迟早会出人头地，可以不必求之过急。

**5. 与傲慢的上级打交道，要谨守岗位**

傲慢的人，多半有足以傲慢的条件。失去了这个条件，傲慢的，也一反其从前之所为；拥有了这个条件，伪谦的，也会改变其常态。可见傲慢是后天的，不是先天的，是环境所造成的。这种足以改变一个人个性的环境，一是挟富，一是挟贵。

你的上级如是个傲慢人物，与其取宠献媚，自污人格，不如谨守岗位，落落寡合。这样，他人虽然傲慢，但为自己的事业计，也不能完全摈斥了求功的君子。一有机会，你就该表现出你独特的本领。只要你是个人才，不愁他不对你另眼相看。

**6. 与阴险的上级打交道，要小心谨慎**

阴险的人，城府极深，对不如意事，好施报复，对不如意人，设法剪除。由疑生忌，由恨生狠，轻拳还重拳，且以先下手为强，抱着与其人负我，不如我负人的观念。不疑则已，疑则莫解。其人喜怒不形于色，怒之极，反有喜悦的假相，使你毫无防范。

总之，阴险的人，绝不会采用直接报复的手段，而总是使用阴谋。如果你的上级，不幸就是这种人的话，你只有如临深渊，如履薄冰，兢兢业业，一切唯上级的马首是瞻，卖尽你的力，隐藏你的智。卖力易得其欢心，隐智易使其轻你，轻你自不会防你，轻你自不会忌你。如此一来，或许倒可以相安无事。像这种地方原就不是好的久居之所，如果希望有所表现的话，还是从速作远走高飞的打算。

# 如何征服同事的心

在职场中，同事关系是一种微妙的存在，这是因为：

**1. 同事之间存在竞争利害关系**

在一些合资公司，特别是外资公司里，追求工作成绩，希望赢得上级的好感，获得升迁以及其他种种利害冲突，使得同事间存在着一种竞争关系。而这种竞争在很大程度上掺杂了个人感情、好恶、与上级的关系等等复杂因素。表面上大家同心同德，平平安安，和和气气，内心里却可能各打各的算盘。利害关系导致同事之间也可能同舟共济，也可能各自想各自的心事，因此关系免不了紧张。

**2. 同事之间纷争多**

既为同事，几乎天天在一起工作，低头不见抬头见，彼此之间会有各种各样鸡毛蒜皮的事情发生。每个人的性格、脾气、禀性、优点和缺点也暴露得比较明显。尤其每个人行为上的缺点和性格上的弱点暴露得多了，会引发出各种各样的瓜葛、冲突。这种瓜葛和冲突有些是表面的，有些是背地里的；有些是公开的，有些是隐蔽的；有些是表现在外的，有些是潜伏的。种种的不愉快交织在一起，便会引发各种矛盾。同事之间，尽管彼此年龄资历会有所不同，但因没有距离感，因此产生不了敬畏之心。互相之间你瞧不起我，我看不上你，彼此半斤八两的意识会使每个人放大对方的缺点或弱点，日积月累，便成了对立之势。

同事之间经常要在一起共同分工处理一些事情，这些事情如何处理，每个人都会有一些自己的想法，都有自己的一本账，自己的一篇经。每个人都会把别人的见解，别人的处理方法，拿来与自己的作一比较。一旦认为别人的水平不如自己，处理事情的能力不如自己，就会不服气。例如，某人干得很出色，获得领导的肯定与看重，就又会令他人产生嫉妒之心。

### 3. 同事之间难以真诚

不知道什么缘故，人们往往对同事存有戒备心。"逢人只说三分话，不可全抛一片心"的戒条在同事关系上能得到淋漓尽致的表现。很多人戴着面具去对待自己的同事，不与同事真心相待，使得同事之间往往套话、假话连篇，直话、真话很少。

虽然同事之间的关系十分微妙，但是仍然有一些策略能够使你成功征服他们的心。

### 1. 不排斥有棱角的同事

一位评论家强调：平时须与有癖性的人交往以锻炼自己，使自己成为坚强的人。有癖性的人，全身上下都有棱角，刚开始与这样的人交往可能不习惯，会因与其棱角对抗而伤痕累累，但绝不可因此退却，否则便会失去锻炼自己的宝贵机会。要学会忍耐，要喜爱那些有棱角的人。这样，不管遇到多么尖的棱角，也不会感到痛苦，甚至会觉得那是一种快感。长期与有癖性的人交往，对方的棱角会溶入你的体内，并渗入血液，由于体内吸收了异己的分子，则能感觉到自己变成了一个更有深度的人。

在职场生活中，你不得不与形形色色的人物打交道，不要因对方是自己不喜欢的人，就厌恶他；不妨学习与这种人适当交往的办法，这样，自己也能渐渐地成长为有度量的人，而能在上班族的生涯中崭露头角。

### 2. 同事之间不可随便交心

做一个"公司人"，社交活动不免与公司有关。下班之后，与同事一起喝杯酒，聊聊天，不但有助日常工作，还可能知道与公司有关的消息。因此，公司所办的各种聚会，自然要参加。与同事及上级打一两场"社交麻将"也有必要。但有一点要记住：莫可随便交心。

同事之间，只有在大家放弃了相互竞争，或明知竞争也无用的情况下，才会有友谊的存在。如果交了真心，动了真感情，只会自寻烦恼。比如说，甲与乙是同级，而且是好朋友，只有一个升级的机会。如甲升了级，乙没有升，乙怎样想呢？

乙若继续与甲友好，免不了会被人认为趋炎附势；甲主动对乙友好，也并不自然。

### 3. 巧妙隐藏自己的野心

蓝领与白领的不同之处，是蓝领向上流动性不大，升迁的机会不多。因此，蓝领工人打的是正规战术，集体讨价还价。而白领阶层则大有个别拼搏的机会，获得升迁是单打独斗的结果。因而白领之间不但没有蓝领的同志感情，往往还互相猜忌，尔虞我诈。这种环境，有如深入敌后、孤军作战的游击队。

许多力争上游的白领，很注意将对手打倒，却不善于保护自己，这是不足取的。一方面要友好竞争，一方面要在与人的竞争中保护自己，在势孤力弱的情况下，就要夹紧尾巴，千万不要露出要向上爬的样子，否则成为众矢之的。俗语说："不招人忌是庸才。"但在一个小圈子里，招人忌是蠢材。在积极做事的时候，最好摆出一副"只问耕耘，不问收获"的超然态度。

### 4. 不要替别人背黑锅

在公司或某个行政单位里，做事好坏对错，很多时候是由上级主观决定。如果上级意志强，下级要努力工作；上级若自以为是，下级便会唯唯诺诺，但有一些上级只是向他的上级交功课而已，敷衍了事，得过且过。

在这样的环境之下，最重要的事情是不要出事。一切如常，就不会勾起上级的雷霆之怒。但一有差错，上级为了向他的上级交代，就会抓住一个人作替罪羊。这种情况，俗话叫做"背黑锅"。

不背黑锅的方法其实很简单。最易行的就是不冒险，不马虎，事事有根据，白纸黑字，即使错了也有充分理由解释。

另一方面，一件事的对错，错的大小，是否追究，如何处罚，都是上级决定。大事化小或小题大做，都在某些上级的一念之间。因此，在这种情况下，人缘好，特别是与上级的关系不错，就会较少获罪。

### 5. 同事之间最好避免金钱来往

俗语说："如果你想破坏友谊，只要借钱给对方就行了！"金钱借来借去一定会发生问题。"王先生，你能不能借一千元钱给我，我现在手边正好没钱！"假如你像这样连续三次找人借钱，就算你手头真紧，别人恐怕也不敢借给你了。遇到大家一起分摊费用时也是一样的，只要你连续三次说："今天我没带钱来！"人家就一定不会再相信你了。

常人有一个坏毛病，向人借来的钱很容易忘掉，借给别人的钱，经常记得牢牢的。因此，在此强调，有关钱的问题，你必须注意五点：

(1) 在社会上工作的人，必须在身边多带些钱。

(2) 尽量避免借钱给别人。

（3）借出去的钱最好不要记住，借来的钱千万不要忘记。

（4）假如身边钱不方便时，不要参与分摊钱的事。

（5）养成计划用钱的习惯。

### 6. 愚直只会招来不虞之灾

有一所著名的大学，曾经举办一个为期13周的经营理论讲习班。主题就是"诚实与坦率的好处"。一年后，有人着手调查，发现当时参加讲习班的人，有一半以上已经离开原来的工作单位。经过一连串的追踪采访，才知道他们把讲习中学来的管理法，应用到工作上，而遭到严重的矛盾冲突，不得不挂冠而去。

合理的坦率与正直，乍看之下是非常可爱的，但是，如果一再应用，会把友谊、婚姻、交易、事业等，慢慢导向破灭之途。比如一个满口讲理论，个性坦率而愚直的人，多半不会受到周围人的欢迎。这种人如果担任公司主管职务，等于将最脆弱而无防备的一面，暴露给一些想讨好主管上级的下属，为他们制造许多越级打小报告的机会，同时将自己的把柄落在竞争对手中。

每个人都有自我形象，且在心中以最高的诚意供奉着这个形象，不容别人加以毁损，更不欢迎那些心直口快的人，任意将实情点破，作毫不留情的批判。因此，自认坦率的人，不得不对这个问题多费一点心思去做深入的了解。

### 7. 上级批评同事时，你要先表示有同感再讲同事的优点

任意批评下属的缺点及抱怨下属缺乏才能的主管太多了。如果你当时在场，听到上级批评同事后，应如何应付？

如果上级指出的情形属实，确是同事的缺点时，你说："我有同感，他有你说的缺点。"但如果你只同意他有某些缺点，一旦传到当事人耳中，将被认为你和上级背地说长道短，批评别人的错处。因此表示对他的缺点有同感后，应向上级阐述同事的优点。

### 8. 不要在同事面前批评上级

有人在白天被上级没道理地骂一通之后，喜欢晚上约个同事小喝一杯，然后对着同事发牢骚，认为同事既然和自己喝酒了，应该就是站在自己的这一方，借着酒气，对上级大肆批评起来。

这种事情一定要避免。不论多么值得信赖的同事，当工作与友情无法兼顾的时候，朋友也会变成敌人。在同事面前批评上级，无疑是自丢把柄给别人，有一天身受其害都不自知。就算这位同事和自己肝胆相照不会做出出卖自己的事情，也得小心"隔墙有耳"呐！所以，当你要向同事吐苦水时，不妨先探探对方的口气，看看对方是否同意自己的看法。如此用心，是在社会上立足不可缺少的条件。

### 9. 当同事被上级责备时，不要马上表示安慰或同情

当同事在全体同仁面前公开被责备时，他所受到的伤害，绝对比一对一挨骂要来得深。被骂的人也一定是怒火中烧，痛恨上级为什么要在众人面前给自己难堪。此时他的心灵也是最脆弱的。

这个时候，如果冒失地给予同情或安慰的话语，结果又会如何呢？不但在众人面前挨骂，又在众人面前被安慰，那种羞辱的感觉一定更为深刻。在这种情况下，说什么话都不恰当，也许你认为是一片好心，但在对方看来是火上加油。因此，最好就是保持缄默。然后在工作结束后，把同事约出去吃顿饭，转换一下他的心情。这样做不但不会引起"迁怒"之感，还可博得同事的信赖。

### 10. 要了解公司内的人际关系及派别

组织越大，人际关系也愈复杂。大公司不像小公司，彼此关系良否一目了然。在大公司里利害关系更复杂，因此也容易产生一些"派系"问题。

上级都希望能得到属下的支持，而且拥护者是越多越好。因此，新进人员不得不被卷入这场派系斗争中去。

不论是看法与自己一致的属下，或对自己唯唯诺诺的属下，上级都想纳入自己的旗下。

可是对做部属的人而言，如何跟对人，是颇费神的一件事。哪个上级是真正看中自己的才华，哪个上级能使自己的才华得以发挥。一个新进人员必须睁大眼睛，小心观察。

要了解这些，就必须了解公司内的人际关系。而这些方面可以通过公司旅游或聚餐等，与其他人共处的场合中，看看上级对自己的态度如何，就可窥知一二了。当然，利用同事间的消息传达，也是一个好方法。当然，得知了这些资讯，并不是要你不择手段打入某个团体中，那是小人的作风。你只要冷眼旁观，不被卷入不良团体中即可，这是保持中立是绝佳法则！

除了上面一些泛泛的策略，还有如下八个比较有针对性的交际策略：

### 1. 应付口蜜腹剑的人——微笑着打哈哈

面对这种人，如果他是你的老板，你要装得有一些痴呆的样子。他让你做任何事情，你都唯唯诺诺满口答应。他和气，你要比他更客气。他笑着和你谈事情，你笑着猛点头。万一你感觉到，他要你做的事情实在太损了，你也不能当面拒绝或翻脸，你只能笑着推诿，誓死不接受。

如果他是你的同事，最简单的应付方式是装作不认识他。每天上班见面，如果他要亲近你，你就找理由马上闪开。能不做同一件工作，尽量避开不要和他一起做。万一避不开，就要学着写日记，每天检讨自己，留下工作记录。

如果他是你的部下的话，只要注意三点：其一独立的工作或独立工作位置留给他；其二不能让他有任何机会接近上面的主管；其三对他表情保持严肃，不带笑容。

### 2. 应付吹牛拍马的人——不要与他为敌

如果你碰到这一类的主管，要和他搞好关系。他吹牛拍马对你无害。

当此类人是你的同事时，你就得小心了，不可与他为敌，没有必要得罪他。平时见面还是笑脸相迎，和和气气，如果你有意孤立他，或者招惹他，他就可能把你当作往上爬的垫脚石。

如果他是你的部下，要冷静对待他的阿谀逢迎，看看他是何居心。

### 3. 应付尖酸刻薄的人——保持一定距离

尖酸刻薄型的人，是在公司内较不受人欢迎的。他们的特征是和别人争执时往往挖人隐私不留余地，同时冷嘲热讽无所不至，让对方自尊心受损，颜面尽失。

这种人平常也以取笑同事、挖苦老板为乐事。你被老板批评了，他们会说："这是老天有眼，罪有应得。"你和同事吵架了，他们会说："狗咬狗一嘴毛，两个都不是好东西。"你去纠正部下，被他们知道了，他们也会说："有人恶霸，有人天生贱骨头，这是什么世界？"

尖酸刻薄型的人，天生伶牙俐齿，得理不饶人。由于他们的行为离谱，因此在公司内也没有什么朋友。他们之所以能够生存，是因为别人怕他们，不想理他们。但如果有一天他们遭到众怒，也会被治得很惨。

如果这类人不幸是你的老板，你唯一可做的事，就是换部门或换工作，但在事情还没有眉目或定案前，不要让他知道。否则，他的一轮人身攻击，你恐怕会承受不了。

如果他是你的同事，和他保持距离，不要惹他。万一吃亏，听到一两句刺激的话或闲言碎语，就装没听见，千万不能动怒，否则，是自讨没趣，惹鬼上身。

如果他是你的部下，你要多花时间在他身上。有事没事和他聊聊天，讲一些人生的善良面，告诉他做人厚道自有其好处。你付出的爱心和教诲，有时会替公司带来一份意想不到的收获。

### 4. 应付挑拨离间的人——最好谨言慎行

同样是一张嘴巴，有人用来吹牛拍马，有人用来讽刺损人，有人用来挑拨是非，离间同仁。吹牛拍马是不损人利己；尖酸刻薄是损人利己；挑拨离间是将公司弄得乱七八糟，人心惶惶，变文明为野蛮，人人自危，人人争斗。

这种类型的人，给公司带来的杀伤力非常之大且迅速，只要一不注意或处理不当，便可能灰飞烟灭，处处残迹。应付这类型的人，没有什么好的办法，只能防微杜渐，不让这类人进来，或一发现就予以制止或清除，否则，后果不堪设想。

挑拨离间型的人做了你的老板，你首先要注意的是谨言慎行，和他保持距离，在公司内建立个人信誉。万一有一天，有什么是非发生，你得尽量化解，虚心忍耐，同时要保持着"能做就做，不能做就走"的宽广心胸。

这种人做了你的同事，你除谨言慎行及和他保持距离外，最重要的是你得联络其他同事，建立联防及同盟关系，将他孤立起来。如果他向任何人挑拨或离间，都不要为之所动，不要受影响。

如果他是你的部下，那你就要想办法弄走他，孤立他。如果下不了手，那他就会孤立你，弄走你。

### 5. 应付雄才大略的人——虚心地学习

这一类型的人，胸怀大志，眼界开阔，而不计较一些小的得失。他们在工作时，不忘掉充实自己及广结善缘。除了完成自己的工作外，他们也会帮助别人和指导同事。

每到一个地方，不论他们是否已待很久，或已成为组织中的正式主管，他们都能在极自然的状况下，影响别人，控制群体的行为。俗语所说的"虎行天下吃肉"，指的大概就是这种人。

雄才大略的人，见识往往异于常人，思维逻辑方式也有其个人特色。他们在时机不成熟时，可以忍耐，不论是卧薪尝胆或是从你的胯下爬过，他们都能接受。但是，时机成熟，他们便奋臂而起，如鹰冲天，没有人能与之争锋。

不是每一个雄才大略的人，都是成大功、立大业的。但是，做人处事自有风格，不卑不亢、不急不躁是他们的本色。

有雄才大略的老板，你是跟对人了。于是亦步亦趋，片刻不可相离。他晋升你也跟着晋升，碰到这种老板，你要虚心地向他学习。因为天下没有不散的筵席，当曲终人散时，别人都受益匪浅，而你不要两手空空。

有雄才大略的同事，如果大家利害一致，大可共创一番轰轰烈烈的事业。如果一山不能容二虎的话，也可各取所需，各享盛名，而得其利。如果以上都行不通的话，你就全心全意地帮他成功，自己多少也留下识才的美名。

有了这种部下，你应有自知之明，知道他终非池中之物，有朝一日定会超过你。虚心地接纳他，给他实质上的资助及肯定。在会计学上称之为投资，到时候一定是有利润的。

### 6. 应付翻脸无情的人——应该留一手

这一类型的人最大的特征就是，翻脸如翻书。说翻就翻，一翻就是好几页。在他们翻脸时，你不要问他们理由。你不必述说从前对他们的恩情和助益。他们一个字都听不进去。

翻脸无情的人似乎是得了一种"忘恩记仇病"。你对他们的百般呵护，只要小事一桩不顺他们的心，就全盘翻覆。这有如野心狼子，你养育愈久，对自己的危险就愈大。这种情形，在国内的电视连续剧的剧情中，最常看得见。三十集中，让他们横行二十九集半，最后还是编剧者应观众的要求，将他们在银幕内正法。

翻脸无情的人发现，他们利用这种方式来处理人际关系，简直是无往不利，处处占便宜。他们每次利用完别人，又找到新的利用对象时，就翻脸。反正每次翻的都是不同的人，别人不但记不住，也无可奈何，只能自认倒霉！

如果你的老板是这种翻脸无情的人，你在他手下做事时，千万要记住"留一手"。任务完成了，你就要小心被炒鱿鱼了。怎样化被动为主动呢？当他要翻脸的那一刹那，你就告诉他："我等你好久了，为什么你今天才要翻！少来这一套，你这种手段我看多了。"

有着这种同事，你倒是大可不必和他一般见识，反正没有利害关系，各干各的活，翻不翻随便他！

有这种部下最令人伤脑筋，也没有什么好的办法。最重要的是不能因为他常翻脸，而特别迁就他。别的部下会以为你是欺善怕恶，这就划不来了。

### 7. 应付敬业乐群的人——工作得卖力气

这一类型的人，由于工作态度和做事方法正确，颇受公司的肯定和同事的爱戴。凡是他们在的单位及群体，都会有着不错的生产力和业绩。这一类型的人，会感染其他的工作同仁，让组织朝着正面的方向发展，给员工带来一个合作而和谐的工作环境。

当公司顺利时，大家共同努力，共享成果；当公司不顺时，大家咬紧牙关，奋发图强，再创生机。平时没事的当儿，他们会主动地训练新手，培养团体实力；工作忙碌的刹那，他们又能影响同仁，相互支援，共渡难关。这一类型的人，不论是你的主管、同事或部下，在和他们一起工作时，你都要学着和他们一样地敬业乐群。如果你表现出不是那个样子的话，你就会被他们比下去。

### 8. 应付踌躇满志的人——尽量顺着他

踌躇满志的人，对任何事物都有自己的见解。他们之所以会踌躇满志，是因为一直处在一种极顺的状况下，不曾尝过失败的苦头，因此也不怕失败。上帝既然对他们如此地眷顾，只要上帝不死，他们自然会再受眷顾下去。

他们没有办法接受别人的意见，如果别人够聪明的话，也不用和他们争辩。要知道一个长久不曾失败过的人，是因为他的智慧，而不是他的运气。

如果他是你的老板，在他的面前不要乱出点子。尽量照他的意思去做，他会把他的意思讲得很清楚。因为他怕你笨,所以他会多讲一遍。最后,再问你一次,懂了吗?等你回答懂了,他才放心。有时,他会礼貌性地问一下,对他的做法,有没有意见?此时你就立即肯定他的做法。你若稍有犹豫或再多问两句,都会被他嗤之以鼻。

对这种部下,交一些难度较高的工作给他做。做成功了,也不赞许;做失败了,再交给别人做。让别人做成功,让他知道人外有人,天外有天的道理。不用训练他和告诉他做事的方法,他听不进去。多花一些精力在别人的身上,对他绝对是有益的。

**心理测试:**

何时才是你事业的出头天

某一天你正和情人在草地上散步,抬头一看,天上有一只红色的麻雀,请问,你认为它正飞向:

A.西北方的高原

B.西方的沼泽

C.南方的花园

D.东方的树林

E.东南方的茶园

F.北方的海洋

G.东北方的高山

H.西南方的田野

测试分析:

选A或B:别说出头天,可以保住饭碗就要偷笑了,所谓棒打出头鸟,凡事请千万低调,尤其小心不要与长官发生冲突。

选C:最近有不错的机会,也许是长官提携,让你有很好的发挥机会,请你全力以赴,以免错失良机。

选D或E:最近工作很不顺利,付出得极多却收入得极少,让你有很深的无力感,短期之内暂时没有什么发挥的机会,请多鼓励自己以度过此低潮期。

选F:虽然忙碌劳累,但是可以大展身手,颇有收获,如果是业务型的工作,能有不错的业绩。

选G或H:无论是同事或主管都很支持你,近期大有可为,一定要全力以赴,不要让机会白白溜走了。

# 第四篇

# 身份心理学
—— 如何获得进入上流社会的筹码

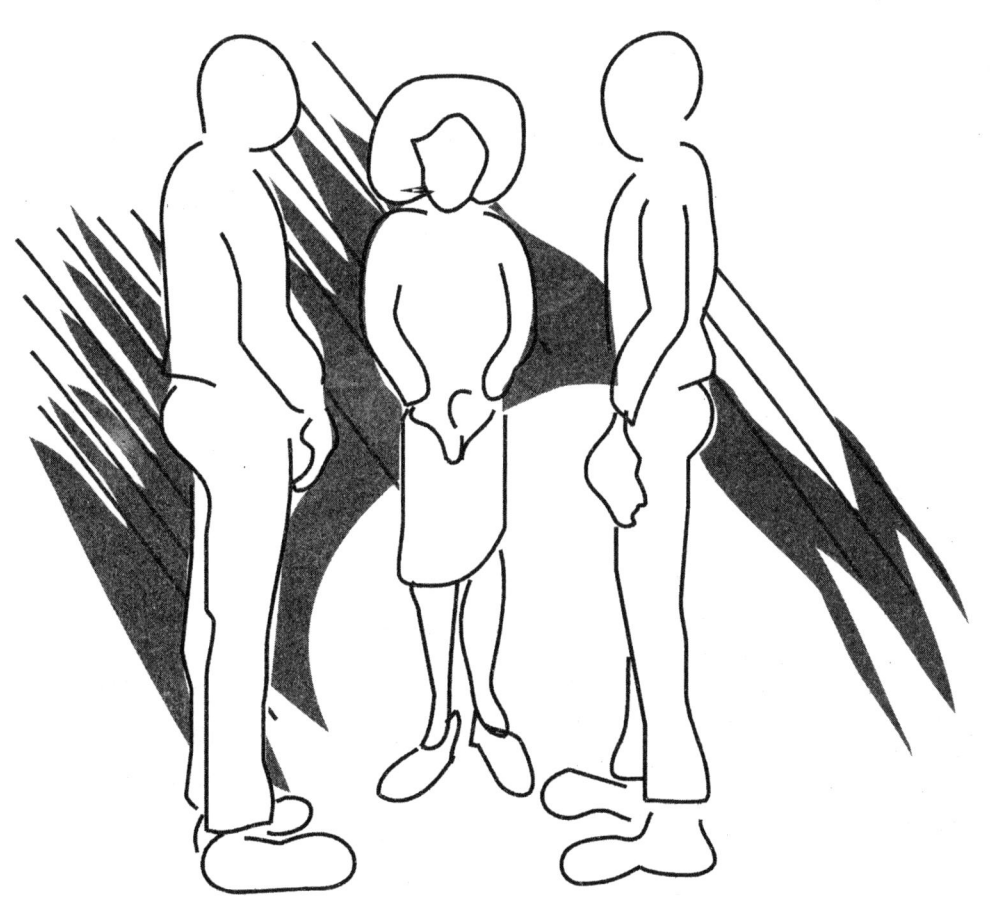

# 第十二章

# 摆谱心理学

## 至少看起来要像个有实力的人

1991年，冯仑（北京万通集团董事局主席）与几个创业合伙人南下海南，在工商局注册了一家公司，注册资金为1 000万元。实际上，当初冯仑他们只凑了500万，500万元对于普通人而言，是一个天文数字，对于经营房地产生意而言，同样是捉襟见肘。

其实这500万元，也是冯仑费心筹到的。为了筹备到足够的启动资金，冯仑找到了一家信托公司，在见信托公司负责人的时候，冯仑给对方讲了一通自己的经历：冯仑从中央党校研究生院毕业后，先后在中央党校、中宣部、国家体改委、武汉市经委和海南省委任职，历任讲师、副处长、副所长等职务，还主编过《中国国情报告》等图书。如此复杂而有背景的资历，对方不得不对冯仑刮目相看。

先入为主地获得对方的认同后，冯仑开始直奔主题，他说自己目前手头上正有一单利润颇丰生意，希望两人有机会一起合作：冯仑出1 300万元，对方出500万元。生意的前景十分诱人，对方答应了冯仑的提议。

有了捉襟见肘的500万元后，冯仑先到银行做现金抵押，又贷出了1 300万，随后就用这1 800万元，买了8栋别墅，包装转手，净赚了300万元，这就是冯仑在海南淘到的第一桶金。

冯仑说：做大生意必须得先有钱，你可以没钱，但是你不能让别人知道你没钱。当大家都认为你有钱的时候，就都愿意和你合作，这样，你就真的有钱了。

冯仑的这种经商理论可以说就是一种关于摆谱的学问，摆谱或许有虚夸之嫌，但是游走商业世界，你能让别人认为你有多少实力，你便有多少实力，这种实力正是你的无形身份，是让你畅行商业世界的最佳法宝。

冯仑在中央机关工作多年，摆起谱来是得心应手。很大程度上可以说，正是这种娴熟的摆谱技巧，使得冯仑能够在商场上游刃有余，成就了日后中国房地产界一位鼎鼎大名的人物。对于真正善于摆谱的人而言，摆谱不是为了满足个人的虚荣心，也不是为了让自己看起来更有面子，而是为了通过摆谱获得实在的利益。商业世界唯尊贵者、体面者为尊，这些看起来有实力的人能获得他人更大的信任，能够获得更多的机会，从而越来越富。即使原来的不富者，如果善于摆谱，也能终究进入富豪俱乐部。社会上有一个很势利的法则，叫做"马太效应"，即越是富有的人得到的越多，越是贫穷的人失去的也越多。你善于摆多大的谱，你便可能获得多大的利益。

广州东江海鲜饮食集团董事长黎永星，拥有40多辆名车，其中一半是古董奔驰，另一半是法拉利、劳斯莱斯、玛莎拉蒂、宾利和保时捷。这些名车都由一个主管专门负责维护，每辆车平均每年的养护费就要2万多元。黎永星喜欢把这些名车放在广州的东江酒楼门前，其中最大的分店内还开设了展示大厅。在广州，东江酒楼和名车的联系几乎是无人不知无人不晓。

他曾带着一辆1909年加拿大产的古董福特参加香港的老爷车展，时任特区财政司司长的唐英年欣然试坐。这一事件让香港的富豪们对黎永星都刮目相看。此后，他无论是与香港的饮食业同行交流，还是去香港收购当地的酒楼，都非常顺利。

欲望是摆谱的催产素。摆谱的欲望就是希望在别人眼中，自己是一个尊贵的、有身份的人，希望别人对自己的评价不断提高，超出自己目前的身价和地位。

在人们对你作出一定的身份判断后，就会给你相应的对待，除了在态度上尊敬你、重视你之外，还会给你更多的信任，提供更多的机会或者支付更高的价格。也就是说，摆谱是一件名利双收的事。

假如你的表现让人感觉是可信的有钱人，那么，导游小姐将会更耐心地为你讲解；会场服务员也会把你领到贵宾室；商业伙伴更愿意与你合作。如果你表现得像个儒雅的绅士，那么在公共事务中，人们就更愿意听取你的意见，让你做代表与领头人。

总之，给那些看上去"有身份"、"有地位"的人以更多的优惠，是人类的一种很奇怪的心理表现。有些时候，这样做是出于利益考量，希望那些人能给自己带来好处，但很多时候他并没有得到任何好处，可是人们还是愿意对他们另眼相待。这或许就是人们常说的：人人都长着一双势利眼。

为此，有心人就会利用人们的这种心理倾向，更容易获得自己想要的资金，做成想做的买卖，得到更多的机会。

2004年，杭州道远集团董事长裘德道自费去新加坡看航展。当时，很多欧美国家看航展的人都是坐着私人飞机或者公务机去的，一下飞机就有专人迎送，被接到贵宾厅，而裴德道是坐民航去的，只有在一边干等，别提当时心里那个憋气。随即，裴德道就花6 500万买下来一架全球最先进的私人公务飞机"首相一号"。一夜间，就成了万众瞩目的人物。

裴德道说：我的生意很多是和外国人打交道的，别人并不清楚你的实力，我坐自己的专机去和对方谈判，容易取得对方的信任和尊重。

国家间最典型的摆谱行为，就是大规模的军事演习。2006年，面对美国等西方国家对伊朗核问题越来越大的压力，伊朗在霍尔木兹海峡和国境内展开了多次大规模的军事演习，试射新式导弹。这些行为明白无误地在警告美国，如果你对我发动攻击，代价是巨大的，中东的石油通道可能被关闭。另一边，美国也与其盟国在海湾地区举行了目标明确的联合军事演习，美国庞大的航母战斗群也长期在附近海域巡游。

# 把出身背景亮出来

对个人背景（包括家世背景、血缘关系、籍贯、出生地、求学经历、师承、工作资历等）的重视，古今中外，都是人际交往中的一个普遍现象。对那些有着显赫家世背景和工作资历的人，人们总是给予更多的重视，对他们表示更大程度的尊重和信任。

注重出生背景是人际交往的潜规则。在出版了《我的非正常生活》之后，洪晃立刻吸引了相当数量的都市金领、白领和圈内文化人的注意。大家这才知道她原来就是著名文人章士钊的外孙女、著名外交官章含之的女儿、著名导演陈凯歌的前妻，中国前外长乔冠华是她的继父，不仅如此，她还早在1973年，12岁之时，就在美国受教育，获得学位后又在国外工作了近15年。这些名人环绕照耀下的洪晃，立刻就成了稍有点文化的人就知道、就谈论的名人。她曾大声疾呼自己绝对不是靠家庭背景吃饭。但是如果没有显赫的家庭背景和传奇性的留洋经历，试问：她还会受到如此之大的关注吗？

抚今追昔，那些最善于用出身背景做文章、摆谱炫耀的，当数为数众多的开国皇帝了。唐朝开国皇帝李渊称帝后，搬出了道家鼻祖老子（姓李名耳），自称为老子的后人。纵观整个唐朝，除了武则天为了显示自己的政权的合法性，崇尚佛教之外，历代皇帝都以弘扬道教为己任，大张旗鼓地宣扬老子后人的身份。明朝开国皇帝朱元璋，则是抬出了朱熹，将其尊奉为自己的先人，大言不惭地说他们老朱家是朱熹的后人。

1937年夏，作为"中国国民政府特使团"团长的孔祥熙赴英国庆祝英王加冕典礼,孔祥熙为了博得英国皇室的青睐,自称是圣人孔丘的嫡系后代。其实,在山东曲阜孔氏八房的孔氏家族保存2 000多年的孔氏家谱中,并没有这支世系。孔祥熙曾拉拢当时担任黄河水利委员会委员长、山东曲阜孔氏八房的孔祥榕和孔丘的车把官"衍圣公"孔德成,收买了一些孔氏族人,为他篡改重修孔氏家谱时补续上去。又把太谷县孔家的家谱改头换面,推溯到明末清初,说是李自成率领农民起义时,有一房孔氏家族搬迁到山西太谷县落户,才有他家这一支世系。

孔祥熙自称是曲阜纸坊村人,于1930年曾出资2 000元在纸坊村里建立了家庙。这个情况表明,孔祥熙家族的家谱源于孔祥熙之手。同时为了证实自己的身世,他还经常在谈话或讲演中,夹上几句《论语》、《孟子》,表示博雅。

这次孔祥熙率领"中国国民政府特使团"到英国时,就宣称自己是第75世"孔丘公爵"。他曾大言不惭地对人说,他当时受到英国皇室的隆重接待,不是因为他是中国的特使,而是因为他是世界上最古老的贵族世家子孙"孔丘公爵"。

相较那些通过自我奋斗获得成功的草根人士,对于名门之后,人们总是本能地会给予重视和崇敬,即使他们毫无作为,也会因为祖上的风光而获得人们的钦羡,如果他们还能有所作为的话,这种钦羡就会变本加厉,使他们头顶上的光环更加的耀眼。

形象设计师英格丽·张说:"成长与宽松、经济有保障的家庭的孩子,会对生活中一切都容易满足。他们易于按社会的标准行事,会表现得自信,有安全感、善良、大方、宽容、开通、缺乏野心,因而易于与人合作。他们看待世界人生的眼光与贫困中长大的孩子不同。"

然而,对待"刚刚洗脚上岸的农民"、"不久前还在为温饱问题发愁的暴发户"和"没见过世面的土鳖",人们则更多的是轻视和怀疑。

正因为如此,也难怪那些有着光芒背景的人会有向别人炫耀的欲望。无时无刻不在有意与无意间炫耀着:我出身名门,我是有来头、有资历的人。

对于那些谙熟世人心理的人而言,出身背景成了主要的摆谱内容。公关策划人王力在初入职场时,就摆出了自己的外祖父是傅作义。潘石屹虽然一再说自己小时候家境贫寒,但还是清楚地记得爷爷当面曾经是黄埔军校的军官。足球运动员谢晖拥有1/8的英国血统,这还真是多亏了他的曾祖父娶了一位英国女护士……

歌坛怪才雪村在刚刚出道之时,因为外形不俊朗、性格倔强、乖张,走得又是平民路线,很多人对他都不看好,以为是哪个山沟里跑出来的愣小子。但是,雪村巧妙地透露出他是文艺界某位德高望重的前辈的儿子,又不具体说出他老爸的名字。不过大家很快还是知道了这位德高望重的前辈是谁,雪村也就很快被圈内人士所接受,所看好,乘风而起,越来越红。

随着社会的两极分化，家庭出身越来越受到人们的重视，身世的锦盒正在被逐渐打开。很多跨国公司、投资银行在中国选择高级管理人员，都会优先选择那些名门之后。

1996年，汪延从法国巴黎大学毕业后就加盟了四通利方公司（新浪前身），1999年出任新浪网中国地区总经理，2003年兼任该公司CEO。人们认为，汪延的留学背景特别是家庭出身，让他在事业发展的初期就得到了格外的重视，他的父亲汪华是中国首批驻法外交官，爷爷汪德昭是中科院声学所的创始人，两位叔叔一位是中科院院士，一位曾任厦门大学校长。

王雷雷（TOM在线现任执行董事兼首席执行官）是1999年加入TOM在线，并出任中国区运营总经理的。他最愿意给记者讲的就是他最崇拜的爷爷。他的爷爷王铮在20世纪30年代是红军总司令部无线电台大队长，新中国成立后，历任电信总局局长、军委通信部部长、第四机械工业部部长，1955年被授予中将头衔。

对那些没有身世背景的新贵来说，学业背景和工作经历就是其炫耀的主要资本。时代在不断进步，个人奋斗日渐被社会广泛接受并备受推崇。

唐骏就任上海盛大网络公司总裁后，在各种场合，念念不忘的始终是他在微软工作的那10年以及所获得的比尔·盖茨的嘉奖，和他在日本和美国的留学、创业经历，名片上也赫然打着微软终身荣誉总裁的名号。张宝全最愿意说的是他是从北京电影学院导演系毕业的（正宗科班出身），是著名导演谢飞的学生。张朝阳在亮明自己身份的时候，总是声称自己是互联网启蒙大师、《数字化生存》的作者尼葛洛庞帝的门生。

尽管与出身背景相比，学业背景和工作经历在震撼程度上稍逊一筹，但是如果你没有出身背景值得炫耀，学业背景和工作经历便是最好的摆谱内容了。

# 要摆谱，开高价

当一个人进入职场、进入商业领域，便会有一个身价，但是这种身价是无形的，身价的高低主要取决于人们的心理价位。所以在知己知彼的前提下，善于为自己开一个高价，便是最明确的自我展示，可以说是另一个摆谱的核心主题。

开高价对身价的提升效果是立竿见影的。虽然这样做有很大的风险，很可能会导致交易失败，但是相较"廉价""销售"自己，开高价还是利大于弊。如果你自降身价，很可能引发别人对你做出如下不利联想："他是不是没有真力呀？"、"他是不是快不行了不走红了吧？"、"他（她）是不是被潜规则了？"……从而也会影响交易的达成。所以，降价"销售"自己，等于是自己搬石头砸自己的脚。因为一且你以一个较低的价位与一个合作伙伴达成了一项交易,在随后的合作中,你便很难将价码加上去。

在演艺圈,出场费是每一个艺人最看重的事情。它不仅关系到艺人收入的多少,也直接体现着该艺人在圈内的地位和形象。像姜文、张曼玉、巩俐那样的国际大牌明星,宁可不接戏,也绝不会像某些艺人那样为了混个脸熟,为了让别人知道"我还混着呢",而自降身价,接一些艺术品位和格调较低的戏。

为了充分体现自己在行业里地位,如何开高价已经成了一门玄妙的艺术。在拍摄电影《满城尽带黄金甲》时,发哥的全权经理人发嫂就为发哥开出了种种好莱坞标准的待遇要求。比如拍摄期间要住在北京国际俱乐部,而且要开7间房,包括休息室、服装化妆间、导演讨论室、餐饮室等等;发哥每天出门就开始按时计薪,路上堵车也要算;为了让发哥上洗手间方便,要求剧组专门调来一辆豪华大房车,这辆每天开销近5 000元的车在北影棚外一守就是将近40天。事后,制片方指责发哥耍大牌,发哥则义正词严地说:"每个演员在市场上有本身的身价,我去好莱坞拍戏和在亚洲地区拍戏都是用同一份合约。"

也有的演员因为讲交情,讲义气,不讲条件,被制片方称赞为有艺德,不过在听者的心中,多少会觉得他人气不是很旺,底气不是很足,如果是真正的大牌艺人,怎么会没有一个高的身价线呢。还有的艺人因为种种原因不得不接受了较低的价格,但是仍然会要求对方严格保密,或者要求对方报出一个更高的价格,以避免自己身价受损。比如,某位演员,主演了一部悬疑惊悚类型的电视剧,一集的实际演出费是5万,20集就是100万,但是却要求制片方对外说是150万。

在现实中,每一个求职者、谈判者都面临着为自己开价的问题。要为自己开一个高的价格,首先要有自知之明,要对自己有一个正确的评估评价,知道自己在市场中的大概价位,懂得利用自己的优势。其次还要有一个良好的心理素质,有一个稳定的心态和坚定的个性。最后还要懂得一些摆谱的技巧。如果你开出的价格高于自身的实际价值,却使对方接受了,那就意味着你身价的提升,也就是说你获得了摆谱的溢价。

永乐电器董事长陈晓就是一个善于为自己开高价的人。当永乐处在那样的困境之时,他仍以不惜合作失败的决心,自始至终不肯让步,最终使得国美不得不以52.68亿港元的价格收购永乐。平素谈判所向无敌的国美老板黄光裕,也不得不感慨,声称自己遇到了最厉害的对手。

陈晓认为,这只是一个相对满意的价格,从生意人的角度来说,永远没有满意的价格,陈晓敢于开高价的理由是:永乐的店铺和市场占有率对国美扩展战略有重要价值以及陈晓自己的决心。

在现实中，每一个人时时刻刻都在面临着为自己开高价的问题。在开高价时，要注意以下三点。

（1）要敢于开价。如果对方没有主动提供你想要的条件，那你就要自己提出来。你不敢要，对方可能根本就没有意识到，或者认为你不值钱，反而轻视你，拿你不当回事儿，不珍惜。比如，当年冯仑要就一些地产项目咨询王石，王石就立刻远从深圳主动飞到北京，免费为冯仑提供咨询建议，结果他的意见却不受重视。事后，王石感慨地表示："因为是免费的，所以不珍惜，以后再咨询，我得先收100万，一个月后才回答。"

（2）价高得要适度。开出什么价格，既要看自己的筹码，又要看对方的接受能力。不能脱离实际漫天要价，那样很可能会达不到成交的目的。最关键的是，你一定要有达不到自己价格宁可放弃的准备。如果承受不住这种风险，就不要开高价。

（3）摆谱千万要坚持。在开出高价后，重要的是一定要坚持住的态度。绝不能轻易妥协，作出让步。在商业谈判中，一方作出让步时必须要使得对方也作出相应的让步，否则，你将会被逼迫得退到犄角旮旯里，死无葬身之地。

## 用拒绝将身价推到高位

前高盛董事长兼首席执行官亨利·鲍尔森是个非常善于摆谱的人。2006年5月底，在布什总统的几番真诚邀请下，他终于答应出任美国财政部长。此前，他曾三度拒绝了布什的邀请，让总统等了他5年之久。

2001年初布什刚就任总统时，就曾邀请鲍尔森出任财长，但是鲍尔森婉言谢绝了。2002年底，财长奥尼尔去职，布什又找到鲍尔森，希望他能出任下一任财长，但是鲍尔森再次拒绝了。2006年2月，布什准备调换财政部长的人选，这次布什又想到了鲍尔森，但是想到此前的屡遭拒绝，布什决定不采用自己直接邀请的方式，而是让当时的预算管理办公室主任乔什瓦·博尔顿（曾在高盛国际业务部门任高级职位）向鲍尔森发出邀请，一如既往，鲍尔森仍然表示自己的兴趣不大。为了招揽这位大将，2006年4月中旬，布什邀请鲍尔森共进晚餐，谁知，鲍尔森一点都不给总统面子，谢绝了布什的好意。直到一个月后，鲍尔森与布什终于坐在了一起，他们在白宫官邸共进午餐，期间还加入了博尔顿。

通过这次会谈，鲍尔森与布什达成了如下协议：布什承诺，关于鲍尔森的未来角色定位，鲍尔森将不仅仅是总统经济政策的推销员，还是美国经济政策的重要制定者，在布什内阁中的地位将等同于国务卿和国防部长。因为自2001年以来，布什政府财长的作用发挥就非常有限，基本上只是推行布什的经济政策的传声筒，实际政策制定基本上来自白宫幕僚班子。布什还答应他担任白宫国内和国际经济问题的首席顾问，总统主要经济幕僚机构（国家经济委员会）的若干重要会议也将要在财政部大楼里召开。

熟悉鲍尔森的人都说，鲍尔森是个非常有野心的人，而且精力极其旺盛，他本人也一直有担任公职的愿望。但是他过去屡次拒绝布什的邀请，理由只有一个，那就是他在等待着白宫给他"属于他的真正的位子、桌子和声音"。

在入职政府部门之前，鲍尔森先使用拒绝（拒绝布什的邀请）的手法，然后是要条件（属于他的真正的位子、桌子和声音），最后，他的目的达到了。这种做法，是摆谱的最佳策略之一。

在所有的摆谱手段中，拒绝是最冷酷的方式，立场明确、态度坚决，首先把自己放在了别人求你的高位上。不管是貌似毫无商量余地的坚决回绝，还是心里巴望得不得了表面还装作不想要的借故推辞，都是以一种强势的方式彰显出自己的高身价。

随着企业间竞争的加剧，中高层管理人才和技术人才经常会遇到猎头公司的挖墙脚，被邀请加入某个企业。通常，这些高层经理人在最初接到邀请时，都会一口回绝，以表明自己事业稳定，对公司非常忠诚。而最终是否能合作，则要看在经过几番"推拿"后，对方是否能提供自己要的条件。

陈永正原本是摩托罗拉全球副总裁、中国公司董事长，他接到猎头公司的电话，问愿不愿意和微软的高层接触？陈永正的第一反应就是回绝。猎头公司后来多次来电，询问是否愿意和比尔·盖茨、史蒂夫·鲍尔默见一见，听听他们对中国市场的想法？陈永正觉得他们对中国很诚恳，于是，趁着到美国度假的机会，去了微软总部。

2005年7月，原UT斯达康中国公司总裁周韶宁正在美国加州奔走，希望组建自己的投资公司。他接到了一家猎头公司的电话，诚邀他加盟Google。周韶宁一口回绝。但是，在猎头公司的几番沟通之后，周韶宁最终同意在北京同5位来自Google总部的工作人员进行第一次沟通，并很快成为了Google中国区的联席总裁之一。

对那些猎头公司的从业人员来说，他们已经习惯了被拒绝，他们的一贯心态就是被拒绝，继续骚扰，直到骚扰出现成效为止。

假如，对方没有回绝，他们反而会产生疑问：这个人是不是没有传说中的那么优秀，自信心没那么强？是不是人品有问题？是不是事业不顺利？我们可不可以降低给他许诺的条件？

从某种意义上来说，学会拒绝、敢于拒绝是一个人确定身价的最好招数。它向外界传达了两个信号：第一，邀请方还不具备和我合作的条件；第二，邀请方为我开出的条件还没有达到我心目中的预期，无法匹配我的身价。

所以，拒绝并不是目的，而是一种手段，它以欲擒故纵之法将自己的身价推到高位。

## 矜持一点，身价便高一些

2006年4月8日，对马云、傅玉成、牛根生、江南春等30多位国内知名企业家来说，是一个让人期待已久、血脉沸腾、兴奋不已的日子。因为，就在那一天，他们被引荐进入了大家都仰慕已久的商界领袖李嘉诚的办公室里，并在那里见到了李嘉诚，大家一起谈话、喝茶、吃饭，前后长达民3个多小时。长江商学院院长项兵说，拜会李嘉诚，是对首期"中国企业CEO课程班"学员的一个奖励。为了这次见面，项兵早在一年前就向李嘉诚发出了邀请，当时李嘉诚答复说，如果见面地点在香港就不成问题。然而，关于见面的事情直到会见前一个月才定下来，尽管李嘉诚是长江商学院的投资创办者之一，但是想要邀请到这个商界泰山般的人物，也不是那么容易的。

李嘉诚是商界领袖，众所周知的大忙人，我们没有理由怀疑他是有意摆谱，故意拖延，但是很多人肯定不会像他那么忙，但是却照样要提前好几个月预约。

江西仁和药业的某品牌经理说，他曾经与叶茂中的公司联系，希望能够当面向叶茂中请教品牌经营之道。然而，叶茂中连续两次都答复说抽不出时间，直到第三次被邀约才确定下来，整个邀约的过程长达半年之久。

同样的，如果有人要联系策划大师王志纲，遭遇也会如此。有人在论坛上碰到王志纲，希望邀请他作演讲嘉宾，王志纲的回答是，你们确定好时间之后，提前6个月和我们联系。

一般来说，级别越高的人，你若有求于他，需要等待的时间就越长。等待的时间与对方的身价成正比。通过这种漫长的预约等待和延迟满足，不但显示出对方很忙，在商业界处于比较抢手的地位，而且还可以充分挑拨其邀约方的胃口。

在生活和商业中，表现矜持让他人等待有两方面的含义：

（1）我不急，我有的是时间，无所谓。这就等于是给对方一个强烈的暗示，目前你具备的或者提供的条件，对我来说，还没有足够的诱惑力，如果你想迅速地达成交易，就需要拿出更大的诚意来，给我提供更优的条件。

（2）我有自信的资本，有实力，我是值得你等待的。这等于是在提醒对方，仔细地认识我的地位和价值，让对方等待的时间越长，显示出自己的自信心越强。

因为在人们的头脑中，有这样一个固有的逻辑：只有重要的东西才值得等待，只有处于优越地位的人才会从容不迫，并且不怕让别人一等再等。所以，让一方等待另一方，既是一场耐力的较量，也是地位与实力的宣示。

王志纲工作室就是这方面的典型代表。作为一个咨询顾问机构，它在市场中，是纯粹的乙方，但是它一般不主动向客户单位（主要是地方政府和房地产公司）联络业务。王志纲说：下海10年，我们工作室从来没有市场部或者销售部，我们从来不主动找老板谈合作。因为所有的项目都是老板主动找上门的。我们这种运作模式颇有点姜太公钓鱼，愿者上钩的意味。

这种摆谱策略，表面上看起来非常被动，似乎与现代社会的进取和竞争原则相违背，这种貌似延误时机、丧失机会的做法，是讲求效率、追求交易量的商业社会所难以容忍的。但是，实际上，谁矜持不主动，谁故意延误让他人等待，谁就占据了主动，不论是在谈判还是在日常生活中，都成为了相对地位优势的一方。这份价值是值得用一些技巧换来的！

重要的人物总是在万事俱备的情况下，在万众瞩目的期待中姗姗来迟的，这是彰显身份的最佳策略。

2006年6月17日，《当和尚遇到钻石》一书的作者，美国藏传佛教僧人麦克尔·罗齐格西要在某大学的商学院进行演讲。当到了预告的演讲时间时，学院的有关负责人先隆重介绍了格西的传奇生平和商业成就，然后，活动组织者发表感言。随后，全场四五百名听众都关掉了手机，静静地等待着格西的到来。在稍许等待后，格西的助手告诉大家，大家还需要稍等片刻，格西正在隔壁的休息室内静修，以便有更加充沛的精力给大家做演讲。经过了数分钟的等待，在助手两度请示之后，格西终于双手合十，带着谦逊、平和的笑容走进了演讲大厅。当格西出现的瞬间，全场瞬即响起雷鸣般的掌声。

格西和他的助手的确深谙摆谱的哲学，他们让听众长时间的等待，非但没有引起听众的反感，反而获得了听众的热烈欢迎，让听众感觉，他们的等待物有所值。为什么会出现这种情况呢？这是因为格西的出场具备如下三个因素：第一，有能让别人理解、合适的理由；第二，等待的时间在能够容忍的范围内；第三，也是最重要的，他告诉别人，他很重视这次演讲，需要充分的准备。正因为具备这三点，听众便不会计较多等的几分钟。

就在同一个大厅里，阿里巴巴的创始人马云也做过一次演讲。在那次演讲中，马云比正式演讲的时间早到了10多分钟，当他到达的时候，活动的负责人、主持人还没有现身。早到的马云站在讲台上，一会儿搓手，一会儿揉脸，一会儿变换坐姿，等着听众陆陆续续入座。从为人修身的角度来看，马云的人格确实让人叹服，但是在商业界，这种比听众先到的做法却是自贬身价的行为，不够矜持，事事为先，虽然赢了人格，但是却输了身价。

## 越神秘，身价越高

广州珠江投资与合生创展集团的老板朱孟依，纵横中国房地产业多年，身价高达65亿人民币（据2005胡润百富榜的资料）。房地产业内名声很响的人物王石，也称朱孟依为中国地产界的真正老大。很多财经杂志和商业网站在推出房地产业商业人物排行榜时，都要把朱孟依放前几名，但是当公布榜单的时候，最苦恼的是都找不到一张可用的照片。现在外界所能见到的唯一一张照片，还是在1998年合生创展在香港上市的时候提供的一张登记照。珠江地产内部人员说，朱孟依对内对外都恪守"三不"原则：不曝光，不上镜，不见报。

像朱孟依这样的大人物，故意与大众保持距离，尽量不将自己的个人信息流传到外界，保持神秘主义，从大众心理来看，这样更有助于推高自己的身价，在虚虚实实间让人难以洞察自己的真正实力。

神秘主义建立在一种奇特的认知心理基础上，人们在潜意识中会对自己没有见过、不大了解的人或者物，有强烈的好奇心，只要存在着少量的正面的强势的信息，人们就会主动地在想象中为它涂脂抹粉，不断抬高身价……

为了增加别人对自己的敬重，成功的领导者通常都会减少曝光率，或者控制信息外传的数量，让别人摸不清、看不透自己的真正底细，从而增加神秘感。伴随着神秘感的往往就是权威性。正是因为其不可捉摸，所以才能使人不敢小觑。

领导者、超级偶像、销售天才、传道者、风水先生以及犹抱琵琶半遮面的美女，都是神秘主义的天然信奉者。要让别人信服你，敬重你，不敢轻视你，那么你首先要做的就是想办法拉开与交往对象的距离，将自己装扮得高深莫测、神乎其神。然后，在别人战战兢兢的崇拜敬仰目光中，树立一个更伟大的形象，将自己的身价提高到更高的层次。

在人类社会，有这样一个潜规则：最有实力的人是那些听说过但没见过的人。在科幻电影和武侠片中，我们经常看到，那些真正的大佬都是深藏不露，躲在幕后，只有到最后关头才一露峥嵘。在商场上，真正掌握权柄的老板们也乐于扮演这种幕后的角色，让自己聘请的职业经理人、助手、授权代表、律师等抛头露面，冲锋陷阵。人们对于这些平素难得一见的人，总是会在想象中不自觉地为其实力增加分值，从某种意义上看，这正是人的窥奇心理使然。

除了企业领导者或者一些政府要员之外，这种有意保持神秘的做法也被咨询顾问、公关活动家、投资者们广泛采用并发扬光大。近些年来，伴随着中国加入WTO，海外的基金公司、风险投资公司陆续进军中国，本土风险投资公司和基金公司也在逐步成长。但不论是在国内还是在国外，这些公司几乎无一例外地保持着神秘感。他们不愿被媒体过分曝光，对自己的投资案例和投资金额的细节更是守口如瓶。圈内流行的说法是：悄悄地进村，打枪的不要！

在国内需要资金的企业看来，这些基金公司和风险投资公司的经理人是平素难得一见、不易接近的大菩萨。一项调查表明，71%的风险投资商倾向于在初始阶段不和创业者直接见面。这种刻意的神秘与低调，有助于他们在与实体企业合作时，能够保持着一种居高临下的姿态。

除了减少曝光率外，保持神秘的另一个诀窍就是控制信息的外传。这样，就让别人对你更不了解。不仅要自己少说，还要求同伴、合作者、各级职员都要做好保密工作；不仅是语言信息，还包括其他一切文字、符号、行为……所有能够向外传播信息的渠道都要受到控制和约束。控制的内容包括自身的经历、拥有的资源（尤其是资金）与能力、生活状况和信心等。就像朱孟依似的，不仅自己不露面，还控制一切有关自己信息的外漏，使得外界连他的一张照片都难以获得。

商界人物周正毅在上海时曾长时间保持低调，保持着神秘，在本地媒体面前从不露面，也不声张，更不恣意炫耀。在人们的概念中，周正毅被等同为一位神通广大的财神，但是至于他到底有多少钱、究竟有什么来头，公众对其则一无所知。这使他成为上海人茶余饭后饶有兴趣的谈资，关于他神秘出身和发财致富的传说更是被说得神乎其神。直到2001年《福布斯》富豪榜发布，周正毅以5.5亿元的身价排在第94位时，人们对他旗下的商业王国究竟有些什么项目仍然毫无所知。"上海首富"的名头也是从香港媒体中流传过来的。不过，这位发家不久的"上海伢"在香港却十分高调张扬，买名表开名车置豪宅，处处吹嘘自己的财富拥有量。结果，玩火自焚，不慎泄露自己不光彩的发家史，引火烧身。

# 第十三章

# 品位心理学

## 上流社会玩的是品位

天涯社区曾爆发过一场论战，论战的焦点除了攀比财富外，更主要的是比拼品位。

论战的始作俑者是一位土生土长的上海人，她自称坚决瞧不起农民工，时时以身为上海人而自诩高贵，在论坛化名为"易烨卿"，与易烨卿针锋相对的是一位自称来自真正的上流社会的网友——北纬67度3分。北纬的策略是证明易烨卿并不是真正上流社会的一员，没有资格代表上流社会瞧不起农民工。

易烨卿说自己爱在家里煮咖啡或者到上海的五星级宾馆喝咖啡。北纬67度3分说：易小姐竟然喝咖啡，我们上流社会是根本不会喝咖啡的，我们只喝茶。

易烨卿说自己在除夕夜喝的红酒一两千元一瓶。北纬说：上流社会只喝香槟和少数几种法国红葡萄酒，此外我们只喝苏打水或者矿泉水。

易烨卿说家里的车是LEXUS的轿车，但是她本人更喜欢TOYOTA的大霸道。北纬的回答是：BMW或者BENZ是暴发户开的，我们只开雪佛兰，白色的。

易烨卿说自己最喜欢PORTS的衣服。北纬教导上流社会是怎么穿戴的：她们的衣服是没有牌子的，因为是在巴黎皇后区的几家专门的店里定做的，而且这种店只接待特定的客户。

易烨卿说她喜欢Karajan指挥的作品。北纬说：我们是看歌剧的。

易烨卿说自己的家人几乎每2~3天就要坐一次飞机，从俄罗斯到美国的三藩，一个月光机票钱就好几万美元。北纬的回答是：我们坐飞机从来都不买票，因为是私人飞机。贵族是从来不说三藩的，只叫圣弗朗西斯科，并且他们从来都不去那，也不去莫斯科，他们认为自从沙皇死了之后，莫斯科就没有贵族了。他们会去阿拉斯加钓鲑鱼，到中非草原打猎。

……

虽然这只是起源于网上的无厘头论战，我们无法求证论战双方身份的真伪。但是通过这场论战，我们至少可以看出一点：身居上流社会的真正标志，除了显赫的出身和价位不菲的消费外，还有不能用财富衡量的独特品位。

品位是在财富、权力、知识等强势资源的基础上发展起来的一种文化资本。有品位意味着高雅、有文化、有档次、有修养。金钱、权力、名声等外在身份或许可以在短短几年内获得，但是品位却是在上流社会长时间熏陶和培养出来的。因此，尽管有的人已经跻身于富人一族，但是仍会被视为"暴发户"、"土财主"、"土鳖"。

从一定程度上来看，一个人所处的社会经济地位决定了其对于汽车品牌和汽车型号的选择，虽然这种决定关系不是绝对的，但是也可以昭示出一些有关身份的讯息。

《格调》是文化批评家保罗·富塞尔所撰写的一本描述社会等级与品位决定关系的畅销书，在书中，富塞尔写道："上流社会不够重视汽车，因为根据他们的训估原则，汽车的历史过于短暂，不配进入古典风范的行列，不过总要有辆车开，你最好有一辆雪弗兰、福特、普利茅斯或者道奇，对它们的型号和颜色毫无兴致挑剔，总而言之，车必须是乏味的。从上层阶级往下，你就可以有一辆'好'一点的车，比如美洲豹或宝马，但必须是旧的。你最好不要拥有罗尔斯罗伊斯（劳斯莱斯）、凯迪拉克或者奔驰。"

约瑟夫·爱泼因斯坦在《美国学者》中这样说："敏锐的西德青年知识分子认为，奔驰轿车标志着一种'高级的庸俗，是专供比华利山（美国洛杉矶郊区好莱坞影星聚集的居住区）的牙医和非洲内阁部长们乘坐的品牌。'确切地说，只有中上层阶级中最糟糕的一类才会买奔驰车，就像他们中最优秀的人士会开奥兹莫比尔、别克和克莱斯勒这样的车，可能还有吉普车和兰德罗弗尔（英国产多用途越野车）。"

还有一点小细节，就是关于车速的问题。保罗·福塞尔认为，你的阶级地位越高，车速就应该越慢。那些开快车的人不是想给坐在身旁的女孩留下上层贫民家的中学生的印象就是赛车电影看多了的富有浪漫情怀、喜欢刺激的忧心忡忡的中产阶级。如果你要做上等人，就得开得慢、开得稳，悄无声息地沿着路中央行驶。

财富、权力是成功的硬指标，但是有钱了、有权力了，并不意味着你已经进入上流社会，也不表明你已经具备了与你的财富和权力相当的身价，此时，你只是被财富和权力标注的一个人物，一旦失去了这些外在之物，你便再次被打回原形，成为当初那个一文不名的小人物。而如果想使自己始终拥有高身价，便要提高自己的品位，像个上流社会人物一样吃喝玩乐，这样你才会长期地居于社会等级的较高端。

# 品位等同于社会等级

从海外归来的刘总在某银行身居要职。刘总最大的爱好就是阅读、听歌剧和打高尔夫，通过这三种活动，能够让自己陶冶情操、培养情调并减缓工作压力。而他的下属，海滨某城市的分行长贾总是个大腹便便、油头肥脑的中年男子，他最大的爱好就是打麻将、去歌舞厅，有时彻夜泡在KTV包房里，他认为这样才叫休闲，才叫享受。

2005年，为了调查地方银行的业绩情况，刘总对个别省市银行进行了专访调查。为了拉近与刘总的距离，获得刘总的好感，贾总绞尽脑汁地想办法取悦刘总。

一天晚上，贾总为刘总安排了麻将聚会，刘总以不会为借口推辞了。当贾总打探到刘总喜欢音乐后，又安排刘总去市里最豪华的歌舞厅，叫了两名美貌小姐陪伴。刘总到了KTV包房，看到如花的小姐后，马上明白了其中的奥妙，又以头疼为借口离去。

沮丧的贾总非常不明白，就问刘总的助理："他这个人懂不懂生活？有没有情调呀？"

刘总的助理认为：区别刘总和贾总的不仅仅是他们的官衔，更重要的是他们对生活方式、个人素养以及品味的选择。

我们采用什么样的生活方式，如何选择和设计生活的内容反映了我们生活的品位，而生活的品位与格调是考察人的社会地位和成功人生的一个均衡有效的标志。

保罗·福塞尔在《格调》中表述了这样一个观点：有钱并不一定使你的社会地位提高（这里并非在说经济地位，而是社会地位），因为这世界上总是有人不在乎你的钱财。但有生活格调和品位却必然会受到别人的尊重和欣赏，因为提高了你的社会等级。

在某郊区毗邻而住着两户人家。一位是一家出版社的雇员，属于白领。另一位先生是汽车修理厂的机修工，典型的蓝领。他们的收入不相上下，但是生活差别就很大了。

白先生的房子是一座破烂的旧屋，通过自己动手，重新装修了一番；蓝先生购置了一座干净漂亮的牧场小屋。白夫人去城里的店铺买她和家人的衣物；蓝夫人就在当地的商店，或者是家附近的购物中心采购，而且觉得非常方便。白先生一家饮酒，很开放，常常全家人在院子里喝，小孩子坐在身边玩耍；蓝先生也饮酒，但是常常自己偷偷摸摸地喝，通常是在星期六，窗帘紧闭后，自斟自饮。白先生一家总是控制自己的音量，以免影响他人；蓝先生夫妇冲着对方大喊大叫，声音能穿过每一个房间，甚至传遍每一个角落，他们自己却没有意识到有任何的不妥之处。白先生家的起居室里的书架上堆着满满的书；而蓝先生家里是一本书都难以见到。

总起来说，这两个家庭收入相当，但是却毫无相似之处。他们的差别就在于品位的高低。一个人的品位决定了你是什么样的人，属于什么阶层，决定了你的社会地位和个人形象。

究竟何为品位？

品位是一种选择。无论是挑选一件衣服的品牌，还是选择一本书、一张唱片；无论是选择一种职业，还是选择一个伴侣，好品位都在影响和指导着人类行为的方方面面。你的选择诠释着你的风格和举止。

品位是一张标签。告诉我们你是谁、你要什么以及你有着怎样的生活方式。品位是一张通行证。它引领你呼吸时尚的空气，触摸流行的脉搏，融入与你气味相投的社交圈子。品位决定了我们的行为和语言，品位决定了我们穿衣、吃饭和谈话的方式，品位决定了我们该拥有什么、该和谁交往！

真正的成功，绝不仅仅是指事业的成就。事业的成就只是成功、卓越人生的载体，社会成就和它的直接呈现——金钱，所能表现的也只是一个一维空间内的成功者，而卓越的人生体现在事业、家庭、自我发展和对社会及生态的责任等方面。

人们能从你的生活品位中判断出，你是一个追求高质量生活的精神贵族，还是一个假装成附庸风雅、贵族的暴发户；是一个刚刚完成资本积累，从政策漏洞里走出来的土大款，还是一个有着文化修养和艺术品位的有钱人。

有钱不一定让你的社会地位得到提高。但是，有修养、有格调、有品位的人却必定受到欣赏和尊重，因为人们会认为他有更高的社会地位。

# 品位存在于细节中

为了在商业界获得成功，很多男士把自己包装成了看起来非常标准的商务人士，穿上了西装，甚至是价格不菲的高档西装，然而尽管如此，对于敏锐的时尚人士而言，即使面对着同样身穿高档西装的商业人士，他们也能够判断出这个人的品位究竟如何。

虽然都有"成功者"的名号，但是把一个有品位、有修养的追求完美的成功者和一个暴发的发财者区分开来的往往就是那些容易被我们忽略的、貌似不起眼的小细节。

古龙香水是一个有格调、有品位、高雅的男士的常规消费品。男士身上散发出的清淡的古龙水味道让人们联想到：他是一个注重生活品位的人，他有雅致的情调，他懂得取悦自己。

爱丽森·卢莉在《服饰的语言》中说：大体上，一个人穿的衣服层数越多，他或她的社会地位就越高。在西方，我们不难发现，穿三扣三件套西装要比两扣两件套西装显得更有品位。

在衣服的颜色方面，藏青色是比较有品位的，越柔和、暗淡越好，而紫色则是最没有品位的颜色。不论是男人还是女人穿着藏青色或者灰色的外套要比紫色尤其是紫色涤纶的衣服更有档次，更能提升自己的地位。

通过服装判断人的社会地位，还有一个显著的标志，那就是文字的易读性。如果仔细观察贫民阶层，你会发现，他们绝大多数都会穿着印有各种文字的服装。然而，随着社会等级的提高，低调原则越来越大行其道，在中产阶级和高产阶级的服装商，文字开始消失，被不显眼的商标和徽记所取代，比如一条鳄鱼、一只小兔子头。当你发现标记消失了的时候，你就已经走在去往上等阶层的路上了。

在穿西装时，一定要注意上衣的衣领和衬衫的领子之间，不能分离，要时刻紧贴在一起。如果它们总是保持着一定距离，那么只能说着装者非常没有品位。

在面料质地方面，生物皮毛类显得比较有档次，也就是说，羊毛、丝绸、棉和各类动物毛皮。而其他的，所有的合成纤维都是贫民阶层的穿戴。比如说，厨房里木材要比塑料贴面档次高，餐桌上的台布，棉的要比塑料或者油布有级别。

关于手表，遵循一个原则：越是科学化、技术化、越富于时代特色，等级就越低。所以佩戴机械表当然要比石英表、电子表有品位。

关于帽子，在大多数场所，把它视为一个无足轻重的事物就可以了，如果在帽子上过分地花费心思，只会让你显得很没品位。

法国时尚专家弗兰斯瓦·沙勒在他的《领带之书》中说：领带是男人的概念和风格，是男人全身唯一最能表达自我的工具……领带是男性服装中唯一带有梦幻性质的点缀，它能用多种语言表现穿衣者不同的年龄、背景、品位、风格和地位！

领带是男人身上唯一能带有色彩的饰物。选择有艺术品位、有权威力量的领带，能衬托出一个成功男人雄伟深厚的魅力。而一条低品位、劣质的领带，则能够显示出它的主人是多么的没有品位，多么的没有生活乐趣、生活质量是多么的差。

## 品位事关修养和趣味

如果希望自己看起来高雅、有品位、有层次，文化修养和艺术趣味是必不可少的，哪怕是装出来的，也一定要装得有模有样，经常装，装得大方，装得自然，装出自己的非凡魅力。

前往音乐厅听音乐会，是显示自己好品味的方法之一，当然去往音乐会之前，你一定要对演奏者和表演曲目有一定的了解，至少与同行的人交谈起来的时候，你不会支支吾吾地哑口无言。在表明品位方面，西洋音乐是最有说服力的，其中，歌剧是最好的选择。

自18世纪以来，到歌剧院听一场歌剧，一直是西方贵族进行身份展示和缄默社交的重要手段，他们对于歌剧名篇津津乐道。随着时代的发展，贵族阶层逐渐没落，新富阶层和文化精英成了歌剧院的常客。因此，虽然听一场歌剧的价格不菲，但是由于歌剧承载了丰富的文化内涵，能够在歌剧院正襟危坐地欣赏一出歌剧，对于品位的提升有着不可小觑的帮助。所以，对于那些希望跻身于上流社会的人们，不妨先进歌剧院接受一下洗礼吧，不过为了防止在现场出糗，比如在一场咏叹调的演唱中间就鼓掌，最好事先在家里听一遍录音。

经常参观美术展，或者去博物馆、科技馆流连也是彰显品位的必要手段。如果你希望在品位方面加分，一定要留意美术作品的展览消息，如果有高档次的画展，比如法国印象派画展，就要早早安排时间，即使长途奔袭，也一定要赶过去观瞻。

对于文化表演和艺术创作，如果你能够亲自参与其中，那么，即使没有任何外在的装饰，你就会是品位的象征了。今典集团董事长张宝全，因为能够拿出自己的几幅书法作品参加展览，还经常性地举办装置艺术的观念地产展，让他在"没有文化"的房地产界鹤立鸡群。中坤房地产公司老板黄怒波，也因为出版了自己的诗集，又开了诗歌研讨会，而成为有名的地产诗人。

阅读也不是无足重轻的事情，阅读的内容同样会显示出你的修养和品位。女性看《时尚》、《瑞丽》，男性看《三联生活周刊》、《新周刊》，这只能说明你刚刚与品位沾了一点边。如果能经常性地阅读《TIMES》（《时代周刊》）、《NEWSWEEK》（《新闻周刊》）、《National Geography》（《国家地理》）等原版杂志，然后以《TIMES》这期的"Cover Story"（封面故事）为话题，必定会让人对你刮目相看，认为你具备较高的文化品位。

当然，如果你乐于阅读那些小众读物，也会让你的品位上升一个台阶。一个人读《三国演义》，另一个人读《三国志》，毫无疑问，人们会对后者抱有更多的敬意。一个人读《红楼梦》，另一个人读《清平山堂话本》，当然人们还是会对后者更加敬重。如果说读《三国志》比读《三国演义》需要更多的学识，那么《清平山堂话本》却比《红楼梦》要浅显，《三国志》与《清平山堂话本》的共同之处就在于它们都更少有人读，这种与众不同可能就意味着品位的不同凡响。

## 真正的高品位崇尚古风

不论是中国人,还是外国人,崇尚古风,都意味着高级别的品位。一件有着历史底蕴的陈年古物,会比那些昂贵的现代电器,使拥有者获得他人更多的尊敬。

这也就是为什么在美国人眼里,英国和欧洲仍是有等级的,英女王和英国王室贵族们是令人敬仰、高高在上的;为什么遗产和"老钱"(传承三代以上的财富)成为重要的等级标准,它们比那些"新钱"及其所有者的级别更高;在美国意识中最深刻的一种崇古就是美国大学建筑设计中哥特式风格的盛行,高等教育机构越是古雅,就越是让人追忆两个高等教育的光驱——英国的牛津和剑桥。

有闲阶层(既有钱又有闲摆弄品位的阶层)对古风的崇敬随处可见:它们大多喜欢看歌剧和古典芭蕾舞;去欧洲和中东观赏古迹;学习人文科学而不是电子工程,因为人文科学涉及过去,更能熏陶情感和性情;喜欢羊毛和木材一类的有机材料,而非尼龙和塑料制品……

英国评论家彼得·康拉德说:所有那些已经衰朽的、遗弃的、消亡的风格样式,就是我们需要的。而那些较低甚至更低阶层的人,满脑子就是迫不及待地冲向新事物的想法。

拉塞尔·林斯在《品位制造者》中写道:你会发现,姿态优雅地坐落于公园大道一座玻璃盒子里的,就是雷佛兄弟公司的办公室。你会发现,管理人员的地位越高,它们周围的陈设就越古旧。为公众服务的前台是大胆的现代风格,职员和部门经理的办公室依照使用旧的方式设计,等走近上层管理者的办公室,你会发现那儿有早期美国风味的壁炉和枝形吊灯……如果你愿意来J·瓦尔特·汤普森公司的行政管理人员餐厅,你会发现自己在一间科德角式风格的房子里,无力装饰着温莎座椅和小块地毯,窗户有水质边框。这些都形象地表现了大公司为博得贫民欢心所树立的现代性背后所隐藏着的上等阶层的怀古风情。

这也正是为什么北京的四合院比商品房甚至别墅价格更高的原因?为什么越是古典的装修和设施越是昂贵?为什么木制和羊毛产品会比尼龙和塑料制品更有地位?为什么拥有一件破旧的陈年古董,会比买台昂贵的、发亮的大电器更能获得他人的尊敬和重视。

在西方社会,收藏古董和艺术品代表着最高的品位。像法国总统希拉克,就特别喜爱收藏美术作品,尤其是对中国传统文化情有独钟,收藏了很多中国名画作品。微软的创始人之一保罗·艾伦,收藏了很多艺术大师的作品,包括莫奈、梵高、雷诺阿、毕加索……还有波普艺术代表人物李奇登斯坦,藏品中不乏难得一见的稀世珍品。

正因为人人都知道，收藏古董和艺术品不仅要花费巨资，还要有一定的鉴赏能力，只有那些有着丰厚家底和极高品位的人，才会有这种爱好，所以它成了新发家的富人由福转贵、获得更高社会认同的捷径。

美国发现频道撰稿人兼制作人理查德·康尼夫认为，在美国要想被看作一个大狗级富人，除了拥有1亿美元之外，第一条标准就是要喜欢收藏名贵的古董和艺术品（见康尼夫著作《大狗》）。

近年来，收藏古玩和艺术品的风潮在国内愈演愈烈。荣宝、保利、瀚海、嘉德等几大拍卖公司的拍卖生意是越来越火热。现在，不少的商人都开始加入到收藏者的行列，而且来势凶猛，他们对有收藏价值的物品趋之若鹜。玩转收藏，正在成为中国新兴富人阶层所热衷的品位游戏。

靠加工爆米花起家的浙江金轮集团董事长陆汉振，在拍到1 000多件历代瓷器、青铜、书画等艺术作品后，以总价近5亿元的资金筹建了浙江最大的私人博物馆（金轮艺术馆）。靠卖海鲜起家的黎永星、黎永辉兄弟，则分别收藏了40多辆古董名车和20架退役的战斗机，计划投资上亿元要在广州建立一个文化广场。对这些从底层打拼出来的富豪们来说，收藏古董和艺术品可以迅速去除他们身上的草莽气，使自己的品位和地位都得到提升，从而进入一个更高的阶层。

康泰人寿保险公司的董事长陈东升，在他的办公室和家里都留出足够大的空间，来摆放他收藏的画作。比如，他的办公室里挂着一幅傅抱石的《晋贤酒德》，还有一幅绘于1912年的北京内外城地图。

河北巨力集团年轻的总裁杨子，从15岁就开始玩收藏。价值不菲的明代竹林七贤葫芦瓶、价值数千万元的鸡钢杯也都在其收藏之中。由于他对青花瓷颇有研究，还被电影《青花》的制作方聘为了艺术顾问。

由于收藏的入门槛比较高，对于加入者的财富实力和文化底蕴都有较高的要求，所以对于收藏界，如果你已经登堂入室，你所具有的品位已经是毋庸置疑的了。

# 第十四章

# 消费心理学

## 炫耀性消费：只买贵的，不买对的

消费除了能让人们满足生存的需要、获得个人享乐外，消费的内容和形式还无声地诉说着你的现状：你拥有的财富、所处的地位、个人的品位和对未来的信心。或许你会认为这个社会相当势利，但是你不得不承认这样一个事实，你周围有很多的人，他们会不自觉地通过解读你的消费行为来判断你所处的社会等级。所以，我们可以利用这个社会交际潜规则，为了在某些场面或者在某些人面前，让自己看起来更有实力，不时进行一下炫耀性消费，以达到摆谱和作秀的目的，从而迷惑他人视线，引导他产生有利于我们的判断。

美国经济学家凡伯伦在他的成名作《有闲阶级论》里讲道："光是拥有财富，并不能获得人们的尊敬和敬仰，还必须通过某种方式展现其财力。"

华谊兄弟董事长王中军上班时，开宝马V12或者敞篷奔驰600SL跑车；参加重要的商务活动时，乘坐由司机驾驶的奔驰房车；参加派对时，开宝马Z8；休闲外出时，则开宝马X5。杭州道远集团董事长裘德道平时自己开宝马760，需要司机随行的时候就坐奔驰600，他还斥资6 500万元买下来一架全球最先进的私人公务飞机，只要是车程在两个小时以上的路程，他就乘坐私人飞机出行。

凡伯伦在他的《有闲阶级论》中说，仅仅自己进行炫耀性的消费是不够的，还需要他人为你进行代理消费。比如，对于丈夫而言，妻子消费昂贵的衣服、价值非凡的首饰、气势宏大的住所和有格调的休闲生活，就成了代理消费最重要的活广告。

如果要把消费作为一种作秀和摆谱的工具，基本的做法就是：只买贵的，不买对的。越贵越体现消费主体的财富实力非同一般，越贵越表明消费主体处于较高的社会阶层。

2001年，TCL推出了几款镶嵌着宝石的手机，这在中国手机市场掀起了一股宝石风波。

虽然刚上市时，各界人士对它褒贬不一，但是该款手机却获得了市场的高度认可。宝石手机上市的第一年，该款手机销售量达150万台，年销售额和利润分别突破30亿和3亿元，比上一年增长近10倍。

相对普通手机，宝石手机没有任何高深的技术含量，但是一颗亮晶晶的宝石让它变得非常抢眼，成为了一件炫耀富贵的工具。

如果只是从实用角度来看，瑞士机械表是相对不太实用的一种。从性能上来说，哪怕是最好的机械表也比不上石英表或者电子表。石英表每天的误差只有几秒钟，电子表更是精确，每天的误差仅是0.5秒。20世纪80年代，人们一度青睐经济实用的石英表。但是，很快，精英男士就意识到，一块手表的意义绝不是计时器，它是身份和品位的标签。

石英表和电子表虽然比较实用，但是他们都是在流水线上大规模生产的，如此的生产过程自然决定了他们的低价位。机械表就不同了，它是由技师手工定制的，需要长时间的精雕细琢，在质量和价格上都没有边际。只有这样的物品戴在手腕上才有分量。于是，对于精英男士而言，机械表的潜台词是：品位和成功。

相较长而直的车道，长而曲折的车道更气派，这是为什么呢？因为蜿蜒的车道占地更多，却没有什么实用价值。按照不实用准则，最有档次的车道是在"平坦的地面上拐来拐去的车道"。其功能仅仅就是为了炫耀和显摆。

一般而言，用色调暗淡的砾石铺就而成的车道比我们通常见到的沥青路更高档。究其原因，并不是因为砾石是自然材料，而是由于石子必须经常更换，这样花费就更多了，还会增添很多麻烦，经常花掉没必要花的钱，无可置疑的是社会地位的象征。

不实用原则在上流社会大行其道，甚至连养宠物也是如此。比如，饲养宠物狗，越是与没有实用性的打猎有关，越上档次。因而上等人饲养的多是拉布拉多犬、威尔士科吉斯狗、查理王斯潘尼尔狗等，想做上等人就多养几条上等的狗。中产阶级则喜爱饲养苏格兰或爱尔兰猎犬。贫民阶层偏好道伯曼狗、德国牧羊犬或斗牛狗。

对于很多上层社会人士而言，高消费的目的不仅仅是为了满足自己的实际需要，而是要做给别人看的，以达到炫耀和证明自我的目的。

远大集团总裁张跃拥有6架私人飞机，其中包括2架商务机和4架直升机，价值近2亿人民币。除了自己开着飞机参加各种商务活动外，他还经常亲自驾机接送客户。万科集团董事长王石、SOHO中国董事长潘石屹都曾搭乘过他的商务机。潘石屹还在他的鼓励下体验了亲自驾驶的乐趣。

无论如何，进行炫耀性消费的首要法则是：一定要让自己的高消费行为被人所知，至少要让同一阶层的人知晓。

现在，私人岛屿正在取代游艇，逐渐成为顶级豪富们的最佳身份证明。英国维珍集团老板理查德·布兰森买下了维京群岛的内克岛后，在上面建造了一幢大房子，盖了淡水处理厂和发电厂，并设有专门的spa房、水上运动教练和私人服务员。内克岛成了上流社会中的伊甸园，乔治·迈克尔、戴安娜王妃、查尔斯王子、迈克尔·道格拉斯、斯蒂芬·斯皮尔伯格等名人都曾经是这里的座上宾。

深圳的房地产商人王树春，因为买下了距离深圳5海里、面积相当于厦门鼓浪屿2.5倍的三门岛而声名大振。三门岛上总是贵客盈门。只要有客来访，他都亲自驾驶游艇接往岛上，游艇开得飞快，以至于让那些初到海上的人都惊叫连连。像这样的商人，谁不坚信他财力十足，谁不对他敬重有加，谁会不放心和他合作！

## 高档品牌消费是显摆的最佳武器

1978年，36岁的荣智健办了单程证前往香港，与在香港的荣宗敬的后人（荣智鑫、荣智谦）见面。见了荣智健后，他的香港亲戚们非常惊讶地看到，荣智健手上戴了一块瑞士柏达翡丽牌手表。仅仅透过这一个小细节，他们发现，大陆富豪对顶级物质生活的认知度并不比他们差。直到20世纪80年代后期，中国普通大众对名牌手表的认识也还停留在"劳力士"、"雷达"上，而知道"柏达翡丽"这样顶级品牌的人，寥寥无几。

在作秀和摆谱方面，高档品牌是不错的道具之一，关于高档品牌的选择，首要的选择标准就是知名度。因为有名，你消费的时候就可以毫无顾忌，同时感到非常有面子。在这方面，最典型的例子就是脑白金。脑白金在市场宣传方面非常卖力，广告铺天盖地，人所共知，再加上那句朗朗上口的"今年过节不收礼，收礼只收脑白金"，使其成为街知巷闻的品牌。也正因此，脑白金的销售量一直很高，老年人收到儿女送的这类礼物，跟邻居朋友说起来会觉得脸上非常有光。

关于汽车，上层人士购买的最多、使用的最多的是"BBC"，即BENZ、BMW、CADILLAC，特别是前两种德国品牌车，深受中国成功人士的热衷，成为主流车型。

杭州道远集团董事长裘德道有一辆宝马760和一辆奔驰600，还为亲戚朋友购买宝马和奔驰，孝敬老爹的也是奔驰600。

LV的箱包、Montblanc的钢笔、BURBERRY的衬衫、PRADA的皮鞋、HERMES的丝巾……这些顶级品牌，都是高级白领们必备的行头。高档品牌是一种简单而有力的武器，能起到为拥有者壮胆、撑腰的作用。消费高档品牌产品，人都会变得更加自信。

摩根士丹利的一份报告显示：中国买家都是忠实的名牌追随者。面对突如其来的增加扩张的财富，新富阶层毫不犹豫地选择这种富贵的标志，以此来证明自己的经济和社会地位已经改变、提升了。

中国的顶级豪富都倾向于选择劳斯莱斯、宾利、法拉利等欧洲传统名车。北京慈善家李春平拥有3辆顶级劳斯莱斯房车。上海豪都房地产公司董事长屠海鸣拥有一辆全球特别纪念版劳斯莱斯。

李晓华是中国第一辆法拉利的拥有者，被称为北京首富。周正毅也因购买了一辆法拉利，被香港媒体称为上海首富。这些天价车被主人当成一种身份的装饰和社交的工具，每个月只在重大场合亮相几次，大多时候睡在车库里。

美国经济学家凡勃伦在19世纪末指出，要维护自己的门面，人们必须从事于奢侈的、非必要物品的消费。

高档消费的物品除了包含一定的实际功用之外，更重要的功能是充当身份地位的符号，拥有者必须为这些非实用的符号性功能支付大量的额外费用。这也正是奢侈品的重要特征。奢侈品在国际上被定义为一种超出人们生存与发展需要范围的，具有独特、稀缺、珍奇等特点的消费品，又被称为非生活必需品。

世界最大的消费品集团LVMH总裁阿尔诺上任之初，就把公司定位于生产销售没人需要的产品。

如果有人指责购买奢侈品是一种浪费，那么使用者就会抬出质量和文化的挡箭牌，而不会说是为了显示自己的身份地位。比如，各种手工制品——皮鞋、皮包、汽车、工艺品、家具、衬衫等，一件手工制品的价格一般要远远高出机器生产出来的东西，有的甚至要高出几十、几百倍。尽管它们的耐用性、实用性和舒适度都不是机器制品的几十、几百倍，但是有了质量和文化的名义，没有人再敢继续抓住这个问题不放。

消费一种知名的、高档的、奢侈型的品牌商品，不仅可以传达出"我是有钱人"的信号，还可以表示"我是有品位的、有地位的、有独特情趣的人"等诸多内容。品牌除了能显示价格外，还凝聚了商品的质量、可靠性、社会评价、文化内涵等诸多信息，作为商品的"图腾"，品牌也构成了高消费的重要内容，成为一种简便易行的表达拥有者身份的工具。

高档品牌，尤其是高档奢侈品的消费，是你显摆的最佳武器。

# 低调是上流社会消费潜规则之一

凭借自己的努力取得事业成功的人都有一些关于成功的证明，比如金银珠宝、锦衣玉食、别墅豪宅、名车游艇等。那些刚刚获得成功殿堂入门券的人，对于这些外在的成功标志，总是欣喜异常，往往会忍不住把这些东西陈列在醒目的位置上，煞有其事地炫耀给他人看。但是，真正的上流人士一般不会如此行事，他们往往摆出一副不在意、无所谓的姿态，甚至某些时候，刻意地掩盖自己的消费行为，从人们的视线中逃离遁形。

大音希声，大象无形，对于自己所拥有的财富，身处上流社会的人们炫耀的方式正趋向于不招摇、低调隐晦。招摇过市的炫耀最容易被指责为暴发户作风、土鳖表现和低劣的品位。

含蓄和内敛一直是上层阶级最重要的家教内容之一，是高修养的主要表现形式。不管是西方的绅士还是中国的君子，都需要遵循稳重内敛、低调做人的行为标准；都得行事隐蔽、不露锋芒、不招人嫉；都是要彬彬有礼、恬淡优雅，同时既要有风度，又要有气度，还要有深度。

上层社会的人物，对于财富的态度，自然是遵循低调原则。这种对待财富的心态，有赖于长期富足生活的熏陶，有赖于社会对其地位的长久普遍认可。在目前的中国，这种对待财富的表现方式还不多见。

按照西方上流社会的消费准则，购买的物品价格可以非常昂贵，但是从外表上看绝对不能太张扬。比如，他们穿的衣服大多颜色很暗淡，从外表上根本找不到任何LOGO。但是，其中一定有一点提示：轧别丁呢料的外套会有修剪过的貂皮衬里，一件全白的衬衫领里面有Burberry的招牌格子花布，当然仅许可靠得够近的人才能看见。一件工作衬衫看起来好像是普遍的斜纹布衬衫，但是买得起这种衬衫的人能从浅紫色的边缝针脚认出来，这是全世界最优质的衬衫公司Borelli的产品，一件售价350美元。

上流社会的女士，体型要瘦，在任何场合都要穿着合体的衣服，选择价格昂贵但很低调的鞋子和包包，只能佩戴极少的珠宝饰物，绝不染发，流行的、惹眼的和可有可无的饰品，都是被上流社会的女士排斥在外的。

上流社会人士关于衣服、鞋、皮包、钱包和领带的选择，都遵循低调原则。这些衣饰上不能有任何可读性的标记。随着社会阶层的降低，该阶层所选择的衣饰开始逐渐出现一些商标和徽记，越是迈入下层，文字化、大图案越是显著。衣服过新，或者过于整洁，表示你的社会状况不太稳定，上层人士喜欢穿旧衣服，似乎在告诉别人自己的社会地位对得起传统尊严。

往往，真正居于上流社会的人开的车大多是旧的。那种开着崭新的跑车狂飙的人往往被认为是缺乏良好的修养和品位的人，绝不是上流阶层的一员。

上流社会的人物所居住的房子，是人们从大道上根本就看不到的，即使见到，从它的正面也看不出所谓的"超级豪华"。

但是，这种低调往往并不是完全隐藏的，它内含着某种炫耀，这种炫耀是一种特殊的作秀、奇特的摆谱，因为它只让同样有钱的人看懂。

纽约最时髦的马戏团餐馆的老板马奇奥尼，在故乡意大利习惯性地开着一辆毫不起眼的兰吉雅车。和他同一族类的人却可以从车子低沉的声浪中听出来，引擎盖里其实是一颗法拉利的心脏。

这种低调的做法表明：真正上流社会的人，真正有成就的人，根本不需要刻意地张扬，更不屑于向普通大众证明自己。

# 消费文化意义而非活动本身

杰森·王和他的英国同事托尼陪同一位来伦敦的大客户——中国商界名人蔡总打高尔夫。在伦敦曼特莫尔高尔夫球场的第一个洞的开球处，三个人正等待着发球。突然，蔡总的手机响了起来。蔡总旁若无人地接听电话，热情地说："你好，我在伦敦打高尔夫呢，这里好极了……"前面一组正在挥杆的人停住了挥杆的动作，回头观望着蔡总，等待着他关机，以便发球。但是蔡总丝毫没有意识到对方的不悦，仍然一如既往地接听电话。

这时，球场一位管理人员走过来对杰森说："先生，球场的规矩你们了解吗？"杰森十分尴尬地说："对不起，我请他马上关机。"杰森如此对蔡总说了一番，蔡总才十分不情愿地关了手机。

开始打球了，蔡总的技术并不如他自己说的那么精湛。球不是落在草丛中，就是落在沙坑里，他大大咧咧地一次次要求重打，却不在自己的积分单上加上杆数，以致影响了他们这组整体的打球速度。而且每次打完球，蔡总都会把球杆递给杰森，由杰森替他放回包中，击球时又向杰森发号施令"3号木杆"、"7号铁杆"。每当杰森要找球，他都会不在意地说："别找了，太浪费时间。"一场球下来他丢了十几个球。

杰森的同事托尼非常不满地对杰森说："你应该教会他球场上的礼仪，难道他在中国也这么打球？"杰森感到非常尴尬，他暗暗发誓，从此以后，再也不陪同来自中国的代表打高尔夫了。

高尔夫是一项贵族运动,但是出现在高尔夫球场上,并不意味着就进入了所谓的"贵族阶层",一个人能挥杆击球,并不能说明他俨然已经是"绅士"了。贵族并不仅仅只是有钱一族,它还需要一定的精神品质和文明修养作为品位支撑。

在中国,"贵族运动"被视为有钱人的运动,"贵族"基本上等同于"有钱"。许多"贵族运动"就是暴发户们显示自己财富实力和身份的最好证明,而活动本身所包含的修养及内涵对他们而言反倒是毫无意义了。

请铭记:如果不提高个人的修养和素质,只停滞在土大款的阶层,永远无法走进真正的贵族行列。对于贵族运动,真正的精髓不在于消费运动本身,而在于消费其中的文化意义和概念。

在中国,很多成功的人士并没有体会到生活的幸福,这是因为他们没有养成一个良好的生活方式,没有时间体验高尚的生活方式带来的人生体验。是否能够创造良性循环的生活方式,决定了一个人是否能拥有健康的情绪和心态。

凡伯伦在他的《有闲阶级论》中说,富人们要炫耀自己的富有,显示自己的优越,除了明显的消费外,另一个重要手段就是大量的闲暇。搜狐网总裁张朝阳每隔一段时间,就会被好事的媒体捕捉到:身着古代侠士装扮发布广告、在天安门广场玩滑板、在雪山之巅发回手机短信、全身披挂数字装备让媒体拍照、裸露上身登上杂志封面、率领众多美女登上唐古拉山……张朝阳这样描述自己的生活理念:我们就要附庸风雅,并将世俗生活进行到底!

## 高级别的消费用于体育运动项目

不论是传统的骑马、打猎、旅游、击剑等运动项目,还是现代的高尔夫、网球、航海、飞行、冲浪、探险等体育项目,运动一直是西方上流社会所热衷的一项休闲和交际活动。

自雅典时期至今,体育运动一直是西方上流社会的标志性活动,被视为最重要的社交工具之一。甲骨文公司的创始人拉里·埃里森曾经率领他的航海队,9次夺取美洲杯帆船赛的冠军。

如果一个人的家里没有摆放一些体育用品,一年中没有半个月以上的时间从事户外活动,那么说明,他与真正的上流社会还有一定的距离。

近些年来西风东渐,体育运动也日渐成为主流人士的新风尚。打高尔夫、登山、滑雪、极地探险、自驾车旅行等,成为了中国成功人士的新标签。特别是高尔夫,由于它不仅需要不菲的资金作为支持,还要求爱好者有大量的时间,其所具备的"高贵"和"雅致"的符号吸引大批商界人物趋之若鹜。

正如艾丽斯·卢莉所说：一项高级别的运动项目，从定义上说，就是一种要求大批昂贵用具、或者昂贵设施、或二者兼备的运动。最理想的是，这项运动应该能够迅速地消耗物品和各种服务。例如，高尔夫球就要求许多亩未经耕种、建筑、或用于商业目的的宝贵土地。完善的高尔夫球场还需要经常除草、浇水、修剪，并且用价格昂贵的机器对草地滚轧。

百度总裁李彦宏本来不喜欢打高尔夫，但是自从第三次融资成功，特别是在美国上市后，他也开始在各个高尔夫球场上频繁现身。

网球也是一个高级别的运动项目。自从一些城市免费网球场开始增多，网球的等级地位便开始下降。但是，最上乘的网球运动仍然要求一套漂亮、昂贵的球服和球具以及价格不菲的网球课程，所以它至今还算是一项高级别的体育项目。

就地位而言，高尔夫球最高，网球次之，下面是棒球、橄榄球、足球、篮球和排球，最后是保龄球，保龄球是最没有品位的贫民运动。如果你想看起来像个上等人，请记住，千万别打保龄球。

骑马是一项很有级别的运动，这并不是因为它昂贵，而是因为它实在是太古老了。洛克菲勒就沉迷于骑马。

驾驶帆船是最昂贵的运动，也是当之无愧的娱乐之冠。它是上层阶级自我展示的表演艺术。

在室内活动中，桥牌和十五子游戏当然是级别最高的游戏，拼字游戏次之。

在中国的富翁中，也有众多的体育项目爱好者和参与者。明星企业家王石，是企业家中的半职业化运动员，他曾获得"国家登山运动健将"的称号。自从1997年他攀登了西藏的第一座雪山后，就一发不可收拾，每年都抽出1/3的时间用于登山、滑雪、跳伞、滑翔、漂流等活动。2003年5月，王石成功地登上了珠穆朗玛峰，成为中国登顶珠峰的人中年龄最大的一位。2005年12月，他又成功抵达了南极极点。

和王石一样热衷于体育运动，名声在外的企业家是越来越多：中坤地产老板黄怒波，爱好探险的今典集团执行总裁王秋扬，爱好飞行的惠普中国区总裁孙振耀等等。

2005年3月，信中利投资公司董事长汪潮涌在日内瓦宣布，将私人投入1 500万欧元组建"中国之队"帆船队，参加顶级富豪游戏之一的美洲杯帆船赛。汪潮涌顿时成为中国企业家的骄傲和时尚杂志的新宠儿。

# 第十五章

# 借势心理学

## 踏进上流社会第一步：与各界名流同列

20世纪30年代，胡适在国内声誉日隆，他的声名波及教育界、文化界、政界，很多的人都以认识胡适为荣，"我的朋友胡适"成了社会名流们炫耀自己身份和地位的招牌。在今天的企业界，"我的朋友柳传志"、"我的朋友王石"、"我的朋友马云"、"我的朋友张维迎"也已经成了让人刮目相看的说法。

与什么样的人同列，是一个人所处的阶层和社交能力的有力证明，更是作秀与摆谱的重要手段之一。如果你希望提升自己的身价，增加自己在人际交往市场的知名度，便要与一流人物交往，日久天长，你也会渐渐地成为社会名流。

2005年5月22日，李晓华创办的华达国际控股公司在北京成立。在举行庆典仪式时，日本前首相羽田孜、全国政协副主席周铁农和万国权、国务院侨办主任郭东坡、原国家财政部部长项怀诚等几位政要都露脸出席。全国人大常委会副委员长穆思远、司马义·艾买提、中华慈善总会会长范宝俊、日本众议院议员山川义三等送来了花篮，美国前总统老布什、法国总统希拉克、澳大利亚前总理霍克、联合国副秘书长金永健发来了贺电。对于一个新公司而言，在创办之时，就能引来如此多的各界名流观瞻祝贺，这就无言地证明了公司的实力和发展潜力。也正因此，李晓华在庆典仪式上雄心万丈地宣布：未来华达企业和我的新目标是进军世界500强！

混迹于商业世界，能与享有一定声誉的一流人物交往，潜心地学习他们的理念、思维和处事方式，才能尽快脱离目前所处的社会阶层，上升到较高的社会阶层。当然，所谓的社会名流中，也不乏名不副实者，他们见识粗浅、品位低下，是纯粹的不学无术之辈，他们之所以能成为社会名流，或者凭借的是父辈的荣光，或者是因为善于钻营，幸运地成为公众眼中的名流。不过，这样的人物毕竟是少数，大多数的社会名流都在某个领域或多个领域享有发言权，具备过人的处世本领，如果你意欲提升自己的身价，无疑与他们交往，学习他们的成功之处，不啻为一条捷径。

在心理学上有一种"趋势"心理，就是结交、崇拜、依附有名望者的心理，这种心理绝大多数的人都有，只是程度不同而已。它反映在人心理上是希望结交名人，从而借以提高自己的社会地位。

如果你立志在商界干出名堂来，首先就要想办法接近商界名流，与其交往，争取与他们建立起良好的关系。一旦你得到了对方的信赖，你可以帮助他们实现一定的利益，便会无形中获得更快发展的机会。也许，如此一来，你的命运便发生了极大的改观，甚至一夜之间步入云端。社会名流的真正价值便在于此，他们只是为你提供了一个机会，也许取得同样的成功你便可以少奋斗10年。

顶级名流人物的光亮最为耀眼，但是想请这类高端人物为你捧场的可能性甚小。最有效的方法是，自己主动迎上去，与这些尖端精英坐在一起，同台亮相，这样就易于让他人产生有益于你的合理性相关联想。

有一个著名的公关专家曾经说过这样一段话："要发展事业，人际关系不容忽视。费心安排的话，人际关系便能由点至面，进而发展成巨树。有了巨树我们才能在巨树的大荫下休息，坐享利益。社会地位愈高的人，在拓展事业的时候，人际关系愈是重要。但是，总不能因此就拿着介绍信要去拜会重要人物。就算登门造访，人家也未必有时间见你，因为执各界牛耳的人物们，通常都排有紧凑的日程表，即使见面，顶多也不过5分钟、10分钟的简短晤谈，无法深入。所以，制造与这些人物深入交谈的机会，非得另觅办法不可。"

而另一位著名的企业家却通过"十年修得同船渡"的方法结识许多社会名流，他的经验是："在每次出差的时候，我都选择飞机的头等舱。一个封闭的空间，不会有其他杂事或电话干扰，可以好好地聊上一阵。而且搭乘头等舱的都是一流人士，只要你愿意，大可主动积极地去认识他们。我通常都会主动地问对方：'可以跟您聊天吗？'由于在飞机上确实也没事可做，所以对方通常都不会拒绝。因此，我在飞机上认识了不少顶尖人物。"

向往结交各界名流可以说是人之常情，但是那些名流们大多与公众保持一定的距离，如果你想接近他们，便要观察他们的动向，适时出现在他们亮相的社交活动中，然后拿出勇气和智慧来，想方设法把自己推销给他们。如果希望提高推销的成功率，你还需要从内外两方面提升自己，因为社会名流有这样一条人际交往潜规则：他们只把时间提供给那些有价值的人，至少是有未来价值的人。

## 投资那些有助你成功的人

在名与利的角斗场——好莱坞,流行着这样一句话:一个人能否成功,不在于你知道什么,而在于你认识谁。这句话并不是否定了学习专业知识的重要性,而是强调"人脉是一个人通往财富、成功的入门票"。无怪乎曾任美国某大铁路公司总裁的A·H·史密斯说:"铁路的95%是人,5%是铁。"

在你的人脉网络中,只要你善于开发,很多的人都会成为你的金矿。

在这里,我们分享一下世界一流人脉资源专家哈维·麦凯如何利用人脉来推销自己、并顺利找到一份好工作的经验。

哈维·麦凯从大学毕业那天就开始找工作。当时的大学毕业生很少,他自以为可以找到一份不错的工作,结果却徒劳无功。好在哈维·麦凯的父亲是位记者,认识一些政商界的重要人物,其中有一位叫查理·沃德。

查理·沃德是布朗比格罗公司的董事长,他的公司是全世界最大的月历卡片制造公司。四年前,沃德因税务问题而服刑。哈维·麦凯的父亲觉得沃德的逃税一案有些失实,于是赴监狱采访沃德,写了一些公正的报道。沃德非常喜欢那些文章,他几乎落泪地说:"在许多不实的报道之后,终于有人写出了公正的报道。"

查理·沃德出狱后,他问哈维·麦凯的父亲是否有儿子。

"有一个在上大学。"哈维·麦凯的父亲说。

"何时毕业?"沃德问。

"正好需要一份工作的时候。他刚毕业。"

"噢,那正好,如果他愿意,叫他来找我。"沃德说。

第二天,哈维·麦凯打电话到沃德办公室,刚开始的时候,秘书没有为哈维转接电话。后来哈维提到了父亲的名字,这样,他才得到了跟沃德通话的机会。沃德在电话中说:"你明天上午10点钟直接到我办公室面谈吧!"

第二天,哈维·麦凯如约而至。不想面试变成了轻松的聊天,沃德兴致勃勃地聊哈维·麦凯的父亲的那一段狱中采访,整个过程非常轻松愉快。

聊了一会儿之后,沃德对哈维说:"我想派你到我们的'金矿'工作,就在对街——'品园信封公司'。"

哈维·麦凯为了找到一份有前途的工作,在街上闲逛了一个月,现在,他出人意料地坐在了铺着地毯、装饰得高档豪华的办公室内,将要拥有一份工作,并且还是到"金矿"工作。(所谓"金矿",是指薪水和福利最好的单位。)哈维默默地感谢上帝,感谢父亲认识了这么一个大人物。

对于哈维而言，沃德给予他的不仅是一份工作，还是一份事业。42年后，哈维·麦凯还在这一行继续寻找那个捉摸不透的"金矿"，而且成为全美著名的信封公司——麦凯信封公司的老板。

哈维·麦凯在品园信封公司工作当中，熟悉了经营信封业的流程，懂得了操作模式，学会了推销的技巧，积累了大量的人脉资源。这些人脉成了哈维·麦凯成就事业的关键。

事后，哈维·麦凯说："感谢沃德，是他给了我的工作，是他创造了我的事业。"

你所认识的每一个人都有可能成为你生命中的贵人，成为成就你事业的重要福星。沃德，一个曾经身穿囚衣的犯人，都有可能成就一个人的人生和事业。做个有心人，随时随地注意开发你的人脉金矿！

在你身处困境时，究竟谁会对你伸出援手？哪里会有这种人呢？这个人就在你的身边，是你平日所交往的人群中的一位。他可能是你工作上的伙伴，可能是你在学校里的同学，甚至有可能是一位你从未谋面的陌生人……任何人都有可能成为对你施予援手的"贵人"。

这所有的前提是，你一定要有一个好的人脉。

要构建起自己的人脉关系网，该从何处入手呢？其实，一个人要构建起自己的人脉关系网并不难。这不需要你有多高的身份，你只需要做个有心人，从身边的小事做起，投入适当的精力和财力，完全可以建立起庞大的网络。

具体来说，需要从以下几步做起。

### 1. 筛选合适的目标

要织一张好的关系网，第一步就是筛选。把与自己的生活范围有直接关系和间接关系的人记在一个本子上，把没有什么关系的记在另一个本子上，这就像是打扑克中的"埋底牌"，把有用的留在手上，把无用的埋下去。

### 2. 建立初步联系

走出去社交，待在家里或者只待在某一个小圈子里是不可能结交到朋友的。每一次活动都会为你提供扩大社交圈的机会。你可事先思考一下，你希望认识哪些人，然后收集一些可以参与到与这些人交谈中去的信息，并在此基础上与你希望认识的那些人建立初步的、基本的联系。

### 3. 积极主动参加多种社交活动

积极利用各种聚会来扩大社交圈，例如各种各样的派对。聚会前、讲座休息的时间、午餐时或是在飞机候机室里，你都可以捕捉到你想要结交的对象。如果稍微留心，你就可以在这些重要的场合结交到很多人。所以有人说，事业的成功也可以说是在下班休息的时间取得的。

#### 4. 随时调整你的人际结构

我们在建设人际网络时，还要努力为自己建造一个善于进行新陈代谢的开放性的人际网络。而一切使人际结构僵硬化、固定化的态度和方法，都是应当抛弃的。要随时调整你的人际结构。一般说来，需要调节人际结构的情况有两种。

（1）奋斗目标的变化——也许你的奋斗目标已经实现，也许你的奋斗目标变了，比如弃政从商，这需要你及时调节人际结构，以便为新的目标有效地服务。

（2）生活环境的变动——在当今这样的信息社会，人口流动速度空前加快，本来在A地工作的你，忽然到B地去工作。这种环境变动，势必引起人际结构的变化。

## 你认识谁决定了你是谁

1970年，25岁的美国小伙子迪尔来到丹佛市，在第2大道的一套小公寓里，开始了他的创业生涯。

刚到丹佛，迪尔就徒步走遍了这个城市的每一个角落，了解、评估每一处好的房地产的价值，计划在这个城市发展他的房地产事业。为此，他常常去看一些土地和楼盘，竭尽全力地了解每一个细节。

对于丹佛，迪尔初来乍到，这里的人们并不认识他。为了为自己宏伟的房地产铺平道路，迪尔首先准备加入该市的"快乐俱乐部"，试着结识那些出入该俱乐部的社会名流和百万富翁。对迪尔这样一个无名小辈来说，要想加入这样高档的俱乐部，实在不容易，但迪尔还是决心去大胆尝试一番。

迪尔第一次打电话给"快乐俱乐部"，刚说完自己的姓名，对方便挂断了电话。迪尔并不死心，又打了两次，但是仍然遭到了对方的嘲弄和拒绝。

"这样坚持下去，将会毫无结果。"迪尔望着电话机喃喃自语，突然，他心生一计，又拿起了电话。这次他声称有重要的物品需要转交给俱乐部董事长。尽管接线员半信半疑，但是仍然把董事长的电话号码和姓名告诉了他。

迪尔得意地笑了，他立即打电话给"快乐俱乐部"董事长，告诉他想加入俱乐部的要求。董事长没说同意也没说不同意，却让迪尔来陪他喝酒聊天。迪尔自然满口答应了。

通过喝酒聊天，迪尔逐渐与这位董事长成了朋友。几个月后，在董事长的特殊关照下，他如愿以偿，成为了"快乐俱乐部"中的一员。

在俱乐部中迪尔以董事长朋友的身份结识了许多富商巨贾，建立了良好的关系网。

1972年，丹佛市的房地产产业陷入萧条，大量的坏消息使这座城市的房地产开发商们严重受挫，丹佛人都在为这个城市的命运担心。然而在迪尔看来，丹佛城的困境对他来说无疑是天赐良机，从前那些对他来说是可望而不可及的好地皮，现在可以以较低的价格任意挑选收购了。

就在这时，迪尔从朋友处得到一个消息：丹佛市中央铁路公司委托维克多·米尔莉出售西岸河滨50号、40号废弃的铁路站场。

迪尔凭着自己敏锐的眼光和经验判断出：房地产萧条是暂时性的，赚大钱的好机会终于降临了。为此，他把自己所拥有的几个小公司合并起来，改称为"迪尔集团"，使他更具实力。

第二天一早，迪尔便打电话给米尔莉，表示愿意买下这些铁路站场，并约定了在米尔莉的办公室商谈这笔买卖。

迪尔风度翩翩、年轻精干，再加上他是"快乐俱乐部董事长的朋友。"米尔莉对迪尔的印象非常好，他们很快便达成协议："迪尔集团"以200万美元的价格购买了西岸河滨的那两块地皮。不久，房地产升温，迪尔手中的两块地皮涨到了700万美元。迪尔趁势出手，挣到了巨额的差价。

经过许多人的帮助以及自己的努力，迪尔终于挖到了来到丹佛市的第一桶金——500万美元。这是他闯荡丹佛的第一笔大买卖，也是他第一次独立做成的房地产生意。此后，他开始了在美国辉煌的经商生涯。

"你认识谁决定了你是谁"，别人往往会从你朋友的档次来判断你所处的社会等级，并将其作为是否与你做生意的重要参考标准。

这是因为人们普遍相信——物以类聚，人以群分，"道不同，不相为谋"，从一个人所结交的朋友的层次，可以反映出这是一个什么样的人。

我们从出生到死亡，都在不停地与人接触，与人打交道，与人交往。总有自己的朋友，有些是兴趣相投，有些是个性相合，有些是性格互补，有些是利益共生，有些是酒肉朋友，有些是心灵相犀，有些是性欲需求……

很多时候，我们可以从对方的交际圈中看出对方的为人、品性、身份地位、层次背景甚或是其内心世界。他经常与什么人交往，与哪些人打交道，与哪类人接触，往往能反映出他是个什么样的人。

看一个人的底牌，要看他周围有什么样的朋友。朋友对你的衬托作用相当明显。从现在开始，在你的朋友当中多增加一些"有分量"的人物。这样，你的商海之旅将更加顺畅。

## 尽可能拓展人际网络

从某种意义来看，我们都是社会性动物，与人打交道是必要的生存本领，随着交际范围的渐渐扩大，我们就会拥有自己的人际关系网。据社会学家分析，人际关系就是一张无形的网，其间的信息传递方式与人脑内部的信息传递非常类似。脑部的A点受到外界刺激会产生信号，传至B点而引发某种想法。但如果仅仅依靠A—B一条路线传递信息，一旦这条线路由于某种原因被阻断，信息传递就不再继续。这样的信息链必定十分脆弱。所以，在大脑中，两点之间的信息通路有成千上万条。同样在人际交往中人们之间的信息通路也有成千上万条，构成一张无形的网。

当你迫切需要一份新工作、一栋新房子、一份有潜力的投资建议或提升你的专业技能时，你可以去找专业人士咨询，并且得为此付出金钱。但是如果你拥有一个完好的人际关系网，你完全可以不花这份"冤枉"钱，你所需要的一切建议都可以从人际网中免费获得，而且是最快速、最安全、最可靠的。

人脉不仅是你日常生活的润滑剂，更是你事业成功的催化酶。

百万富翁共有的特点是什么？《行销致富》的作者佐治亚州立大学的史坦利教授对此进行研究后说：答案是一本厚厚的名片簿。更重要的是他们广结人际网络的能力，这便是他们成功的原因。百万富翁们不仅晓得有哪些资源蕴藏在他们厚厚的名片簿里，更愿意把这些资源与其他百万富翁分享。

想成就事业，就要有广泛而有价值的人际关系。罗斯福曾经深有感触地说：成功的公式中，最重要的一项因素便是与人相处。如果你已深刻地"感受"到这一点，便要用极大的行动力去"执行"！

人际网络背后的意义，其实比一般人所能想得到的还要深远。魏斯能在采访了280位企业总裁后写《不上，则下》一书时说："那些企业总裁们，非常致力于发展'双赢'互需关系的基础。他们每个人都有如何步步高升到金字塔顶端的精彩故事，而大多数人把他们的成功归功于身旁人的提拔。"

美国作家柯达则认为：人际网络非一日所成，它是数十年来累积的成果。你如果到了40岁还没有建立起应有的人际关系，麻烦可就大了。

众所周知，在美国前总统克林顿成功竞选的过程中，他的拥有高知名度的朋友们扮演着举足轻重的角色。这些朋友包括他小时候在热泉市的玩伴，年轻时在乔治城大学与耶鲁法学院的同学以及当学者时的旧识等。当演说家罗安数年前应邀在阿肯色州热泉市为旅游业年会演讲时，他才深刻地体会到这些人对克林顿总统的支持。

激励大师安东尼·罗宾说：人生最大的财富便是人脉关系，因为它能为你开启所需能力的每一道门，让你不断地成长，不断地贡献社会。

好人脉能够为你创造机遇。善于经营人脉的人总能有效地把握迎面走来的机遇。

李嘉诚的次子李泽楷家中实木装饰的餐厅里挂满了镜框，上面镶嵌着李泽楷与一些政界要人的合影，其中有新加坡总理李光耀以及英国前首相撒切尔夫人等。结交上层人士广植人脉，是李泽楷能够在商界游刃有余的坚实基础。

1999年3月，李泽楷凭父亲李嘉诚与他个人的人脉资源，使香港特区政府确立了建设"数码港"的项目，并将其交由盈科集团投资独家兴建。李泽楷则再次利用丰富的人脉资源，收购了上市公司得信佳，并将自己的盈科集团改名为"盈科数码动力"。盈科的收购行动及数码港概念的刺激，使其股市市值由40亿元变成了600亿元，成为香港第11大上市公司，李泽楷一天赚了500多亿元。

2003年1月，李泽楷出席了在瑞士达沃斯举办的世界经济论坛，并与微软的比尔·盖茨、索尼的董事长兼首席执行官出井伸之这些杰出的企业家在一起讨论。这使得李泽楷的个人形象在商界更具有影响力，同时也为李泽楷在商界赚得更多财富，培植了广博的人脉。

一个人的力量往往是十分有限的，许多问题往往不是一个人能够独自解决的。当问题因无法解决而陷入僵局时，你就必须请教能为你指点迷津的人，请求他们帮助你，给你建议，以便顺利解决问题。

美国石油大亨洛克菲勒在总结自己的成功经验时曾经表示：与太阳下所有能力相比，我更关注与人交往的能力。正是洛克菲勒的这种超卓的人脉沟通能力成就了他辉煌的事业。

当今社会人与人之间的联系与交往更加密切，需解决的问题越来越复杂，只凭个人的能力是办不了大事的，这就要求人与人之间的合作，而这种合作的强弱往往又决定了你能办成多大事，能成就多大的事业。

很多人都读过《西游记》，对孙悟空了解颇多。孙悟空就是一个社交能力强，而且善于找人帮忙的典范。每当他遇到不能战胜的妖怪时，他的第一反应就是去寻找具有高超法力的"相关人士"。孙大圣的关系网简直就是天罗地网，上至天庭，下达地府，西有如来，东有龙王。所以再厉害的妖怪，孙大圣也有法子找到高人来对付。他护送唐三藏西天取经，一路上斩妖除魔，最后到达西天，修成正果。

每一个人获得成功机遇的多少与其交际能力和交际活动范围的大小几乎是成正比的。因此，我们应把营造好人脉与捕捉成功机遇联系起来，充分发挥自己的交际能力，不断扩大自己的人脉网，发现和抓住难得的发展机遇，进而成就非凡事业！

# 第五篇

# 上班族应该知道的管理心理学

# 第十六章

# 管理与心理学

## 管理心理学是个什么东西

心理学家莫利儿曾说过："人是心理的动物，其情绪、价值、思考、意念和抉择莫不被环境、教育和经验所左右。"由于组织的主体是"人"，人们在管理的过程中，对事物的观点不尽相同，对利害的反应也不一致，其心理的变化、情绪的高低，都将会刺激其行为。同时，人与人之间的相处、人与事的调适，也都易受到主观意识的影响，招致许多非常情所能理解、非常理所能衡量的纷扰，故"管理"与"心理"二者之间，是具有一种互动的因果关系存在。

所谓行为，是代表个人肉体与精神上的各种动作。其产生的基本过程，依据行为科学家李威特的说法："一个人的行为产生，总是因先受到某种刺激，才引发某种需要（即行为动机），而产生某种行为。"从需要到达成目的的行为过程中，一般都会伴随着一种心理学上所称的紧张状态。故欲了解一个人的行为，通常都可从他的眼神、脸色或一些心理现象中察觉。事实上，一个人的行为，无一不是一种选择，而每一种选择，也无一不是根据某种价值观念和心理或生理上的需求所做出的。换言之，人的行为是有原因、有动机的，是目标导向的。

传统的管理理论，将职工当作管理的工具，把个人在工作上的种种努力视为当然，并不认为个人的心理因素对管理成败存在影响。事实上，组织既是由"人"所组成的集合体，任何组织不管工作科学化、专业化到何种程度，绝不能把人与机器用同样的方法去处理，因为"人"毕竟是有灵性、意识和心智存在的高等动物。

因此，一个管理者和组织，必须从人性的观点把人当人看，从心理的分析知道其行为的原因，从外部的刺激反应了解他需要满足的层次与内涵，进而多关切、多尊重，借以激发其生命共同体的团队精神，唯有这样，才有可能成为成功的管理者和组织。

管理心理学是把心理学的知识应用于分析、说明、指导管理活动中的个体和群体行为的工业心理学分支。它有助于调动人的积极性，改善组织结构和领导绩效，提高工作生活质量，建立健康文明的人际关系，从而达到提高管理水平和发展生产的目的。

中国古代就有丰富的管理心理学思想。例如，春秋末年军事家孙武在《孙子兵法》一书中就写道："道者，令民与上同意也，故可以与之死，可以与之生，而不畏危。"孙武强调领导与下属之间意愿协调一致的重要性，这在今天看来也是十分重要的管理心理学原则。

中国古代的管理哲学思想充分反映在关于人性的争论上。荀子认为"今人之性，饥而欲饱，寒而欲暖，劳而欲休，此人之情性也"（《荀子·性恶》）。孟子则认为，"人性之善也，犹水之就下也"。中国古代管理心理学思想已经受到管理心理学家的广泛重视，中国的有关古籍也成了一些国家培养管理人员的必读书目。

不过，管理心理学的产生和发展还是与现代化大生产密切相联系的。19世纪末，资本主义得到发展，生产规模日益扩大，对企业的管理也更为复杂，劳动组织和合理安排也提到科学研究的日程。这时出现了科学管理的学院，其代表人物是弗里德里克·泰勒。泰勒着重研究了工人操作合理化的问题，但他把人看成是经济人，忽视了人的社会性。

第一次世界大战对管理心理学的发展起到了促进作用，参战各国都力图利用心理学原则来改进管理，提高生产为战争服务。例如，制定人员选拔和训练的方法，研究最有效的组织形式，调整工人与管理人员的关系等。

战后，工业生产的发展提出了一些新的问题，如人在生产中社会性因素的作用等。以社会心理学家梅奥为首的一批专家进行了霍桑实验，提出了"社会人"的思想。他们认为，单靠物质刺激不能保证调动工人的积极性。良好的人际关系、有利的社会条件与工作效率有更密切的关系。此外，他们还提出了非正式组织在群体中的作用。

第二次世界大战中工程心理学的发展，强调研究人—机关系，同时也提出了解决人—人关系、人—组织关系的问题。战后，许多学者总结了战时的经验，考虑到有必要建立一门研究人的行为的综合科学，认为可以把人与社会、人与生产中的诸因素统一加以考虑。于是1949年在美国芝加哥大学的一次讨论会上，便提出了"行为科学"这一名称。其后美国福特基金会给予了经济上的支持；在许多大学中开展了有关行为科学的研究，并出版了行为科学杂志。

由于行为科学这一名称过于广泛，有人把医学中的行为研究、动物行为研究等也包括在内，不能突出与生产管理有关的工作。所以后来有不少科研机构与专家采用"组织行为学"或"组织心理学"的名称，专指在一定组织内活动的个体和群体行为的研究。在中国则多用"管理心理学"这一名称。

管理心理学主要研究与组织行为有关的人的个体特点，如动机、能力等；人的群体特点，如群体的分类、人与组织的相互作用等；领导行为特点，如领导风格，领导的评估与培训等；组织理论与组织变革，如组织的模型，组织变革与组织开发研究等；工作生活质量研究，着重从改善工作环境，工作丰富化、扩大化方面调动职工的积极性，提高生产率；跨文化管理心理学，比较不同的地区、国家、社会制度、文化背景下管理行为的异同，为国际间的经济交流、合作经营企业提供科学依据。

在研究方法方面，管理心理学并没有一种适用于解决一切问题的通用的方法。它主要以心理学及社会学的研究方法，如观察法、访谈法、问卷法、量表法、个案分析、准实验研究、社会调查、公众意见调查等方法为基础，结合管理实际，根据不同的情况、不同的问题，采用适宜的方法，使问题的解决有客观的科学的根据。

西方国家组织行为学主要应用于人力资源的研究，如利用测验方法选拔职工，或应用"评价中心方法"对领导进行评价；由专家组帮助企业增加自我完善的能力，带动各种组织进行改革；决策理论的应用，如协助大企业对重大项目、经营战略进行审定等。采用决策会议方式，在专家指导下，利用电子计算机及专门的决策软件可以大大加快决策的制定过程并提高决策的质量；工作生活质量研究，如制定更完善的作业班制度、防止事故、减少工作的应激等。

# 为什么提供高薪仍然难以让员工满意

20世纪30年代，正当泰罗的科学管理理论为当时的企业界所广泛接受时，新的管理思想也正在孕育中，这就是行为科学理论。行为科学理论实为人群关系理论，它的产生源于有名的"霍桑实验"。

霍桑实验是心理学史上最出名的事件之一。这一系列在美国芝加哥西部电器公司所属的霍桑工厂进行的心理学研究是由哈佛大学的心理学教授梅奥主持的。

霍桑工厂是一个制造电话交换机的工厂，具有较完善的娱乐设施、医疗制度和养老金制度，但工人们仍愤愤不平，生产成绩很不理想。为找出原因，美国国家研究委员会组织研究小组开展实验研究。

霍桑实验共分四个阶段：

**1. 照明实验**

时间从1924年11月至1927年4月。

当时关于生产效率的理论占统治地位的是劳动医学的观点，认为影响工人生产效率的是疲劳和单调感等，于是当时的实验假设便是"提高照明度有助于减少疲劳，使生产效率提高"。可是经过两年多实验发现，照明度的改变对生产效率并无影响。具体结果是：当实验组照明度增大时，实验组和控制组都增产；当实验组照明度减弱时，两组依然都增产，甚至实验组的照明度减至0.06烛光时，其产量亦无明显下降；直至照明减至如月光一般、实在看不清时，产量才急剧降下来。研究人员面对此结果感到茫然，失去了信心。从1927年起，以梅奥教授为首的一批哈佛大学心理学工作者将实验工作接管下来，继续进行。

2. 福利实验

时间从1927年4月至1929年6月。

实验目的总的来说是查明福利待遇的变换与生产效率的关系。但经过两年多的实验发现，不管福利待遇如何改变（包括工资支付办法的改变、优惠措施的增减、休息时间的增减等），都不影响产量的持续上升，甚至工人自己对生产效率提高的原因也说不清楚。

后经进一步的分析发现，导致生产效率上升的主要原因如下：（1）参加实验的光荣感。实验开始时6名参加实验的女工曾被召进部长办公室谈话，她们认为这是莫大的荣誉。这说明被重视的自豪感对人的积极性有明显的促进作用；（2）成员间良好的相互关系。

3. 访谈实验

研究者在工厂中开始了访谈计划。此计划的最初想法是要工人就管理当局的规划和政策、工头的态度和工作条件等问题作出回答，但这种规定好的访谈计划在进行过程中却大出意料之外，得到意想不到的效果。工人想就工作提纲以外的事情进行交谈，工人认为重要的事情并不是公司或调查者认为意义重大的那些事。访谈者了解到这一点，及时把访谈计划改为事先不规定内容，每次访谈的平均时间从30分钟延长到1~1.5个小时，多听少说，详细记录工人的不满和意见。访谈计划持续了两年多，产量大幅提高。

工人们长期以来对工厂的各项管理制度和方法存在许多不满，无处发泄，访谈计划的实行恰恰为他们提供了发泄机会。发泄过后心情舒畅，士气提高，从而使产量得到提高。

4. 群体实验

梅奥等人在这个实验中选择14名男工在单独的房间里从事绕线、焊接和检验工作，对这个班组实行特殊的工人计件工资制度。实验者原来设想，实行这套奖励办法会使工人更加努力工作，以便得到更多的报酬。但观察的结果发现，产量只保持在中等水平上，每个工人的日产量平均都差不多，而且工人并不如实地报告产量。

深入的调查发现，这个班组为了维护他们群体的利益，自发地形成了一些规范。他们约定，谁也不能干的太多，突出自己；谁也不能干的太少，影响全组的产量，并且约法三章，不准向管理当局告密，如有人违反这些规定，轻则挖苦谩骂，重则拳打脚踢。进一步调查发现，工人们之所以维持中等水平的产量，是担心产量提高，管理当局会改变现行奖励制度，或裁减人员，使部分工人失业，或者会使干得慢的伙伴受到惩罚。这一实验表明，为了维护班组内部的团结，可以放弃物质利益的引诱。研究者由此提出"非正式群体"的概念，认为在正式的组织中存在着自发形成的非正式群体，这种群体有自己的特殊的行为规范，对人的行为起着调节和控制作用。同时，加强了内部的协作关系。

根据上述实验，梅奥得出了如下实验结果：

(1) 离开感情就不能理解职工的意见和不满；

(2) 感情容易伪装；

(3) 只有对照职工的个人情况和车间环境才能理解职工的感情；

(4) 解决职工不满的问题有助于生产效率的提高。车间里除了按照公司编制建立的正式组织外，还存在着因某种原因而形成的非正式组织，这些非正式组织有时会严重影响工作效率的发挥。

1933年，梅奥发表了《工业文明中的人》一书，提出了以下见解：

(1) 以前的管理理论把人假设为"经济人"，认为金钱是刺激积极性的唯一动力；霍桑实验证明人是"社会人"，是复杂的社会关系的成员，因此，要调动工人的生产积极性，还必须从社会和心理两方面去努力。

(2) 以前的管理理论认为生产效率主要受工作方法和工作条件的制约，霍桑实验证实了工作效率主要取决于职工的积极性，取决于职工的家庭和社会生活及组织中人与人的关系。

(3) 以前的管理理论只注意组织机构、职权划分、规章制度等，霍桑实验发现除了正式组织外还存在着非正式团体，这种无形组织有它的特殊情感和倾向，左右着成员的行为，对生产效率的提高有举足轻重的作用。

(4) 以前的管理理论把物质刺激作为唯一的激励手段，而霍桑实验发现工人所要满足的需要中，金钱只是其中的一部分，大部分的需要是感情上的慰藉、安全感、和谐、归属感。因此，新型的领导者应能提高职工的满足感，善于倾听职工的意见，使正式团体的经济需要与非正式团体的社会需要取得平衡。

(5) 以前的管理理论对工人的思想感情漠不关心，管理人员单凭自己个人的复杂性和嗜好进行工作，而霍桑实验证明，管理人员，尤其是基层管理人员应像霍桑实验人员那样重视人际关系，设身处地地关心下属，通过积极的意见交流，实现感情的上下沟通。

霍桑实验及梅奥的相关见解解释了这样一个问题——为什么提供高薪仍然难以让员工满意——因为物质回报不是员工从工作中唯一的追求之物，除了物质回报外，员工还希望从工作中获得满意的人际关系和情感的慰藉。单纯提供高物质回报，自然难以实现员工百分之百的满意度。

# 马斯洛需求层次：为什么我们难以处于满足完成时的状态

心理学家马斯洛指出，人类的基本需求可以分为生理需求、安全需求、归属和爱的需求、尊重需求、自我实现需求。这五种基本需求是每一个人都具有的，不同的是，不同的人需要满足的需求层次的顺序可能有所不同；基本需求的表现形式在不同的文化环境下，也有可能不同，甚至有可能完全相反。此外，需要注意的是，一个人并不是等到自己的一种需求完全满足以后才想起其他需求，他的不同基本需求往往只是得到部分的满足，然后就开始转移到其他需求。

人的五种基本需求按照从低到高的顺序排列为：

### 1. 最基本的生理的需求

食物、饮水、睡眠和氧气中的任一种的极度缺乏都会改变一个人。如果一个人极度干渴，那么，除了水之外，他对其他任何东西都会毫无兴趣，他的一切感官将会只为水而生存；他梦见的是水，看到的是水，感觉到的是水，只对水发生感情，只为水而活。如果这种情况长期存在，那么，这会从肉体上到精神上整个地改变一个人的行为。

你可以这样想象一下：你被困在一个山洞里，山洞里有渗下的泉水，而且你有足够的干粮，这种情况持续了一个星期，你活得还比较滋润。但是突然有一天，你的泉水减少到了平时的1/4，你焦躁不安，对处境感到绝望，这种情况持续了一个月。又突然有一天，你发现泉水完全断绝了，你没有办法，开始干渴地舔舐每一点洞壁上剩下的水痕，终于连水痕也找不到了。开始你可能试着去挖掘水源，过了两天以后，你受不了了，你只能够躺在那里保持水分。你太干渴了，熬不住睡着了。这时我们走进你的梦里，发现你处在一个满是水的世界。在水中你又是欢呼又是狂饮。对于此时的你而言，乌托邦就是一个充满水的地方，生活的意义对你而言就是饮水，其他什么自由、爱、尊重乃至哲学、艺术则通通地不被考虑。当然这种情况较为极端，在生活中是很少见的。在我们通常所接触到的实际生活中，"我渴了"

的意义仅仅是说一个人所感受到的口渴,他所遭遇的只是短暂的口渴,这与长期持久的极度口渴有本质的区别。

同样,如果一个人的食物、住所、睡眠等的缺乏达到了一定的程度,他的行为也会发生相似的变化。一旦一个人的生理需求得到了满足,他吃饱喝足,衣食无忧,那么又会产生什么需求呢?

### 2. 对安全的需求

一个人如果生理需求得到了相对充分的满足,那么,他就会产生新的需求——安全需求,这具体包括安全、稳定、依赖、免受恐吓及焦躁与混乱的折磨,对体制、法律、秩序、界限的依赖,等等。

我们不妨试着观察儿童,这可以加深对安全需求的理解,因为,相对成人而言,儿童身上人为的抑制情感的现象较少,而成年人为了达到一定目的,会装模作样地对缺少安全感表现得镇定自若、不动声色。一个普通的孩子面临一个崭新的、陌生的、奇特的、难以对付的刺激或情况,常常会引起恐惧的反应。例如从父母身边走失、短时间内与父母的分离、陌生的面孔、奇特而不熟悉的物体等,此时,孩子会发疯地依赖于他们的父母以求得安全与保护。孩子需要一种安稳的程序和节奏,一个可以预见的有秩序的世界。对于一个孩子来说,他的生存环境便是父亲的呵护、母亲的怀抱。一个在父母整天吵架谩骂的环境中长大的孩子,安全需求是得不到满足的。

在现代成年人的生活中,对安全需求享有很大程度的满足。

生活在当前社会的现代人很少再会受到野兽、动乱、暴政等的威胁。如果要清楚有效地观察此类需求的存在,我们需要把目光转向那些神经质的人、经济社会中的穷困潦倒之辈,或转向一个动荡骚乱的社会。

有一种常见情况有助于我们了解到底什么是安全与稳定的需求,这就是对于日常事物的偏爱,偏爱熟悉的事物,而非不熟悉的事物;偏爱已知的事物,而非未知的事物;偏爱已有的行动规律与秩序,而非无规则的变化。人们内心的这种对安全与稳定的需求从而导致的对日常事物的偏爱,在组织管理中的表现就是抵制任何变革和创新,希望维持原状,直到现状实在无法维持时才会被迫做一些改变。

### 3. 归属和爱的需求

生理需求和安全需求满足以后,归属和爱的需求便凸现了出来。在这个时候,个人会强烈地感到缺乏朋友,缺少一个爱人。他会渴望与人们有一种感情深厚的关系,渴望在团体和家庭中有自己的位置,他渴望归属感和爱与被爱的感觉,完全忘掉了他饥饿的时候是怎样把爱情看成一座不现实的海市蜃楼。此时,归属和爱的需求控制了他,他感到了孤独,感到了遭受抛弃,抬头四顾,举目无亲,他感到深深的痛苦。

关于归属感，我们可以从各种各样的途径理解它。这个需求导致的现象很常见，现代工业化社会引起的频繁流动、传统团体的瓦解、家庭分崩离析的不断增多、持续不断的都市化以及由此导致的乡村式亲密的消失、现代社会中肤浅的友谊都加剧了人们对于归属感的渴望。人们希望能够真正地团结起来，共同地应对外来危险，共同地面对同一件事情。他们会在别人对自己的协助中获得满足。所以战争中士兵们的战友关系会形成以后终生亲密的友谊。

关于爱的需求，在这里要做一点区分，那就是爱与性是截然不同的两回事。性是可以作为一种纯粹的生理需求来进行研究的，是最低层次的动物性的、生理性的需求，性的需求未必会导致爱的需求，而爱的需求则可导致性的需求。爱不仅仅包括给予别人爱，也包括接受别人的爱。一个人只有曾经接受过足够的爱，起码是在幼年时期享受到足够的爱抚，他才会对别人具有爱心，才会对整个世界抱有一种积极的看法。

### 4. 自尊和受人尊重的需求

我们都知道，除了少许病态的人，社会上绝大多数人都渴望受到尊重，包括外界对自己的尊重和自己对自己的尊重，相对来说，自己对自己的尊重要更重要一些。自己对自己的尊重即是自尊，自尊需求的满足是指由于实力、成就、优势、用途等自身内在因素而形成的个人面对世界时的自信、独立。外界对自己的尊重需求的满足，则是地位、声望、荣誉、威信等外界较高评价的获得。自尊需求的满足可以获得一种自信的情感，使我们觉得自己在世上有价值，自己是必不可少的，自己在世上也是能够发挥自己的一技之长，能为别人所需要。而一旦此类需求受挫，我们就会产生自卑、无能的感觉，认为自己一无是处，除非经过相当的努力，否则我们会因为自我形象的渺小而愈发地做事失败，然后会导致更加自卑，没有自信的人是很难成事的。

自尊建立的基础也有所不同，有基于他人看法的自尊和基于真实能力的自尊。最稳定与健康的自尊应当是建立在真正的能力与胜任之上，依靠外在的名望、别人奉承而获得尊重很有可能像肥皂泡一样不堪一击。

即使是在自尊内部，我们也可以作出进一步的划分：一种是基于单纯的意志力量、决心和责任感而取得的实际胜任与尊重，从而形成理想化的自我。另一种是凭借人的内在天性与素质，非常自然而轻松地取得的成就。

### 5. 自我实现的需求

"自我实现"，也就是一个人使自己的潜力发挥的倾向，成为自己所能够成为的那种最独特的个体，使自己成为自己想成为的那种人。一个人在其他基本需求都得到满足以后，自我实现的需求便开始突出。这时候他会很乐意去工作，对他而言，这时候的工作不是生活所迫，不是为了金钱，也不是为了获取荣誉，而是一种兴趣。这时候他确确实实是以工作为乐，而不是以工作为负担。

即便一个人的生理需求、安全需求、爱的需求、尊重需求都得到了满足，他还是会产生新的匮乏与不安。为什么呢？他必须做他真正喜欢做的事。一位作曲家必须作曲，画家必须画画，学者必须搞研究，甚至老农民必须每天到田间地头转一圈。否则他就会躁动不安，难以宁静。一个健康的人天性中能成为什么，他就必须成为什么，他必须忠实于他自己的生物本性。这就是我们所说的自我实现的需求。这一观点看起来似乎有点浪漫与不切实际，但毋庸置疑，每一个成熟的人，每一个其他需要都得到满足的人，都曾经思考过这个问题：我究竟适合于做什么？

"自我实现"，也就是一个人使自己的潜力发挥的倾向，成为自己所能够成为的那种最独特的个体，使自己成为自己想成为的那种人。不同的个体满足这一需求所采取的途径方式大不相同，有的人会想成为一位体育健将，有的人想当诗人，有的人想当官，有的人想在工商界一展才华，等等。在这一需求上，个人的独特性表现得淋漓尽致。

自我实现需求的明显出现，通常要依赖于生理需求、安全需求、归属与爱的需求、自尊与受人尊重需求的满足。

根据以上的见解，我们可能会以为：五种需求仿佛排成一个梯子，只有一种需求得到百分之百的满足，另一种需求才会出现。而实际上，我们现实社会中的绝大多数人在一般情况下，所有的基本需求仅仅是部分得到满足，部分却得不到满足。有心理学家曾以数字形式作了一个估计：普通人在生理需求上大约能满足80%，在安全需求上满足70%，在爱的需求上满足50%，在尊重的需求上满足40%，在自我实现的需求上则满足10%。

低级需求满足后，高级需求的出现并不是跳跃的、突然的，它实质上是缓慢地从无到有、逐步发生的，这也就是说，我们永远处于满足进行时的状态，而难以处于满足完成时的状态。

# 双因素理论：我们努力工作的真正驱动力是什么

美国行为科学家弗雷德里克·赫茨伯格认为人与工作的关系是管理中的一个基本问题，人对工作的态度很大程度上决定任务的成败！为此，他调查了"人们希望从工作中得到什么"。通过在匹兹堡地区11个工商业机构对200多位工程师、会计师调查征询，赫兹伯格发现，受访人员列出的不满的项目，大都同他们的工作环境有关,而感到满意的因素,则一般都与工作本身有关。据此,他提出了双因素理论,全名为"激励、保健因素理论"。

传统理论认为,满意的对立面是不满意。而据双因素理论,满意的对立面是没有满意,不满意的对立面是没有不满意。因此,影响员工工作积极性的因素可分为两类:保健因素和激励因素。这两种因素是彼此独立的并且以不同的方式影响人们的工作行为。

所谓保健因素,就是那些造成员工不满的因素,它们的改善能够解除员工的不满,但不能使员工感到满意并激发起员工的积极性。它们主要有企业的政策、行政管理、工资发放、劳动保护、工作监督以及各种人事关系的处理等。由于它们只带有预防性,只起维持工作现状的作用,因此,也被称为"维持因素"。

所谓激励因素,就是那些使员工感到满意的因素,唯有它们的改善才能让员工感到满意,给员工以较高的激励,调动积极性,提高劳动生产效率。它们主要有工作表现机会、工作本身的乐趣、工作上的成就感、对未来发展的期望、职务上的责任感,等等。

双因素理论与马斯洛的需求层次理论是相吻合的,马斯洛理论中低层次的需求相当于保健因素,而高层次的需求与激励因素相类似。

根据双因素理论的观点,我们可以洞悉出,促使我们努力工作的真正驱动力是什么了。

加薪、修建福利设施、改善工作环境等,虽然对于职场人士有一定的激励作用,但是这些措施所起的激励作用持续的时间是短暂的,难以使上班族萌发出较高的工作动机。而激励因素则不然,它属于调动上班族积极性、主动性、创造性、提高其责任感的最重要最基本的内在因素。一般而言,赋予较大的工作权限、工作丰富多样化、分派重要的工作等可以发挥较强的激励作用。

# 强化理论:企业为什么要评选优秀员工

强化理论是美国的心理学家和行为科学家斯金纳、赫西、布兰查德等人提出的一种理论,也称为行为修正理论或行为矫正理论。强化理论的主要观点是,人们习得从事某个行为是因为该行为伴随着某种愉快的事情,人们习得避免某个行为是因为该行为伴随着某种不愉快的后果。

最早提出强化概念的是俄国著名的生理学家巴甫洛夫,在巴甫洛夫经典条件反射中,强化指伴随于条件刺激物之后的无条件刺激的呈现,是一个行为前的、自然的、被动的、特定的过程。而在斯金纳的操作条件反射中,强化是一种人为操纵,是指伴随于行为之后以有助于该行为重复出现而进行的奖罚过程。巴甫洛夫等的实验对象的行为是刺激引起的反应，称为"应答性反应（respondents）"；而斯金纳的实验对象的行为是有机体自主发出的，称为"操作性反应"。经典条件作用只能用来解释基于应答性行为的学习，斯金纳把这类学习称为"S（刺激）类条件作用"；另一种学习模式，即操作性或工具性条件作用的模式，则可用来解释基于操作性行为的学习，他称为"R（强化）类条件作用"，并称为"S-R"心理学理论。

斯金纳所倡导的强化理论是以学习的强化原则为基础的关于理解和修正人的行为的一种学说。所谓强化，从其最基本的形式来讲，指的是对一种行为的肯定或否定的后果（报酬或惩罚），它至少在一定程度上会决定这种行为在今后是否会重复发生。斯金纳特别区分了两种强化类型：正强化（positive reinforcement，又称积极强化）和负强化（negative reinforcement，又称消极强化）。当在环境中增加某种刺激，有机体反应概率增加，这种刺激就是正强化。例如，当饥饿的白鼠按动开关时给予食物，食物便是正强化物。当某种刺激在有机体环境中消失时，反应概率增加，这种刺激便是负强化，是有机体力图避开的那种刺激。例如，当处于电击状态下的白鼠按动开关时停止电击，停止电击就是负强化。

企业经常采取或惩罚或奖励的方式来激励员工，这种手法便是强化理论在企业管理实践中的运用。比如，一个员工主动向上级提出了一个改进工作效率的合理化建议，并且公司采取这个建议后确实降低了企业的运营成本，于是上级当着其他的员工面表扬了这位员工，并对他进行了物质奖励，这种行为必然会鼓励这位员工继续创想更完美的点子，如果领导所实施的奖励行为促使这位员工更加积极地参与公司事务，那么说明奖励作为有效绩效的强化因子发挥了作用。上述奖励的例子为正强化，惩罚便是负强化，比如一个员工每次迟到时，都会遭到上级主管的责问，甚至对其实施金钱惩罚，惩罚是一种不愉快的经历，为了避免这种不愉快经历的再次发生，员工一般会争取不再迟到，此时，惩罚便起了负强化的作用，使员工不符合组织要求的行为得到了修正。

很多企业在年终的时候都会评选优秀员工，为胜出者提供相关奖励（如物质奖励、精神奖励等），并广而告之评选结果，号召全体员工向优秀员工看齐，可以看出，企业的这一管理行为便包含着强化理论的精髓。

## 德西效应：你为什么沦为薪水的奴隶

一位犹太老人退休后生活在位于乡村的住所里，每天下午，一群小孩就跑到老人的住所外面，大声喊着："犹太佬！犹太佬！"接连几天后，老人走出了自己的住所，对孩子们说："我一个人住在这里很寂寞，幸亏有你们在这里，为了奖励你们，今天我付给你们每人50分，如果以后你们每天都来叫喊几声，我就继续每人付给你们50分。"孩子们拿着钱很高兴地答应了。

一周以后，老人和这群孩子商量："政府给我的退休金并不多，我现在没钱付给你们了，你们能答应我每天还在我的住所外叫喊吗？"岂料，那些顽皮的孩子不满地说："哼，不给钱，还想听我们叫喊，想得美！"

从此以后，孩子们再也不到老人住所外面喊叫了。

老人尚未奖励孩子们之前，孩子们之所以喊叫，是因为他们觉得这很有趣，这种恶作剧让他们感到了快乐，但是当老人奖励孩子们后，孩子们便不是为了获得欢乐而喊叫，而是为了获得奖励而报酬，从而不自觉沦为金钱奖励的奴隶。试想一下，职场中不也有很多上班族正像那些孩子们一样吗？

当这些上班族最开始工作的时候，他们心中秉承着一种理想，他们努力工作或者是为了实现自己的价值，或者是为了从中获取快乐，或者两者兼而有之，然而，天长日久，随着进入职场的时间越来越长，由于企业常常将薪酬、奖金及一系列评比活动作为激励员工的手段，这些上班族开始逐渐为钱在工作，如果企业提供的物质回报达不到他们的心理预期，他们便消极怠工，产出一些劣质的工作成果。

对于类似这种现象，心理学家德西进行了系统的研究。1971年，德西做了一个关于奖励的实验。他选择一些大学生为被试，让他们在实验室里解有趣的智力难题。实验分为三个阶段：第一阶段，所有的被试都没有奖励；第二阶段，将被试分为两组，实验组的被试完成一个难题可得到1美元的报酬，而控制组的被试没有任何报酬；第三阶段，被试可以选择在原地自由活动，也可以选择继续解题。结果，受到奖励的实验组的人员在第二阶段十分努力，第三阶段则很少有人愿意继续解题，这表明兴趣与努力的程度在减弱，而没有奖励的控制组在第三阶段仍然愿意花更多的休息时间继续解题，表明兴趣与努力的程度在增强。

德西通过实验得出了一项结论：在某些情况下，如果人们可同时获得内在报酬和外在报酬，不但不会增强工作动机，反而会降低工作动机——这便是"德西效应"。德西效应表明，进行一项愉快的活动，如果外部提供物质奖励的话，反而会减少活动对参与者的吸引力。

德西效应是一种客观存在，身处职场的你，此时不妨沉思自省一下，看看是不是自己身上也正在发生着"德西效应"，不妨权衡一下，权衡一下自己是否在德西效应的操纵下，已经或者正在失去那些最重要的东西……

# 第十七章
# 好上级到底是个什么样

## 南风法则：与人为善好过与人为恶

北风和南风比威力，看谁能把行人身上的大衣脱掉。北风首先来一个寒冷刺骨的冷风，结果行人为了抵御冷风的侵袭，便把大衣裹得紧紧的。南风则徐徐吹动，送去了阵阵暖风，顿时风和日丽，行人因为觉得春暖上身，便解开纽扣，继而脱掉大衣。比赛的结果是，南风获得了胜利。

上述寓言故事便是"南风法则"的由来，这是法国作家拉·封丹写的一则寓言，它的寓意是："温暖胜于严寒"。南风法则要求上级主管要尊重和关心下属，时刻以人为本，多点"人情味"，多注意解决下属日常生活中的实际困难，使下属真正感受到上级主管给予的温暖。这样，下属出于感激就会更加努力积极地为企业工作，维护企业利益。

在使用南风法则上，日本企业的做法最引人关注。在日本，几乎所有的公司都很注重人情味和感情的投入，给予员工家庭般的情感抚慰。在《日本工业的秘密》一书中，作者总结日本企业高效益的原因时指出，日本的企业仿佛就是一个大家庭，是一个娱乐场所。这也正是日本企业所追求的境界。

日本著名企业家岛川三部曾自豪地说："我经营管理的最大本领就是把工作家庭化和娱乐化。"索尼公司董事长盛田昭夫也说："一个日本公司最主要的使命，是培养它同雇员之间的关系，在公司创造一种家庭式情感，即经理人员和所有雇员同甘苦、共命运的情感。"

日本企业内部管理制度非常严格，但日本企业家深谙刚柔相济的道理。他们在严格执行管理制度的同时，又最大限度地尊重员工、善待员工、关心体贴员工的生活。如记住员工的生日，关心他们的婚丧嫁娶，促进他们成长和人格完善。这种抚慰不仅针对员工本人，有时还惠及员工的家属，使家属也感受到企业这个大家庭的温暖。此外,日本大企业普遍实行内部福利制,让员工享受尽可能多的福利和服务,使其感受到企业对家庭所给予的温情和照顾。在日本员工看来,企业不仅是靠劳动领取工资的场所,还是满足自己各种需要的温暖大家庭。企业和员工结成的不仅仅是利益共同体,还是情感共同体。正是通过这种方式,大多数日本公司的员工都保持了对公司的高度忠诚。

在诸多的日本公司中,松下公司的做法极富典型性。

与其他日本公司一样,松下尊重员工,处处考虑员工利益,还给予员工工作的欢乐和精神上的安全感,与员工同甘共苦。1930年初,世界经济不景气,日本经济大混乱,绝大多数厂家都裁员、降低工资、减产自保,百姓失业严重,生活毫无保障。松下公司也受到了极大伤害,销售额锐减,商品积压如山,资金周转不灵。有的管理人员提出要裁员,缩小业务规模。这时,因病在家休养的松下幸之助并没有这样做,而是毅然决定采取与其他厂家完全不同的做法:工人一个不减,生产实行半日制,工资按全天支付。与此同时,他要求全体员工利用闲暇时间去推销库存商品。松下公司的这一做法获得了全体员工的一致拥护,大家千方百计地推销商品,只用了不到3个月的时间就把积压商品销售一空,使松下公司顺利渡过了难关。在松下的经营史上,曾有几次危机,但松下幸之助在困难中依然坚守信念、不忘民众的经营理念,使公司的凝聚力和抵御困难的能力大大增强,每次危机都在全体员工的奋力拼搏、共同努力下安全度过,松下幸之助也赢得了员工们的一致称颂。

松下以员工为企业之本的做法在获得了员工们大力欢迎的同时,也为松下公司培养起了一个无坚不摧的团队。二战结束以后的很长一段时间内,松下公司都十分困难。而在这种情况下,占领军出台了要惩罚为战争出过力的财阀的政令,松下幸之助也被列入了受打击的财阀名单。眼看松下就要被消灭了,这时,意想不到的局面出现了:松下电器公司的工会以及代理店联合组织起来,掀起了解除松下财阀指定的请愿活动,参加人数多达几万。在当时的日本,许多被指定为财阀的企业基本上都是被工会接管和占领了,工会起来维护企业的事还是头一遭。面对游行队伍,占领军当局不得不重新考虑对松下的处理。到第二年5月,占领当局解除了对松下财阀的指定,从而使松下摆脱了一场厄运。正是因为松下幸之助始终贯彻以人为本、尊重员工、爱护员工的企业经营理念,才保证了自己的绝处逢生。

# 印加效应:大权独揽是好上级的硬伤

近代历史中,南美洲的印加帝国的政治、经济、生活都处于统治者高度而严格的统治下,即使有关小事的决策也需要得到最高当局的裁定。一天,西班牙征服者皮萨罗带领一支168人分遣队突袭印加，印加帝国虽然拥有20万的军队，但由于只有得到最高层的请示才可出兵，军队束手待毙、空等指示，结果导致印加帝国不战而败。管理学家将印加帝国的灭亡称为"印加效应"——高成本的管理方式需要高度集权和绝对统治，一旦这个前提发生了改变，就会患上一种集体失能症，给组织带来无法预期的影响。

有的上级追求对于下属各项工作的绝对驾驭，喜欢大权独揽，组织内的任何事情都要保证自己的裁决权，完全剥夺了下属自我决策的机会。且不说这种高度集权的管理方式大大降低了员工的热情，难以使人力资源转化为部门乃至企业的绩效，它最大的弊端还在于：面对变幻莫测的环境态势和层出不穷的新情况，等级森严的官僚式管理方式还常常导致决策滞后，使组织失去了迅速反应的能力，从而影响了组织的正常运行。

"倒金字塔管理法"则不然，它强调放权的重要性，让身处现场的一线员工自己决定如何处理问题。20世纪70年代末，在石油危机的冲击下，航空公司业务严重萎缩，瑞典的北欧航空公司每年亏损达2 000万美元，公司挣扎在倒闭的边缘。此时，北欧航空公司的总裁任命年轻的杨·卡尔松为公司的总裁，希望他能带领公司走出阴霾。卡尔松到任伊始，公司生意凋零，员工人心惶惶，卡尔松经过三个月的侦查后，决定大力革新，在公司内部实行一种新的管理方式，他将其称为"Pyramid Upside Down"，即倒金字塔管理法。

传统的管理架构一般为正金字塔式，总经理高高地居于最高层，中层管理者夹在中间层，一线的工作人员分布在金字塔的底端，担任着执行者的角色。在倒金字塔管理法中，卡尔松将这个结构翻转了过来，一线工作人员被视为现场的决策者站在塔尖上，总经理则居于塔底，监督着政策的执行。卡尔松之所以逆传统而行之，来自于如下的思维认知：

（1）人人都想知道并感觉到他是别人需要的人。

（2）人人都希望被作为个体来对待。

（3）给予一些人以承担责任的自由，可以释放出隐藏在他们体内的能量。

（4）任何不了解情况的人是不能承担责任的；反之，任何了解情况的人是不能回避责任的。

实行倒金字塔管理方法后，卡尔松充分给予一线员工现场决策权，让他们感觉到自己可以对分内负责的事情作出决定，即使不向上级请示，自己也能够处理妥善。在这种层级结构中，卡尔松使自己成为政策的监督者，负责对任务执行情况的监督与推进，保障着公司总目标实现的进度。

作为北欧航空公司的乘客，一位叫做佩提的美国商人曾享受过"倒金字塔管理法"带来的益处。佩提准备乘坐飞机从斯德哥尔摩到巴黎参加地区会议,然而他到达机场的时候才发现把机票落在了酒店,此时佩提根本来不及去酒店取回机票,他显得忧心忡忡。这时,北欧航空公司的员工主动为佩提提供帮助,当她得知佩提所住的酒店名称和房间号码后,给了佩提一张纸条就让他先办理了登机手续。随后,这位员工拨打了酒店电话,请求酒店员工把佩提遗落的机票送到机场,由此产生的费用由北欧航空公司支付。就这样,一个挠头的问题得到了妥善的处理。

从本质来看,管理是一种让下属好好干活的艺术,真正的好上级游离于组织之外,监督着下属的工作,如果一个上级总是事必躬亲,除了让自己忙得一塌糊涂外,还浪费了组织内可贵的人力资源,属于一种名副其实的吃力不讨好的做法。

## 蓝斯登原则:出来混,迟早是要还的

一只狐狸不慎掉进井里,怎么也爬不上来。口渴的山羊路过井边,看见了狐狸,就问它井水好不好喝。狐狸眼珠一转说:"井水非常甜美,你不如下来和我分享。"山羊信以为真,跳了下去,结果被呛了一鼻子水。它虽然感到不妙,但不得不和狐狸一起想办法摆脱目前的困境。

狐狸不动声色地建议说:"你把前脚扒在井壁上,再把头挺直,我先跳上你的后背。踩着羊角爬到井外,再把你拉上来。这样我们就都得救了。"山羊同意了。但是,当狐狸踩着它的后背跳出井外后,马上一溜烟跑了。临走前它对山羊说:"在没看清出口之前,别盲目地跳下去!"

狐狸逃生后,一定对自己所实施的骗局颇为自得,可是试想一下,当狐狸再次遇难时,遇难后恰好再次邂逅了山羊,山羊是否还会依然如故地信任狐狸呢?当然不会——除非山羊是个严重的失忆症患者——因为一旦某个人的人格品质得到不良认证,就很难再次获得较好的认证了,并不得不为曾经的不良认证埋单。管理心理学中的"蓝斯登原则"正阐述了这一观点。

蓝斯登原则的完整释义为:在你往上爬的时候,一定要保持梯子的整洁,否则你下来时可能会滑倒。这是由美国管理学家蓝斯登提出的一条管理定律。蓝斯登定律与佛家的因果报应如出一辙,启示管理者身处职场时,应该恪守宽容大度的原则,以仁心仁德为处事理念,否则,如果管理者今日频频做出伤害他人利益的举动,很可能日后要为其埋单,付出惨重的代价。

比如,有的管理者身处高位,常常担心长江后浪推前浪,某一天自己会被更优秀的后来者取而代之,因此为了能够长期拥有职权,对于有潜质的新人便采取了压制打击的手段,不但不把重要的工作分配给下属,而且还常常拿着属下的工作成绩到上级面前邀功。然而，"江山代有人才出"是人才发展的必然规律，有潜质的新人不堪压制便转而到其他公司寻求更大的发展空间。由于"三十年河东、三十年河西"的命运常常左右着人世的浮沉，很可能曾经的管理者日后沦为一个求职者与旧下属在职场狭路相逢，此时旧下属对于他的人事任免起着决定性的作用，也可能管理者在企业合作过程中与旧下属不期而遇，此时旧下属以合作企业代表的身份亮相，而此合作伙伴又是旧领导最重要的战略选择。按照因果循环的逻辑，旧领导过往的所作所为自然不利于他今日的得偿所愿。

当一个人身处高位的时候，成为权势人物的倨傲感常常易于使其做出一些不利于他人的事情，尤其当面对下属时，他们喜欢把权势人物的特权发挥得淋漓尽致，动不动就责骂下属，指使下属做一些私人的事情，不为下属提供充分的发展空间等。然而，如果以为操纵着权力便可以不尊重下属的人格，做出一些有违仁义理念的事情，这等于无形间为自己的未来埋下了许多颗不定时炸弹，很可能在今后的职场生涯中，原来的出格的举动要一一得到偿付，使管理者受到出其不意的打击。

对于高明的管理者而言，他们懂得"以德报怨"才是回报更高的处世之道。《史记·秦本纪》记载了这样一个故事：

秦穆公丢失了一匹良马，被生活在岐山之下的三百多个乡里人捉得，并把马吃掉了。官吏抓住这些吃马人，准备严惩。穆公说："君子不因为牲畜而伤害人。我听说吃良马肉不喝酒会伤害人。"于是穆公赐酒请他们喝，并赦免了这些人。

后来，秦国与晋国之间发生战争，秦穆公亲自参战，被晋军所包围，穆公受伤了，面临生命危险。这时岐山之下偷吃良马肉的三百多人，飞驰冲向晋军，"皆推锋争死，以报食马之德"。不仅使穆公得以逃脱，而且还活捉了晋君。

良马已经失去，惩罚吃马人也于事无补，秦穆公放下不快，宽容了吃马的人，最终获得了生命层次的偿报。

高明的管理者便以秦穆公为榜样，常常是得饶人处且饶人，在未来的某一刻，便出其不意地从过去的宽容中获得了不菲的回报。

管理者应该谨记：出来混，迟早是要还的。今日你如何对待你的下属，明日你的下属便会如何对待你，甚至有过之而无不及。

# 特里法则：知错能改，善莫大焉

歌德说过，最大的幸福在于我们的缺点得到纠正和我们的错误得到补救。当问题发生时，应首先寻找解决的方法，而不是找代罪羊。改正错误是走向正确的第一步。如果一味地遮掩、回避，只会使错误越犯越多，带来更多的损失。正视错误，往往会得到错误以外的东西。

下属对上级的评价,往往要看上级是否有责任感,是否勇于承认错误。如果上级有这样的品质,那么不仅会使下属有安全感,而且也会带动下属多反思自己的错误,从而增强下属的责任感。

由此,美国田纳西银行前总经理特里提出:承认错误是一个人最大的力量源泉。这个原则后来就被称为"特里法则"。

吃五谷生百病,人不是神,总有自己的缺点,谁都难免会犯一些错误。当我们犯错误的时候,脑子里往往会出现想隐瞒自己错误的想法,害怕承认之后会很没面子。其实,承认错误并不是什么丢脸的事。反之,在某种意义上,它还是一种具有"英雄色彩"的行为。因为错误承认得越及时,就越容易得到改正和补救。而且,由自己主动认错也比别人提出批评后再认错更能得到别人的谅解。更何况一次错误并不会毁掉你今后的道路,真正会阻碍的,是那不愿承担责任,不愿改正错误的态度。

新墨西哥州阿布库克市的布鲁士·哈威,错误地核准付给一位请病假的员工全薪。在他发现这项错误之后,就告诉这位员工并且解释说必须纠正这项错误,他要在下次薪水支票中减去多付的薪水金额。这位员工说这样做会给他带来严重的财务问题,因此请求分期扣回多领的薪水。但这样哈威必须先获得他上级的核准。"我知道这样做,"哈威说,"一定会使老板大为不满。在我考虑如何以更好的方式来处理这种状况的时候,我了解到这一切的混乱都是我的错误,我必须在老板面前承认。"

于是,哈威找到老板,说了详情并承认了错误。老板听后大发脾气,先是指责人事部门和会计部门的疏忽,后又责怪办公室的另外两个同事,这期间,哈威则反复解释说这是他的错误,不干别人的事。最后老板看着他说:"好吧,这是你的错误。现在把这个问题解决吧。"这项错误改正过来,没有给任何人带来麻烦。自那以后,老板就更加看重哈威了。

勇于承认错误,使哈威获得了老板的信任。其实,一个人有勇气承认自己的错误,也可以使自身在良心层次如释重负下来,并且尽早解决由这项错误所带来的问题。

# 杜利奥定理:失去热忱等于失去生命

没有什么比失去热忱更使人觉得垂垂老矣,这条著名的定理的提出者是美国自然科学家、作家杜利奥。它告诉人们:如果你对未来以及自己的理想失去了热忱,你的生命将难以焕发光彩。

好的管理者的首要标志，就在于他们有热情积极的心态。一个人如果心态积极，乐观地面对人生，乐观地接受挑战和应付麻烦事，那他就成功了一半。

成功学大师拿破仑·希尔曾经讲过这样一个故事：

塞尔玛陪伴丈夫驻扎在一个沙漠的陆军基地里。丈夫奉命到沙漠里去演习，她一个人留在陆军的小铁皮房子里，天气热得受不了——在仙人掌的阴影下也有华氏125度。她没人可以谈天——身边只有墨西哥人和印第安人，而他们不会说英语。她非常难过，于是就写信给父母，说要丢开一切回家去。她父亲的回信只有两行，这两行信却永远留在她心中，完全改变了她的生活：

两个人从牢中的铁窗望出去，一个人看到泥土，另一个却看到了星星。

塞尔玛一再读这封信，觉得非常惭愧。她决定要在沙漠中找到星星。

塞尔玛开始和当地人交朋友，他们的反应使她非常惊奇，她对他们的纺织、陶器表示兴趣，他们就把最喜欢但舍不得卖给观光客人的纺织品和陶器送给了她。塞尔玛研究那些引人入迷的仙人掌和各种沙漠植物，又学习了有关土拨鼠的知识。她观看沙漠日落，还寻找海螺壳，这些海螺壳是几百万年前这沙漠还是海洋时留下来的……原来难以忍受的环境变成了令人兴奋、流连忘返的奇景。

沙漠没有改变，印第安人也没有改变，是什么使塞尔玛发生了这么大的转变呢？是她的心态，是她对生活的一种热情。重燃的生活热情使她把原先认为恶劣的情况变为一生中最有意义的冒险。她为发现新世界而兴奋不已，并为此写了一本书，以《快乐的城堡》为书名出版了。她从自己造的牢房里看出去，终于看到了星星。

"一个人如果缺乏热情，那是不可能有所建树的。"作家拉尔夫·爱默生说，"热情像糨糊一样，可让你在艰难困苦的场合里紧紧地粘在这里，坚持到底。它是在别人说你'不行'时，发自内心的有力声音——'我行'。"麦当劳的老板克罗克的故事很好地说明了这一点。

克罗克一出生，就与一个本来可以发大财的时代擦肩而过——向西部淘金的运动结束了。而正当他准备上大学时，又迎来了1931年的美国经济大萧条。他不得不屈从于囊中羞涩的现实，辍学去搞房地产。可房地产生意刚有起色，第二次世界大战又打起来了。人们都只顾逃命，哪有心思买房？于是房价急转直下，克罗克又是竹篮打水一场空。这以后，他到处求职，曾做过急救车司机、钢琴演奏员和搅拌器推销员。但似乎一切都不顺，不顺几乎就没离开过克罗克。

尽管如此，克罗克仍是热情不减，执著追求，毫不气馁。1955年，在外面闯荡了半辈子的他空手回到了老家。在卖掉了家里的一份小产业后，克罗克开始做生意。这时，他发现迪克·麦当劳和迈克·麦当劳开办的汽车餐厅生意十分红火。经过一段时间的观察，他确认这种行业很有发展前途。当时克罗克已经52岁了，对于多数人来说这正是准备退休的年龄，可这位门外汉却决心从头做起，到这家餐厅打工，学做汉堡包。后来，他毫不犹豫地借债270万美元买下了麦氏兄弟的餐厅。经过几十年的苦心经营，麦当劳现在已经成为全球最大的以汉堡包为主食的快餐公司，在国内外拥有7万多家连锁分店，年销售额高达近200亿美元——享誉世界的"汉堡包王"就这样崛起了。

## 刺猬法则：距离不是越近越好

一些生物学家做了这样一个实验：把十几只刺猬放到户外的空地上。这些刺猬被冻得浑身发抖，为了取暖，他们只好紧紧地靠在一起，而相互靠拢后，又因为忍受不了彼此身上的长刺，很快就又各自分开了。可天气实在太冷了，为了取暖，他们又靠在了一起。然而，过了一段时间后，靠在一起时的刺痛又使他们再度分开。挨得太近，身上会被刺痛；离得太远，又冻得难受。就这样反反复复地分了又聚，聚了又分，不断地在受冻与挨刺之间挣扎。最后，刺猬们终于找到了一个适中的距离，既可以相互取暖，又不至于被对方刺伤。这就是管理学中所说的"刺猬法则"，它强调了人际交往中的"心理距离效应"。运用到管理实践中，就是说上级如想高效地完成团队工作任务，与下属保持亲密关系是必要的，但是这种关系应该是"亲密有间"的，属于一种不远不近的恰当合作关系。

法国总统戴高乐便是"刺猬法则"的执行者，在他任职总统十多年的岁月中，他的秘书处、办公厅和私人参谋部以及相关智囊机构的就职者，没有谁的工作年限能超过两年以上。他对新上任的办公厅主任总是这样说："我使用你两年，正如人们不能以参谋部的工作作为自己的职业，你也不能以办公厅主任作为自己的职业。"这就是戴高乐的规定。这一规定出于两方面原因：一是在他看来，调动是正常的，而固定是不正常的；二是他不想让"这些人"变成他"离不开的人"。戴高乐的工作理念表明他是靠独立思考和自我决断而处世的领袖，他不允许身边有永远离不开的人。只有调动，才能保持一定距离，而唯有保持一定的距离，才能保证顾问和参谋的思维和决断具有新鲜感并充满朝气，也就可以杜绝年长日久的顾问和参谋们利用总统和政府的名义营私舞弊。

通用电气公司的前总裁斯通在工作中也很注意身体力行"刺猬法则"，尤其在对待中高层管理者上更是如此。在工作场合，斯通从不吝啬对下属们的关爱，但在工余时间，他从不邀请下属到家做客，也从不接受他们的邀请。与员工保持一定的距离，既不会使你高高在上，成为脱离大众的信息孤岛，也不会使员工混淆了彼此的身份。这是管理的一种最佳状态。距离的保持靠一定的原则来维持，这种原则对

所有人都一视同仁：既可以约束上级，也可以约束员工。

# 出丑效应：增加管理者魅力

在管理者的意识里，往往奉行这样一个法则：绝对的完美才能够在下属面前建立绝对的权威，才能够保障绝对的服从。然而，"出丑效应"却颠覆了这一逻辑常识，"出丑效应"认为才能平庸的人固然不会受到他人的倾慕，但是全然没有缺点的人，也未必讨人喜欢，最能够赢取他人喜欢的往往是精明而又带点小缺点的人。

一位心理学教授曾做了一个关于管理者魅力的实验，他给进行测试的对象播放了四段情节类似的访谈录像：出现在第一段录像里的是一个非常优秀的成功人士，他成就辉煌，面对主持人的采访，态度非常自然，谈吐不凡，没有一点羞涩的表情；第二段录像的被访者同样是一个非常优秀的成功人士，但是他在接受采访的时候表现得很羞涩，甚至紧张地把桌上的咖啡杯碰倒了，咖啡还将主持人的裤子淋湿了；第三段录像的被访者是一个非常普通的人，在接受采访的过程中，他虽然不紧张，但表现很不出彩；第四段录像的被访者也很普通，面对采访他很紧张，像第二位被访者一样，碰倒了咖啡，淋湿了主持人的裤子。看完四段录像后，教授让测试对象从四位被访者中选出他们最喜欢的一位及最不喜欢的一位。

测试结果显示，第四段录像的被访者被公认为最不受测试者喜欢的，而第二段录像中打翻了咖啡杯的赢得了95%测试者的喜欢。这便是"出丑效应"对于管理者的魅力的正面放大，对于那些比较成功的人而言，一些微小的失误不仅不会影响人们对她的好感，相反还会提升他们的真诚感与可信任度。如果一个人表现得过于完美，几乎难以从他身上寻到一个缺点，人们就会觉得他不够真实，毕竟缺点是人性的衍生品，看似十全十美的人反而降低了他在别人心目中的信任度。

出丑效应是一种对于人性的回归，人们往往更偏好那些成就突出又很真诚值得信任的人，员工也是如此，真诚可信的领导更能使下属产生情感共鸣，增进彼此之间的亲近度。因此，对于管理者而言，事事苛求完美虽然是优良的素质诉求，但在一些无伤大雅的小事上，适当地表现出一些小失误，反而会增加员工的好感度，利于团队的和谐和沟通。

**心理测试：**

### 团队中你有领导能力吗？

有一天在路上，你遇到失去联络的旧情人。你们相约到附近的咖啡厅去坐坐。除了聊聊目前的生活之外，难免谈起以前的时光，这时候你最怕旧情人提起什么？

A. 当初介入你们的第三者

B. 两人刚认识时的甜蜜回忆

C. 有一次出国旅行的经验

D. 分手时的感觉

选择分析

A. 当初介入你们的第三者——你有领导的才能，可惜却没有领导的气度。想要让一群人对你服从可不是有才华就可以的，你必须懂得唯才是用、能屈能伸、善用智谋，如果只有勇气和冲劲是无法胜任领导工作的。

B. 两人刚认识时的甜蜜回忆——你的领导才能会发挥在小团体，一旦人变多了、关系变得复杂了，你就会掌控不住，甚至招致民怨。"宁为鸡首，不为牛尾"，应该就是你领导力如何的最佳说法了。

C. 有一次出国旅行的经验——你是天生的领导者，有指挥群众的天赋和魅力。你并不会刻意表现出自己的野心和企图心，但是大家自然就会找你解决问题，喜欢和你在一起，可能就是你有一股王者的风范吧！

D. 分手时的感觉——你在团体当中通常是一个帮大家做事的角色。你的生活哲学是"平生无大志，只求有饭吃"。随遇而安的个性，让你完全没有名利之心，觉得照顾好自己才是最实在的。

# 第六篇

# 经济心理学

# 第十八章

# 你被商家算计了

## 睡眠者效应：脑白金广告为什么会导致产品的热销

关于脑白金广告，自从其在媒体上播出后，负面评论便不绝于耳，广告业内人士毅然决然地将其视为毫无美感和创意的失败案例，但是凭此广告，脑白金却创下了几十个亿的销售额。为什么一个让大多数人反感的广告反而导致产品的热销呢？要破译这一现象，首先要从"睡眠者效应"说起。

所谓的"睡眠者效应"，指的是由于时间间隔，导致人们容易忘记信息的来源，而只保留了对内容的模糊记忆。

心理学家凯尔曼和卡尔·霍夫兰本来研究的命题是"信息高低可靠性的影响有多久可保持，会不会随时间的推移而发生变化？"，结果在进行研究的时候，他们意外发现了"睡眠者效应"。在一个实验中，他们向两组中学生被试出示一篇名为"司法制度应从宽处理少年违法者"的读者来信，阅读者在甲组扮演一位知识渊博、公正无私、值得信赖的人，在乙组扮演一个无知、有偏见而不负责任的人。当阅读者读完信件后，实验者让被试表态。结果显示，甲组的被试比乙组的被试更加认可信件的内容，这便说明高可信性信息源对被试的态度影响较大。三周后，实验者再次询问被试对来信内容所持的态度。在询问时，实验者让两组中各一半被试重复阅读读者的信息，另一半则不提及。结果发现：两组中回忆阅读者的被试，其赞同程度都有所下降，而且下降幅度差不多。而两组中另一半没有提及阅读者的被试，赞同程度发生了明显的变化，前者下降，后者上升——他们的赞同程度几乎不存在差异。

对于上述现象，心理学家的解释为——如果信息传播源是一个威信高的人，在他说话刚结束时，他的说话内容对受传者的影响是颇大的，但是隔了一段时间后，由于受传者忘记了说话者，而只记得说话的内容结果其影响明显有了降低——可见，其中降低的这部分影响效果主要少去了说话者威信高所产生的情感效应；如果信息传播源是一个威信较低的人，那么，在他说话时，他所传播的信息产生的影响是很小的，但是过了一段时间后，听话者对说话者的印象便逐渐变得淡薄，只记得他当初说了什么，这便导致信息的影响力有了明显的提高——由于说话者的威信低所产生的情感效应降低，以致提高了听话者对他所传播信息的认可度。

"睡眠者效应"启示我们，我们在接受信息时，我们如何对信息作出感应除了与信息本身内容有关外，还与信息的提供者的威信紧密相关，不过随着时间的流逝，信息提供者对于信息接收者的影响就逐渐式微，人们的态度主要还是取决于信息本身。

脑白金通过恶俗广告而街知巷闻，人们虽然对脑白金广告不感冒，但是该产品仍然畅销全国。对于这种现象，国外一名消费行为学家认为：过多地重复广告信息虽然引起受众的反感，但却不影响受众对信息的记忆以及日后的商品购买行为。随着时间的推移，人们那些愉快或不愉快的情绪反应都会不复存在，只有广告信息本身牢牢地保持在消费者记忆深处——从根本上说，这就是一种"睡眠者效应"。

# 选择性注意：为什么商家都会对眼球经济倍加推崇

在现代强大的媒体社会的推波助澜之下，眼球经济比以往任何一个时候都要活跃。电视需要眼球，只有收视率才能保证电视台的经济利益；杂志需要眼球，只有发行量才是杂志社的经济命根；网站更需要眼球，只有点击率才是网站价值的集中体现。为什么商家纷纷对眼球经济倍加推崇呢？这得从心理学中的"选择性注意"说起。

人们在日常生活中面对许多刺激物，不可能对什么刺激物都加以注意，绝大多数都被筛选掉了，只有一小部分能引起人们的注意，那些引起人们注意的刺激物，便是选择性注意。

1958年，英国心理学家Broadbent对于双耳分听的一系列结果进行研究后，提出了过滤器理论，该理论解释了注意的选择作用。过滤器理论认为，神经系统在加工信息的容量方面是有限度的，不可能对所有的感觉刺激进行加工。当信息通过各种感觉通道进入神经系统时，首先要经过一个过滤机制，只有一部分信息可以通过这个机制，并接受进一步的加工，而其他的信息就被阻断在它的外面，直至完全消失。Broadbent把这种过滤机制比喻为一个狭长的瓶口，一部分水通过瓶颈进入瓶内，另一部分则留在瓶外了，所以，过滤器理论也叫做瓶颈理论或单通道理论。

研究表明，在商品市场上，消费者面对林林总总的产品信息，一般有三种情况能引起人们的注意：一是与目前的需要紧密相关的，如一个饥肠辘辘的人进入超市，那些关于食物的信息便更能引起他的注意；二是预期将会出现的，比如一家公司在推出一个新产品前通过广告大举造势，由于对此产品的出现形成期待心理，人们便会格外关注与此产品相关的信息；三是变化幅度大于一般的、较为特殊的刺激物，如与降价5%的广告相比，降价50%的促销告示会引起人们更大的注意。

在市场竞争中，消费者面对的是层出不穷的商品和数不胜数的促销广告，如果商家所销售的产品或者为其所做的营销推广毫无新意，便很难引起消费者的注意，无法在市场竞争中获胜——在某些人看来，眼球经济或许有媚俗的成分，但是为了使所销售的产品在众多的商品中脱颖而出，你便不得不千方百计吸引消费者的目光——吸引注意是成交的第一步。

## 名人效应：商家为什么热衷于名人代言

随着市场竞争的加剧，企业产品特别是同类产品竞争激烈，为了突出企业个性，增加产品的影响力和美誉度，让人迅速识别产品，大多数企业都选择了由名人代言，期许利用名人战术在市场份额中分得一杯羹。这便是一种"名人效应"。

所谓的"名人效应"，就是由于名人的出现而带来的引人注意、强化事物和扩大影响现象。名人效应已经在人们生活中的方方面面产生深远影响，比如名人代言广告能够刺激消费，名人出席慈善活动能够带动社会关怀弱势群体等等。简单地说名人效应相当于一种品牌效应，它可以对人们产生强大的说服力，起到塑造人们行为的作用。

俄国心理学家符—施巴林斯曾做过这样一个实验：他把进修班学生分成四组，请一位副教授分别向他们作一次演讲，演讲的题目是"阿尔及利亚学校教育情况"。对于四组学生，讲演者采用了同样的讲稿和教态，分别以不同的身份和服饰装扮亮相——第一组以副教授的身份出现；第二组以"中学教师"的身份出现；第三组以参加过阿尔及利亚国际赛"运动员"的身份出现；第四组则以"保健工作者"的身份出现。

结果发现，这四组学生对演讲的评价出现了显著的异议，第三、四组的学员反映，讲演者语言贫乏，内容枯燥无味，教态沉不住气，甚至有人埋怨听其演讲简直是"白费时间"。而第一组学员普遍地给予好评，认为讲演者"学识渊博"，对问题及其特点研究得很细致，而且语言生动活泼，教态落落大方，因而感到颇有收获。

由此可见，如果学生对演讲者持有消极的态度定势，演讲者就难于对他们产生说服力，反之，如果学生对演讲者持积极的态度定势，他们则易于接受演讲者的态度和观点。研究者由此探讨了影响说服力的因素，他们认为，说服者的影响力主要取决于两个因素，其一是说服者的专业性，具体指的是说服者的身份、所接受的教育训练、社会地位、职业与年龄等等；其二是可信度，可信度主要和扮演宣传者角色人物的人格特征、外表形态以及在讲话时的信心、态度有密切关系，此外，可信度还与接受宣传的人对宣传者讲话意图的理解有关。

正是基于上述结论，商家为了使自己的产品在消费者中间形成品牌影响力，多会借助名人效应，以请名人代言的方式推销自己的产品，甚至不惜重金，请那些国家大牌明星为自己的产品代言。因为在整个社会群体中，名人多是某种成功意义的象征，他们不论是在专业性方面，还是可信度方面，普通大众都给予了他们较高的评价。

# 登门槛效应：为什么店员总是建议你"试一试"

当你在商场流连的时候，旁边的店员常会建议你"试一试，不买没有关系"，即使店里的那件衣服并非你的心头好，但是在店员殷勤的鼓动下，你还是取下那件衣服到试衣间试了试。最终的结果是，你为那件衣服买了单。在这个说服购买的过程中，便出现了"登门槛效应"。

登门槛效应又称得寸进尺效应，是指一个一旦接受了他人的一个微不足道的要求，为了避免认知上的不协调，或想给他人以前后一致的印象，就有可能接受更大的要求。这种现象，犹如登门坎时要一级台阶一级台阶地登，在惯性的驱使下，逐渐登上高处。

1966年，美国社会心理学家弗里德曼与弗雷瑟做了一个命名为"无压力的屈从——登门坎技术"的现场实验——他们让助手到两个居民区劝人们在房前竖一块写有"小心驾驶"的大标语牌。在第一个居民区，助手向人们直接提出这个请求，结果很多居民都拒绝了这个要求，接受的仅为被要求者的17%。在第二个居民区，助手先向居民出示了一份赞成安全行驶的请愿书，请求居民在上面签字，对于这个小小的要求，几乎所有的被要求者都签了字，几周后，助手向第二区的居民提出了竖标语牌的要求，结果接受者竟占被要求者的55%。

心理学家解释上述实验，对于那些难以做到的或者违反自身意愿的请求，人们拒绝是很自然的事情，可是如果他们对于某种小请求找不到拒绝的理由，便会点头同意，而一旦他们卷入了这项活动的一小部分以后，便会产生自己是关心社会福利者的自我概念或态度。这时如果他拒绝随之的更大要求，就会出现认知上的不协调，于是恢复协调的内部压力就会支使他们继续答应实验者的要求，态度也倾向于

永久化。

具体到上述实验,前一组的家庭主妇同意率之所以超过半数,是因为在这之前对她们提出了一个较小的要求;而后一组的家庭主妇同意率之所以不足20%,是因为在这之前对她们没有提出一个较小的要求。换句话说,前一组的家庭主妇的同意率之所以高于后一组的家庭主妇,是因为人们的潜意识里总是希望自己给人留下前后一致的印象。

在推销过程中,精明的推销员时常会利用"登门槛效应"说服顾客购买,比如他们会让顾客先试一试,并告诉顾客买不买不要紧,一旦顾客试衣后,推销员便会夸赞衣服与人多么的相得益彰,然后进一步说服顾客为这件衣服买单——人们一旦有一只脚跨进了门槛,只要旁边有人再进一步地煽风点火,人们便会让另一只脚也迈入门槛——一般而言,在实现成交方面,推销员使用这种伎俩的成功率很高。

## 拆屋效应:商家为什么总喜欢使用打折扣的促销策略

心理学家曾经做过这样一个实验,他们要求大学生在两年时间内每周花两个小时担任少年犯的辅导员,对于这个请求,所有的大学生都拒绝了。实验者做出了退步,他们只是要求大学生充当一些少年犯的陪伴,陪少年犯逛一次动物园,这时,有50%的大学生同意接受这个小要求。实验者另外找到一组大学生,没有向他们提出担任辅导员的大要求,而是单刀直入地直接要求他们陪伴少年犯逛动物园,结果只有17%的人同意充当旅游陪伴。这种先提出很大的要求来,接着提出较小、较少的要求的进程,在心理学上被称为"拆屋效应"。"拆屋效应"出自鲁迅先生所写的《无声的中国》,文章中有这样的语句:"中国人的性情总是喜欢调和、折中的,譬如你说,这屋子太暗,说在这里开一个天窗,大家一定是不允许的,但你主张拆掉屋顶,他们就会来调和,愿意开天窗了。"

拆屋效应在日常生活中经常出现,比如,一名家长对于犯错误的孩子大发雷霆,孩子受到责骂后,索性离家出走,当发现孩子深夜未归后,家长便心急如焚,四处寻找孩子的踪影。此时,如果孩子突然出现,家长往往就会抱着既往不咎的态度优待自己的子女。

商家在销售的过程中经常会用到"拆屋效应",比如在实施定价策略时,他们惯于把价钱定得高于顾客的心理价位,然后再给予价格折扣,这时顾客便会觉得商家已经作出一些让步,相较最初就以折扣价定价的商家而言,顾客会认为购买折扣的商品是更明智的决定。

# 权威效应：商家为什么请专家推荐商品

美国的心理学家曾经做过一个实验：在给某大学心理学系的学生们讲课时，向学生介绍一位从外校请来的德语教师，说这位德语教师是从德国来的著名化学家。实验中这位"化学家"煞有其事地拿出了一个装有蒸馏水的瓶子，说这是他新发现的一种化学物质，有些气味，请在座的学生闻到气味时就举手，结果多数学生都举起了手。对于本来没有气味的蒸馏水，由于这位"权威"的心理学家的语言暗示而让多数学生都认为它有气味。

上面的实验中便凸显了权威效应，权威效应又称为权威暗示效应，是指一个人要是地位高，有威信，受人敬重，那他所说的话及所做的事就容易引起别人重视，并让他们相信其正确性，即"人微言轻、人贵言重"。

"权威效应"的普遍存在，首先是由于人们有"安全心理"，即人们总会认为权威人物掌握着真理，权威人物的判断、选择、行为都会更加正确，服从权威人物便会使自己具备安全感，不会在众人面前出丑；再者，人们往往有获得认同和赞许的心理诉求，人们倾向于认为权威人物的要求和社会规范相一致，按照权威人物的要求去做，会获得其他人的认同，以致赢得他们的好感。

在日常生活中，"权威效应"随处可见，你打开电视，常会看见某个权威人物在大力地推荐某个商家的产品，你翻阅报纸，发现文章中常会出现某些权威机构和权威人物的名字，作者以此在佐证自己的观点，增强自己文章的说服力。

不过，人非圣贤，孰能无过，权威也会有犯错的时候，或者被某些利益团体所利用而故意误导大众，如果只是一味地盲从权威，便会使自己沦为全体潜规则的牺牲品。

# 乐队花车效应：商家为什么会请多人推荐某产品

在不少的广告中，我们会发现，厂家会请多个名人共同推荐某产品。厂家为什么要这么做呢？这种做法利用了人们的什么心理呢？

对于普通大众而言，他们常会有一种倾向，去从事或相信其他多数人从事或相信的东西，就是所谓的"乐队花车效应"。为了避免自己在社会中孤立，个体常常不经思考就选择与大多数人相同的选择，而这种乐队花车效应，就是乐队花车谬误及乐队花车宣传法的基础。

乐队花车直接翻译自英文的bandwagon，也就是在花车大游行中搭载乐队的花车。参加者只要跳上了这台乐队花车，就能够轻松地享受游行中的音乐，又不用走路，也因此，英文中的"jumping on the bandwagon"（跳上乐队花车）就代表了"进入主流"。

在选举当中经常可以看乐队花车效应，例如许多选民喜欢将票投给他自己认为（或媒体宣称）比较容易获胜的候选人或政党，而非自己喜欢的，借此提高自己与赢家站在同一边的机会，在台湾这种效应又被称为"西瓜偎大边"。

从乐队花车效应衍生出乐队花车谬误，又常称为"诉诸大众的谬误"或"从众谬误"，也就是将许多人或所有人所相信的事情视为真实，例如"大家都这么说，一定不会错"！

但许多事实证明，多数或所有人相信的事情，在当下或经过时间的演进，并不一定是对的事情。例如在18世纪，美国绝大多数人都认为这世界上可以有奴隶存在，但在今日美国有这样想法的人已经很少了。或是有人可以宣称"因为有那么多人吸烟，所以吸烟是健康的"，但事实上许多医学证明指出吸烟有害健康，所以应该说："吸烟有害健康，虽然有那么多人吸烟。"

建构于乐队花车谬误的宣传手法则是常见的乐队花车宣传法，宣传者营造出一种"加入我们，否则就是与大家作对"的气氛，要求阅听人接受某种仿佛大家都接受的想法。乐队花车法也暗示阅听人："宁可与胜利者站在同一边，而不要太去计较是非！"

乐队花车也常常与其他的手法合并使用，例如在广告中经常可以看到类似"每五个医师中就有四个推荐某种牌子的口香糖……"的文案，这种文案同时利用了乐队花车及"诉诸权威"两种宣传手法。

## 稀缺效应：人们往往会追捧限量版物品

"限量版"一直是时尚圈的热门词。一些大牌化妆品每年都会推出诸如限量版口红、限量版彩妆盒一类的产品，高档皮具也会有"限量版"的包包，甚至唱片公司也常常有各式各样的"限量版"。所谓"限量版"，就是与常规版本在设计上有所不同，其次是限量销售。商家以追求利润为目标，销量越大，越能产生规模效应，降低单位产品成本，从而增加销售利润。那么，商家为什么要限量生产某些产品呢？这样岂不会影响利润回报吗？其实，这是"稀缺效应"使然。

所谓的"稀缺效应"，就是由"物以稀为贵"而引起的购买行为增多的现象。商家为了提高交易量，常会贴出"一次性大甩卖"、"清仓大特价"的告示，这种宣传策略往往会导致客户蜂拥而至，纷纷抢着争买店里的商品。此种心理便来源于"稀缺效应"，人们认为如果此时没有购买，很可能以后便很难再买到了，于是争抢那些大甩卖的物品。

从某种意义上来说，人们都不希望混同于大众，希望显示出自己在天地间的独一无二性，这便导致人们总是希望能够垄断某件十分喜欢的物品，从而提高自己的被关注度，也正因此，明星都会极力避免在隆重场合发生与其他人撞衫的现象，为了避免出现撞衫的尴尬，甚至会提前打探与自己同时出现的某个明星会穿什么衣服。此种心理便导致了稀缺效应的出现，人们总是乐于购买比较稀缺的物品，甚至情愿为它们支付高价。

为了迎合人们这种追捧稀缺物品的心理，有些商家便高价推出一些限量版商品，指明全球只有为数不多的几个，这一策略常能极大地刺激富人的购买欲，他们不惜一掷千金，将拥有这种商品视为身份和品位的象征。但是对于商家而言，由于商品的售价远远高于商品的成本，所以即使他们无法大批量生产限量版商品，也能赚取不菲的利润。

# 参考价格效应：为什么知名品牌商品都在专卖店销售

一些定价较高的国内外知名品牌都会在专卖店销售，当然，选择在专卖店销售，无形中提高了产品的档次。那么，从消费者购买心理考虑，这种做法是否有更隐秘的含义呢？

在消费心理学中，有一个名词叫做"参考价格效应"，是指商品的价格相对于消费者认知的其他替代商品越高，消费者对价格就越敏感。反之，消费者则对价格不敏感。也就是说，一个商品是否能使消费者作出购买决策，其中的一个重要因素就是商品的相对价格，消费者更倾向于选择那些更加便宜的物品。

一般而言，缺乏购买经验的消费者由于对商品信息缺乏了解，在购买商品方面，他们通常会支付相对较高的价格。某些商家正利用了这一点，对于消费者缺乏消费经验的商品和服务，他们倾向于制定高价策略。比如，一些旅游景点的饭馆和娱乐场所，它们面临的价格压力往往要小得多，因为偶尔路过的游客对相关情况不十分了解，因此这些饭馆的价格往往要高于其他饭馆的价格。不过随着城市消费门户网站的兴起，由于人们可以从网上借鉴他人的消费体验，以致那些消费者缺乏消费经验的商品和服务所面对的价格压力也越来越大。

在百货商店和超市里，如果经销商将同类商品放在一起销售，消费者很容易对替代品的价格进行比较，这便导致价格较低的商品往往销量很大，而价格较高的产品的销量相对会小一些。正是因为这个原因，很多知名品牌的商品都选择在专卖店进行销售，以便尽可能控制消费者对替代品的认识。除了选择在专卖店销售外，一些经销商还选择其他方式降低消费者的参考价格效应，比如他们将价格较低的大众品牌放在货架中不起眼的地方，而将高价商品放在显眼的位置。

此外，消费者的参考价格还依赖于他们对未来价格的期望，如果他们认为未来价格低于目前价格，他们便会持币观望，反之，则速速采取购买行为。因此，对于某一个商品而言，相对简单的降价，进行打折促销会更有助于刺激购买，因为一旦经销商执行降价策略，消费者便会惯性地预期可能以后的价格会更低，从而延迟购买时间。而打折促销由于只是短期的营销手段，消费者易于产生"机不可失，时不再来"的心理，便会抓紧购买时间。这也是为什么某些奢侈品品牌从不降价促销的原因所在。

# 第十九章

# 令人费解的本能

## 沉没成本：为什么你会强忍着看完不喜欢的电影

在电影发行方的强势宣传下，你终于对某一部电影动心了。这一天，你买好了电影票，兴致勃勃地坐在电影院中，等待着一场精彩电影的开播。然而10分钟后，你便发现这部电影乏味至极，虽然你看得昏昏欲睡，但是不愿意已花掉的购买电影票的钱打了水漂，于是你强忍着看完了这部内容、表演都十分垃圾的电影。为什么你会强忍着看完不喜欢的电影呢？半场离开不是更理性的选择吗？为了解释这种怪异的行为，我们需要对"沉没成本"做一些了解。

"沉没成本"是指由于过去的决策已经发生了的，而不能由现在或将来的任何决策改变的成本。人们在决定是否去做一件事情的时候，不仅是看这件事对自己有没有好处，而且也看过去是不是已经在这件事情上有过投入。这些已经发生的、不可收回的支出，如时间、金钱、精力等统称为"沉没成本"。

举例来说，如果你购买了一张电影票，这张票既不能退回也无法转让，此时你为电影票支付的价钱已经注定不能收回，就算你不看电影钱也收不回来，你为电影票支付的金钱便是一种"沉没成本"。

斯蒂格利茨教授是2001年诺贝尔经济学奖得主，他在《经济学》一书中说："如果一项开支已经付出并且不管作出何种选择都不能收回，一个理性的人就会忽略它。"比如在前面提到的看电影的例子中，会有两种可能结果：

入场后发觉电影不好看，但是在煎熬中看完整场电影；

入场后发觉电影不好看，中途退场去做其他的事情。

在这两种情况下，你都无法收回购买电影票的钱，所以考虑沉没成本是于事无补的。如果你为买票这一行为而感到后悔，那么你当前的决定应该是基于你是否想继续看这部电影，而不是你为这部电影付了多少钱。此时的决定不应该考虑到买票的事，而应该以看免费电影的心态来作判断。故而，理性的选择为中途退场，否则你不仅花了冤枉钱，还要遭受冤枉罪。

然而，在面对沉没成本的时候，很多人都会作出非理性选择，这是因为他们对"浪费"资源感到担忧害怕，这种心理被称为"损失厌恶"，因而他们强迫自己看完一场十分乏味的电影，当采取这种行为后，便发生了"沉没成本谬误"。

## 棘轮效应：收入增长了，为什么你仍然是"月光族"

宋代政治家和文学家司马光写过一封名为《训俭示康》的家书，他通过家书警示自己的子孙："由俭入奢易，由奢入俭难。俭，德之共也；侈，恶之大也。"与司马光的思想一脉相承，经济学中有一个叫做"棘轮效应"的专属名词概括了这种消费倾向。所谓的"棘轮效应"，指的是人的消费习惯形成之后具有不可逆性，易于向上调整，而很难向下调整。尤其是在短期内，消费更是不可逆的，人们的消费并不取决于他们此时的收入，而是由过去的高峰收入所决定。也就是说人们一旦形成高消费的习惯后，即使已经失去了享受高消费的经济条件，一时之间，也很难降低自己的消费标准，无法对自己目前经济环境作出妥协。

古典经济学家凯恩斯主张消费是可逆的，即绝对收入水平变动必然立即引起消费水平的变化。经济学家杜森贝却不这么想，他认为凯恩斯的观点并不符合实际情况，因为消费决策不可能是一种理想的计划，它还与人们的消费习惯紧密相关。这种消费习惯受许多因素影响，如生理和社会需要、个人的经历、个人经历的后果等。特别是个人在收入最高期所达到的消费标准对消费习惯的形成会产生很大的影响。很多工薪族都有这样的体验，收入为3 000元的时候，为了应付生活的各项开支，自己沦为了可怜兮兮的"月光族"，但是当收入增长到8 000元的时候，自己仍然月无存款，依然是可怜兮兮的"月光族"，从心理学的角度来看，这便是一种"棘轮效应"：消费与收入齐涨。

在科学人文领域，同样存在棘轮效应，即科学精英一旦因为自己的工作而获得某种承认与地位后，就再也不会退回到原来的地位，这就像有棘爪防止倒转的棘轮一样，他们将永远被赋予最高荣誉。"棘轮效应"表明科学界分层结构中的流动是单向的，科学家的地位只会升迁而不会降格，这种效应在科学金字塔结构的高层表现得更为突出。美国科学社会学家朱克曼对很多美国诺贝尔奖获得者进行了研究，他指出："一旦成为一个诺贝尔奖获得者，不论是好是歹，都将稳固地居于科学界的精英行列。"

# 鸟笼效应：欲望膨胀的秘密

鸟笼效应是一个非常有意思的心理学定律，在生活中广泛存在。鸟笼效应说的是：如果一个人买了一个空的鸟笼放在自己家的客厅里，过了一段时间，他一般会丢掉这个鸟笼或者买一只鸟回来养。

鸟笼效应来源于这样一个故事：

1907年，詹姆斯从哈佛大学退休了，同时退休的还有他的好友物理学家卡尔森。一天，他们俩打了一个赌。詹姆斯说："老伙计，我一定会让你不久就养上一只鸟的。"卡尔森不以为然："我不信！因为我从来就没有想过养一只鸟。"没过几天，恰逢卡尔森生日，詹姆斯送上了他的礼物——一只精致的鸟笼。卡尔森笑纳了："我只当它是一件精美的工艺品。"然而从此以后，每逢有客人到访，看到卡尔森书桌上那个精致的、空荡荡的鸟笼，便会问："教授，您养的鸟什么时候死了？"卡尔森只好一次次耐心解释："我从来就没有养过鸟。"尽管卡尔森的态度非常诚恳，但是客人仍然觉得难以置信。最后，出于无奈，卡尔森只好买了一只鸟。

实际上，在我们的身边，很多时候不是先在自己的心里挂上一个笼子，然后再不由自主地朝其中填放一些东西吗？这种心理导致我们的欲望不断膨胀，使我们的理性完全沦为了欲望的手下败将。

18世纪法国有个哲学家叫丹尼斯·狄德罗。有一天，朋友送了他一件质地精良、做工考究的睡袍，狄德罗十分喜欢。

他喜欢穿着这件睡袍在房间里走来走去，可是他发现一个问题，总觉得身边的一切是那么不协调：家具太旧了，地毯也太粗糙。

于是，为了跟睡袍相配，他把屋里的东西全部换成了新的。房间的格调终于匹配上了睡袍的档次。

经过一番疯狂的消费后，狄德罗冷静了下来，他惊异地发现自己竟然被一件睡袍"胁迫"了。

在现实生活中，很多人不也是经常在不经意间被某些东西"胁迫"了吗？有的人换了一个新发型，为了匹配自己的新发型，便购买了新的衣服；有的人升职加薪后，为了匹配自己的新身份和地位，便换了一个更年轻、漂亮的妻子；有的人发达以后，身边的朋友便通通洗了底……

## 边际效用递减法则：为什么曾经的"奢望"变成今日的"不满足"

一个人饥肠辘辘，饿了很长的时间，突然有人给了他一个馒头，这个人狼吞虎咽地把馒头吃了下去，可以想象，这个人从那个馒头中获得的满足是极大的。给予者非常慷慨，又端出了一盘馒头，允许挨饿的人尽情地吃个够。这个人欣喜若狂，抓起馒头继续吃了起来，直到他吃完第7个馒头后，他实在吃不下去了。不妨推测一下挨饿者在吃馒头的过程中的心理变化，当他吃第一个馒头后，他确实获得了极大的满足，吃第二个馒头的时候，他仍然会获得很大的心理满足，只是这种满足的程度不如吃第一个馒头所享受到的。随着挨饿者吃的馒头越来越多，他从每一个馒头中获得的心理满足是逐渐减少的，当吃到第7个馒头的时候，所获得的心理满足降到最低点。"边际效用"研究的正是这种情况，指的是消费者从一单位新增物品或服务中得到的效用；"边际效用递减法则"，指的是在一定时间内，随着消费某种商品数量的不断增加，消费者从中得到的总效用是在增加的，但是以递减的速度增加的，即边际效用是递减的；当商品消费量达到一定程度后，总效用达到最大值，边际效用为零，如果继续增加消费，总效用不但不会增加，反而会逐渐减少，此时边际效用变为负数。

关于边际价值理论，奥地利经济学家提供了一个很精彩的描述，简单地翻译为：一个农民开拓者拥有五大袋的谷物，不能卖掉，也不能用于市场交换。对于这五袋食物，他有五个可能的用途：做主食，长力气，喂养小鸡来改善伙食，酿造威士忌和喂养鹦鹉娱乐。然而他丢了一袋谷物，他不会减少每一个用途的量，而是让鹦鹉少吃点，因为它相比其他用途带来的效用小，换句话说，这就是边际。正是基于边际，人们作出经济决策，而不是其他的什么美妙东西。边际效用递减指每一新增的货物的边际效用要低于其中一个的。

有人做过一个实验，一个没有鞋穿的人意外得到一双鞋，让他给这双鞋子评分，不管它是否赶得上潮流，是否适合他，他都立刻给这双雪中送炭的鞋子高分。接下来惊喜不断，他有机会不断地得到鞋子，但是他继续给后来的鞋子评分时，分数却越来越低。"下一双鞋"带给他的满足感逐渐递减，这就是边际效用递减法则。这一规律告诉我们：对物品价值的认识不是来源于物品本身，而是通过使自己的需求、欲望等得到的满足程度来主观地体验的。

边际效用递减法则说明了人的这样一种心理：越拥有，越难满足。试想一下，若干年前，或许你曾经奢望能拥有一台笔记本，那时候，只是想象能拥有笔记本的情况，便会觉得十分快乐了。此时的你，终于拥有了一台笔记本，配置比你当初想象的要高级很多，但是与这台笔记本朝夕相伴的日子里，你并没有体会到很大的快乐，甚至对于这种快乐已经麻木了。——边际效用递减法则正恰当地解释了这样一种现象：为什么曾经的"奢望"变成了今日的"不满足"。

## 心理账户：为什么巨额奖金获得者再次沦为垃圾工

2002年，26岁的英国男子迈克尔·卡罗尔还是一名一贫如洗的垃圾工，结果他因买彩票而中了970万英镑的巨额奖金，成了一个名副其实的富人。

然而，8年以后，当卡罗尔重新出现在人们面前时，已经完全不复当时那个瘦削羞涩的幸运儿的模样，变成了一个邋遢、不修边幅的胖子。此时，卡罗尔已经挥霍完毕了全部奖金，不得不靠救济金过日子。

这8年到底发生过什么事情？原来，曾是幸运宠儿的卡罗尔以最简单粗暴的方式对待从天而降的这笔横财——挥霍。他一领到奖金，就豪爽地将大批钱财馈赠亲友。他自称，中奖之后，脑海中只有三件事：毒品、性还有黄金。

到2008年，卡罗尔只剩下最后的50万英镑了。2009年，他不得不卖掉自己花40万英镑（约合425万元人民币）买的多辆豪华轿车，然后靠这些钱过活。2010年，卡罗尔待在一处小公寓中靠救济金度日，他可能重操旧业，重新成为一个垃圾工。

由于毫无规划地恶性挥霍，卡罗尔被誉为"最恶劣中奖者"。试想，如果当初这970万英镑不是因中奖得来的，而是卡罗尔通过努力工作获得的，他还会如此挥霍这笔巨款吗？很可能的答案是：不！为什么同样是钱，但是由于来源不同，人们处理钱财的手段也会不同呢？从心理学的角度来看，这是因为人们不自觉地把钱放入了不同的"心理账户"。

心理账户是行为经济学中的一个重要概念，最早由芝加哥大学行为科学教授查德·塞勒所提出，指的是对于总体经济账户上的进出项记录，人们将它们记录到若干个不同的心理分录科目。也就是说，人们自发地对自己所获得的金钱分门别类，以致针对不同的类别采取了不同的态度。通俗地来说，即"将某笔账算到某件事情或者某个人的头上"。可以举这样一个例子，你这个月意外地获得了1 000块钱的奖金，由于认为这是出乎意料的财富，你多会很快地将它们花光，比如花800块钱买一条心仪已久的领带。但是如果这1 000块钱是以支付工资的方式获得的，你大概就不会这么大方了，也许会谨慎盘算一下如何花费它们。由于把1 000块钱归类到了不同的心理账户，导致你的消费行为截然不同。

关于心理账户，塞勒教授讲过这样一段亲身经历——有一次他去瑞士讲课，获得了不错的讲课报酬，他很高兴，讲课之余便在瑞士进行了一次旅行，虽然瑞士是全世界物价最贵的国家，但是教授仍然对这趟旅行非常满意，觉得物超所值。

后来，塞勒有一次去英国讲课，他也获得了不错的报酬，可是这一次旅行让塞勒感觉非常不舒服，因为他觉得瑞士的物价太高了。

为什么同是去瑞士旅行，花同样的钱，前后两次的感受完全不一样呢？原因就在于，第一次旅行时，塞勒把在瑞士挣的钱跟花的钱放在了一个账户上；第二次旅行则不是这样，他把从英国赚的钱放在了瑞士的账户上——从而觉得，第二次的旅行没有第一次旅行愉快。

按照常理来说，我们都有两个账户，一个是经济学账户，一个是心理账户，在经济学账户里，只要绝对量相同，每一块钱是可以替代的；在心理账户里，人们对每一块钱并不是一视同仁，而是根据钱的不同来源，对"去往何处"采取了不同的态度。一般而言，心理账户有三种情形：

一是将各期的收入或者各种不同方式的收入分在不同的账户中，不能相互填补；

二是将不同来源的收入做不同的消费倾向；

三是用不同的态度来对待不同数量的收入。

由于心理账户的存在，很多人在作决策时往往会违背一些简单的经济运算法则，从而做出许多非理性的消费行为。例如，如果一个人偶然从股市上赚了很多的钱，在随之的投资行为中，他便会采取风险更大的投资决策——这种冒进的行为常会导致投资者输掉大把的钱。

## 凡勃伦效应：富商为什么高调征婚

商品的价格定得越高，就越能受到消费者的青睐，这便是"凡勃伦效应"的中心主旨。消费者身上存在的这种商品价格越高反而越愿意购买的消费倾向，最早由美国制度经济学家所提出，因而被命名为"凡勃伦效应"，它反映了人们进行炫耀性消费的心理愿望。

人们进行炫耀性消费的目的通常并不是为了获得直接的物质满足与享受，而是为了满足自己高人一等的社会心理。由于拥有一些特殊商品更能产生炫耀性的效果，如收藏名画、艺术品凸显品味的不同凡响，购买奢侈轿车显示地位的高贵等，一般而言，这类商品价格定得越高，反而越能促使消费者购买它们。通常来说，随着社会经济的发展，炫耀性消费的趋势只增不减。

关于"凡勃伦效应"，有这样一个哲理故事：

一位禅师给了一个门徒一块石头，叫他去蔬菜市场，并且试着卖掉它，这块石头非常漂亮。师父特意嘱咐门徒说："不要卖掉它，只是试着卖掉它，多问一些人，然后回来告诉我，它在蔬菜市场上能卖多少钱。"

门徒到了菜市场，有的人对石头出了价，但最多也只不过是几个小硬币。门徒回来说："它最多只能卖几个硬币。"师父说："现在你去黄金市场，问问那儿的人。但是也不要卖掉它，光问问价。"

门徒从黄金市场回来后，非常高兴，说："太不可思议了，有的人乐意出到1 000块钱。"师父平静地说："现在你去珠宝市场那儿，低于50万不要卖掉。"

门徒继而又去了珠宝商那里，让门徒大吃一惊的是，竟然有人愿意出价5万块，门徒谨遵禅师的教导，没有卖掉石头，后来，人们争着叫价，直到价格飙升到50万元的时候，门徒出售了石头。

门徒回到禅师那后，禅师意味深长地说："现在你明白了，石头到底以什么价位出售，关键在于你是否有鉴赏力，如果你不要更高的价钱，你就永远不可能以较高的价钱出售。"

当然可以猜想的出，禅师给予门徒的石头并不是一块普通的石头，否则这样的故事就有些天方夜谭了。虽然以50万的价位购买一块石头看似非常地不理性，但这也说明了，高价对于消费者做出购买行为的唆使性。

很多富商名流们频频亮相拍卖市场，他们在拍卖会上一掷千金，一幅画作动辄以上千万美元的价位成交，在普通大众看来，这种行为非常不理性，然而这种非理性行为正是来源于购买者的炫耀性消费心理，因为凡·高、雷诺阿、毕加索等这些名字已经成为财富和品位的象征，富商名流们通过拥有名家的作品来显示自己的高人一等。

与重金购买艺术品一样，富商们在媒体上公开征婚的目的也通常并非为了如愿以偿地找到配偶，因为很少有某一个富商通过高调征婚而寻找到真爱的。从某种意义上说，富商的这种行为也是一种炫耀性消费，按照男权主义的逻辑，女人通常被视为男人的附庸，等同于男人的财产，能够拥有才貌双全的女子自然也是男人拥有财富和地位的象征，因此，所谓的"抱得美人归"与其说是真爱与共，还不如说是富商的另一宗炫耀性消费。

# 第二十章

# 股市受伤定律

## 代表性思维：投资好公司的股票，不一定是理性的投资

请看这样一道题目：

玛丽是一个文静、勤奋且关心社会问题的女孩，她本科就读于伯克利大学，主修英语语言文学和环境学。那么在如下三种工作中，你认为玛丽最可能从事哪种工作：

A. 图书馆的管理人员

B. 既是图书馆的管理人员，也是山地俱乐部的会员

C. 任职于金融机构

针对上述题目，美国华盛顿州立大学金融学教授约翰·诺夫辛格博士询问了主修投资学的本科生、工商管理硕士以及金融顾问。结果，在三类学生中，有一半以上的学生选择了B，即他们认为玛丽最可能既是图书馆的管理人员，也是山地俱乐部的会员。这是因为，人们认为这两项工作与玛丽的人格特质最为相符。

然而，事实上，答案A的可能比答案B的可能性更大，因为如果玛丽是图书管理人员和山地俱乐部的会员，那她一定是一名图书馆管理人员，也就是说，答案A是答案B的一部分，而这个问题问的正是玛丽从事哪一项工作的可能性最大，而不是玛丽更乐于从事哪种工作。

不过A仍然不是最佳答案，最佳答案其实是C，即玛丽任职于金融机构，因为在金融机构工作的人要远远多于在图书馆工作的人。但是因为在金融机构工作与对玛丽的描述不太相符，这种配对方式不太符合我们的思维捷径，因而很少有人选择C。

上述认知误差便是投资心理学中的"代表性误差"。代表性思维是指这样一种认知倾向：人们喜欢把事物分为典型的几个类别，然后，在对事件进行概率估计

时，过分强调这种典型类别的重要性，而不顾有关其他潜在可能性的证据。也就是说，大脑一般使用捷径来简化分析信息的过程，大脑常常假定，拥有相似特征的事物就是相同的。

这种代表性思维错误体现在投资领域，便是人们常常将一个好的公司与一项好的投资相混淆，倾向于投资那些高速增长的公司的股票。这种投资方式被称为"势头投资"，指的是投资者一般会寻求那些在过去一周、一个月或者一个季度表现较好的股票和共同基金。

非常不幸的是，采用"势头投资"的投资者常会产生失望的情绪，因为从长期来看，公司倾向于保持平均增长的水平，一家公司经历高速增长后，便会放慢发展的速度——股票的表现并没有投资者所预期的那么好。

# 熟悉性思维：过多投资熟悉的股票是高风险行为

对于自己所熟悉的东西，人们更容易采取接受的态度，认为接受他们能让自己获得更高的安全感，这便导致人们常常错误地高估了自己所熟悉之物的投资回报率。比如，你可以从两个赌博游戏中任选其一，这两个赌博游戏的风险是一样的，在作出选择决策时，你多会选择参与自己更熟悉的那个游戏。而事实上，即使对于那些风险更大的赌博游戏，如果你更熟悉它，你也常会选择这一个。这一心理并不难理解，人们总是将熟悉程度高低与风险大小相提并论，并且认为越熟悉，风险便越小——你对于公司的某个异性并没有激情，但是如果将这名你熟悉的异性和一名你从未见过、听过的异性放在一起，让你必须从中选择一个结成百年之好，这时，你多会选择公司里的那名异性。

人们在进行投资时，一般会更愿意购买自己所熟悉的公司的股票，比如将资金过多地投资于自己所在的公司、当地公司和国内公司的股票，这种思维方式便是"熟悉性思维"。

如果要论及最熟悉的公司，自己所工作的公司首当其冲地要被放在第一位，由于被"熟悉性思维"所摆布，很多雇员都将自己的养老金投资在了公司的股票上。然而，传统的投资组合理论认为员工为了获得更高的投资回报率，应该进行分散化投资——根据他们能够接受的风险程度，将资金分别投入分散化股票、债券或货币市场基金。因此，将所有的资金投入自己所在的公司，并不是最理性的投资行为。安然公司未破产前，很多安然公司的员工将自己的大部分资金投入其中，结果，安然公司宣布破产后，很多员工一下子变得一无所有。

同样，由于对本国公司更了解一些，很多投资者也会将大部分资金投入本国公司，比如，美国股市占全球股票市值的47%，按照投资组合理论，美国投资者应该将47%的资产投入本国公司，然而据统计，美国投资者将86%的资产投资到美国股票。

当选择外国公司为投资对象的时候，人们则会首选自己比较熟悉的外国公司，即产品认可度较高的大型外企，他们认为投资这些公司，自己所面临的风险会更低。

然而，对你所熟悉的东西，你对它的认识就可能出现偏差——投资者认为熟悉比不熟悉的公司收益率更高风险更小——这一认知显得毫无道理。

"熟悉性思维"对投资者最大的致命伤是，他们将过多的资产投入他们所熟悉的公司，导致整个投资的分散性不足，从而使自己的投资行为面临更大的风险。

## 平均值谬误：过于自信是投资者的致命伤

环顾整个投资市场，你会发现过于自信的投资者不计其数。也许你会认为自己不在此列，在争辩之前，请先做这样一道测试题：

在以下四个选项中，选择你认为最符合自己的一项：

A. 我的智力非常高超，远胜过多数人；

B. 我的智力并不算特别出色，只是中等偏上水平；

C. 我的智力比较弱，只能算是中等偏下水平；

D. 我的智力非常差劲，远弱于多数人。

对于这个题目，绝大多数人都会选择选项B，既然绝大多数人都是中等偏上的智力水平，那么什么才是平均水平呢？在进行诸如此类的判断时，大多数人都会认为自己比平均水平高，这便是"平均值谬误"。在另一项关于驾驶技术的调查中，有80%的人都认为自己的开车水平高于平均水平。显然，很多人的想法并不正确。

由此可见，存在过于自信的心理是一种普遍的现象，具体到投资领域，过度自信的投资者也遍地皆是。盖洛普及潘恩韦伯曾经对2001年的个人投资者做过一项调查，调查结果显示，这些投资者在投资中普遍存在过于自信的心理。对于投资而言，过于自信并不是什么好现象，因为这种心理将导致投资者作出包括过度交易、冒险交易在内的错误交易决策，并最终造成投资组合的亏损。

过分自信的投资者通常会表现为频繁的交易，他们不停地买进卖出，对所获得信息的准确性以及自己的判断能力都非常自信，曾有经济学家专门研究过券商的账户数据，他们发现更高的交易量并不能带来更高的回报，事实上买卖频繁的人平均而言回报率更低——他们支出了大笔的佣金。

再者过于自信的心理除了导致频繁交易外，还会导致投资者买入错误的股票——他们卖出表现好的股票，买入表现不好的股票。

同时，过于自信的心理还会影响投资者的冒险行为，导致他们低估风险，从而使他们的投资组合承受更大的风险，比如他们会倾向于购买一些来自新公司和小公司的高风险股票，选择比较单一的投资组合等。

## 趋向性效应：出售盈利股票并不总是理性的

假如一个投资者急需用钱，他手头有两只股票，一只股票已经盈利20%，另一只则亏损了20%，如果该投资者不得已必须要出售其中一只的话，他会选择出售哪只股票呢？一般而言，人们都会选择出售盈利的股票，这是因为出售股票A再买进新股，这便表明你先前的投资是明智的，这会让人感觉自豪，而如果亏本出售股票B的话，则证明你先前的投资行为是错误的，人们便会产生懊悔的心理。一般而言，人们都会努力避免那些可能产生懊悔心理的行为，积极寻求能够产生自豪心理的行为，这便导致投资者倾向于在过短的时间内出售盈利股票，反而长期持有亏损的股票，这种行为被称为"趋向性效应"。

对于投资者而言，趋向性效应是十分不理性的，因为如果过早出售盈利股票的话，股票的股价在售出之后会继续上涨，长期持有亏损的股票则暗示股票的价格会继续下跌——产生"趋向性效应"后，投资者一般不太可能实现财富最大化的目标，他们获得的投资组合收益率往往较低。

## 禀赋效应：人们为什么不卖出亏损的股票

传统经济理论认为人们为获得某商品愿意付出的价格和失去已经拥有的同样的商品所要求的补偿是一样的，即自己作为买者或卖者的身份不会影响自己对商品的价值评估，但禀赋效应理论否认了这一观点。禀赋效应是指当个人一旦拥有某项物品，那么他对该物品价值的评价要比未拥有之前大大增加。与此紧密相关的一种行为就是人们倾向于持有自己的东西而不愿意进行交换，这种行为被称为"现状偏差"。

经济学家曾发现捕猎野鸭者愿意平均每人支付247美元的费用以维持适合野鸭生存的湿地环境，但若要他们放弃在这块湿地捕猎野鸭，他们要求的赔偿却高达平均每人1 044美元。禀赋效应的存在会导致买卖双方的心理价格出现偏差，从而影响市场效率。

为了调查禀赋效应对人们行为的影响程度，经济学家对大学生做了如下实验——总共有44名大学生参与了实验，随机抽取其中的一半人，给他们一张代币券和一份说明书，说明书上写明他们拥有的代币券价值为x美元（x的价值因人而异），实验结束后即可兑付，代币券可以交易，其买卖价格将由交易情况决定。

对于那些得到代币券的学生，实验者让他们从0到8.75美元中选择愿意出售的价格。同样，实验者也让没有得到代币券的学生开出他们愿意为代币券所支付的价格。当收集到他们的价格后，实验者发现买卖双方预期的价格是相似的，也就是平均出售价格与购买价格很接近。

随后，实验者用杯子和钢笔分别代替代币券再次进行这一实验，结果却显示，报出的平均卖价可达到买价的两倍多。

以上的实验直观地证明了禀赋效应的存在：一旦人们得到可供自己消费的某物品，人们对该物品赋予的价值就会显著增长。禀赋效应是现实市场交易中的普遍现象，经济学家对收藏品市场进行了调查，他们发现了这样一个事实：即使是那些对交易市场比较熟悉的投资者，当他们得到一件收藏品后，也很少有人愿意用其交换其他同等价值的其他收藏品。

对于投资者而言，禀赋效应导致他们倾向于保持自己已经进行的投资，当面对成千上万的公司股票、债券和共同基金时，他们索性选择保持不变——这种行为并不总是那么理性的，因为如果投资者仍然保留已经亏损的股票，这往往会造成更大的损失。

## 羊群效应：投资市场上的趋同性心理

在一群羊前面横放一根木棍，第一只羊跳了过去，第二只、第三只也会跟着跳过去；这时，把那根棍子撤走，后面的羊，走到这里，仍然像前面的羊一样，向上跳一下，尽管拦路的棍子已经不在了，这就是所谓的"羊群效应"，也称"从众心理"。经济学里经常用"羊群效应"来描述经济个体的从众跟风心理，指的是在信息不对称的情况下，投资者由于对信息缺乏了解，很难对市场未来的不确定性作出合理的预期，便通过观察周围人群的行为而提取信息，在这种信息的不断传递中，许多人的信息将大致相同且彼此强化，从而产生了从众行为。"羊群效应"是由个人理性行为导致的集体的非理性行为的一种非线性机制。

凯恩斯曾经指出："从事股票投资好比参加选美竞赛，谁的选择结果与全体评选者平均爱好最接近，谁就能得奖，因此每个参加者都不选他自己认为最美者，而是运用智力，推测一般人认为最美者。"出于归属感、安全感和信息成本的考虑，小投资者往往会采取追随大众和追随领导者的方针，直接模仿大众和领导者的交易决策，以此来规避投资风险。除此之外，系统机制也可能引发"羊群效应"。比如，当资产价格突然下跌造成亏损时，为了追加保证金或者遵守交易规则，一些投资者便不得不将他们持有的资产割仓卖出。如果很多的人都投资股票市场，便可能导致投资者能量迅速积聚，从而形成趋同性的"羊群效应"。在追涨的时候大家都蜂拥而至，大盘跳水时，恐慌心理满山遍野，每个人都恐慌出逃，此时极易将股票杀在地板价上。这就是为什么牛市中慢涨快跌，而杀跌又往往一次到位的根本原因。

"假如你在绝望时抛售股票，你一定卖得很低"——这是投资大师彼得·林奇的金玉良言——其实当市场处于低迷状态时，正是进行投资布局、等待未来高点收成的绝佳时机。但是由于大多数人存在着"羊群心理"，当大家都对未来悲观时，一些具有最佳成长前景的投资品种也无人问津；等到市场热度增高，大家又争先恐后地进行抢购，随着市场的调整，再一窝蜂地匆忙杀出——可以说，"羊群效应"是大多数投资人都无法克服的投资心理。

# 框架效应：快卖涨势股，慢卖跌势股

框架效应是指一个问题两种在逻辑意义上相似的说法却导致了不同的决策判断，在消费领域：当消费者感觉某一价格带来的是"损失"而不是"收益"时，他们对价格就越敏感。

为了解释框架效应，我们来看下面的例子：

在加油站A：每升汽油卖5.6元，但如果以现金的方式付款可以得到每升0.6元的折扣；在加油站B：每升汽油卖5.00元，但如果以信用卡的方式付款则每升要多付0.60元。

显然，从任何一个加油站购买汽油的经济成本是一样的。但大多数人认为：加油站A要比加油站B更吸引人。这是因为，与从加油站A购买汽油相联系的心理上的不舒服比与从加油站B购买汽油相联系的心理上的不舒服要少一些。加油站A是与某种"收益"（有折扣）联系在一起的，而加油站B则是与某种"损失"（要加价）联系在一起的。

研究发现：上述差异的原因是当衡量一个交易时，人们对于"损失"的重视要比同等的"收益"大得多。

再看这样两个关于选择的题目——

A. 一笔生意稳赚800美元；

B. 一笔生意有85%的机会赚1 000美元，但也有15%的可能分文不赚；

C. 一笔生意稳赔800美元；

D. 一笔生意有85%的可能赔1 000美元，但相应地也有15%的可能不赔钱。

结果表明,在第一种情况下,84%的人选择稳赚800美元,表现在对风险的规避,而在第二种情况下87%的人则倾向于选择"有85%的可能赔1 000美元,但相应地也有15%的可能不赔钱"的那笔生意,表现为对风险的寻求。

经济决策的理论历来认为,人从根本上来说是理性的。然而,人类在许多方面有非理性的特征,收益和损失完全是以认知参照点为依据的,参照点不一样,人们决策的方式也不一样——面临收益时人们会小心翼翼选择风险规避;面临损失时人们甘愿冒风险倾向风险偏好。

在股票投资市场上,当股价上涨的时候,人们为了获得稳定收益,很快就把股票卖出,当股价下跌的时候,人们总是怀着"股价还会上涨"的心理,采取了风险偏好的做法,死死地抓住跌势股——这种心理往往导致人们遭受到了更大的损失。

## 赌徒心理:执迷于随机的成功

斯金纳是新行为主义心理学的创始人之一,他曾经在著名的斯金纳箱(一种动物实验仪器,箱内设有一杠杆或键,动物在箱内可以自由活动,当它压杠杆或啄键时,就会有一团食物掉进箱子下方的盘中,动物就能吃到食物)做过一个关于操作性条件反射的实验:在最初的实验中,箱子中的小白鼠每按30次按钮就会吃到食物,在随后的实验中,小白鼠是否获得食物与按钮次数无关,随机获得食物。

实验发现,在前一个实验中,小白鼠得到食物后,会休息一会儿,必要时再持续按键;在随后的实验中,由于小白鼠无法预测食物什么时候滚出来,便不断地按键,如果某次按键后滚出的食物特别多,或者长时间食物没有滚出来,小白鼠按键的积极性更加高涨。

想想赌徒的行为,我们可以发现现实世界的赌徒与这只小白鼠的心理相差无二:当某个赌徒在某次的牌局中赢了较多的钱后,他并不会就此收手,反而会继续赌下去,因为他幻想着更好的运气,期望能够赢回更多的金钱;当一个赌徒长久输钱后,也会继续把赌博游戏坚持下去,因为他总认为也许下一局就彻底赢回来了——这也是为什么很多人好赌成性的原因所在,不管他们此时是输家还是赢家,他们都无法从赌局抽身而出,因为他们期望着随机获得更大的利益。

相对操作引发必然的行为结果的事件,一些与概率相关的获得能激发人们更大的操作积极性,也正因此,总是有很多的人醉心于股票投资,前仆后继地投入到这个高风险的游戏中。

# 赌徒谬误：三个跌停板之后，市场不一定会反弹

关于好运气和坏运气的转换，人们常有这样的推理，遇到持续的坏运气后，便会想当然地认为该自己走运了，因为风水轮流转，一个人不可能总是倒霉。然而，事实上这是一种不合逻辑的推理方式，认为一系列事件的结果都在某种程度上隐含了彼此相关的关系，即如果事件A的结果影响到事件B，那么就说B是"依赖"于A的，这便是心理学中的"赌徒谬误"。比如，如果一个赌徒一晚上手气都很差，便会认为再过几把之后自己就会成为赢家；股市大盘连续上涨4天后，人们便会作出下跌的预测；经历连续几天的好天气后，人们就会担心随之会下起大雨。

为了更好地诠释赌徒谬误，我们可以用重复抛硬币的例子来展示。抛枚硬币，正面朝上的机会是0.5（1/2），连续两次抛出正面的机会是0.5×0.5=0.25（1/4）。连续三次抛出正面的机会率等于.5×0.5×0.5=0.125（1/8），以此类推。

现在假设，我们已经连续4次抛出正面。犯赌徒谬误的人说："如果下一次再抛出正面，就是连续5次。连抛5次正面的机会率是（1/2）5=1/32。所以，下一次抛出正面的机会只有1/32。"

以上论证步骤犯了谬误。假如硬币公平，定义上抛出反面的机会率永远等于0.5，不会增加或减少，抛出正面的机会率同样永远等于0.5。连续抛出5次正面的机会率等于1/32（0.03125），但这是指未抛出第一次之前。抛出4次正面之后，由于结果已知，不在计算之内。无论硬币抛出过多次和结果如何，下一次抛出正面和反面的机会率仍然相等。实际上，计算出1/32机会率是基于第一次抛出正反面机会均等的假设。因为之前抛出了多次正面，而论证此次抛出反面机会较大，属于谬误。这种逻辑只在硬币第一次抛出之前有效。

在期货市场上，三个跌停板之后，为什么会有很多投资者认为市场会反弹？因为投资者认为会否极泰来，这一思维方式便陷入了"赌徒谬误"，以致在这一心理趋势的操纵下，很多有经验的投资者都死于趋势行情说。

第七篇

# 来自火星的男人和来自金星的女人

# 第二十一章
# 关于男人的那点事

## 男人必修的三大心理健康课

现实的生活不会一帆风顺，总是充满了挑战，有乐趣也有痛苦，既精彩又让人很无奈，对男人来说尤其如此。男人一出生就被社会打上了"干大事、成大业"的烙印。为了不辜负这个使命，他们几乎"不择手段"地去寻找机会，拼命去"赢"。好像只有如此方能有立锥之地。所以常常看见男人们疲惫不堪的样子。这还不够，苦命的男人还不能随意抒发情感，"男儿有泪不轻弹"、男儿有苦不能诉，否则会被贴上"软弱"、"无能"的标签。可能正是由于这些原因，男人的平均寿命才大大低于女人。所以，为了拥有更高质量的生命体验，男人必须学会调整自己的情绪、平衡自己的心理，在苦中找乐，在压力中找解脱，努力适应环境。

下面的心理健康课是男人必修的：

**1. 不要生气**

男人们，首先要学会不生气，要记住一句话："生气是自己虐待自己。"

在公司里被老板气，在家里被老婆气，在路上还说不定被交警气一通，没事的时候还往往想着气人的事而生闷气，男人们生气的时候实在是太多了，以至于"气死我了"都成了口头语。生气伤身，生气应该控制而且可以控制。一位美国社会学家曾说过："生气并不是一种先天性的情绪和行为，而是后天学到的。人们生气不生气，是自己决定的。"要想不生气，其实也不难，只要做到下面几点：

（1）延缓发怒。如果遇到什么事实在是不能不发怒了，不妨试着延缓15秒再发作，下一次努力延缓30秒，再下一次延缓1分钟……不断加长延缓时间，多加练习，你就能学会控制情绪了。

（2）调整思想，遇事多向好处想。比如被上司骂，应该将它当成对自己工作的促进。工作不进步哪来的钱赚啊？再比如被老婆骂，将它当成对自己的关心，"打是亲骂是爱"嘛。

(3) 不要没气找气生。对别人不要太苛求,比如对下属,不要非把他们打造成你想要的样子,其实他们按自己的方式去工作,说不定会干得更好。另外,对于一些无关紧要的小事,有些男人看不顺眼就想干预一下,分明是没气找气。

(4) 用爱平息愤怒。生气的时候,不妨走近你所爱并且爱你的人,用他们的爱去平息你的愤怒。

### 2. 远离抑郁

抑郁是现代生活中一种常见的不良情绪。在外面打拼的男人,自然会遇到很多的挫折,如果不会调整情绪,很容易陷入抑郁:郁郁寡欢、百无聊赖、内心痛苦、失眠健忘、食欲不振、悲观失望等等,严重的甚至想自杀。抑郁是幸福生活的大敌,必须注意防治。改变认知方式、灵活客观地思考问题、不钻牛角尖,是消除抑郁的最有效方法。

消除抑郁的一个常用训练方法是写"负性想法"日记,即用日记记录下产生抑郁情绪的日期、情景、抑郁程度及当时的"负性想法"。过一段时间,以旁观者的身份回过头来看这些日记,你会发现:自己总是以一种极端的非黑即白的方式思考问题、评估自己,故而产生抑郁情绪。

由此,你就可以有针对性地纠正自己的认知问题。

### 3. 克服不快乐思维

不快乐的男人有以下几种典型思维:

(1) "大好人"思维:有的男人喜欢把别人的过失都归罪于自己,为别人的不幸和过失承担责任。反省自己是对的,但要客观,不要太苛责自己。"大好人"思维会使自己陷入窘境,无谓地失去许多快乐。

(2) 主观臆断:不快乐的男人往往喜欢在没有事实根据的基础上武断地做出消极的结论。

(3) 以偏概全:不快乐的男人往往仅凭细节就对整体做出消极的判断。

# 男人也自卑

男人的自卑心理,通常来自以下几个方面:

### 1. 自我的怀疑

很多男人经历了一次或几次的失败,没有看到客观条件的制约,而只是一味地怀疑自己的能力,由怀疑而胆怯,再由胆怯而产生自卑心理。男人的自我怀疑,最可怕的莫过于对性能力的怀疑。如果一个男人内心深处对自己的性能力缺乏信心,心理上就会产生障碍，进而直接阻碍其性能力的发挥。在经历过几次不成功的性生活之后，这种怀疑就会变成严重的自卑心理。男人一旦怀疑起自己的能力来，就会将自己的性别优越感一扫而光，坠入自卑的泥潭难以自拔。

其实，失败和挫折是在所难免的，没有人具有"百战百胜"的能力。

遇到失败和挫折，理智地分析原因，客观地评价自己，进而有针对性地改进自己，才是正确的做法。

### 2. 女人的拒绝

男人们尽管有时候会因怀疑自己的能力而表现出犹豫和胆怯，但多数情况下，他们还是具有敢打敢拼的精神的。其实男人真正惧怕的是遭到女人的拒绝。比如邀请女士跳舞、向女士求爱等等，遭到拒绝很要命。被拒绝的男人会产生自卑心理，而且很难消除。即使能够消除，往往也需要一段相当长的时间。

### 3. 事业的失败

男人比女人更注重事业成败，因而对失败的恐惧要比女人强烈得多。可越是惧怕，就越难以充分发挥能力，失败就越容易降临。男性是主宰社会、负担家庭的性别，失败了难以找借口解脱。因而失败对男人来说异常可怕，会导致其强烈的自卑心理。

### 4. 性的阻碍

性自卑的男人有两种完全不同的极端表现。

（1）性夸张。性自卑的男人喜欢不断地邀约女性，并在半开玩笑的方式下，故意吹嘘和表现自己的好色和多情，仿佛自己是个情场高手，其实是性自卑心理在作祟，俨然是外强中干的纸老虎。男子激情难耐而向女方提出性要求时，若被直截了当地拒绝，很可能使他从此患上阳痿，甚至导致性能力的丧失。

（2）性洁癖。对于女性表现出极端的洁癖，也是男人性自卑的表现。德国大哲学家康德就有可能是这样的男人。他有比哲学信仰更专心、更虔诚的信仰。那就是：终身坚守不结婚以及不近女色。据说，他在家里把有关结婚的字眼都列为禁忌。如果他的朋友向他提起男女婚姻之事，他就会怒不可遏。

# 家庭暴力的心理溯源

随着我国社会经济的快速发展，家庭暴力现象也逐年增多。家庭暴力的受害者多是妻子和孩子，施暴者多是丈夫或父亲。他们通常会被人们斥为"野蛮"、"素质差"等。心理学家指出，家庭施暴者不是简单的、表面的"素质差"、"野蛮"等，而是多有深层次的病态心理问题，尤其对男性而言。

1. 自卑心理导致家庭暴力

有些男性，看到妻子在社交、事业等方面比自己优秀，心理自卑，于是在家里逞强，关起门来"收拾"妻子，以掩饰和平衡自卑心态。

2. 自负心理导致家庭暴力

很多男性在家中有自以为是的优越感，尤其是高级知识分子、高社会经济地位者，认为自己为妻儿带来一切幸福，妻儿理应服从自己。在这种心理的作用下，妻儿如果对自己不敬，他们就会非常难受，从而用暴力征服对方。

3. 猜疑与嫉妒导致家庭暴力

有的男性猜疑心重，常无端怀疑妻子红杏出墙，并且怒不可遏；有的男性嫉妒妻子能力比自己强，常无端发怒，侮辱妻子。这两种情况都会导致家庭暴力。

4. 过大心理压力导致家庭暴力

很多男性因工作、在外面遭受挫折等问题导致心理压力很大，在外面没有发泄途径，又不会调适情绪，所以常将怒火发泄到妻子或孩子身上，对他们施以拳脚。

5. 暴力遗传导致家庭暴力

有的男性在暴力家庭中长大，经常目睹父母亲打架，潜意识里埋下了"解决家庭问题要用暴力"的种子，在成家以后种子开始发芽、成长。

6. 不当的社会观念导致家庭暴力

不当的社会观念也是导致家庭暴力的原因之一。比如，我国的男性通常有根深蒂固的"占有"和"男主外，女主内"的观念，把妻子、孩子当成自己的财产而忽略他们的自主权，或者坚持要妻子主内，从而引发家庭矛盾，导致家庭暴力。

# 为什么男人会追捧《花花公子》

《花花公子》是美国一本比较香艳的杂志，以登载女性裸照而闻名于世，在其创刊号中，杂志创办人赫夫纳写道："如果你是男士，年龄介于18至80岁之间，那么《花花公子》就是专门为您量身打造的杂志……如果您希望在娱乐的过程中获得幽默、深刻和热辣的体验，那么《花花公子》定能成为您的心头之好……我们希望在创刊之初就说明这一点，《花花公子》可不是一本适合全家人阅读的杂志……如果您是某人的姐妹、妻子或是岳母，又不小心拿起了我们的杂志，那么就请您将杂志递给家庭中的男性成员吧，您本人还是读《妇女家庭伙伴》为宜。"

《花花公子》问世后，成为美国男性最喜爱的杂志之一。那么，男人为什么会追捧《花花公子》呢？从根本上来看，这是由男性对女性的性心理所决定的。男性对女性的性心理习惯有以下几个突出特点：

### 1. 喜欢看漂亮的女人

生活中有一个有趣的现象：两对青年男女在大街上迎面走来，擦身而过时，都向对面的青年女子投去一瞥——男的看对面的女子是饱饱眼福，女的也看对面的女子是下意识的对抗、竞争，攀比心理使然。男人就是这样，即使已有漂亮的女友陪伴在旁，但是当邂逅漂亮的女人时，仍然会情不自禁地多看几眼，一饱眼福。可以这么说，喜欢看漂亮的女人，这本来就是男人的天性。不过对于大多数男人而言，他们只是看看而已，并不会对其采取实际行动。

### 2. 喜欢看女人的裸体

仅仅通过视觉就能够挑起青年男子的性欲望，女人则必须靠爱抚才行。所以说男性是"视觉型"，女性是"触觉型"。男子喜欢看女人裸体，而且女性越遮隐的部位，对男性越有刺激性；男人还喜欢性幻想，看到女人的遮隐部位，他就想到下一步更刺激的情景，还想亲自为她褪去所有衣服，感受因而愈加强烈。所以，实际上腼腆、遮掩的女人比轻佻、暴露的女性对男性更具有刺激性。

### 3. 喜欢触摸女人

男性先天就有强烈的"接触异性欲"。实际上这对人类的繁衍是有积极意义的，而且也符合自然界的一个普遍规律——性爱的行为，只有雄性发挥其积极性，方为可能。热恋中的女孩可能对此深有体会：男朋友特别喜欢触摸自己，而且如果自己拒绝，他就会很生气，会说自己不爱他。他们不但喜欢触摸，而且喜欢得寸进尺地触摸，就像契诃夫在《樱桃园》中所说的："如果让你吻手，接着你一定会要吻肩膀，吻吻肩头。"

### 4. 喜欢打听女人的过去

男人恋爱时总喜欢直截了当或装作无意地询问女方的过去。这是因为男人具有很强的独占欲。当他爱上一个女人的时候，他就希望永远独占她，甚至包括她的过去。女性则不同，不太在意爱人的过去，只关注他的现在和未来。

### 5. 喜欢说"下流"话

平日里常常可以见到几个男人凑在一起说些"下流"话的情形，其实这是男性性心理现象的一种常见情况，不能简单地视之为低级下流。不同年龄、不同阅历的男人有着不同的"下流"话心理：年龄较大、性经验较丰富的人说些"下流"话，多是为了夸示其见多识广；年龄较小、没有性经验的男子这样做，多半是发自一种不愿被人认为是毛头小子的虚荣心；还有的男人这样做，是为了松弛紧张的性饥渴状态，发泄性欲。当附近有女性时，有的男人就更喜欢言语猥亵，想看看她们的反应。

# 为什么男人总觉得别人的老婆好

男人们常嬉皮笑脸地说："别人的老婆好，自己的孩子亲。"似乎是在讲笑话，其实是他们真实的心态，而且女人们也绝对不想把这句话当作笑话。如果丈夫夸别人妻子的时候被自己的妻子听见了，她肯定会和他吵闹一通。可吵闹改变不了男人的这种毛病。因为这不是男人的习惯或品质问题，而是有深层的心理原因。

### 1. 男女爱情心理差异

男女在爱情心理上是有差异的。一般地，女性的情感来得慢，但去得也慢，她们对丈夫的爱通常是自始至终的；而男性情感来得快，走得也快，容易移情别恋，有的喜欢在外面拈花惹草，希望"家里有个做饭的，外面有个思念的"，虽然有时候他不一定不爱自己的妻子。

### 2. 妻子在家中不注意自己的形象

女性在外面很注意自己的形象，外出时总要搽脂抹粉半天，然而在家里她们却无所顾忌，乱七八糟。可能她们认为，夫妻之间没有注意形象的必要，男人们通常也会这样说。可实际上，男人的潜意识没有休息，慢慢地，就会使他们对妻子的形象产生一丝厌恶。例如，有位年轻貌美的妻子喜欢放屁，在外面总是尽力克制，怕人家笑话，可在家里毫不掩饰，该放就放。丈夫开始还乐呵呵地笑她，后来开始规劝，妻子很不以为然："在家里都不能放屁吗？"再后来，她放屁丈夫就生气地走开，最后夫妻俩大动干戈。

做妻子的女性，应该改正这种错误观念，在丈夫面前也要注意形象，防患于未然。不妨学学已故英国王妃黛安娜，为了保持自己在丈夫心目中完美无瑕的形象，她每天早上总是要在梳妆打扮完毕后才与丈夫正面相对。

### 3. 妻子和丈夫说话不注意技巧

很多妻子和丈夫说话时喜欢用命令的口气，或者从来不夸奖丈夫。在我们中国人看来，客气就是见外，一家人怎么能客客气气的呢？除非闹了矛盾。这种看法也没什么错。丈夫与妻子都要负起家庭责任，为家里做出牺牲是理所应当的。问题是，如果夫妻之间经常互相夸奖，经常表示感激，说话注意技巧，夫妻关系会更融洽，家中的欢乐会更多。再说了，爱听颂歌也是男人的天性嘛。

### 4. 不公平的比较

金无足赤，人无完人。可男人们就是梦想自己的妻子完美无缺，而且喜欢拿自己的妻子和别人的老婆相比较。可他们的比较方法往往是不公平的。通常将妻子与众多的人相比，没有A的老婆皮肤白，没有B的老婆胸脯高，没有C的老婆屁股翘，没有D的老婆温柔贤惠……结果，这种"一对多"的比较方式，必然将妻子比得一无是处。

#### 5. 彼此太了解

俗话说"距离产生美"，夫妻之间太了解了，也会使丈夫觉得别人的老婆好。妻子若主动与丈夫保持一点距离，给丈夫造成一种神秘感，对维系婚姻的美好是有好处的。夫妻间不需要隐私的想法和做法无疑会减弱彼此之间的吸引力。

#### 6. 心理适应

心理学研究表明，同一种刺激次数多了、时间久了，人们在心理上就会适应它，反应就变得迟钝；新异的刺激更容易吸引人的注意力。夫妻两人同吃一锅饭，同睡一张床，日复一日，年复一年，妻子的美丽会令丈夫熟视无睹，对其吸引力自然就不如别人的老婆。另外，夫妻双方还可能因为志向、兴趣爱好、需要的差异等种种原因而发生摩擦，无疑会拉大夫妻间的心理距离，使丈夫造成别人的老婆好的错觉。

男人认为"别人的老婆好"，这是因为他接触到的只是别人妻子可爱的一面，而对她在自己家里的所作所为却不甚了解。另外，别人的妻子与自己没有利害冲突，自然说话客客气气、温柔甜美。别人的老婆好，是因为男人把她们当成了花瓶欣赏；自己的老婆不好，是因为男人把她们当成了油瓶使用。如果将花瓶与油瓶的用途交换，令男士欣喜的花瓶也会因沾满了油渍而失去昔日的夺目光彩；令男士埋怨的油瓶也会因插上鲜花而美丽动人。男士们若与妻子离了婚，娶了自己爱慕的人，就会发现一切都又发生了变化。离婚、结婚，再离婚、再结婚，转上几圈，最终发现还是自己原来的老婆好。

# 男人的若干真相

1. 男人在恋爱中，往往总是进攻型的。
2. 离婚的男人是不会独身太久的。
3. 男人需要向女人倾诉。
4. 男人喜欢制服别人，却不喜欢受制于人。
5. 评价一个男人，最好看他怎么谈恋爱。
6. 痛苦，常常是男人心中的一种秘密，他们不喜欢与他人共享这个秘密。
7. 没有性欲的男人，就不可能有爱情。
8. 男人想得到女人，往往是从亲吻开始的。
9. 男人跟男人在一起，最感兴趣的话题是谈女人。

10. 男人最大的悲哀就是搂着一个别有他恋的女人。

11. 男人都希望有一个贤妻良母型的妻子,再有一个可人的情人。

12. 男人对女人大献殷勤,无非是想得到女人。

13. 最让男人得意非凡之乐事,莫过于获得漂亮女子的垂青和眷恋。

14. 在未婚男人的心目中,姑娘就是姑娘,在已婚男人的眼里姑娘就是女人。

15. 男人感到最惬意的事情是被女人理解。

16. 躲在石榴裙后边的男人不一定是懦夫。

17. 男人都喜欢会撒娇的女人。

18. 真正有血气的男人,既不曲意求人重视,又不能忍受忽视。

19. 男人喜欢一个女人容易,理解一个女人就很难。

20. 男人在没有进入女人的"禁区"之前总是想入非非。当他尝到"禁果"以后,对女人就渐渐无所谓了。

21. 男人的眼泪更能打动女人的心。

22. 聪明而深思熟虑的男人,面对婚姻,往往感到犹疑踌躇。

23. 风趣的男人,往往会给女人带来快乐。

24. 男人在未结婚之前,都觉得他的未婚妻是美的。

25. 男人发怒时,女人最好保持沉默。

26. 有钱的男人,大都有外遇。

27. 男人如果认真起来,女人往往是招架不住的。

28. 过分修饰和讲究的男人,往往有自私的动机和忽略女人的倾向。

29. 犯点小错误时解释很多的男人,婚后夫妻之间容易吵架。

30. 对女人过分体贴的男人,婚后容易变得专横霸道。

31. 对于男人来说,最大的打击莫过于自己的女人睡到了其他男人的床上。

32. 大多的男人,不太可能一辈子只喜欢一个女人。不过有的男人抑制了自己,有的却暴露了自己。

33. 拒绝诱惑的男人并不见得都高尚,他并不是从妻子的角度考虑后去抑制的,而考虑的是自己的地位、前途、影响……

34. 男人抵御美色比抵御一头猛兽还困难。

35. 深刻的男人,往往喜欢用眼睛和沉默来表达;浅薄的男人,往往喜欢用嘴和手来表达。

36. 生活中,真正潇洒的男人不多,故作潇洒的男人却不少。

37. 有外遇的男人,在妻子面前,是毫无顾忌地暴露自己的缺点;在情人面前,则是小心翼翼地展示自己的优点。

38. 大凡男人，对女人都有一种潜在的侵犯意识。

39. 男人一旦结了婚多少总会有点变，往往会使女人感到眼前的丈夫并不是自己熟悉的。

40. 大凡男人，都希望自己身边有这样一个妻子：在家做家务时像仆妇，谈情说爱时像情妇，出门交际时像贵妇。

41. 懂得倾听的女人，定能得到男人的喜欢。

42. 美貌是女人在情场上俘虏男人的最有力武器。

43. 对漂亮女人的喜欢，是每个男人内心里都会萌发的感情。

44. 男人成家时，喜欢贤妻良母型的女人，在床笫间却喜欢狂放的女人。

45. 具有神秘感的女人的言谈令男人着迷。

46. 女人是男人一生中最主要的目标。

47. 有个性的女人，通常都具有吸引男人的魅力。

48. 女人的宽容，能够拯救消沉的男人。其实，男人都是为了追求更好的女人才拼命赚钱。

49. 大多美男子身旁的伴侣常常是个平凡的女人。

50. 越不受女人欢迎的男人越好色，越穷困的男人越贪财。

51. 一般成功的商人，都是追求女人的好手。

52. 对新生事物感兴趣的男人，往往对新近出现的女人亦会感兴趣。

53. 卑劣的男人不可能产生伟大的恋爱，浅薄轻浮的男人只会知道一点恋爱的娱乐。

54. 常在女人面前耍小聪明的男人，是不会有多大出息的。

55. 一般来说，男人欣赏女人的个性，而不能容忍女人的个性。

56. 男人最感兴趣的是性爱，不是情爱。

57. 男人大多欣赏有思想的女人，而不太喜欢没思想的女人。

58. 男人的高尚或卑鄙，都能在一桩婚姻中淋漓尽致地表现出来。

59. 男人只有在真正爱上一个女人而得不到时，才会有真正的痛苦。

60. 男人最怕的是在女人面前丢面子。

# 第二十二章
# 关于女人的那点事

## 现代女性的心理需求

随着社会经济的发展和社会理念的革新,女性的心理需求变得复杂多样,不仅要求得到男性想得到的一切——爱情、婚姻、子女、幸福、满足、金钱、权力、地位、成功,还具有许多男性所不具有的特性需求,以至于今天的男人仍然迷惑于据传弗洛伊德曾经迷惑的问题:"虽然我花了30年时间研究女性的灵魂,但有个大问题我仍然无法回答:'女人渴望得到些什么?'"

现代女性具有如下的一些心理需求:

### 1. 事业心强

现代女性大多渴望男女平等,追求事业成功,希望丈夫或男友认真看待她们的工作,就像重视他们自己的事业一样。

一位年轻女性,是个护士。丈夫是某公司的销售经理,整天全国到处跑,她也不得不屡次调整工作以跟随丈夫。丈夫不以为然,认为妻子有没有工作无所谓,只要自己挣钱够多就行,完全不了解这位现代女性的事业心。终于有一次,她因工作获了奖,继而当众进行了一番催人泪下的演讲,在场的丈夫总算明白了妻子对于事业成功的渴望,心里充满了愧疚。他回忆道:"真是惭愧,所有的人都在为一位女强人鼓掌欢呼,而我竟然根本不了解相处多年的妻子。"从此,他对妻子的工作分外敬重,夫妻关系也比以前稳固、亲密得多了。

### 2. 渴望真诚交流

以往的女性嫁人,看的是对方有没有钱、够不够富裕,结婚后大多安心地靠男人挣钱度日,全身心地生儿育女、照顾家人,至于有无夫妻感情似乎无所谓。现代女性则不同,她们渴望真正的爱情,渴望真诚的交流,不像以前那样只看重对方是不是富裕。而且,她们对男人的赠予十分警惕,不喜欢男人将自己看作是可以收买的商品。

### 3. 乐于被人恭维

现代女性喜欢被恭维，无论年龄多大的女性，都喜欢别人恭维自己长得漂亮、年轻。这是因为她们心底还是认为年轻貌美才能讨人喜欢，才能占得先机。年轻、漂亮的渴望使女性对于体重多了几公斤、脸上爬上了少许皱纹都难以忍受，以至于变成了巨大的心理压力。

### 4. 有被倾听的需求

现代男性和女性对于交谈的认知和感受可能迥然不同。男性爱讲理、爱较真，将交谈作为解决问题的手段，因而他们会打断对方的谈话而摆出自己的道理。而女性和人交谈，很多时候只是需要一只倾听的耳朵，不需要什么忠告。她们更多地将交谈看作分享感情的渠道，往往说个不停，直到觉得好受为止。

### 5. 有时需要独处以作休整

女人和男友或丈夫生气的时候，往往拒绝对方的解释或道歉而要求单独待一会儿。男性对此通常不甚理解而感到很不安。独处对于一个女人非常重要，可大多数男性都认知不到这一点。女性的独处并非对缺少爱的抗议，而是在表达一种自主的需求，并且可借助独处完成某些心理上和精力上的调节，使自己能够在生活中更适应自己的角色。

### 6. 爱情观注重实际、执著

女性的爱情是实际、执著的，不像男性那样容易动情且满足于一时的浪漫。女性远比男性更善于让自己的头脑去把握自己的激情。她们择偶时，看重伴侣身上的长期品质——诚实、有才干、富于同情心等等，而且通常会想到结婚以后的事情。

### 7. 浪漫爱情始于厨房

在很多女性眼里，分担家务比性生活和谐更有利于维持健康稳固的婚姻关系。她们需要丈夫和自己一起料理家务，这样会感到更幸福。专家指出，夫妻在厨房里的亲密无间跟卧室里的亲密和谐一样重要。

# 女性易患的心理疾病

据相关调查，接受精神疗法的病人，男女比率大约为1:2，可见女性出现心理障碍、心理疾病问题的比男性多。这与女性自身的生理特点及特殊的社会环境压力有关。

女性常见的心理疾病主要有以下几种：

### 1. 忧郁症

忧郁症是因长期压抑、忧虑而引起的心理疾病反应，主要有以下几个特点：

(1) 情绪的消极反应。如心情沮丧、情感淡漠、爱哭，多忧伤。

(2) 认知评价的消极反应。如自我评价低、否定自己或自我歪曲、总认为生活无希望、缺乏进取心等。

(3) 身体及生理上的不良反应。如缺乏食欲、失眠、易疲倦，有的外表略有驼背姿势。

(4) 有妄想、自杀的意念，总觉得自己的存在没有价值。

### 2. 焦虑症

女性的焦虑症通常是在家庭生活或工作中遇挫而受到较强的精神刺激引起的，其异常心理表现是：

(1) 心烦意乱、坐立不安、缺乏安全感，总觉得别人在危害自己，常常预感到将要大祸临头。

(2) 自主神经功能紊乱导致手指麻木、四肢发凉、胸部有压迫感、食欲不振、胃部烧灼感等。

### 3. 癔症

癔症也称歇斯底里症，大多由强烈的精神刺激导致大脑失调引起。患者大多数是青壮年妇女。癔症的主要表现是：

(1) 胡言乱语、意识模糊、阵发哭笑，严重时抓自己的头发、撕咬衣物、说唱谩骂、撞墙打滚等。

(2) 不同程度地出现运动障碍、感觉障碍。如失明、耳聋、四肢抽动或全身挺直、失语等。

### 4. 神经衰弱

神经衰弱是一种大脑高级神经系统失调的病症，主要由长期思想负担重、过度紧张等负性情绪及极度疲劳引起。

神经衰弱的异常心理表现是：经常头痛、头晕、烦躁、容易兴奋和疲劳、夜间难于入睡、精神萎靡、注意力难以集中、记忆力衰退等。

### 5. 更年期综合征

女性的更年期又称绝经期，指最后一次月经来潮前后的一段时间，大约在45~55岁之间。女性更年期开始后，卵巢逐渐衰退萎缩、雌激素分泌减少，性腺功能下降，直至排卵停止，月经断绝。此过程中，内分泌激素紊乱，中枢自主神经功能受到影响，对外界适应力降低，交感神经应激性增加，所以导致情绪波动厉害。男性也有更年期，大致在55~60岁左右，但病态反应不明显。

研究证明，精神刺激因素是"更年期综合征"的重要发病条件。另外，此类患者病前多有性格缺陷。更年期综合征主要有如下症状：

（1）精神紧张、烦躁激动、情绪不稳、忧虑多疑、易怒等；
（2）眩晕头痛、失眠耳鸣、忽冷忽热、心慌手抖、四肢发麻、神疲乏力等。

# 女性的五大事业心理误区

心理学家研究认为，女性在事业上比较容易失败，跟其在事业方面存在的心理误区有很大关系。常见的心理误区有以下几种：

### 1. 商业头脑不如男性

强烈的竞争意识对于事业的成功是不可或缺的，可在事业上女性多数都有些自卑，自认为商业头脑不如男性，竞争力不强，甚至主动放弃与他人的竞争。

### 2. 事业成功会失去爱情

人们普遍认为，事业上成功的女强人常常会失去爱情和家庭。这种例子确实是有的，但并不是一个定律。女性如果这样认为，在事业上有所顾虑，定然会影响成功。

### 3. 只要漂亮，什么都会有

我国传统观念认为"女子无才便是德"，只要漂亮贤惠就能被社会所接纳，很多女性至今仍这样认为。她们容易因为漂亮脸蛋而产生优越感，认为无需费力去竞争，进而不思进取，想吃青春饭。可到头来，往往搞得自己一无所有，或者至少生活得很不幸福。

### 4. 模仿和延续

女性多将注意力放在对原有思维结构的理解和模仿上，思维的目的也只是为了延续已有的东西，因而女性在模仿和继承性强的领域易出成绩，而在创造性工作领域成就往往不大。

### 5. 嫉妒同性

对于女性而言，同性是她们天然的敌人，她们为职场资源和男性而竞争，这种心理导致女人常会为难女人。这种心理误区使很多女性失去了成功的同盟军。

# 大龄单身女性的三大心理障碍

### 1. 封闭心理

很多大龄女性不善交际，喜欢独处，不愿在婚姻问题上主动出击，甚至不愿与结过婚的同事来往，交际范围十分狭小。这种封闭心理只会使自己变得格外"清高"，也使相当一部分对她们感兴趣的男性望而却步，大大减少了她们本已不多的择偶机遇。

**2. 逆反心理**

大龄单身女性,很多是由于以往择偶要求过高而导致了今天的局面,本来应吸取教训,降低一下标准,可是有些人认为"事到如今,绝对不能让人笑话",反而把标准提得更高。要知道,婚姻是实实在在地过日子,脚踏实地地择偶,不是像小说描写的那么浪漫。基本上,把爱情理想化的大龄单身女性将继续单身下去。

**3. 自卑心理**

很多大龄单身女性在清高的外表下藏着一颗自卑的心。她们认为大龄单身很不光彩,对自己悲观失望,最怕别人谈婚论嫁,也不喜欢别人以关心的口吻询问自己的婚事。她们通常有两种结局:①把自己彻底封闭起来,不追求婚姻,即使有真心人追求,也加以拒绝;②屈从于社会、父母、朋友的压力,将自己的婚姻问题草率了结。

大龄单身女性再怎么封闭、自卑或者逆反,也始终深藏着一种需要异性的真诚爱抚的心理倾向,当然外人是难以觉察的。只要有适合的男性给予细心的体贴和无微不至的爱抚,她们深埋的爱的火种就一定会点燃。不过光等别人来点燃是不行的,大龄单身女性们还必须积极地自我调适不良心理,才能尽快获得满意的爱情与婚姻。

# 女人在性爱中的性心理

女性在性爱中的性心理微妙而难以捉摸,即使是朝夕相伴的丈夫,也难以完全明了。然而,女性在性爱过程中往往有意无意地表现出一些共同的性心理现象。

**1. 激发性爱的因素**

丈夫的贴心关怀能激发女性性爱的快感和满足感。女性常担心自己魅力渐失而失去丈夫的爱。所以,丈夫的关怀体贴自然是对妻子最好的抚慰,从中妻子可以品味到爱的温暖、温馨以及自己的"魅力不减当年"。如此,妻子就会把自己的一切献给丈夫作为一种回报,期待着与丈夫共度性生活中那震撼人心的时刻,性爱中的满足感自然也更加强烈。

性交前的真诚交谈,更能刺激女性的性欲。丈夫柔情蜜意的话语能让妻子倍感温暖,舒心惬意的交谈能够加强随后的性体验。尤其对于那些忙于工作、家务和子女的女性,和丈夫的交谈其实就是一种性满足。可是,很多丈夫粗心大意,经常忽略这一点。

### 2. 性爱的整体感

男人是为了做爱而做爱，达到了性高潮也就得到了满足。与此不同，女性对性爱要求一种整体的感受，做爱只是其中一个重要的组成部分而已。她们最大的心愿是被人爱。这里的爱当然远不止做爱。如果丈夫平时对待她的行为、态度不够好，即使是无意的，使她感觉到没有被好好地爱，那么她在性交过程中的反应就会比较消极。把生活中的小事和性爱联系在一起，就是女性的性爱整体感。

### 3. 性生活的配合

女性不喜欢开门见山的性爱，她们渴望得到丈夫的关怀爱抚。温柔或是热烈的拥抱、抚摸、接吻等等，都会让她们激情奔放，甜美的性爱也就水到渠成，且性高潮会很快到来。高潮之后，她们的性快感消失得缓慢，所以希望继续得到男人的温存与爱抚。丈夫此时应该理解和配合妻子，不要完事就酣然入梦，那样会伤害妻子的心。

# 已婚女性的七大心理误区

女人的一个共性就是重爱情，爱情引领着女人尤其是少妇们的精神生活。情感生活和谐，女人自身、女人与男人乃至人与自然的关系才会和谐，才会感觉到幸福与愉悦。然而，更多情况下，女人为情所困，不仅怀春少女如此，已婚女性也不例外。许多已婚女性没有找到应对婚姻生活的积极、合理、有效的生理、心理及行为模式，并且在认知上存在种种误区，从而导致了各种不同程度的"为夫妻感情所困"。

### 1. 误区一：结婚了就什么都定型了，不用再在男女问题上费神了

很多已婚女性认为，结婚了他就是自己的了，为自己服务是理所当然的，不用再去经营双方关系了。其实这是一个心理误区。结婚不是爱情的终点和坟墓，而是爱情的现实满足方式。把一切视为应该或必需的想法，无疑会把动感的生活"定型"，使其僵化，使夫妻双方都因结婚而失去自我。要记住，天下没有什么事情是"应该"的。婚姻需要经营。

### 2. 误区二：夫妻之间无需敬待，说话可以无所顾忌

有些已婚女性无意中把丈夫当成了孩子、动物或机器，不懂得尊重或者不够尊重丈夫，说话肆无忌惮。有一对夫妻，丈夫的哥哥曾经因外遇而离婚，妻子就经常拿此事来说三道四，还讽刺丈夫，说他们家风气不正、风水不好，并警告他不要学哥哥等等。她自己倒没把这个当回事，认为夫妻之间说什么都不过分，何况婆婆也经常这样说。然而"说者无心，听者有意"，丈夫深受其痛，最终因此和妻子断绝了关系。

### 3. 误区三：强加于人

很多已婚女性总是用女人的标准来要求男人，喜欢把自己的意志强加给丈夫。比如，要求丈夫必须喜欢看肥皂剧，必须喜欢抱猫咪，必须一天洗一次头发，必须一天换一件衬衫，必须……如果丈夫不喜欢多说话，她或许会说："你怎么这样？哪个男人像你一样不喜欢交际？"如果男人喜欢多说几句话，她又会说："你怎么这样？啰里啰唆，像个女人一样。"……结果搞得丈夫在家里感到非常有压力，体验到了太多的失败感，对妻子的感情也会越来越淡薄。此时，妻子们倒困惑起来："这个死人怎么不喜欢回家了？怎么对我越来越冷淡了？难道是有了情人……"

### 4. 误区四：错误理解夫妻快乐的责任

很多妻子认为，让自己的男人快乐就是尽到了妻子的责任。其实这完全是一种误解。男人是很容易达到兴奋点的，而且快乐、满足了之后就会找不到南北而忘记了作为一个丈夫的责任。合乎男女生理和心理特点的夫妻快乐责任分配机理是：男人负责让自己的妻子快乐，女人负责告诉男人如何才能让女人快乐。

### 5. 误区五：对丈夫看管太严

这是妻子的通病，就是对丈夫看管得太严，什么事都要过问，什么事都想控制，即使自己根本力不能及。有的妻子喜欢搞出丈夫的电话清单来研究，甚至亲自或雇人对丈夫进行跟踪。其实这样只能把丈夫推得远离自己，本来没问题也搞出问题来。妻子需要控制，但不要乱来，控制不了的事情就不要管它，否则换来的只是自己的惶恐不安和丈夫的冷目以对。

### 6. 误区六：主张"女主内，男主外"

很多妻子仍抱着传统观念不放，主张"女主内，男主外"，包办生活中所有的家务，且不论观念的对错，至少犯了固执的毛病。夫妻分工格外明确，结果丈夫在家成了闲人，事业忙的时候倒也无所谓，比如创业阶段，很多妻子为了支持丈夫而把所有的家务都承担下来，让丈夫把更多的精力投放在事业上，这很好。可等丈夫事业有成，多余的精力就放在了寻花问柳的事情上了。

### 7. 误区七：付出就应该得到回报

很多已婚女性，认为自己怎样对丈夫好，他就应该怎样对自己好，即付出就应该得到回报。比如，丈夫在外面有了情人，有的妻子就会这样抱怨："当初他穷的时候，我跟他好，家里人都反对，我仍然和他结了婚。可现在他发达了，没有良心地在外面找了'狐狸精'，把我当年的好忘得一干二净！我不想活了……"这种心理误区，很容易导致妻子的心理失衡。其实，既然选择了嫁给一个男人，就应该明白这是选择了他的一切，就应该做好承受可能不幸的心理准备，如此才不致到时候心里那么困顿。

# 女人的若干真相

1. 越是骄傲的女子越是懂得温柔。
2. 外表看似快乐无比的女人,其心里不一定也无比快乐。
3. 男人的温柔多情,是任何女人都无法抗拒的。
4. 作为女人,没有一个想独身的,如果独身只是因为没有一个合适的男人出现。
5. 女人最大的心愿是有一个好的归宿。
6. 对于女人来说,最大的打击莫过于自己在用心塑造了一个男人之后,却失去了这个男人。
7. 女人最大的快乐是被爱。
8. 对中意的男子,女人原本不吝惜她的温情,但为了自己的面子,依然渴望中意的男子首先对她表示倾慕。
9. 一个女人感到害羞的事情越多,她越纯洁。
10. 几乎所有独身女人都经历过一次恋爱。
11. 再强势的女人,其心里也会有一缕隐隐的柔情。
12. 女人最大的弱点:感情用事。
13. 一个失恋而不甘寂寞的女子,一旦生活中出现新的机缘,她是不会轻易放过的。
14. 女人和男人一样,都企盼婚姻的来临。
15. 即使经济充裕的女人,也企盼自己的男人在金钱方面能够支持她。
16. 女人越成功,越想得到"王子"般的男人。
17. 再本分的已婚女人,思想也有开小差的时候。只是有诸多因素的抑制,所以她依然本分。
18. 凡是女人,都希望找一个完美的男人。
19. 女人的清高是做给男人看的。
20. 男人给予女子恋爱上的打击,是对女人最致命的伤害。
21. 女人一旦深爱上一个男人,付出任何代价她也在所不惜。
22. 外表冷漠的女人,往往内心不一定冷漠。
23. 自尊心很强的女子,往往在情场上不会属于进攻型的。
24. 女人常常注意爱情的内涵。
25. 当女人对你说她不漂亮时,那是希望你赞美她的漂亮之处。
26. 女人总有浪漫的一面。

27. 男人巧妙地指出女人的可爱之处，他便立刻受到她的欢迎。

28. 女人依然怀念给她造成创伤的男人，但是却不会真心挚爱给她包扎伤口的男人。

29. 女人的尊严多体现在防卫上。

30. 女孩子最容易献身于敬畏与崇拜。

31. 对于一个情窦初开的女子，爱情就是她的一切。

32. 一个女人，最感到委屈和难堪的是男人不去关心她的精神实质、志趣和追求。

33. 个性的女子，往往钟情富于激情的男人。

34. 一个十分讲究的女人，对男人的要求也是很苛刻的。

35. 当女人对男人表现出冷漠时，不要以为她漠视了他的存在。要知道，她的"表"与"里"是成反比的。

36. 一个女人无论有多少浪漫史，在她心底往往有一个永远不会被任何人所代替的男子。

37. 女人一得到男人的施舍，就常常想到要如何报恩。

38. 女人天性爱幻想，爱憧憬。

39. 凡是女人都希望结婚。但独身女人对婚姻怀着喜恶参半的矛盾心态，而使婚姻成为可望而不可及的事。

40. 抱怨没有一个好男人的女人，定是吃过男人的苦头。

41. 玩世不恭的女子，大都在爱情上有过一次失意。

42. 婚姻如同赌博。女人往往在不知输赢的情况下便把终生的幸福作为赌注。

43. 女人被爱情打击过一次，会成熟许多。

44. 几乎所有女人在结婚前，都只打算嫁一次人。

45. 再严肃再正统的女人，也渴望男人的追求。

46. 一个男人真心爱着一个女子，他就会用心灵去体会她最细微的精神需要。

47. 男人若爱着一个女子，与其作个先征求而后吻的懦夫，不如作个吻了之后再来道歉的勇士。

48. 处于恋爱中的女子，常常把意中人的缺点也看得可爱。

49. 只有完全成熟的女人，才有真正的秘密，不太成熟的女人，只有暂时的秘密，不成熟的女人，则根本没有秘密。

50. 失恋的女子，往往感情由此变得深沉，气质也由此变得成熟。

51. 女人的容颜往往和磨难成反比，女人的魅力往往和磨难成正比。

52. 大多女人都具有"黑色幽默"的才能，当她说"是"的时候，一定是"不是"；说"不是"的时候，一定是"是"。

53. 女人通常是，男人爱她一分，她就会爱男人七分。

54. 女人多是为了自己的男人不懂得她的心事而烦恼。

55. 表面越冷的女人，其心里往往越炽热。

56. 一个心中没有秘密的女人，不会太幸福；一个心中有太多秘密的女人，一定有痛苦。

57. 女人爱得越痛苦，往往越高尚。

58. 女人第一次向男人表示爱，总是默许的。

59. 有的女人，当男人去爱她时，她会拒绝。但当男人与另一个女人恋爱时，她又会嫉妒。

60. 当女人的目光羞涩地避开你时，爱情的种子已在她心里萌芽了。

# 第二十三章
# 男人来自火星 女人来自金星

## 男女心理的天生差异

男人和女人，从来到这个世界的那一天起，相互之间就存在着差异。只不过刚出生的"男""女"，是没有心理的性别差异的，有的只是生理意义的性别差异。随着成长，心理差异逐渐表现出来，以性别偏好为最初的形式。大约在两岁左右，男女儿童开始表现出对玩具和游戏的不同偏好；4岁左右，表现得更为明显和稳定。如男孩爱好运动类游戏和汽车、建筑材料等玩具，女孩则喜欢坐着的游戏、扮演家庭成员角色及与之相关的玩具；4~6岁期间，儿童开始表现出性别定型行为。研究表明，男女心理的发展速度和水平是不完全一致的。出生到青春发育期这一段时间，女孩的心理发展较超前；从青春发育期开始，男女心理发展状况总体趋平，当然性别特征和性别差异是明显的。

目前，男女两性在言语运用、认知心理、行为心理、情感心理等方面的差异已经得到研究确认。在受暗示性、社会化、自信心等方面也存在着较明显的心理差异，尽管证据并不充分。

**1. 男女言语心理有差异**

语言运用作为一种社会行为，存在着性别差异。据研究，男性言语的特点是：傲慢自负、使用咒语俚语、盛气凌人、气粗声大、言语有力、直来直去、敢说敢做、不容置疑；女性言语的特点是：絮絮闲聊、柔声轻语、急速流畅、礼貌友好、情意绵绵、唠叨不断、坦然无隐、多于细节、彬彬有礼、热情洋溢、字斟句酌，有时莫名其妙令人不得要领。难怪英伦文士奥斯卡·王尔德曾经这样说："妇女是妩媚动人的，她们可能从来不想说什么，但是她们一旦说起来却足以使人销魂荡魄。"

男女言语差异表现在语音、用语和交谈三个方面。语音方面，女性发音的绝对音高高于男性，比男性更娇柔，语音听觉比男性更敏感；男性发音比女性含混，"元气"比女性更足。用语方面，女性颜色词语的掌握能力强于男性，比男性更喜欢使用情感词，比男性更善于使用委婉语。交谈方面，女性说话比男性含蓄，与男性相比不喜欢左右话题，言辞比男性更温文尔雅；男女交谈的兴奋点不同，男性更多地将注意力集中在谈话内容上，而女性将注意力集中在交谈过程本身。

男女言语差异受男女心理发展特点的影响。在青春发育期以前，女性在理解人际关系、形成义务感和责任感等方面比男性成熟得早，心理年龄比男性要大1~1.5岁。开始青春发育后，男性敢于冒险、喜欢逞强、好称英雄、坚定果断、直截了当，对异性反应较强烈，但比较粗心，不太注重细节；而女性则文静怯弱、礼貌友好、温柔纤细、有柔弱感，又优柔寡断、疑心重、气量不大、胆小怕事、缺乏自信等等，情绪体验深刻、感情丰富细腻，很渴望得到异性的支持和爱护。

**2. 男女认知心理差异**

据研究，8~9岁左右，男孩在看图计算、走迷宫等空间知觉能力方面，无论速度还是精确性，开始比女孩表现出明显的优势。

感官方面，男女在触觉、嗅觉和痛觉的灵敏性方面不相上下，对声音的辨别、定位及颜色色调的知觉上女性优于男性，而男性视觉上则比女性灵敏。

记忆方面，女性机械记忆、短时记忆优于男性，而男性的理解记忆、长时记忆优于女性。

思维方面，男女发展总体平衡，但发展速度及水平随年龄阶段而不同：学龄前期，女孩思维发展略优于男孩，差异不显著；小学到初一阶段，差异逐渐明显；初二以后，男孩思维发展迅速赶上并超过女孩，差异日渐明显——男性擅长抽象思维，女性擅长形象思维。

**3. 男女行为心理各有别**

（1）交际差异

现如今，女性往往有较多的朋友，尤其是与同性朋友之间能长久保持较亲密的联系；而男性则较少有长期亲密联系的朋友。他们除了握手之外，似乎不再需要任何进一步的身体接触。对此，心理学家认为，小女孩可以手拉手一起上学，受了委屈互相安慰，养成了亲密接触的习惯；小男孩从小就被教导要坚强、独立、自己的事情自己做。他们不敢像女孩那样做，否则可能会被别人说没出息。这种观念根深蒂固以至影响其一生的交友态度。

（2）生活习惯差异

男女生活习惯不同，尤其是各有不同的坏习惯。调查显示，人们的首位不良生活习惯，男性是不爱吃水果，女性则是不爱运动。这些生活中的坏习惯是人类健康的大敌，但其养成非一朝一夕，改变起来不容易。

(3) 女性更喜欢撒谎

通常，我们认为信口开河、夸夸其谈的人，男性多于女性。可大多数心理学家却不这么认为。他们说女性更擅长撒小谎、耍欺骗、遮瞒、找借口等花样。因为她们体力天生比男性弱，所以不得不靠小计谋来弥补生存的缺陷。

(4) 不信任行为

女性疑心通常比男性重，尤其表现在对配偶的信任问题上。妻子经常怀疑和害怕丈夫有外遇。心理学家认为，这是因为在她们心目中，男人天生"坏"，从不把自己作为丈夫与父亲的身份当一回事，总想逃避家庭的责任，一想到把终身托付给"坏"男人时，就会不寒而栗、倍加防范。

(5) 男人自主意识强，女人从众心理强

相对来说，女性比男性更容易受暗示性行为的影响。

男性通常喜欢按照自己的意愿行事，行为目的性明确，独立性较强。男性不愿由别人的言行来左右自己的决断，对别人的意见、建议或暗示性行为不容易盲目接受。他们一般先理性地思考别人的意见或建议是否正确，然后再做取舍。正因为如此，男性有时候显得很固执、武断，易出现重大失误。

女性从众心理强，很容易被别人的言行"感染"，从而无分析地接受别人的观点和行为，或者因别人的影响而轻易改变自己的决定。

例如，女孩儿看见有谁在哪里做了一个漂亮的发型，就会纷纷跑到那里做个同样的发型出来；妈妈们看见别人的孩子穿上名牌衣服挺神气，自己也会买来好衣服打扮孩子；女孩儿都希望有个好身材，看见女舞蹈演员"修炼"的小身段那么婀娜，也会纷纷效仿，积极投身健美运动；女性还特别喜欢"算命"，乐于接受种种暗示。这可能是因为女性对未来总有一种不安感，缺乏男人那样的判断力，于是就求助于"算命"。

### 4. 男女情感心理差异

在情感心理上，男女差异非常明显，归纳如下：女性情感丰富，男性情感受到许多理念的抑制而相对较少；女性比男性容易动情；女性情感易变，男子相对稳定；男性情感多停留在表面，易冲动，女性则容易深入体验；男性情感粗犷，女性情感细腻；爱一个人的时候，男性往往热情如火，女性则多温柔体贴；男性感情刚劲，女性感情脆弱；男性对愤怒、惊恐感受强烈，女性则对悲伤、忧愁体会更深刻；女性容易比男性焦虑；女性的感情主观色彩较重，男性则较为理性、客观；某种情感在女性之间会迅速传播，在男性之间则非常迟缓；女性个人情感具有弥漫性，男性情感较集中；男性心胸较开阔，情绪问题少，女性心胸则较狭窄，情绪问题多；女性言行感情色彩重，男性言行感情色彩轻；女性比男性更容易表现出嫉妒、羞怯、惭愧等复合情感，却难以自拔与超脱。

在情感表达方式上，男女也有明显差异。女性的情感表达常表现出委婉、含蓄、含糊、暧昧等特点，尤其是女孩儿，偏好掩饰自己的真实情感。比如让她们对人或事给出一个"好""坏"的评价时，往往得不到其明确答复——遇到非常喜欢的，不说喜欢；对自己讨厌的，也不说讨厌。其实这样可以留给自己很大的选择余地。当被男性追求时，女性更会暧昧有加，这样可以增加自己的神秘感和吸引力，让男性更大胆、热烈地追求自己并考验他的真心。其实，女性有时候自己也摸不透自己，不知道自己到底是什么人，常常没有明确的目标而凭感觉来生活。这是女性情感表达暧昧的另一个原因。

而男性在情感表达上喜欢直截了当，不喜欢兜圈子。对人或事的"好""坏"，他们不掩饰自己的真实情感，会作出明确的决断，好就是好，坏就是坏，不会含糊其辞。

上述种种的男女心理差异，是先天遗传因素和后天环境、教育因素相互作用的结果。男女性别是由性染色体决定的，男性染色体为XY，女性染色体为XX。这种遗传差异是两性一切差异产生的基础。男女性腺分泌的不同激素使两性大脑功能的发展存在差异，且使两性气质、性格等方面也不相同。比如，男性的高水平雄激素使他们比女性攻击性强。

后天环境和教育因素对男女心理差异的形成起决定性作用，可以扩大、缩小甚至泯灭先天遗传因素的影响。由于种种原因，男女的社会地位、家庭分工不同，且存在许多传统观念和偏见，使人们在给男女儿童选择玩具、取名字、服饰打扮、养育方式上有所区别，影响了儿童的性别定型。对男女儿童不同的教育要求和不当的教学方法，强化了性别差异。

# 男女的埋单理论

想看清一个女人的真面目，要在她卸妆之后。想看清一个男人的真面目，则要在跟他分手之后。想知道男人和女人的感情心理，便要看他们付账时的态度。

这绝非金科玉律，但现实生活中却具有实用主义功效。在女性意识日渐提高的今天，女人可以和男人一样叱咤风云于职场，一样买房、买车，甚至比男人赚得更高的收入。然而，与此形成落差的是，几乎没有一个女人不愿意享受男性替她埋单的幸福感。

男人们埋单时候的态度，也会随着两人的感情轨迹及时变换。譬如，如果男人完全不看账单便付钱,并慷慨地付小费,说明他正在追求着这个女人。

当他开始留意账单上的项目,说明他已经把这个女人追到手。

当他开始翻查账单,并埋怨收费太高,说明他跟这个女人感情十分稳定。

当他只是瞟一眼账单,然后由女人掏钱,则这个女人已经成为他的太太,掌握经济大权……

相反,女人完全不看账单,只留意男人付多少小费,表明她刚刚开始和同去的男人交往。当她开始留意账单上的项目,并嘱咐男人不要付太多小费时,她已经爱上这个男人。

当她埋怨男人翻查账单,又批评他付小费太吝啬,表明她并不爱这个男人。

当她开始翻查账单,并埋怨男人付太多小费时,她已经成为他的太太。

倘若一男一女争着付账,那么完全可以判断:此二人,绝非情侣。

男人不能太小气。而这个男人到底有多在乎你,从他愿意为你"投入"多少,就能看出几分。没有一段恋爱离得了物质基础,而埋单付账这类事,虽然琐碎,却能从细微之处体现出一个人的性格和品行,进而不经意地凸现心理状态。

虽然现代人总讲究男女平等,约会实行AA制的也不在少数。但大部分人仍认为,AA制显得过于冷酷,缺乏人情味。那么,那些不愿意总是依附于男性的聪明女人,就会恰到好处地选择时机,适时地表示。

所以,当一个女人说:"让我们的晚餐AA制吧。"其实是说:"我的确是真心对你,但现在已经是21世纪,我已有一个很不错的工作,而且刚赚了一些钱。没有理由总让你为我付饭钱,是吗?"

但是,男友收到的信号却有可能是:"我不想因为钱的缘故觉得欠你什么。"所以,如果男友总是抢先埋单,那么她不会与其争抢,而是选择别的方式来平衡。例如送一些实用的小礼物之类。

还有一种情侣,他们从不把谁付钱说得清清楚楚,但是其实质仍与AA制异曲同工。其中的奥妙就在于一个简单的规矩——谁提出邀请谁付钱。

# 男女对于选择的偏好

### 1. 男人选择香烟,女人选择口红

香烟和口红分别是男人和女人终身相伴之物,男人选择香烟,是为了释放生存的压力,女人选择口红,则是为了给自己的美貌度加分。

### 2. 男人选择汽车,女人选择房子

汽车是流动的观赏品,是男人成功的标志。同时它也是吸引女人注意的首选物

品。很多故事就是以汽车为背景展开的。房子是静止的观赏品，大多数情况下女人在里面待的时间要比男人长，所以关于装修布置往往女人要比男人操心得多一些。女人会说："走，看我的新房去。"而男人则直接将汽车开到你面前，让你看个够。

### 3. 男人选择酒水，女人选择茶水

酒不仅是交际工具，同时也是减压阀。压力来自两方面：家庭的和社会的。男人压力越大，他的酒量就越大。但反过来不一定成立。好酒量的男人不见得是好男人。女人喝茶则重在姿态，没有压力自然就有闲情逸致。

### 4. 男人选择数量，女人选择质量

男人在酒后经常炫耀的一句话是"我曾经拥有多少多少个女人"；而女人在闺中密友面前则会倾吐对爱人的感情究竟如何。所以从这一点上说男人比女人卑鄙。但不是所有的男人都卑鄙，男人酒后吐的未必全是"真言"，有相当多的水分存在。男人所说的"数量"你可以全信，也可以全不信。

### 5. 男人选择情爱，女人选择爱情

情爱不仅仅包括爱情，还包括其他乱七八糟以"爱"字打头或打底的玩意儿。所以男人的口号是"喜新不厌旧"。而女人则专一得多。但专一有专一的"坏处"，一旦"爱"已远逝，那就什么"情"都不存在了。这种打击对女人而言，其威力不亚于核爆炸。

### 6. 男人选择沉默，女人选择唠叨

不是说"沉默是金"，而是被迫选择沉默。男人在这方面的体会太深刻了。真理可能会在你这边，但那又有什么用呢？女人自有女人的办法。"一哭二闹三上吊"，你能挺得住吗？唠叨是女人一个行之有效的办法，但话又说回来，有时候唠叨也是一种爱。女人就是这么复杂与感性。

### 7. 男人选择面子，女人选择实惠

因为面子，男人不敢讨价还价；因为面子，男人宁可贡献出肝和胃也不肯放下手中的酒杯；还是因为面子，男人即使借钱也要把该请的客给请了。女人却不玩表面文章。过于讲面子的男人往往能博得女人一时，却不能博得女人一世。因为在婚后，女人肯定喜欢精打细算而不喜欢出手大方的男人。"男女有别"就别在这里。

### 8. 男人选择执著，女人选择痴情

执著是针对事业的，痴情是针对爱情的。所以高歌"爱江山更爱美人"的男人是虚伪的。对男人而言，"江山"永远是第一位的，而美人只不过是"江山"背后的附属品。女人的痴情值得赞美，也值得同情，把一切希望都寄托在爱情上，寄托在男人身上，这样的女人是可悲的。所以女人的痴情首先应建立在自立、自强的基础上。

### 9. 男人选择雄心，女人选择细心

这实际上是一种生理区别，谈不上孰优孰劣。因为有雄心的男人未必能成就大事。比如因为"好高骛远"而"长使英雄泪满襟"；细心的女人也未必一辈子碌碌无为。"细水"才能"长流"，而"涓涓细流"终究是要"汇成大海"的。所以正确的选择是男人还应选择细心，女人则可以再选择雄心。

### 10. 男人选择世界，女人选择男人

男人的终极选择是世界。因为选择了世界，所以男人们造出了飞机、轮船、火车、宇宙飞船。这一切都印证了男人的选择是雄心勃勃且无坚不摧的。男人选择了世界也就选择了激情、宽容、忍耐、冒险……

女人的终极选择是男人。为了选择男人，她们选择了柔情、撒娇、哭泣、考验、保险……而归根到底是选择了世界。

# 男人对女人的三大误解

当男人以自己的男性思维忖度女人的心意时，常常会陷入误区，因为男性思维与女性思维有着明显的差异。下面是男人最容易对女人造成的三大误解：

### 1. 女人的多变

最使男人迷惑不解的恐怕要算是女人的多变。尤其当一个男人和一个初识的女性交往时，常常彼此颇有好感，甚至两人已经进入了某种亲密关系，但有时一夜之间，或三日不见，待两人再见面时，女人先前的热情和后来的冷漠时常让男人百思不得其解。

女人的这种感觉反应是极其复杂的，纵使女人和女人相比，也并非所有的女人在对待男人的态度上都呈现着同一种"神秘"色彩。就是说，这种态度是因人而异的。

但有一点恐怕是女人的共同特点，即恋爱中的女人对待男人的态度和男人对待女人是大不相同的，并且她在这一特定场合与她在日常工作中待人接物的态度也不大一样。当一个女人完全处于一种工作状态时，她通常是以她的社会角色和男人打交道的，这时男人会觉得她是通情达理的，至少他不会感到她有什么不正常。而一旦在和男人交往时需要动用的是她的性别角色而非社会角色，女人在很多时候确实会表现出令男人无法揣摩的任性。

每个女人都有一个自己的秘密世界，这恐怕是男人无法理解的。男人也有自己的世界，但男人的世界通常是明朗的，它的轨迹是清晰可辨的，当一个男人欲追求一个女人时，通常对他发出命令的内在指挥官并非情绪，而多半是理智，男人会按照他心目中的目的步步为营、察言观色。

并且，只要恋爱中的彼此处于男人主动（即追求）女人被动（即被追求）的位置，男人的战术大都离不开试探、表达、讨好、请求这四个步骤。虽然男人因各人不同的思维方式和行为方式总会有不同的表现，但不管他是缓慢迂回也好，强行攻占也好，先避让后冲杀也好，男人的脉络仍然是清晰的。

只要一个女人有过恋爱经验，她会发现，男人大都离不开这个既定路线。并且男人的爱恋也永远不会像女人那样达到完全舍弃自我的地步。

### 2. 女人对过去的态度

男人们经常自寻烦恼的第二个错误大抵是没完没了地纠缠女人的过去。事实是，女人并不在意过去，纵使她有过刻骨铭心的初恋，只要你能够获取芳心，你大可不必为她曾经有过的过去而过分焦虑。

男人应该明白的是，比起男性，女人是安于现状的，而她的任性大都表明了她对男人情意绵绵的爱恋。女人只有在爱一个男人的时候才会表现出她的任性，因为她知道，那些天性没有抵御诱惑能力的男人只能在她的"任性"里束手就擒。

在通常情况下，只要女人觉得男人待她很好，或者至少她没有感觉到什么不好，她通常关心的只是现在，而很少再回到遥远的过去。有这样一句话：对于男人，总是下一个女人最好；对于女人，总是"最后"一个男人最好。这恰好反映了男女对待"现在"和"过去"的差异。

比起现实主义的女人，男人似乎更念旧。一个男人，纵使再成功，他也不会忘记他的过去，更不会忘记他过去生活中的女人，只要这个女人和他有过某种关系，或给他留下过深刻的印象。

面对与自己有过感情纠葛的男人，女人通常是没有性感觉的，非但没有感觉，男人的任何带有性欲望的暗示和举动还会招致女人的厌恶和反感。而男人则不同，男人无论在任何场合都会引起感觉，只要那场景和置于那场景中的女人能够唤起他的新鲜感。

### 3. 女人的移情为什么果断

尽管女人不大容易移情别恋，当一个女人——不管是已婚还是未婚——真正陷入到一份恋情时，她的移情往往是坚决而果断的。

男人的移情大都是不动真格的，女人的移情是动真格的。假如一个男人真的爱一个女人，他最好不要忽略对那个女人的经常不断地关注，包括在日常生活以及在性生活方面的体贴、关心和爱护。

# 真实的谎言

诚实度会影响两性之间的关系吗？也许那要看谎言的程度而定。

有句古谚说得好，"诚实比不贞更容易毁灭情谊"。该如何拿捏其中的分寸，恐怕就得靠经验和个人的智能了。

每个人多多少少都会为了一些小事说谎，从隐瞒自己的体重、身高，到是否动过整容手术，乃至于为了避免一场纷争或尴尬情况等。最近美国的一个研究报告中也指出：人们平均一天撒两个小谎，不过倒也别感到太震惊，因为这些发生在日常生活中的小谎言大多无关紧要，而且谎言也实在有太多种了：有善意的、客套的、存心恶意的、不值得撒谎的……当然，还包括了枕边床上的谎言。

不可否认的，谎言多少会造成程度不同的罪恶感；然而，在复杂的两性关系中，谎言有时候却扮演着润滑剂的角色。以下归纳出两性间最常听到的谎言，并解读其背后的意义，帮助你了解他（她）心中隐藏的真相。

1. 谎言一："我会打电话给你"

事实：我不想惹麻烦告诉你咱们不来电的事实。

解读：要不是他们太笨了，想不到其他更好的借口离开，就是他们虽然想打电话，但后来又改变了心意，甚至他们认为对方早就习惯这类应酬话，不会把它当一回事。通常这种类型的谎言是因为懒惰。

2. 谎言二："不会啊，你的臀围看起来并不大"

事实：我不想伤害你。

解读：大多数男人可能都有如此的撒谎经验。毋庸置疑的，他们只想在女人发飙前保护自己，也让对方听起来舒服，不再紧紧相逼。同样的道理，许多女人不也是只会告诉另一半他的头发又多又密？其实这种谎言在两性关系中难以胜数，因此男女双方可以说都一样"巧言令色"！

3. 谎言三："喔！这是我有史以来最美好的一次"

事实：你大概需要"威而刚"了。

解读：有些时候，实话真的很难说出口。这个时候谎言就有许多不同的目的了。为什么某些时候女人会假装呻吟和高潮呢？其实她们只是想打破沉闷的性爱过程，或避免让对方难过、失去自信。有时候这类型谎言可能偶尔适用于较为敏感而缺乏自信的人身上，但长久下来，女方心中难免埋怨连连，男方其实也多少察觉到了实情。这时候若再继续以顺耳的谎言对之，可就不妙了！

### 4. 谎言四："我即将离开她"

事实：鱼与熊掌，总有兼得的办法。

解读：这句话背后真正的用意，其实是用来分散两边的注意力，争取较多的时间。事实上这个说谎者是因为想吃吃甜头甚至打算享享齐人之福，而对原来的伴侣这么说；如果你真的一点也不存疑，或者明知不对劲还是要说服自己温顺地相信，那么就只能请你自求多福了。

# 男人与女人的思维为何如此不同

生活中，人们常常发现这样的现象：男人喜欢独占电视遥控器不断变换频道，而女人则不介意看哪个频道；压力之下，男人喝酒做糊涂事，而女人则吃巧克力或逛商店。

女人批评男人不敏感，不体贴，不爱说话，很少表达爱意；而男人批评女人不会看路标，废话连篇……男人认为男人是最理智的，而女人认为女人才是。

为什么男人与女人的思维方式如此不同？澳大利亚研究身体语言和行为学的专家皮斯夫妇在大量的研究和调查后发现，男女头脑的差异决定了男女之间的行为能力、生活方式和两性交往等方面的差异。

### 1. 为什么女人爱聊天，男人喜欢"自言自语"

男性的大脑是高度区域化的，按区域来分类和储存信息。在度过紧张忙碌的一天后，男性的大脑信息会分类存档。而女性大脑并不以这种方式存储信息，所有问题不停地在大脑中涌现，女人从脑中排除问题的唯一方法是把问题说出来，她们的目的并不是要真正地解决问题，而是将问题排除出脑海。

男人把电话看作是将信息传递给别人的沟通工具，而女人则把电话当作联系的纽带。刚和女友度完两周的假，回到家中，她们两个还能在电话中聊上一个小时。

男人被要求解决问题时常说"把它交给我吧"，或"我会考虑解决的"。他会毫无表情、默默地考虑问题，只有当他找到答案，他才会说话或高兴地表示。男人在大脑中"说话"，因为这不需要口头表达能力，而女人用口头表达能力来沟通。当一个男人遥望天空发呆时，大脑扫描显示他正在大脑中"自言自语"，女人看到会以为男人不开心，就会尽力和他说话，给他找些事做，而男人常常因为思路被打断而生气。

如果男人和男人相处时，他们能长时间坐在一起仅有只言片语也不觉得别扭。如果男人安静地与女人坐在一起，女人们会认为他不易接近、沉闷乏味，或者不愿加入她们。如果男人想和女人相安无事，他们就不得不说得多些。

## 2. 处于压力之下，男人和女人的行为会有哪些差异

有这样的说法，心情焦躁的男人喝酒并去侵犯他人，心情焦躁的女人吃巧克力并去购买东西。在压力下，女人没有头脑地胡说八道，男人则不动脑子地蛮干。当男人和女人同时处于压力时，就等于形成了一个情感雷区，谁都想控制对方。男人可怕的沉默让女人感到害怕，女人开始大叫，男人就不知如何是好。为了让他感到好受点，女人试着去鼓励他说他的问题，但这可能是最坏的事，他会告诉她滚开，让他自己一个人待着。

## 3. 男人和女人为什么会分手

一个男人的生物冲动是向一个女人提供她需要的东西来证明他的成功。让女人欣赏他的努力，如果她满意，他就感到满足。而如果她不觉得幸福，他就会感到失败，认为那是因为他不能向女人提供足够的东西。男人常说"我从来没有让她感到幸福"，这是一个充足的理由，是使一个男人离开一个女人转向另一个自己能够满足的女人的理由。女人离开男人，不是因为她们不满足于男人所提供的东西，而是因为他们感情不和。她们想要的是爱情、浪漫和交流，而男人需要的是女人告诉他他所提供的是最好的。因此，一个男人需要多些耐心，多数情况下，只需要听女人讲而不必发表任何意见。

## 4. 为什么男人隐藏他们的感情

男人多具有勇敢和不示弱的遗传基因，所以女人都会问："为什么不说说你们的感受？"当他生气和不高兴时，他会把自己逼入绝境或离群独思。

男人天性多疑，爱竞争，常自控，有防范意识，是隐藏自己感情的孤独者。对于男人，变得情绪化，被认为是失去控制。社会环境强化了男人的行为，教他们应"像一个男人"，"不能哭"。而女人的大脑已预先形成了更开放、诚实、善于合作，更有牺牲精神，更善于表现感情的机制，女人可以不必总是控制自己的感情。那就是为什么当男人和女人同时遇到问题，彼此都对对方的反应感到迷惑不解的原因。

## 5. 为什么情绪化的女人难对付

当一个女人难过或是情绪化时，她可能挥舞手臂乱哭乱叫，不停地用感情丰富的形容词讲述自己的感受。她需要被照顾、被关心、有人倾听，但男人只会武断地打断她，认为对方大哭是为了向男人传达这样一个想法："把我的问题解决了吧"。所以，当女人哭泣时，男人很少安抚她们，而是向她们提供建议。对于女人来说，情绪化的表现是一种交流方式，她可以很快恢复并忘记，但男人却感到对她的问题有责任找到解决办法，否则，就会认为自己很失败。这就是为什么当一个女人情绪化时，男人会感到难受或生气以及想叫她不要哭的原因，并且男人害怕女人没完没了地哭泣不止。

**6. 为什么男人讨厌被劝告**

一个男人需要感觉到他有能力解决他自己的问题，如果他去麻烦好朋友，除非他认为别人有更好的解决方法。当一个女人试着让一个男人讲他的感受和问题时，他会坚持把这看作是对他的批评，认为他没有能力，而实际上，她是要帮助他使他感觉更好些。对于一个女人来说，提供劝告和建议是希望相互间更信任，而不是看你不行。

**7. 为什么男人喜欢不停地转换电视频道**

很多女人讨厌男人不停地转换电视频道。其实这时候，他不想知道每个台在讲什么，他只是在找每个故事的结果。在换台时，他能忘记他的问题，而为电视节目中的人物寻求解决方案。而女人不会总换频道，她们关心故事情节，感受故事的人物关系。男人在读报时也是这样，女人应当明白当男人读报时，他们不能理会你在说什么或记不得你在说什么，此时很难与男人交谈。

**8. 女人爱听"我爱你"，为什么男人不肯说**

说"我爱你"对女人来说不困难，女人的大脑思维结构，使她的世界充满感觉、情感、交流和语言。女人凭她的感觉知道，她是处于依恋阶段还是坠入爱河，而一个男人不能完全确定什么是爱情，他可能分不清欲望、迷恋和爱，他所知道的只是不能放弃这个女孩……也许这就是他想象的爱情。在这种关系维持几年后，男人才认识到自己是否在恋爱。而女人知道爱情是否存在，所以大多数关系是由女人结束的。许多男人对承诺怀有恐惧感，但当一个男人最终跨过那条线对她说"爱"时，他甚至想在每个地方告诉每一个人。

# 细节识男人——读懂男人的行为与体态

**1. 如何从衣着看男人**

（1）男人的鞋

从男人的鞋就可看出他是否有很强的信心，以及他是否在乎细节之处。爱鞋的男人一定很爱女人，他一定会细心呵护所爱的女人。所以，选择一个爱鞋的男人，就保险得多。反之，不爱鞋的男人，他肯定对细微之处不在意。那么他能留意你的生日、纪念日，以及你最钟情的香水品牌等等小事吗？

（2）男人的帽子

在运动场地或周末休闲旅游时，总喜欢戴一顶棒球帽的男人，看上去很时髦、随意，应该是一个热爱运动，思想开放的阳光型男人。有一些步入中年的男子，有时喜欢用一顶圆顶礼帽作为自己的行头，这样的人可能希望留给别人稳重、老派的绅士印象。

然而，现在的男士一般很少戴顶帽子来装饰自己。但是如果偶然遇见戴帽子的男士，那你不妨多加揣摩，从中一窥他的"真情"及品位。但是，不要排除戴帽子的男人很可能秃顶的情况。

(3) 腕表

腕表之于男人，犹如项链之于女人。表对于男人来说，是最重要的饰物。一旦佩戴上具有个性、品位、男性化的腕表，即使外表并不出众，或穿着普通的男士，也会从中得到一种无往不胜的自信和无穷的力量，细心的女人一眼便知他的激情与阳刚之气。

(4) 首饰

时下，男性佩戴首饰成了普遍的现象。爱美之心，人皆有之。如果一个男人浑身佩戴了很多的纯金饰品，只会将其降格为暴发户的层次。真正有品位的男士，会在袖扣、领结等细微之处稍加点缀装饰，以低调的方式传达着他的高品位。

## 2. 如何从走姿看男人

(1) 步伐急促的男人

步伐急促的男人不管有事还是无事，不管去办事的地点远还是近，即使他有的是时间，走路时仍旧急匆匆，两脚掌翻得特别快，生怕误了"赶考"一样。这类男人是典型的行动主义者，大多精力充沛、精明能干，敢于面对现实生活中的各种挑战。

(2) 步伐平缓的男人

这些男人走路时总是一副慢腾腾的样子，就如人们常说的"生怕踩死蚂蚁"一样，别人无论说得如何急他都不在乎似的。这是典型的现实主义派。他们凡事讲求稳重，"三思而后行"，绝不好高骛远，"癞蛤蟆想吃天鹅肉"的情况绝对不会发生在这种人身上。

如果他们在事业上得到提拔和重视的话，也许并不是他们有什么"后台"，而是他们那种务实的精神给自己创造的条件。

(3) 身体前倾的男人

有的男人走路时习惯于身体向前倾斜甚至看上去像猫着腰，这并不是因为他们走得较快需要改变身体重心来平衡自己，相反你会发现他们大多数的步伐其实非常平稳。

这类人的性格大多较为温柔和内向，见到漂亮的女性时多半要脸红，但他们为人谦虚，一般都有良好的自身修养。

他们从不花言巧语，非常珍惜自己的友谊和感情，只是平常不苟言笑，与人相处也是一副"借他米还他糠"的冷漠，很难与人来往。但一旦成为至交则至死不渝，尤其在恋爱或婚姻出现分歧、决裂时，他们总是抱着"宁肯他（她）负我，我绝不负他人"的观念。也因此他们时常对生活感到厌倦，因为较之其他类型的人来说，他们总是受害最多，而且不愿向人倾诉，一个人生闷气。

（4）军人步伐的男人

走路如同做军事操练，步伐齐整，双手有规则地摆动。在我们看来非常做作，但他们却那样协调。这种男人意志力较强，对自己的信念非常专注。他们选定的目标一般不会因外在环境和事物的变化而受影响。

这种男人往往最讨女人欢心也最让女人讨厌，因为他们一旦看上某个女人，就会死缠烂打非追到手不可。只要这个女人答应他，他愿意每天拉着人力车来接送她。

这类人如果能充分发挥自己的长处，一定收效颇丰，因为他们对事业的执著是其他类型的人不可比拟的。但如果你的上司是这种人的话，日子可就不好受了，很多时候你会"吃不了兜着走"。因为他们一般都比较"独裁"，而且有时候甚至会不惜牺牲任何东西去达到他们个人的理想和目标。

（5）踱方步的男人

迈着这种步态的男人是非常稳重的。他们喜欢保持冷静。他们认为面对任何困难事情时，最重要的是保持清醒的头脑，不希望被任何带感情色彩的东西左右了自己的判断力和分析力。

这种男人在他人面前以有理性和自控能力而受到他人的尊重。他们对此欣然接受，但不露声色。他们平时干事非常小心，言谈举止都尽量保持温文尔雅，绝对不愿别人觉得他们粗俗不堪。

这种男人有时也觉得累。为了保持自己的尊严，他们很难在人前笑口常开，绝不流露感情，哪怕一点点。这是他们的准则。

他们对自己的身体形态进行严格控制。虽然别人敬畏他们，可他们自己在独处时却感到压抑。因为这种人涉世极深，一般都非常了解人世艰辛与人情冷暖。

### 3. 如何从颜色看男人

有人说颜色是男人性情的"晴雨表"，从某种意义来看，男人对于颜色的喜好也可以透露出他们的性格特质。

（1）钟爱红色的男人

喜欢红色的男人，热情奔放，性格开朗，处世圆滑得体，人缘极好。他一认识你，就会迫不及待地给你留名片或电话，临别时还爱说一声"有事尽管说"。他是一只爱开屏卖弄的雄孔雀，为了获得你的芳心，他会不停地在你面前展示能力和财力。因为他总是投你所好，所以你的芳心最容易为他所动。

事实上,这种男人往往说得比做得好,亢奋急躁,沉稳不够,在情感上往往广种薄收。因此你和他相处,要听其言,更要观其行。

(2) 钟爱黑色的男人

喜欢黑色的男人,是一本西方18世纪的哲学书,深奥难懂。他的性格偏内向,言语不多,常常若有所思。他不轻易把他的内心展现在你面前。他对你极具诱惑力,因为你太想了解他了。可他在你面前总是一副不知情为何物的样子,冷峻而深刻。但他一旦说"我爱你",那就恭喜你,他是真的爱上你了。

如果爱上了这种男人,你就得费点神,主动一点去献爱。因为这种男人,在事业和爱情方面,如果没有伯乐的关注,就常常"养在深宫人难识"。

(3) 钟爱灰色的男人

喜欢灰色的男人,最懂得玩弄手腕。一方面他儒雅,深藏不露,好比裹着面纱的中东美女,或烟雨蒙蒙中的神女峰,让你觉得神秘;另一方面他幽默大方,办事果断、利落,颇具男子汉气概。这种男人不仅让你产生"撩开面纱看究竟"的欲望,而且他的浓度和特别的品位又让你感到可望而不可及。正当你为他欢喜为他愁时,他可能一副"隔岸观火"的状态。其实他是情池老渔翁,正极有耐心地把握着分寸和火候,在静静地等候着你上钩。

(4) 钟爱白色的男人

喜欢白色的男人,倜傥风流,八面玲珑,是公众中心人物。但是他极具伪装性,因为他绝对不会是一张白纸那么简单,让你一览无余。相反,喜欢白色的男人,其内心有太多的秘密。反射心理学家认为,喜欢白色的男人想用白色来表白自己的单纯。而事实上,他是在蓄意地装扮自己,隐藏自己内心的秘密,从而让你觉得他既单纯又可爱。所以,你一定要知道,白纸虽然最适宜泼墨抒情,但白色也最容易被染上任何颜色。

(5) 钟爱蓝色的男人

喜欢蓝色的男人,就像蓝色的大海一样,波起浪涌,情感丰富,兴趣广泛,极富浪漫性。他恰到好处地施展自己的魅力来捕捉你的芳心,让你不知不觉就上了他的贼船。可是这种男人往往"吃着碗里的而想着锅里的",你一旦爱上他,他就会想方设法脱身。这种男人是"爱情泥鳅"。有人断言,喜欢忧郁蓝色的男人,50%以上都是"陈世美"。这句话未必有科学依据,但是却很受认同。因此和这种男人交往,你一方面不要为此断言所扰,另一方面也需有所提防。

(6) 对颜色无所谓的男人

无特定颜色爱好的男人,就像一杯白开水,淡而无味,毫无特质,感情方面无特定的选择。不过,这种男人是不需要你去掂量和警惕的。他一旦拥有你,便别无

"她"求。不足的是你们之间可能缺少一点点浪漫和情趣。这正是白开水的特点，口感虽然一般，但却最自然、最健康。

### 4. 如何从酒桌上看男人

一个男人在酒桌上对待女人的态度如何，往往揭示出他是哪一种男人。

（1）拼命劝你喝酒，唯恐你喝不醉，想看你的醉态的男人

这种男人通常是不可交的，首先没有风度，其次肯定对你有所图，或者为财，或者为利，或者为色，也或者是一种变态的心理：喜欢看女人醉酒。无论哪一种都不可取，这种男人是不值得深交的。

（2）自己不劝你喝酒，也不在乎你喝多少酒的男人

在他看来酒桌上没有性别，只有酒量，能喝就多喝。他自己往往也是尽力而为，却很少喝醉。这种男人往往相当理智，可以引为朋友。你能从他身上学到很多东西，或者作为生意伙伴也很不错。这种男人是理智的男人，值得信赖。只是你们的交往往往像品酒，浅尝辄止，如果无缘，你们绝不会有故事发生，平平淡淡；如果有缘，那一定是一场惊天动地的爱情。

（3）不会劝你喝酒，但却关注你一举一动的男人

他心里不想你喝多，可是在众人面前又不好表露。他的目光会追随你，关切你。这种男人是性情中人，他或许还很喜欢你。你如果喜欢他，自然可以和他交往，往往一段美丽的故事就此开始。他会宠你，爱你，但不会粗暴干涉你，给你充分的自由。但是如果你不喜欢他，那还是离他远一点。他是好男人，别伤害他。

（4）不光不劝你喝酒，还为你挡酒的男人

这种男人当然是和你有一定交情的，或者对你有好感的。这种男人很有风度，宁可自己烂醉如泥，也不会让你喝多；宁可得罪朋友，也不会让女人委屈。这样的男人当然值得交往，很有风度，很有英雄气概，但是别去爱上他。他只是适合作大哥，某些时候一定会给你一些帮助，而作情人，你会很累的。

（5）酒量很小，却喜欢喝酒，一喝就醉，醉后丑态百出，甚至对你动手动脚的男人

这种男人自制力比较差，而且酒醉后的丑态常常会是他内心深处丑恶一面的暴露。这种男人最没风度，也是最讨厌的。你要么躲他远远的，要么和他保持一定的安全距离，因为他们多数是小人。

（6）绝对不允许女人喝酒的男人

这种男人往往是大男子主义，在他的世界里，只有他说了算。现在这样的男人不多见了，但是却是最可怕的。他的霸气太盛，占有欲太强，总想在任何情境中掌握主动权。

**5. 如何从选酒看男人**

(1) 选择啤酒的男人

与任何人都谈得来，具有服务精神，爱取悦他人，也容易获得别人的好感。

(2) 选择鸡尾酒的男人

大多属于善于玩乐的新新人类，很重视气氛。但如果对于鸡尾酒不太重视口味而看重名字的男人，就属于比较怀旧、易伤感、性格比较脆弱的人。这种人比较敏感，容易被环境所左右，是个没有主见和缺乏照顾别人能力的男人。

(3) 选择威士忌加水的男人

这种男人是重视与别人交往的交际型现代男人，在聚会和宴会时善于制造气氛和融洽关系，是个应酬的高手。在工作上具有敬业精神，很得人好感。

(4) 选择威士忌加冰的男人

这种男人是真正喜欢喝酒的人，同时是个实用主义者，凡事都以实用为本，性格开朗，不会装腔作势，与人交往时好恶分明，即使对方是女性也不会因此而有所收敛。这种男人大方、慷慨，但他们的世界黑白分明，容易得罪人。

(5) 选择白酒（烧酒）的男人

无论是工作还是玩乐都积极参与，具有活力，性情率直，连私人秘密都会轻易告诉别人，是个心里藏不住东西的男人，也因此而交际广阔，但缺乏耐心和细心。他的女朋友或老婆一定很累，因为这样的男人就像一个任性又可爱的大男孩。他要求伴侣要尊重他的生活方式，因此两个人的世界经常风波不断。

(6) 选择苏打水的男人

自尊心很强，不甘平庸，有理想，有抱负。他们所追求的是运用自己的知识和能力让生活更加丰富多彩、更加有趣。他们不能忍受平静、单调的生活。因此，这样的男人在恋爱的时候会让女友感到多姿多彩，但婚后的平淡家庭生活会令她感到难以忍受。这就需要配偶有很多耐心。

(7) 选择不喝酒的男人（酒精过敏除外）

是随时要让自己清醒的男人，害怕酒后吐真言。这种男人比较顽固，不愿听从他人的意见，也不会随便表露自己的真实感受，跟这样的男人相处会让人很费心思。性子急的人（尤其是女人）常常会无所适从。

(8) 选择葡萄酒的男人

现在流行喝葡萄酒，时髦的人都会学习如何品尝，但是人始终有自己的喜好和个性，选择葡萄酒的时候，这一点会很自然地流露出来。在约会时选择喝葡萄酒的男人，基本上不会是个"土包子"，尤其选择在有情调的餐厅与女友约会的男人，是个有见识，社交活跃，并且懂得享受生活的人。

(9) 选择红葡萄酒的男人

大多属于干劲十足的人，想做就做，是个现实主义者，凡事都会着眼于现在，对金钱和权力非常执著，是个不浪漫但很稳健、很实际的男人。

(10) 选择白葡萄酒的男人

是一个拼命追求梦想和理想的人，只是常常忽略小节，因此而丧失一些机会，对于女性而言会是个好伴侣。

(11) 选择粉红葡萄酒的男人

这个男人一定是个"情圣"，非常懂得如何运用鲜花、甜言蜜语和礼物去讨好女性，谈恋爱是把"好手"，但做丈夫，这就要看妻子的本事了。好女人是男人的一所学校。

(12) 选择香槟酒的男人

性格比较挑剔，是个不满足于平凡的人，喜欢追求华丽、高贵，对异性的要求也很高，即便是作为普通的朋友，跟他们相处也要具备相当的条件，比如个人品位要不落俗套，对事物有独到的见解等等。

### 6. 如何看鞋识男人

(1) 重复购买固定式样鞋子的男人

这种类型的男人是很念旧的男人。对于自己习惯的人、事、物，总有一份深深的依恋，就算他的情人无理取闹、任性、孩子气，他也会以一种包容的心态去待她、爱她，直到她渐渐成熟明理。而他的老朋友很多，对朋友十分讲义气，他会为朋友出头且适时伸出援助之手，让老朋友觉得他是个值得信赖的靠山。因此，你若是爱上了他，成为他的"另一半"，不妨多倾听他的烦恼，多体贴他的生活细节，彼此的情感要以稳定成长的方式进行。并且，别忘记要和他的老朋友打成一片，拥有共同的生活话题。

(2) 节俭穿鞋的男人

买一双鞋子之后，他就非常珍惜，希望鞋子能穿久一点，可以节省一笔置装预算。而他鞋柜中的鞋子，"鞋龄"都很长，让你印象深刻。在个性上，他属于拘谨、放不开的保守型男人；在为人处事上，不够圆滑，常常会得罪人而不自知；在人际关系上，周旋的格局较小；在专业领域中，他会因默默努力，而有成功机会。因此，你若是爱上了他，小心！他可是一位"内心热情"的男子。第一次约会时，心中就对你有着无限的遐想，希望能早日和你变成情人，亲密无间。但他那拘谨、保守的个性，又压抑着他内心的波涛汹涌，不敢向你表白，使你摸不清他真正的想法。所以你不妨主动一些，多制造机会让他可以表白，这样会使你们更能加速彼此的情感温度，从而迈向人生的另一个阶段。

(3) 随随便便穿鞋的男人

这种类型的男人不在乎自己穿什么鞋子，乱穿一通。有的时候鞋子与衣服一点儿也不相配，哪怕是鞋子早已破损、式样过时，他也无所谓。甚至不穿袜子、袜子已破损、穿错，他都可以忍受。在个性上，他是个不拘小节的男人，常常眼高手低。私生活没什么条理，又喜欢做白日梦，相信总有一天自己可以一步登天，容易过着自欺欺人的生活。约会时，他注重的是物美价廉的消费，除非他自己想要吃顿大餐，否则他绝对不会主动邀约。你若是爱上了他，会发现他的感情世界纷乱复杂，常常是忘记不了旧爱，又拒绝不了新欢。三角恋、四角恋纠缠在一起，而当一切纷争引爆时，他会选择"逃开"。这种躲避现实的方法，令爱他的人痛苦不堪。所以要小心，别太快爱上这种男人！

(4) 爱穿正统黑皮鞋的男人

这种类型的男人习惯穿正统黑皮鞋，并且把鞋子擦得亮亮光光，绝对不能忍受自己穿双脏鞋子或旧鞋子出门。这种类型的男人，若是连休假或约会都习惯穿他那正统的黑皮鞋，你可要有心理准备。他肯定有不折不扣的大男人主义倾向，而且对母亲的意见十分看重。你必须赢得未来婆婆的喜爱，才有可能从他的女朋友变成他的妻子。你若是爱上他，可别有想左右他的想法。他有一套属于自己的待人处事原则，绝对不会因为你而改变。他反而会要你认同他的看法，甚至包容他的一切。

(5) 爱穿休闲鞋的男人

这种类型的男人是注重休闲生活和生活品位的男人。对于鞋子要求很高，不但要舒适，而且更注重鞋子的款式，还要搭配合适的服装。在个性上，他喜欢掌握主动权，主观意识强，对自己的要求很严格，对异性的要求更是挑剔。在生活上，是有规律的计划者，但是偶尔会在圣诞夜或生日舞会中狂欢。和他约会时，你可以感觉到他是个十分体贴的好情人，态度温和有礼，言谈风趣幽默，很容易将约会气氛变得融洽。他也是个十分了解自己喜欢什么样女孩的人。所以和他约会时，即使你不合他的理想，他也会很亲切地送你回家，但是，别以为他对你有好感，他只是有绅士风度而已。

**7. 如何看包识男人**

(1) 侧背包的男人

用侧背包的男人，有条理、整洁而且生活充满目标。更重要的是，他不太在乎别人的看法，即使被人说"娘娘腔"也无所谓。

(2) 腋夹包的男人

这彻底颠覆了你对男人的看法。他真是标新立异的楷模。其实你也不必太大惊小怪，也许他仅仅想赶一下时髦，毕竟2004年春夏秀场上，不少英俊男模特就这样夹着包。

(3) 挎腰包的男人

这种套着皮带挂在腰际上的包包，是许多男性熟悉的款式。不过说真的，这副"工友"装束其实倒真蛮实用的，什么杂七杂八的玩意儿都能塞进去，包括两三斤重的零钱和钥匙，还有你随身不可少的家当。用这种包包的男人，绝对是实用主义者，也许还有亲美情结，因为没有什么包比这种腰包更"美国"了！

(4) 提手提包的男人

提这种包的男人，有追求成熟和赶时髦的欲望，但又不想过火，所以他们提包的时候，尽量让包远离自己的身体，搞得好像连自己都不知道这个玩意在他身边要干吗似的。他拿得越远，就表示他越不清楚它的功能、名称、材质、价钱和来处。

(5) 背运动包的男人

学生时代的男人背个运动包在校园里晃来晃去，显得很有朝气。成年男人背着运动包上街，也许是因为他还留有校园情结，也许是他非常在乎自己的男子气，决不肯向流行妥协。这样的人多少有点固执。

(6) 用袋中包的男人

把不敢背出去的漂亮包包放在袋子里，这是所有男人包中最理想的上街伴侣。因为这会给人一种你根本没有背、带、提、夹或是拿包的感觉。不明就里的路人恐怕还会以为，你是买了不合用的包，正要去百货公司退货呢。用袋中包的男人，既要面子又不肯委屈了自己。他的优点是做事情不怕麻烦。

**8. 如何从吸烟习惯看男人**

(1) 香烟夹在中指及食指根处

这类男人没有怜香惜玉之心，最怕被人烦或是被感情缚住。他不喜欢娇弱的女性，而外向、好动、性格爽朗干脆的年轻女孩最能令他动心。

(2) 拇指及食指拿烟

喜新厌旧是大部分男人的特性，但这类人更甚。一般来说，吃饭坐车都要讲究仪态的优雅女士不合他脾胃，而不拘小节并且有点淘气的女孩才是他的最爱。

(3) 食指及中指中部轻轻夹住香烟，抽时拇指顶下巴

这类男人沉默寡言，爱用眼神及身体语言表达情感。他最怕叽里呱啦的女人，喜欢有双漂亮眼睛，身材瘦长的女性。

(4) 一边吸烟一边工作或看书

这种人处事谨慎，一夜情永远不会发生在他身上。由于自己的工作能力不弱，所以他比较欣赏能干、较他年长的女性。

(5) 用鼻或嘴角喷出烟雾

这类男人不喜欢一成不变的生活模式，渴望生活和身边的人时常变化。他们一般比较注重女人的身材。

（6）食指及中指指头夹烟

这是个理性的好男人，做事有规有矩，家庭观念很强。他欣赏有才干、温柔、贞洁、贤淑的女性。

（7）熄灭香烟时将烟拗弯

这个男人很有男子气概，朋友很多。由于他自己很善于言谈，所以选择伴侣时会选择沉静、踏实的类型。

（8）烟蒂吸剩下很短，随意放在烟灰缸里

这是个有始有终，不胡乱花费的男人。由于他很憎恨生活受到别人干涉，所以占有欲强，说话又多的女人不适合他，智慧型的女性才是他的最爱。

（9）烟蒂整洁地摆放在烟灰缸里

这是个规规矩矩、很注重细节的人，而且是个理财能手。他不会喜欢一个不拘小节的女人，他要求的是一个心思缜密，注重整洁的爱人。

# 细节识女人——读懂女人的行为与体态

## 1. 如何从小动作看女人的心理

女人喜欢用身体的接触来表达自己的善意和亲密。女人在羞于或不善于用语言来表达自己的感情时，就喜欢用身体接触这种最原始的，也是最直截了当的方法作为传达自己感情的手段。

从心理学的角度看，女子较重感情，思考问题也是侧重感觉的，而且她们的感官比男性更敏锐，尤其是触觉。所以，女人更习惯于用触觉的感受来替代语言的表达。

女人一旦在心理上接受了与男人的亲密关系，就会渴望对方表现出一些亲密行为，如牵手、揽肩、抚摸头发、依偎、拥抱等等。有时这仅是一些单纯的情感愿望，而非性欲要求。女人对这些细小动作的在意和念念不忘，证明了她对爱人的在意。她会很谨慎地把握身体接触的分寸。当她靠着你时，她会觉得信任、可靠、安全和温暖。她需要这种感觉比"性"更重要，更有满足感。

有人说，女人的一颦一笑都是美的，女人的举手投足都是她内心世界的反映。那么，女人的小动作到底有什么深层意思呢？

（1）咬手指意味着心不在焉

如果你看到哪个人有这种习惯时，她可能是个梦想者。心理学者认为这种咬手指的无意识习惯，对于任何年纪的人来说，都是坏动作，证明她们生活在梦想的世界里。

（2）卷头发表示失望

这种动作大部分属于女人，当她们无所适从或遇到困难时，便有如此动作。相应的是，男人遇到这种情况时大部分是抓脑袋。

（3）自我爱抚是在期待别人的夸奖

当你看见一位妇人一边跟人谈话或听人谈话，一边抚摸她自己的胳膊时，表示她非常喜欢自己，但却觉得旁人并不是像她自己喜欢自己那样喜欢她。

（4）从手的动作看一个女人是否自私

当你看到一个女人常把手举起，将手掌对着身体，用另一只手的手掌抚摸手背时，你便可以断定她的仁慈心仅止于家庭之内而已。其次，从手指的样子，也可看出一个人吝啬与否，像手指紧靠一起或圈如鸟爪，这都是守财奴的手势。

（5）"不自觉的手部动作表示忠诚"

如果你不相信一个女人的时候，你应该注意她的手部动作。如果她在说"是"的时候手部做平面的运动，你就可以断定她的本意在说："否"；如果她的手做垂直方向的运动时，那么你可以断定她是心口如一。

（6）"有些动作暴露出女人在感觉她的年龄增大"

当一个女人在抚摸颈部、下颚或揉展眼边的皱纹时，你可以断定：这个女人已经觉得自己岁数大了。

### 2. 如何从打电话的姿势看女人对金钱的态度

（1）双手牢牢地握住话筒

这种类型的女人，大都很会钻牛角尖，会瞎操心。她们在金钱方面很小心，即使有喜欢的东西，也要慎重地考虑荷包的问题。她们会将收入的一部分好好地存起来，如果身上有钱的话，也要装作没带钱的样子，这是属于不浪费型的人。这种类型的人大都有自己的存折，并以存款金额的增加为乐事。如果这种类型的女性理财的话，她们会尽量存钱，让钱越积越多。

（2）握着听筒的中央，并使之离开耳朵

握着听筒的中央，并让听筒离开耳朵，这种动作是表示不想听对方说话。但是，如果一直都是那样握听筒的话，那就表示这个人是个不很重视金钱的人，不怎么会为钱的问题烦恼。在花钱方面，这种类型的人并不输给一般人，不过，她们很清楚钱的价值，不会花冤枉钱。买东西的时候，她们会选择高级品，但是如果没有先在其他店里弄清楚那东西到底值多少钱的话，即使旁边有人，她们也不会马上抢着买。

（3）一手握着听筒，另一手握着电话线

这种类型的人，大都为少女型的女性。她们很容易迷惑，即使想买什么，也会左思右想，考虑个没完，往往到最后什么也没买成。虽然那样，但是她们很容易冲动地买下自认为便宜，实际上却很贵的东西，或是买了一些当时喜欢得不得了，过后却很快地弃之不用的东西，从而形成浪费。这种类型的人在附属装饰品及吃的方面花钱特别多。此外，她们也常请客，并且可以为别人而把钱花光。

(4) 握着听筒的下方

这种握法，男性比女性多。她们大都很能干，能发挥自己专门的技术，在自己的工作和生活上，也都能独立自主。这种类型的人，是属于乐天派的人，不会为琐事而烦恼。在金钱方面，她们持有该花则花、该省则省的观念。这种类型的人，常想出一些能自己创业致富或别人所没注意到的赚钱方法，因而获取暴利者为数不少。她们是属于不追求虚荣的实用主义者。

(5) 握着听筒的上方

这样拿听筒的人，大多为女性。在这种类型中，女性化且带有神经质的人有不少。这种类型的人，对美的判断力很强，也很爱慕虚荣，容易作无谓的浪费，即使她们自己有意要存钱，也很难做得到。一般来说，这类型的人，较喜欢依赖别人。她们喜欢买化妆品或宝石等物，将自己装扮得漂漂亮亮的。她们爱美的程度比别人强一倍。

**3. 如何从坐姿看女人**

一个人的坐姿，不仅反映其性格特征，而且更反映其某一刻的心理。外国一位心理学家曾说，"一个人的坐姿往往是其心理品质的定格。"因此，我们在人际交往中通过女性特有的坐姿可以窥探到她的内心世界。

(1) 经常正襟危坐的、目不斜视的女性

是力求完美，办事周密而讲究实际的人。这种人只做那些有把握的事，从不冒险行事，但她们却往往缺乏创新与灵活性。

(2) 爱侧身坐在椅子上的人

她们心里感觉舒畅，觉得没有必要给他人留下什么好印象。这类女性往往是感情外露、不拘小节者。

(3) 把身体尽力蜷缩一起、双手夹在大腿中而坐的女性

往往自卑感较重，谦逊而缺乏自信，大多属服从型性格。

(4) 敞开手脚而坐的人

可能具有主管一切的偏好，有指挥者的天质或支配性的性格，也可能是性格外向，不知天高地厚，不拘小节的人。女性若采用这种坐姿，还表明她们缺乏性的经验。

(5) 踝部交叉而坐的人

当男人显示这种姿态时，他们通常还将握起的双拳放在膝盖上，或用双手紧紧抓住椅子的扶手；而女性采用这种姿势时，通常在双脚相别的同时，双手会自然地放在膝盖上或将一只手压在另一只手上。大量研究表明，这是一种控制消极思维外流、控制感情、控制紧张情绪和恐惧心理、表示警惕或防范的人体姿势。

（6）将椅子转过来、跨骑而坐的人

这是当人们面临语言威胁，对他人的讲话感到厌烦或想压下别人在谈话中的优势而做出的一种防护行为。有这种习惯的人，一般总想唯我独尊，具有较强的自我存在意识。

（7）在他人面前猛然而坐的人

表面上是一种随随便便、不大礼貌、不拘小节的样子，其实说明此人隐藏着不安，或有心事不愿告人，因此不自觉地用这个动作来掩饰自己的抑制心理。

（8）坐在椅子上摇摆或抖动腿部或用脚尖拍打地板的人

说明其内心焦躁、不安、不耐烦、为了摆脱某种紧张感而为之。

（9）和男人坐在一起而有意识挪动身体的女性

说明她在心理上想要与男人保持一定距离。并排而坐的两个人要比对坐着的两个人，在心理上更有共同感。

（10）半个屁股坐在椅子上，或者坐在椅子的前沿上

表明此女性信心不足，情绪波动大，内心浮躁不安；坐在椅子的正中间者正相反。

（11）半躺半卧的坐姿

这是很不雅的坐姿，是懒惰、粗心大意、不求上进、混日子的表现。对这种女性，男性可要注意了！

（12）上身坐直，两腿伸直，手臂自然下垂而坐

表示此人办事认真而专心，是个责任心很强的人，同时也很保守。

（13）坐姿坦然，两腿弯曲成直角，一双手放在膝盖上，目视对方

表明此人很大度，很能干，善于创造，对对方持认可、赞同的态度。

（14）双手交叉抱于胸前，两腿伸直而坐

表明此女性对对方的见解半信半疑，处于左右动摇的心理状态。

（15）双手交叉抱于胸前，跷着二郎腿而坐

表明此人目空一切，抵抗对方的要求和意见，并给予还击。如在此坐姿上，所跷的二郎腿的前腿不停摇摆，这是一种玩世不恭的表现，并兼有轻浮的特点。

（16）两腿贴在一起的坐姿

是女性一种虚心、谦谨、求助的表现，做事细致而谨小慎微，性格内向。

### 4. 如何从服饰色彩看女人心

新加坡的美学和心理学家合作进行的一项调查表明，女性对服装颜色的偏爱与她们的性格"息息相关"。

偏爱黑色服装的妇女在生活中往往表现出异常强烈的独立性。她们富于主见，善于克制，自我保护意识较强，但表情往往冷峻，内心深处常常潜伏着很强烈的孤独感。

喜欢白色服装的女性往往对各种缤纷的色彩已感厌倦，正处在新的自我探索中或正在适应新的环境，善解人意是这类女性性格上最明显的特点。

喜欢穿红色服装的女性大多有积极的人生观和豁达的处世哲学，她们性格外向、活泼、坦率、真诚。

女性喜欢黄色服装往往是"人缘好"的代名词。这类女性喜欢交朋友、善于表达内心的喜怒哀乐，最容易使人产生信任感和亲切感。

身着蓝色装的妇女则是"才女"的象征。她们的头脑充满智慧，具有较强的决策能力，擅长逻辑推理，责任心很强，但有时却又因自我意识太强而使旁人敬而远之。这类女性尽管聪明，可朋友却远远比爱穿黄色衣服的女性少得多。

喜欢粉红色服装的女性处世细腻，富于同情心，关心他人无微不至，性格温柔，但容易偏听偏信则是她们的性格弱点。

钟情紫色服装的女性对自己和别人要求都很严，她们看人直觉敏锐、准确，也颇有组织能力。

女性偏好灰色服装意味着她们的生活态度往往十分被动，培养开朗的性格是克服这种"性格弱点"的良方。

对棕色服装有偏爱的女性最讨厌华而不实，花里胡哨。这些女性观念保守，也不愿向别人显露自身的真实感受。

喜欢绿装的女人也许是最快乐的女人。她们往往充满蓬勃向上的活力，朋友很多，也能愉快地面对挫折和困境。

### 5. 如何透过兴趣看女人

(1) 爱运动的女人具有理性的美丽

爱运动的女人不认为美容化妆品可以留住青春，也就是她们不认为金钱是万能的。运动比之于美容，不是一时的缺陷的掩饰，却是自然美和艺术美的长远结合。所以爱运动的女人比爱化妆品的女人，更懂得形体和美。

透过健美运动及健美操，容颜不美的被优美的肌肉线条掩饰了。容颜本来就不错的，腹部脂肪得到控制，乳肌前挺，大腿匀称发达，小腿结实修长。不难想象，这样的女人多么令人心动。

所以健美留得住美丽，爱健美的女人在持之以恒和运动精神促使下，变得美丽和自信，将成为美丽的天使，幸福的宠儿。她可以无愧地说："太阳每天都是新的。"正是这种匀称的体形使她赢得幸福，找到如意郎君。这种自信使她充满活力，工作如意，容易得到上司和同事的喜爱。

(2) 爱花的女人爱自己

美人总是与花连在一起，花即美人，美人即花。爱花是女人的天性，不爱花的女人不是具有女人味的女人。桂花、水仙、蔷薇、丁香、断肠花，它们的美丽后面无不与女人相关。因此，对女人来说，爱花就是爱自己。

女人在山林间，常常漫山遍野乱跑，这摘一朵，那摘两簇，叫不出名字没有关系，自己闻一闻，还一定要问别人"香不香？"回家时用清水养在花瓶里，往往比上街买来的花更加怜惜。

花的含义多种多样，爱花的女人在男人面前提起某某花她喜欢时，就是在暗示了。譬如她说最喜欢深红的玫瑰，那就是说她爱得很深，他应该行动了。

在爱花女人的眼里，人生总是美的。但花也有凋零之时，所以有时伤感，不是为了工作，一定是为自己如花般快要凋零的青春。这种美丽的伤感是颇有成效的。许多男人当然偏爱如花的女人。想想，哪个男人不愿成为护花使者呢？

(3) 爱艺术的女人有智慧天分

爱艺术的女人令人感到浪漫。这种浪漫不是卖笑调情，而是艺术的启迪。女人学书法，不是为了像男人般要成为书法家；画点山水花鸟，不是为了做女画家；收集几幅字画，不是为了做鉴赏家。女人不像男人那样功利，她们爱艺术是感受到艺术之美，艺术中特有的灵气。

爱艺术的女人呈现出古典风味，这是很美、很有情趣的。美丽的女子常见，然而众多男子都不约而同地爱慕一个女子，往往是看中了这个女子不落俗套的气质。艺术可能就是这气质的启迪源泉。

爱艺术的女人爱艺术的目的是自娱，而不像爱艺术的男人皆有点附庸风雅。表现在生活、工作、爱情上，也比较自重自尊，不容易失去属于自己的原则，在爱情世界中也不易被低俗的男人所骗，婚姻美满。

(4) 爱音乐的女人心有所属

女人的声音轻柔、圆滑，本身就是一曲动听的音乐，所以女人的音乐细胞比男人多，这是上天赐予的，不喜欢音乐似乎是说不过去。

音乐是女人，女人就是音乐。音乐给女人以憧憬、幻想、回忆。音乐的暗示就是给女人生命的暗示。丝丝缕缕，缕缕丝丝，多少音符如潺潺的溪流，如春野的鸟，在低低地诉说女人情怀。

爱音乐的女人，灵魂被幽幽的短笛招了来，多愁善感。男人多愁善感有点神经质，怪怪的，女人则是天经地义。这种多愁善感是真实的，她掉下的泪是实在的，总能够感人。

爱听音乐的女人能得到男人的欢心，大抵就是因为她显示出具有古典的、忧伤的美。那支招魂的短笛将女人的魂招了来，又将男人的魂招到了女人身边，而且婚后夫妻总是和睦相爱，子女健康聪明。

（5）爱打扮的女人最懂男人心

心理学家说："女孩子从两周岁就开始进入无休无止的打扮时代了。因此，世界上最畅销的东西就是女人的服装、女人的化妆品和美容品。女人的裙子似乎始终是服装店老板赖以牟取暴利的热门货。"

爱打扮的女人不仅仅是为自己的男人，也有社会性目的。女人与女人之间的嫉妒，是几千年说不尽的话题，再漂亮的女人也往往要用服饰和化妆品来炫耀自己，以求与人家争艳。

当然，女人的女性美及聪明才智也是男人所关心的，但每个男人仍会为女人的美貌而倾倒和叹服。如果这世界上没有因打扮而带来的花花绿绿、五彩缤纷，世界不是太单调了吗？

女人就像春天，美丽的衣饰就像春天里的鲜花。春天没有鲜花不是春天，女人没有漂亮的衣饰就不是女人。男人口上说只是爱女人本身，其实有一部分爱是隐藏到色彩中去了，爱打扮的女人是最懂得男人心理的。

**6. 如何从鞋看女人**

如今，无论是大街小巷，还是舞厅派对，人们只要低下头就会发现，脚上的鞋，尤其是女人的鞋，是色彩缤纷、争奇斗艳、式样新异。然而大多数人看鞋，关注的是鞋的品牌、欣赏的是鞋的美丽，可大千世界无奇不有，有人看鞋则是要从这云里雾里的鞋中，解读出许多不为人注意的秘密。

在美国内华达大学曾进行过一次有趣的测验。老师让一些学习心理学的学生，根据所提供的人头像和鞋子图片，在无其他任何线索的条件下确定人的身份。最后，学生们都以极高的准确率，分辨出了公司经理、家庭主妇、花花公子、体育专栏作家、演员、律师、应召女郎、工人、秘书等等。1950年2月4日的《生活》杂志，也搞过类似的测验，同样达到了很高的准确度。由此可见，鞋子，不仅仅是穿在人脚上的一种日常生活用品、装饰美化用品，它还能反映人的一种身份、地位、性格、能力、兴趣……

为什么鞋拥有这么多的秘密？因为鞋套着的是人的脚，而脚又隐含着不少埋在人们内心深处最原始、最本能的生物动机、精神欲望。在西方，精神分析学说的鼻祖——弗洛伊德眼中，"脚是一种非常古老的性象征，鞋子或拖鞋则常常是女性生殖器的象征"。甚至有的西方专家更加直截了当地指出：大脚趾是男性阴茎的象征，脚趾与脚趾之间的缝隙是女性性器官的象征。按照弗洛伊德的理论，人的思想、性格、行为……一切的一切都是与性密不可分的，既然脚属于性器官的一部分，那么人潜在的意识、内心的欲望等，也就自然而然地与脚存在着千丝万缕的联系。

(1) 穿尖头鞋的女人

近年来女性最流行、最时尚的便是尖头鞋。尖尖的鞋头究竟意味着什么？实际上，女人穿着尖头鞋招摇过市、漫步于大庭广众时，就像堂吉诃德手中挥舞的一把剑，在向一种原有的、传统的社会生活规范发出挑战。它试图证明，现代的女人比起她们的前辈，更勇敢、更直白、更坦率、更开放，更无所顾忌、敢作敢为。因此，这种尖尖的鞋头，象征着她们的野心、进攻性、征服欲、占有感，以及一往无前的精神。所以穿着尖头鞋的女人，不仅时尚、漂亮、新潮，更主要的是在她们的潜意识中，她们自己是这个时代的主角。她们不但要摆布自己的命运，还希望控制住男人的脉搏，当男人们面对着像利剑一样的女人鞋尖，唯一的出路大概只有退却和投降。

研究发现，鞋子与脚的吻合松紧程度，还能反映出一个女人的性心理状态。一般情况下女人的年龄越大、性器官越松弛，穿鞋的宽松度就越大，而年龄越轻、鞋越尖、鞋与脚的吻合程度越紧密的人，对性生活质量的要求越高。所以经常爱穿着尖头鞋、紧身鞋、喜欢鞋与脚紧贴着的女人，对事业生活各方面的参与性，对丈夫、情人的关注度都比较高。她们非常注重性生活和感情生活的质量。她们自我、自恋，控制欲、征服欲特别强，对自己想掌控的人不是贴身紧逼就是遥控指挥，且不达目的誓不罢休，但有时达到结果后，或虚荣心满足之后，她们又会突然失去兴趣，撤退得无影无踪，令人不知所措。

(2) 穿拖鞋的女人

从古到今、由东方到西方，虽然人类存在着各种各样的文化差异，但有一点却是惊人的一致，那就是将脚看作人体中最具有性意味的器官。因此人的脚，特别是女人的玉足，按照传统观念是人的隐私，一般是秘不示人的。在古代如果偷看女人的脚，是被视为一件极其下流肮脏的事，更不用说摸女人的脚。因为这在当时与强奸没有什么区别。所以古代女人的"三寸金莲"，是要包上一层又一层的裹脚布，然后塞入绣鞋藏匿于闺房之中。然而世界上所有的人，多多少少都有点窥视别人的嗜好，就像人们爱赏花，不就是在窥视植物美丽的生殖器官吗？只不过花是不会提出抗议的。

可是人在公众场合，随意窥视他人的隐私是道德和法律所不允许的。所以，女人的暴露欲、男人的窥视欲，都必须借助于一个合理合法的途径加以满足，此时女人的脚和鞋，也就成了满足这种欲望最合适的传递载体。现代女人两只拖鞋天足一双，少遮少掩登堂入室，正是女性盛行身体裸露的一种象征。它既展示了女人的魅力，又诱惑了男人。所以喜欢穿拖鞋外出的女人，大多有着一种暴露性感、释放美丽、被人欣赏的冲动。她们自信、轻松、随意、散漫、我行我素、较少约束。她们不一定有很高的人生追求，也不愿意过十分清贫困苦的日子，唯一的生活标准就是舒适自由。如果女人穿的鞋子不是无跟就是漏趾，甚至几乎全透明，那么这种人的心理设防程度往往较低，对于感情和性的付出较为随便。由于脚是性器官的象征，因而女人面对一个男人时，倘若随意脱鞋、露出足脚，甚至脚与异性的身体发生接触，这是她向男人发出的一个非常强烈的性信号。所以在民间人们常将那些性行为较为随意的女人喻为"破鞋"，其道理就在于此。

(3) 穿高跟鞋的女人

现在不论是银屏、T型舞台，人们看到最多的就是所谓的厘米美女！这里的厘米美女指的就是穿高跟鞋的女人。因为在女人美学辞典里，性感指数是与她的鞋跟高低成正比的。鞋跟的升高可以使女人身体修长、亭亭玉立、挺胸翘臀、曲线突出、凹凸有致，变得风情万种。高跟鞋从16世纪第一次在法国宫廷现身至今，尽管医学专家再三呼吁鞋跟过高不利健康，但女人们仍旧是乐此不疲，没有哪位愿意放弃自己脚下的那几寸高跟，因为就是这小小的数厘米能让女人化腐朽为神奇。

所以男人们千万不要小瞧了这几个厘米。俗话说得好"站得高，才能看得远。"女人就是需要凭着这高跟鞋傲视群雄。这鞋跟上的几厘米，不仅是生理上身高的延长，更是心理位置的无形提高。因此穿高跟鞋的女人，鞋跟越高、架子越大、气派越足，经常是自以为是、耀武扬威，似乎个个是女王似的。她们基本属于那种可远距离观赏，而不宜近距离亲近的一类人。女人穿高跟鞋，还有一个重要的效用就是增强女人的平衡功能，因而穿的鞋跟越高、鞋跟越细，甚至可在小小的圆桌跳起"伦巴、探戈"的女人，多数是社交场上的高手，公共关系的专家，特别是那些喜欢将高跟鞋与系踝带连在一起的女人，常常会让男人在不知不觉中为她的性感所征服，糊里糊涂地走进她早已设好的陷阱罗网。据性学研究人员研究，经常穿高跟鞋，可以令人腿部内侧的肌肉更结实，有提高女性性能力的妙用！因而女人穿高跟鞋往往具有双重含义，一方面是提醒男人注意她的性感，另一方面则是在激发自己的性能力。

此外，从女人鞋跟（也包括男人）的磨损程度，还可以看出她的心理稳定性。凡是鞋跟一侧明显磨损，而另一侧鞋跟基本正常者，其人心理状况多数极不稳定，时常情绪波动、反复无常，做事犹疑不决、拖泥带水，决策时更是人云亦云、优柔寡断。

### 7. 女人的无声语言传达了哪些内容

实验发现一个人要向外界传达完整的信息，单纯的语言成分只占7%，声调占38%，另55%的信息都需要由非语言的体态语言来传达，而且因为肢体语言通常是一个人下意识的举动，所以它很少具有欺骗性。因此，当一个男子向一个女子求婚时，他大可不必等到她开口应允，看看她紧抿的红唇、低垂的眼帘和微微颤动的肩膀，答案就不言自明了。

有效地读取肢体语言所包含的信息不仅有利于你与女性的交往，而且还可以帮助你了解一个女人的内涵。

(1) 头部姿态的语言

习惯头部上扬的女人通常自视甚高、傲慢而唯我。或许是因为她们的条件一般都不错，追求她们的男人又较多，所以她们对男人的要求很高，却很少能够真正体谅男人的苦心。

头总是低俯的女人通常内向而温柔，虽然有时显得缺乏激情，但是能细心体贴、关照男人。

头部侧偏的女人通常充满好奇心，但偏于固执。她们很容易与男人一见钟情，却没有相伴一生的忍耐力。

(2) 手和手臂的语言

握手是男人接触陌生女子身体的主要机会，通过这个机会你可以抓住她传达给你的信息。手心干爽的女人性格开朗，也可能表示对此次晤面没有特殊的兴趣。手心潮湿的女人性格较内向，也可能表明她的内心很紧张或很恐惧。要找到两者间的差别就须看她的眼睛是躲闪还是微闭。

握手时手心朝上的女人多是柔顺易于相处的，手心朝下的女人多是争强好胜不肯服人的一类。而只伸出手指的女人多是精于世故，吝啬贪婪，同时还传达出一种蔑视的意思。一般来说女人在与男人握手时较少用力，但如果她突然施力，那肯定是在暗示什么。男人一定要注意观察她随后的举动。

女人的手形变化很多。不断地摩擦双手的女人是在期待着什么，如果加上眼睛的直视，可以肯定她在期待着男人进一步的亲近。喜欢十指交叉的女人往往可能是恋爱受过伤害，是一种很明显的本能防卫，但假如她是双肘支撑着交叉双手，那又可能表明她对自己的诱惑力相当自信。而把十指相对做成尖塔形的女人，通常表示的是她只对男人的话而不是男人本身感兴趣。

手在与身体其他部位的接触时能传达更丰富的信息，但都是在具体环境中才表现出来。例如用手不停地触碰鼻尖，是因为犹豫不决；用手触摸耳朵是对男人的说话内容产生怀疑；用手揉眼睛是在拖延时间，是女人对付不大容易回答的问题的常用手法；用手搔头显然是烦躁不安；用手捂嘴是在掩饰自己真实的想法；而用手在面部摩挲则表示她对谈话毫无兴趣，心不在焉。

下面再说说手臂。标准的交叉双臂姿势没有特别的含义，不过是女性一种本能的自我保护，但如果长时间维持这个姿势就表明消极的态度。加强的交叉双臂姿势是一种敌视的象征。用双手握住双臂的姿势表明了紧张和不知所措。掩饰的双臂交叉是常在公众场合露面的女人的传统姿势。这种女人多数虚伪而且老练。

(3) 腰腹部和臀部的语言

女人腰部传达的信息如果不依靠裸露或触摸，男人是很难捕捉到的，然而臀部的信息很多。

走路时左右臀上下摆动的女人往往热情而不拘小节，好幻想不喜欢户外运动。走路时左右臀几乎不摆动的女人现实而富于功利心，她们像喜欢运动那样喜欢恋爱，目的似乎只为了自己。臀部安静时自然上翘的女人多数热情开朗，喜爱交际又敢爱敢恨。臀部安静时下垂的女人多数性情温顺，对爱情专一而且执著。

(4) 胸部的语言

女人胸部的曲线最醉人，但是近年胸垫一类的饰物已经让人无法看出端倪，所以只能从女人挺胸还是含胸辨认女人。这无疑也使破译胸部语言的工作变得简单起来。

喜欢挺胸的女人肯定充满自信，心中很少有传统的女卑观念，是现代新女性的代表，也表明她们的心态健康而积极。

喜欢含胸的女人肯定不那么自信，或者天性羞涩。她们的人生观相对消极，多愁善感，渴望爱情又缺少勇气，只会默默等待。

(5) 双腿的语言

只要是女人，她的双腿便会在有意无意的活动间透露出真实的心理活动。这对于想知道她们心意的男人很有帮助。

a.平行型：这是女人落座时最普通的安放双腿的形式。这样坐的女人大都是年纪不大的女学生。她们对于自己的外表和健康很有自信，所以对男人的要求很高。除了符合她们条件的男人以外，她们都不予理睬。

b.一条腿靠在另一条腿上：把右腿跷在左腿上面的女性，是比较有涵养而保守的，内向又较理智，习惯压抑、控制个人感情。不到特别的时机绝不轻易吐露真情。把左腿跷在右腿上的女性正好相反，天性喜爱冒险，恋爱时积极而大胆，是标准现代女性。

c.双腿一起弯曲：这是富于罗曼蒂克幻想的女人。她们一般都家境不错，非常注意自己的行为检点。她们的缺点是不时地炫耀自己的高贵，从不肯承认自己的情感,多少有点做作。

d.十字型:把双腿交叉成十字型的女子多是情窦初开的少女,未经世事,对男人也毫无经验,只要男人稍事殷勤便不难和她们交往。

e.脚尖交叉型:采取这种方式安放双腿的多有自恋或同性恋倾向,或恋爱受挫,厌恶男人的女人。男人最好避开她们。

f.展开双腿型:女性中展开双腿的极少。如果不是因为太胖或下肢有病的话,这样的女人疑是较大胆放纵的类型,缺少教养也缺少对男人的真情,或者是有过性体验而性意识淡漠的女人。

### 8.如何从笑声看女人的性格与心理

喜欢"捧腹大笑"的女性,通常富有幽默感和爱心,绝对不会妒忌别人,更不是"憎人富贵厌人贫"的那类可怕人士。

经常"纵声狂笑"、笑到肚腹疼痛的女性,平时可能是沉默寡言一族,不过看似平静沉着的她们一旦笑起来常常一发不可收拾。这种女性的笑声固然令人侧目,不过其为人通常可靠,且在公众场合颇受人欢迎,因为她对每个人的笑话都很捧场,令说笑话的人感觉很有成就。

会在人前开怀大笑的女性,生性坦率热情,办事决断迅速,绝不拖泥带水,但感情相当脆弱。

而大笑起来,全身都不住地晃动,笑得"前俯后仰"的女性,生性坦白,对一切都会直言不讳,并且喜爱施予,绝不吝啬,故也极受家人和朋友的欢迎。

相对于上述会在人前开怀而笑的女性,总是躲起来"窃窃而笑"的女人,大都生性保守,对别人的要求高;不过,她们却是不可多得之可共患难的朋友。

而好静悄悄微笑的女性,都是头脑冷静,心事不易向外人披露的人士,可别让她看似温柔的微笑给骗过去了,她可不像你想象中的纯真善良,不过也不邪恶就是了。

别人笑时,也会附和着微笑的女性,热爱生活,而且生性乐观,与她在一起是件令人愉快的事。

笑的时候总是用手遮着嘴巴的女性,在众人面前挺自持的,是一个不愿倾诉心中情的人,她的秘密连至爱亲朋都不会知道。不过她的保密能力仅止于她个人的事情,并不适用于其他人,所以你如将自己的秘密一五一十地向她诉说,请小心自己成为他人闲聊的主角。

笑声干涩、若断若续的女性外表略带冷漠,在冷漠的表情下还拥有一颗现实的心,故能冷眼旁观、冷静分析,颇能洞察别人的肺腑。

笑声尖锐的女性通常富有冒险精神,精力充沛且感情丰富,乐观而忠诚可靠。

笑声低缓、几近无声的女性,生性多愁善感,情绪极易受别人左右和影响,个性颇富浪漫色彩，易与人相处。

　　笑声柔和而平淡的女性，性格厚重，深明事理，凡事为人着想，而且善于处理人事纠纷。

　　笑起来会发出"吃吃"声的女性，严于律己，富有创造性，想象力丰富，而且具有高度的幽默感。

# 第二十四章
# 爱情的诞生

## 爱情的起源——追求"完美之我"

瑞士著名心理学家、精神分析学家荣格认为，每个人都身具"显性"与"隐性"（或称"影子"）人格。也就是说，每人除了表现外在众人所见之"显性人格"外，还有个正好相反，潜藏心底的"影子人格"。比如，"分析型"者的影子人格是"感觉型"。通常，"分析型"者着重逻辑思考与客观评断，但是当他在强调与表现"理性"时，便不知不觉地把自己细腻多情"感性"部分的人格，压抑到潜意识深处，变成隐性的"影子人格"。

"显性人格"的形成与先天因素有极大的关系，但也受到后天因素的影响。例如，男性成长过程中，多被要求"喜怒不形于色"，"好汉打落牙和血吞"，他人格中多情易感的部分便被深深压抑到潜意识中变成"影子人格"。

当在人群中，一个人发现了一个具有自己"影子人格"的异性时，看到对方彰显出自己所缺乏的（或已经潜抑、消逝了）人格特质，便会产生一种欢喜雀跃的感觉。比如，一个"分析型"的男人遇到了一个"感性型"的女性时，便会感觉被自己深深隐藏的"影子人格"重见天日，好像有一股活泼新鲜的生命力从外界注入，以致被对方深深吸引，认为对方就是自己一直在寻找的"真命天女"。这个异性相吸，彼此各得一线生命契机，使自己尘封枯萎的"影子人格"重见天日，得到露水滋润，与自己"显性人格"整合，发展出一个较完全、较成熟人格的过程，就是所谓的对于"完整之我"的追寻。

然而，人要实现得到一个"完整之我"并不是那么容易的，这是一个艰巨的过程，个体要付出不菲的代价。因此恋爱的男女当经历了蜜月期的热恋后，常常会不断爆发冲突，发现对方具备很多自己所无法容忍或者不赞成的人格特质和思维方式，这便需要双方经历一个感情的"磨合期"，只有通过"磨合期"的考验，他们的爱情才算真正修成正果了，也就是说，彼此共同发展出了一个"完整之我"。

从某种意义上来看，每个人在爱情征途上所寻找的都是另一个自己，一个具有自己"影子人格"的未来伴侣。

## 爱情的原动力——性欲

古希腊有个神话传说：远古时代，人本来是雌雄同体的生物，叫做"男女"。它有四只手，四条腿，一个头，四只耳朵，正反两副面孔，是个胆大妄为的怪物，搞得奥林匹斯山上的众神忐忑不安。为了安抚众神，宙斯将它撕为两半，每半有两条腿、两只手。被分开的"男女"痛苦不堪，忍着痛苦急切地寻找另一半，找到后就纠结在一起，强烈地希望融合为一体。于是，自此以后，世间的男男女女们始终不知疲倦地寻找另一半，演绎着一段又一段的动人故事。

研究和观察表明，男子和女子的性欲是爱情的动力和内在本质。这是繁衍后代的本能。

德国古典哲学家康德，一生从没有坠入过爱河。不过他到中年时也说过，对异性的倾慕是男女之间其他所有激情的基础。英国性学泰斗霭理士在他的《性心理学》一书中写道："恋爱的发展过程可以说是双重的。第一重的发展是由于性本能向全身释放……第二重的发展是由于性的冲动和其他性质多少相连的心理因素发生了混合。"

可是人类发展史上相当一段时间内，性欲被认为是丑陋、淫秽的东西，而以其为动力的爱情是让人津津乐道的。对爱情中的性欲的扭曲表现为两个极端：贬低压抑和过分夸大。

性科学的研究表明，正常的性生活可以促进性激素的正常分泌，协调体内的各种生理机能，也是心理健康的需要；长期的性压抑对人的身心健康不利，甚至会导致一些身体及心理疾病。中国古代房中养生对性生活与身心健康的关系，就已经有大量科学的论述。如《抱朴子》中说："阴阳不交，则坐致壅阏之病，故幽闭怨旷，多病而不寿也。"这里的"幽、闭、怨、旷"，即指长期得不到性满足的人。《备急千金要方》亦云："男不可无女，女不可无男。无女则意动，意动则神劳，神劳则损寿。"以上观点都是反对性压抑的。主张正常的性生活是人类天性之需，是生理和生活情趣上不可缺少的。如果人为地抑制这种功能，就会带来许多疾病。这种观点与现代医学及心理学的研究是一致的。

研究发现，人丧失配偶后，患病率增加，容易衰老和早逝；感情越深者，影响越大。我国心理咨询案例资料说明，由于婚姻问题或性生活不满足而产生的矛盾和心理冲突，可以使人出现种种神经官能症的症状，如睡眠障碍、神经衰弱、焦虑状态、抑郁情绪等。巴黎夏科教授和维也纳罗巴克教授研究证明，大量精神病患者的患病诱因在于：在某种条件的性压抑下，人的正常的性满足欲望被剥夺了。性压抑还可能导致性变态，如同性恋、窥阴癖、露阴癖等。有相当数量的性变态者都承认，自己的性变态行为是在强烈的性欲望得不到满足的情况下做出的。

性欲的满足与否还会产生一定的社会效应。美国心理学家和社会学家针对一千对夫妻做了一个调查，结果表明：

妻子需求的排列次序是：①爱情；②互相忍让；③互相尊重；④性生活美满。

丈夫的夫妻生活需求依次是：①爱情；②性生活美满；③思想沟通。

法国民意测验调查所对各行业、各年龄阶段的一千多人进行了调查，当问及"什么样的人最幸福"时，83%的人认为性生活美满的人最幸福。反之，性压抑会给社会带来危害。例如江苏某工厂，有女工290人。几年中恋爱结婚的有76人，婚后闹离婚的有24起，占31.5%，离婚缘由中性生活不协调占1/3以上。

另一个极端是爱情中性欲的夸大。如奥地利心理学家、精神分析学说创始人弗洛伊德把情爱还原成性欲，认为性爱是一切幸福的根源。他在《文明及其缺憾》中写道："性爱为他提供了最大的满足，所以对他来说性爱实际上是一切幸福的原动力，曾驱使他循着性关系之径追寻更进一步的幸福。"他把爱情、仇恨、雄心、妒忌等解释为性本能的各种形式的诸多结果。

虽说性欲是爱情的原始动力，但是性并不是爱情的全部，不要把性进行夸大；爱情的起点是性的吸引，但性本身却并不就是爱情。真正的爱情既包含了性，又超越了性。其实性欲是人潜在的力量，社会观念及道德标准有力地控制着它。只有当理想对象出现、爱情开始之后，性欲才开始释放。爱情是可以建立在双方的信任和关怀上的，没有性的情况下爱情仍然可以是美好的。因为双方确实是相爱的，只需要挽手共度一辈子就满足了。例如媒体上经常报道的一些模范夫妻，延续没有性的爱情，需要双方的绝对信任、相互理解和相互支持，甚至还需要忍耐和经历痛苦的折磨。你或许听说过"找爱人一定要找能和你聊到一起的"，这反映了部分人的真实感受。

## 爱情的其他动力

性欲是爱情的原始动力，但不是绝对动力。如果只承认性欲的绝对作用，就把爱情庸俗化、片面化了。老年人和一部分残疾人是基本丧失性欲的，但他们就不需要爱情吗？

英国19世纪的著名社会学家斯宾塞认为爱情是由九个不同的因素融合而成的。每个因素都很重要：

（1）生理上的冲动。

（2）美的感觉。

（3）亲近。

（4）钦佩与尊敬。

（5）喜欢受人赞赏的心理。

（6）自尊。

（7）所有权的感觉。

（8）因与他人之间隔阂的消除而取得一种扩大的行动自由。

（9）各种情绪作用的高涨与兴奋。

他在《心理学原理》一书中写道："我们把我们所能表示的大多数比较单纯的情绪混合起来而成为一个庞大的集体。这集体就是情爱的情绪。"

20世纪著名心理学家、哲学家弗洛姆认为，爱情的起因是人们对孤独的焦虑；爱情意味着给予、关心、责任、尊敬和了解；爱是一种意志行为，是一种把自己的生命同另一个生命紧紧维系在一起的决策行为；爱一个人不仅仅是一种强烈的感情，还是一种决策、一种鉴赏力、一种诺言和一种以生命相托付的行为。

爱是一种主动的能力，是一种可以使人突破那些隔阂屏障的能力，是一种把自己和他人联合起来的能力。

爱是给予不是接纳。给予不是失去、放弃或牺牲，而是把自己身上存在的东西，如快乐、兴趣、同情、谅解、知识等无条件地给予别人。爱的本质就是为某种东西付出劳动，使某种东西成长。

责任感是一种完全自愿的行动，是对一个人的需要主动作出恰当的反应。爱情没有尊敬就会变成支配和占有。尊敬不是畏惧，是客观地观察一个人并能发现这个人的独特个性，并让这种个性自由成长。

给予、关心、责任和尊敬都必须建立在了解的基础之上；爱一个人必须深入地了解。全面了解的唯一办法是爱的行动。

人类的爱情还有一个特点，就是人可以把爱的感受储存在大脑里。年轻时代轰轰烈烈的爱情，当老了的时候回想起来，仍会感到心里美滋滋的。意识的作用能使爱情在某种程度上摆脱肉体的束缚，更多地表现为精神的依恋。

总之，爱情的动力既包括性欲本能，也包括相互的关心、思念、尊敬、给予、了解、赞美、责任等多种精神因素。这些因素的综合作用使我们自古至今都不知疲倦地渴望和寻求着自己的另一半。

## 爱情的最高原则：般配

当一个人通过婚恋机构寻找自己的意中人时，一般会得到潜在约会对象的背景资料，然而，面对很多的备选对象，人们会倾向于选择什么样的伴侣呢？答案是，外表对自己较有吸引力的约会对象。在已经建立起来的亲密关系中，伴侣之间的外表吸引力水平是相似的，他们的长相是般配的，这种现象便是关于爱情的般配现象。

般配现象说明，一个人为了成功地建立亲密关系，多会追求与自己相似的伴侣。这种心理特征用公式表示为：

值得拥有的程度=外表的吸引力×被接受的可能性

也就是说，对于其他条件相同的备选对象，人们多会追求外表有吸引力的伴侣，不过，如果一个人虽然拥有较有优势的外在条件，但是如果人们意识到对方根本不可能喜欢他们，便会退而求其次，选择那些不那么有外在吸引力、却喜欢自己的人。

当然，有的人会认为现实生活中的很多亲密关系并不符合般配原则，比如他们会提出这样的反例：一个20多岁的美艳女子嫁给了一个老态龙钟的亿万富翁。其实，这种亲密关系模式正体现了般配原则——女子用美貌换取金钱，富翁则用金钱换取美貌。亲密关系中的般配并不只是关乎外表的吸引力，它是一个更广泛的过程，财富、权力、健康、智慧和长相一样，都可以被视为人们在婚恋市场上所拥有的资本，每个人用自己的资源交换对方的资源——比如，一个有着不错收入的较有身份的男士多会选择年轻貌美的女孩——这便是一种般配现象。

亲密关系中存在的般配原则导致人们喜欢与自己相像的人，有着相似背景、个性、外表吸引力和态度的人们更有可能彼此吸引。

一些爱情的信徒也许会反对般配观，认为这种"门当户对"的观念是对爱情的侮辱，他们信仰没有任何条件的爱情，觉得这种爱情是超越了任何外在之物的圣洁之情。然而，般配原则是一个普遍的规则，大多数的爱情都逃不脱这样的逻辑。即使王子和灰姑娘也是如此——王子与灰姑娘显然是"门不当户不对"的，但是灰姑娘拥有让人垂涎的美貌，她的美貌正好与王子的财富和地位相匹敌，从根本上来看，这也是一种般配现象。

# 关于爱情的五大理论

## 1. 爱情态度理论

19世纪70年代，美国社会心理学家鲁宾（Zick Rubin）对爱做出了如下定义：爱情是一个人对另外一个人的某种特殊的想法与态度，它是各种人际关系中最深层次的情感维系，不仅包含审美、激情等心理因素，而且还包括生理激起与共同生活的愿望等复杂的因素。

鲁宾假设爱情是可以被测量的独立概念，可将其视为一个人对特定他人的多面性态度，在爱情研究领域，鲁宾是第一个通过客观的心理量表来测量爱的研究者。对于浪漫关系的界定，鲁宾将其描述为"爱"和"喜欢"，人们常说的柏拉图式的爱情充其量只是一种"喜欢"。鲁宾认为"爱"包括以下三个特征：接纳、依赖（affiliative and dependent need）；提供帮助（predisposition to help）；排他、吸收（Exclusiveness and absorption）。"喜欢"的特征则为：赞许的评价（Favorable evaluation）；尊敬（Respect）；相似的感觉（Perception of similarity）。

为了客观地研究爱情，鲁宾查阅了大量的文献资料，如文艺著作、普通常识及人际吸引等，从中寻找拟定叙述感情的题目，最终建立了爱情量表（love scale）和喜欢量表（liking scale），通过两相比较，鲁宾发现爱情与喜欢有本质的差别，在其所建立的爱情量表中，爱情包含如下三种成分：

（1）亲和和依赖需求。

（2）欲帮助对方的倾向。

（3）排他性与独占性。

对于身处爱情关系的恋爱者而言，最痛苦的事情莫过于对方的移情别恋了，产生这种痛苦的情绪体验是由爱情的本质决定的——爱情天生具有排他性和独占性，不论是婚姻关系中出现了"叛逃者"还是"第三者"，忠于爱情的那一方都会感到自己的婚姻关系受到了威胁，或者威逼"叛逃者"回到自己的身边，或者心灰意冷地放弃已经变质的爱情的关系。

## 2. 爱情观类型理论

加拿大社会学家John Alan Lee经由文献收集及调查访谈两阶段的研究，将男女之间的爱情分成六种类型：

情欲之爱：这种爱情所建立的基础是理想化的外在美，是一种罗曼蒂克的、充满激情的爱情；

友谊之爱：青梅竹马般的感情，是一种细水长流型、稳定的爱；

游戏之爱：将爱情视为一场让异性青睐的游戏，恋爱者并不会投入真实的情感，常走马灯般更换对象，只在乎曾经拥有，而不在乎天长地久；

依附之爱：恋爱者对于情感的需求非常大；

现实之爱：恋爱者着重考虑对方的现实条件，以期让自己用尽可能低的成本得到回报率较高的爱情；

利他之爱：恋爱者带着一种牺牲、奉献的态度，只追求爱情，对于对方的回报没有任何企图。

### 3. SVR理论

关于爱情，伯纳德·默斯坦在1987年提出过SVR（stimulus-value-role）理论，即"刺激-价值-角色"理论，这种理论以阶段的观点来诠释爱情，伯纳德认为亲密关系的发展，随着双方接触的次数多寡来看，可以分为"刺激（stimulus）"、"价值（value）"和"角色（role）"三个阶段。

刺激阶段：双方第一次见面后便进入了刺激阶段，在这个阶段双方互相吸引，迸发激情，感情主要建立在外在条件上，如被对方的长相和身材所深深吸引。

价值阶段：一般而言，双方大约第二次至第七次的接触，便属于价值阶段。在这个阶段中，彼此探求双方价值观和信念的相似——这成为他们情感依附的主要决定因素。

角色阶段：通常双方大约第八次以后的接触，便开始进入角色阶段。在这个阶段中，彼此对对方的承诺，主要建立在个体的角色扮演上，即伴侣们发现他们在为人父母、事业、居家等等各个方面是否存在一致的观点。

虽然Murstein认为亲密关系的发展要经过刺激、价值、和角色三个阶段，但在阶段性发展过程中，每一个因素并不是绝对独占的，只是在每个阶段中，各有一个因素是最主要的影响因素。

审视亲密关系发展的整个历程，可以发现，在爱情刚刚萌发的时候，刺激因素占有比较大的比重，随着接触次数的增加而逐渐上升，但是所增加的幅度很小，最后会趋于一个平稳的水准；至于价值因素，虽然一开始时的比重较低，但关系发展至"价值阶段"的时候，这个因素的比重会迅速提高，当进入"角色阶段"时，其比重也渐渐地趋于平稳，而且最后平稳的水准所占的比重，也比稳定后刺激因素所占的比重高；同样，角色因素一开始最低，到"角色阶段"则会超越其他两个因素，并且随着关系的继续发展，其比重不断地往上提升。

人们常说，婚姻是爱情的坟墓，这是因为当双方戴着婚戒后，关系的主要因素便是角色扮演，女人要男人成为家庭支柱和自己的依靠力量，男人则将女人定位为自己的贤内助，希望妻子能扮演好贤妻良母的角色，这无形中就为关系的存在加入了很多责任的成分——从某种意义上来看，责任为人们带来了压力和束缚，使人们越来越远离亲密关系的激情，这自然导致人们容易对婚姻关系产生倦怠感、不满意感，只能忧伤地回忆着当初花前月下的浪漫。

### 4. 爱情依附理论

爱情依附理论将爱情关系与依附关系做了一个联结，研究者认为个体婴儿时期与人建立的依附关系，会使个体形成一个持久且稳定的人格特质，这项特质对个体在与异性建立亲密关系时自然流露出来。Hazan和Shaver将成人的爱情关系视为一种依恋的过程，即伴侣间建立爱情联结的过程，就如婴幼儿在幼年时期与双亲建立依附性情感联结的过程一般，他们根据 Bowlby的依附理论和Ainsworth等人的三种婴幼儿倾向，提出爱情关系的三种"依附风格"：

安全依恋：与伴侣的关系良好、稳定，能彼此信任、互相支持。绝大多数人的爱情属于安全依恋。

逃避依恋：害怕且逃避与伴侣的亲密。法国电影《天使爱美丽》中的艾米丽就属于这类。

焦虑/矛盾依恋：时常具有情绪不稳、极端反应的现象，善于忌妒且希望跟伴侣的关系是互惠的。

在Hazan和Shaver的研究中发现，三种不同的爱情依恋风格在成人中所占比例分别为：安全依附约占56%，逃避依附约占25%，而焦虑/矛盾依附约占19%，与婴儿依附类型的调查比例相当接近。

Bartholomew和Horowitz以上述爱情依附风格理论的概念为基础，发展出一种四类型的爱情依附风格理论，他们以正向或负向的自我意象和正向或负向的他人意象两个不同的向度来分析，得到四种类型的爱情依附风格：

安全依恋：由正向自我意象和正向的他人意象所造成。

焦虑依恋：由负向自我意象和正向的他人意象所造成。

排除依恋：由正向自我意象和负向的他人意象所造成。

逃避依附：由负向自我意象和负向的他人意象所造成。

### 5. 爱情投资理论

社会交换理论是一种广泛传播的社会学理论，它认为人类的一切行为都受到某种能够带来奖励和报酬的交换活动的支配——人们总是按照投资和回报的观点来对待自己的人际关系。秉承这一观点，投资模式理论认为亲密关系中的双方，在此关系中互相有所得失，他们理性公平地衡量自己在此关系中的支出和回报，通过两者比较的结果，来决定自己对关系采取什么态度。

爱情投资理论认为男女亲密关系中的"承诺（commitment）"，是由"满意度

satisfaction"、"替代性（alternatives）"及"投资量（investments）"等因素所共同决定——当亲密关系中的个体，对关系有较高的满意度、知觉到较差的替代性以及投资了较多或较重要的资源时，便会对此亲密关系做出较强的承诺，更愿意长期维护亲密关系。这种决定模式可用一个方程式加以说明：

$$满意度-替代性+投资量=承诺$$

所谓的"满意度"，就是指个体对他在亲密关系中的回报和成本进行相互抵消后的结果，一般而言，满意度与个人的预期有关——即使亲密关系的回报率很高，但是如果没有达到个体预期的话，他的满意度仍然很低；一段亲密关系的回报率很低，但是结果已经高于个体的预期，他便会对目前的关系很满意。如果一个人经历过一段高回报的亲密关系，他的预期就会处于较高的水平。

"替代性"指的则是对放弃此亲密关系的"可能结果"的好坏判断，"可能结果"包括发展另一段亲密关系、周旋在不同的约会对象间、选择保持单身状态等。如果其他的关系能给个体带来更好的收益，即使他对目前的关系很满意，也会考虑离开现在的伙伴，以便建立新的亲密关系。

"投资"指个体在亲密关系中所投入或形成的资源。"投资"与报酬或成本最大的不同有两点：第一是"投资"通常不能独立地从关系中抽取出来，而报酬与成本可以；第二是当关系结束时，"投资"无法回收，而会随着关系的结束一并消失。因此投资会增加结束关系的成本，使个体较不愿也不易放弃此关系，从另一个角度看，则是增强了个体对此关系的承诺。

个体投资在亲密关系中的资源可分为两类：一类是直接投入的资源，如时间、感情、倾诉的个人隐私以及为伴侣所做的牺牲等；另一类是间接投入的资源，如双方彼此的朋友、两人共同的回忆以及此关系中所特有的活动或拥有物等。此外，在长期亲密关系中所形成两人一体的认同感，长期相处下来所建立的默契与思想上的相似，以及彼此互补的一些记忆与讯息等，也是会随着关系结束即失去的投资。个体所投入的资源层面愈广、重要性愈高、数量愈多，则表示其投资量愈大；当个体在此关系的投资量愈大时，对此关系的承诺也愈强。

此模式中所指的"承诺"，是指会使个体去设法维持这份关系以及感觉依附在此关系中的倾向。因此承诺的定义包含两个部分：行为的意向与情感的依附。

当进入恋爱关系后，个体总喜欢听另一方的海誓山盟，希望自己能够得到天长地久的爱情。然而爱情并不天然地具备永久保质期，如果你希望可以实现"执子之手、与子偕老"的浪漫，相较用道德和责任的力量束缚对方，为对方提供回报率更高的爱情关系是一个更加理性的选择。

## 为什么人们会日久生情

有关爱情的产生,如果仔细观察,你应该会发现这样一种现象,那就是很多恋人或者毗邻而居,或者有多年的同窗之情,或者他们任职于同一家公司。为什么常常见面的男女更易于产生爱情?也就是说,人们为什么会日久生情?对于这一现象的解释,一种观点是,相较其他不怎么接近的人,你更易于能够享受到周围的人提供的各种回报。比如说,你与一个相距较远的人交往,你需要花费更高的成本、支付更多的努力——如长途电话费和为了相见而在路上花费的时间。相应地,你所获得的回报却很少——对于一个近在咫尺的人,当你需要被人安慰的时候,你可以尽情地面对面向他倾诉,甚至趴在他的肩膀上哭泣,这时,你的情绪会得到较高程度的抚慰,然而,一个相距很远的人,他所能提供的安慰也只能以短信和电话的形式表达——这种安慰的效果远不如面对面的倾诉和直接的身体接触。

针对接近导致喜欢的现象,心理学家提出了"屡见效应",即与某人的重复接触不仅不会引发不快,反而会增加我们对他的喜欢。

关于"屡见效应",研究者提供了这样一个例子,在一个学期里,他们让一些大学女生在某些课上出现15次、10次或者5次,这些学生每次只是坐在那里,从来不和任何人交谈。在学期快要结束的时候,研究者把这些女学生的照片拿给了上这门课的学生,询问他们对于女学生的好感度。结果发现,对于上课的学生而言,那些经常出现的女生对他们有更大的吸引力,他们也更喜欢这些经常露面的女生,而不是那些从来不露面的女子。

不过,虽然熟识能够带来感情的升温,但是这种逻辑并不是放之四海而皆准,一般来说,它不适用于那些面目可憎、难以相处的人,即使与这些人频繁接触,也不会使这些人获得他人的好感。

当恋人们感情出现问题后,他们常会作出分开一段时间的决定,但是事实上,这并不是什么高明的解决方法,因为他们很有可能看到这样的结果:距离有了,爱却没了。

## 不安感是爱情的催化剂

张爱玲有一部爱情名篇《倾城之恋》,故事所发生的地点为香港,来自上海的白流苏经历了一次失败的婚姻,回到白家后,受尽了亲戚的冷嘲热讽,白流苏由此看尽了世态炎凉、人情冷暖。白流苏偶然结识了潇洒而又多斤的钻石王老五范柳原，便准备拿自己作赌注，远赴香江，博取范柳原的爱情，要争取一个合法的婚姻地位。

白流苏和范柳原均是两个情场高手，他们在浅水湾酒店互相斗法博弈，原本白流苏以为自己要输了，然而就在范柳原即将离开香港时，日军开始轰炸浅水湾，范柳原奋不顾身地折回寻找白流苏，在这种生死关头，两人发现了彼此的真情，决意要天荒地老。

为什么经由一次轰炸，白流苏和范柳原原本不确定的爱情就得到了印证和昭示，从而成就了一段刻骨铭心的"倾城之恋"？原因在于，人越感到不安，便越会产生强烈的与别人在一起的动机，为爱情存在的因素之一——彼此互相依恋——提供了萌发的前提。

关于不安感与依恋的关系，美国心理学家沙赫特通过实验证明了他们的正相关关系。沙赫特将被试分为两个小组，提前告诉他们在实验中他们会受到电击，但对两组人员采用了不同的说法，实验者告诉A组人员说，他们可能受到的电击程度并不高，对B组人员则说，他们可能受到十分强烈的电击。

在开始进行实验前，实验者特意让两组被试在休息室待一会儿，并且可以让被试自由决定是否独自等待还是要和别人一起等待。

结果发现，由于A组人员没有产生恐惧心理，其中的大部分人员选择独自等待；B组人员对被预言的强烈电击感到十分恐惧，他们之中60%以上的人都要求与别人一起等待。这便证明了，一个人越对即将发生的情况感到恐惧，越可能产生与别人同在一起的欲望。

在《倾城之恋》的故事中，日军轰炸香港无疑让白流苏和范柳原产生了恐惧心理，白流苏的恐惧出于对生死的未知，范柳原的恐惧则来自于失去白流苏的潜在可能性。在这种危险的情况下，他们都产生了与对方在一起的强烈愿望——一座城市的沦陷让他们发现了彼此之间的爱情。一般而言，当个体感到恐惧时，他们所选择的同在一起的伙伴都是自己真正所在乎的人——"倾城之恋"由此而来。

观察周围的婚姻伴侣，我们也常会发现，那些共同经历一些灾难事故和危险情况的男女，他们的爱情更能经得起岁月和外在诱惑的挑战，因为曾经共同依恋的经历让他们坚信：对方就是自己一直在寻找、值得携手一生一世的人。

# 斯德哥尔摩综合症：人质为什么会爱上罪犯

1973年8月23日，两名有前科的罪犯Jan Erik Olsson与Clark Olofsson，在意图抢

劫瑞典首都斯德哥尔摩市内最大的一家银行失败后，挟持了四位银行职员，在警方与歹徒僵持了130个小时之后，因歹徒放弃而结束。然而这起事件发生后几个月，这四名遭受挟持的银行职员，仍然对绑架他们的人显露出怜悯的情感，他们拒绝在法院指控这些绑匪，甚至还为他们筹措法律辩护的资金，他们都表明并不痛恨歹徒，并表达他们对歹徒非但没有伤害他们却对他们照顾的感激，并对警察采取敌对态度。更甚者，人质中一名女职员Christian竟然还爱上劫匪Olofsson，并与他在服刑期间订婚。

这两名抢匪劫持人质达六天之久，在这期间他们威胁受俘者的性命，但有时也表现出仁慈的一面。在出人意料的心理错综转变下，这四名人质抗拒政府最终营救他们的努力。这件事激发了社会科学家的研究兴趣，他们想要了解在掳人者与遭挟持者之间的这份感情结合，到底是发生在这起斯德哥尔摩银行抢劫案的一宗特例，还是这种情感结合代表了一种普遍的心理反应。而后来的研究显示，这起研究学者称为"斯德哥尔摩症候群"的事件，令人惊讶得普遍。

"斯德哥尔摩症候群"，又称斯德哥尔摩综合症、斯德哥尔摩效应或者人质情结，是指犯罪的被害者对于犯罪者产生情感，甚至反过来帮助犯罪者的一种情结。这个情感造成被害人对加害人产生好感、依赖心，甚至协助加害于他人。

西方心理学家这样解释斯德哥尔摩综合症：人质会对劫持者产生一种心理上的依赖感。他们的生死操在劫持者手里，劫持者让他们活下来，他们便不胜感激。他们与劫持者共命运，把劫持者的前途当成自己的前途，把劫持者的安危视为自己的安危。于是，他们采取了"我们反对他们"的态度，把当局当成了敌人。

据心理学家的研究，情感上会依赖他人且容易受感动的人，若遇到类似的状况，很容易产生斯德哥尔摩综合症。

心理学家还指出，斯德哥尔摩综合症的产生需要具备四个条件：

（1）人质必须有真正感到绑匪（加害者）威胁到自己的存活。

（2）在遭挟持过程中，人质必须体会出绑匪（加害者）可能略施小惠的举动。

（3）除了绑匪的单一看法之外，人质必须与所有其他观点隔离（通常得不到外界的讯息）。

（4）人质必须相信，要脱逃是不可能的。

有一个真实的案例，更加印证了斯德哥尔摩综合症。

1977年5月19日，对于27岁的卡罗而言，是一个噩梦开始的日子。这一天，她离开了位于俄勒冈州尤金市的家乡，启程去探访一位住在北加利福尼亚州的朋友。北加利福尼亚州距离俄勒冈州大约有644公里的路程，路上她搭了个便车，车上是一家三口，男主人卡门龙，妻子叫珍尼斯。车行到半途的时候，卡罗突然被勒令举起双手,蒙上眼睛,随后,卡罗被带到了一个屋子的地窖里。

卡罗清楚记得卡门龙把她身上的衣服脱去,一条鞭子狠狠地抽打在她的身上。从此以后,卡罗每天先被毒打一顿,然后吊在门檐上,脚尖仅仅踮到一点点地面。最初的一段时间内,卡罗完全生活在黑暗中,卡门龙特意用金属做了一个双层头罩和像棺材一样的箱子,她在里面不能吃、喝、听、看。

卡门龙是一个十足的虐待狂,他崇拜古代的奴隶社会,长期沉迷于带有暴力倾向的色情文学,他把卡罗当成自己的俘虏,而自己就是奴隶主。从卡罗的身上,他得到了征服感和占有感的满足。

卡门龙疯起来的时候会把卡罗的头按在水里,直至几乎窒息,或者接通电线,或者用手扼她的脖子。而鞭打是每天的家常便饭,有时卡门龙还拍下卡罗的照片,然后在家里冲洗。每当卡门龙折磨卡罗的时候,他就会变得异常兴奋。卡门龙还想出了千奇百怪的主意来实施自己的虐待欲,包括在地下杂志上剪下一份据称是出售灵魂的契约,强迫卡罗签下。他还在卡罗的阴唇上穿了一个洞,说这是他们的"结婚戒指",并说希望有一天可以和她生孩子。当确定卡罗不会试图逃跑时,卡门龙决定要和卡罗结婚。自此,卡罗有了更多的自由,她可以每天去洗澡、干家务活,甚至允许她出外慢跑,而卡罗每次总是会回来。一些邻居也开始看到了卡罗,他们都以为她是这家的保姆。

1980年,卡罗甚至可以到外面打工。实际上已被绑架了3年的卡罗这时有许多机会可以逃跑,但是她并没有这样做。卡罗被囚禁了7年,直到卡门龙的妻子珍尼斯突然良心发现,加上嫉妒卡罗的"得宠",帮助她逃离了这个地狱。难以置信的是,卡罗在回到自己的家以后,还一直打电话给卡门龙,卡门龙哭着企求卡罗回来,而卡罗向他保证决不起诉他。直到卡门龙的妻子珍尼斯离开了卡门龙,找到了一个心理医生,他们聊了将近2个小时,珍尼斯把故事全部说了出来,心理医生报了警。

1984年11月,卡门龙被正式逮捕。在法庭上,主控官描述了卡门龙最喜爱的一部电影,片中讲述了一个虐待狂绑架了一个年轻的姑娘,并把她变成一个顺从的性奴。这个女孩最终变得忠心耿耿,甚至为她的"主人"牺牲了生命。主控官试图以这种戏剧化的形象,向陪审团证明卡门龙如何深受这部电影的影响,而卡罗也和片中的女孩一样,被卡门龙完完全全洗了脑而丧失了个人的意志。此外,压在卡罗身上的是一种无形的恐惧和枷锁,因为害怕遭到报复,所以她一直不敢逃走。

在现实生活中,有时候会看到这样的场景,一个温良贤淑的妻子嫁了一个十分暴戾的丈夫,尽管这个丈夫对妻子总是施以家暴,但是妻子始终没有萌发离开丈夫的念头,一直陪伴在丈夫的身边。其实,这也是斯德哥尔摩综合症的一种表现,对于妻子而言，丈夫既是施暴者，又是爱的给予者，施暴后的给予反而让妻子爱上了丈夫。人们常说，爱情的产生是莫名其妙的，从某种意义来看，斯德哥尔摩综合症正支持了这一观点。

## "俄狄浦斯情结"与"爱烈屈拉情结"：恋母情结与恋父情结

恋母情结来源于古希腊罗马神话故事——

据说底比斯国王拉伊俄斯受到神谕警告，说他的新生儿俄狄浦斯长大后，有一天会杀死他的父亲而与母亲结婚。对于这个不详的预言，拉伊俄斯感到非常震惊，为了保住自己的生命和王位，他让一个猎人把儿子带走并杀死。然而，猎人对于这个幼小的生命动了恻隐之心，他没有杀死俄狄浦斯，只是把他丢弃在山里。后来，一个牧羊人发现了被丢弃的婴儿，随之将其领回家并将它抚养长大。

多年以后，拉伊俄斯去朝圣，路遇一个青年并发生争执，他被青年杀死——这位青年就是俄狄浦斯。由于俄狄浦斯还破解了斯芬克斯之谜，底比斯人民一致将他推举为王，并娶了王后伊俄卡斯特。后来底比斯发生瘟疫和饥荒，人们请教了神谕，俄狄浦斯才知道，多年前他杀掉的一个旅行者是他父亲，而现在和自己同床共枕的竟然是自己的亲母亲。俄狄浦斯王羞怒不已，他弄瞎了双眼，离开底比斯，独自流浪去了。

上述这个故事就是心理学中俄狄浦斯情结的原型。俄狄浦斯情结又称为恋母情结，在精神分析中指以本能冲动力为核心的一种欲望。通俗地讲是指男性的一种心理倾向，就是无论到什么年纪，都总是服从和依恋母亲，在心理上还没有断乳。

精神分析学的创始人弗洛伊德认为，儿童在性发展的对象选择时期，开始向外界寻求性对象。对于幼儿，这个对象首先是父母亲，男孩以母亲为选择对象，女孩则常以父亲为选择对象。小孩做出如此的选择，一方面是由于自身的"性本能"，同时也是由于双亲的刺激加强了这种倾向，也即是由于母亲偏爱儿子和父亲偏爱女儿促成的。在此情形之下，男孩早就对他的母亲发生了一种特殊的柔情，视母亲为自己的所有物，而把父亲看成是争得此所有物的敌人，并想取代父亲在父母关系中的地位。同理，女孩也以为母亲干扰了自己对父亲的柔情，侵占了她应占的地位。

与俄狄浦斯情结相对应，女孩对于父亲的依恋则被称为"恋父情结"，也称为"爱烈屈拉情结"、"依莱特接情结"，指的是女孩亲父反母的复合情绪。"爱烈屈拉情结"同样来源于古希腊传说，爱烈屈拉公主的父亲被她的母亲与其情人所杀害，于是爱烈屈拉公主决心为自己的父亲报仇，后来她与自己的兄弟一起杀死了自己的母亲。

不过，一般而言，很多人并没有觉得自己有"恋母情结"或者"恋父情结"，这是因为这种情结是一种乱伦的感情，人们自身的意识很小心地避免认知这些感觉，即使这些感觉出现时，也被伪装成了其他的情愫。

## 罗密欧与朱丽叶效应：为什么越反对越相爱

《罗密欧与朱丽叶》是莎士比亚的四大悲剧之一，故事中的罗密欧与朱丽叶真心相爱，但是因为对方有世仇，他们的爱情遭到了双方家庭的强烈反对。不过，外在的压力并没有终结他们的爱情，反而让他们更加坚守彼此之间的爱情，甚至不惜以死殉情。"罗密欧与朱丽叶效应"便由此而来，指的是当出现外在的力量干扰恋爱双方的爱情关系时，恋爱双方的情感反而会更加浓烈，恋爱关系也因此更加牢固。

关于出现"罗密欧与朱丽叶效应"的原因，心理学方面的理论给予了如下解释：当人们的自由受到限制时，会产生不愉快的感觉，而从事被禁止的行为反而可以消除这种不悦。体现在爱情方面便是，人们有时候喜欢迎难而上，去追求那些不容易得到的人。

也正因此，对于那些处于热恋期的男女，父母越是试图拆散他们，他们反而会越爱彼此，甚至采取过激行为，用偷偷地结婚、未婚先孕等手段抗议外界的阻碍。

不过，在现实世界里，当恋爱男女冲破重重阻碍最终走进婚姻殿堂后，并不是全部会获得幸福的婚姻生活——激情固然是爱情的助燃剂，但是激情总有潮涨潮落的时候，要保持爱情的长久不息仍然需要更多其他的因素：比如彼此相似的价值观和信念、成就对方幸福的自我牺牲意愿等。

所以，当你被爱情所迷醉的时候，也许会面临一些外界的阻碍，此时你便要试着克服"罗密欧与朱丽叶效应"，仔细衡量彼此的般配关系，尤其要考虑彼此是否能够适应结婚之后的角色定位——真相虽然常常会给人不悦，但是却能为人们提供长久的幸福。

## 黑暗效应——为什么暗恋者通常借助烛光晚餐示爱

在光线比较暗的场所，约会双方彼此看不清对方表情，就很容易减少戒备感而产生安全感。在这种情况下，彼此产生亲近的可能性就会远远高于光线比较亮的场所。心理学家将这种现象称之为"黑暗效应"。比如,在灯光昏暗的酒吧、舞厅,一些平时比较怯于与异性交谈的男子也会表现得非常大胆、幽默,蠢蠢欲动地与自己中意的女子搭讪,这就是"黑暗效应"最形象的表现。

关于发生"黑暗效应"的深层原因,社会心理学家解释说,在正常情况下,大多数人都根据对方的身份和性格特点来决定在多大程度上表白自己,对于那些还不十分了解而又愿意深入交往的人,便易于产生戒备感,担心自己由于言语不慎或态度不妥而遭到对方的反感。出于这种心理,人们便会刻意把自己好的一面尽量展示出来,把弱点和缺点隐藏起来,由于交谈的一方或双方都有所保留,这样就很难实现随心所欲的沟通。但是在灯光不明的地方,人们可以很好地掩饰自己的情感和表情,即使出现尴尬情况,也可以装作若无其事的样子,不被对方侦查出自己真实的情感反应,这便导致人们在一些黑暗的地方倾向于回归到真正的自己,甚至有勇气做一些人际冒险的事情,比如向自己暗恋已久的心上人表白示爱、与恋人进行亲密的身体接触等。也正因此,烛光晚餐成了暗恋者表白心意的最好衬托,有一点酒精、有一点暧昧、有一点大胆——这些因素都会增加示爱成功的概率,最终导致一段浪漫的爱情关系由此而渐入佳境。

# "啤酒眼镜"效应——为什么有"酒后乱性"的说法

人们喝酒后就好像戴了一副眼镜似的,看人时会觉得对方更加性感迷人,这种现象便是"啤酒眼镜"效应。昏暗的酒吧总是与暧昧和情爱联系在一起,人们喝了几杯酒以后,望着周围的异性会觉得十分漂亮迷人,即使是平常姿色的女人也会让人觉得楚楚动人,这时便发生了"啤酒眼镜"效应。

英国布里斯托尔大学的研究人员对"啤酒眼镜"效应做了测试实验,他们发现男人在喝酒后的"啤酒眼镜"效应可持续24小时,即在喝酒后24小时里都会觉得女人更有魅力。研究人员解释道,之所以会出现"啤酒眼镜"效应,是因为大脑中负责评估面孔吸引力的伏隔核受到了酒精的刺激,让喝酒人对面孔魅力的判断出现了错觉。

曼彻斯特大学临床视光学教授埃弗龙对1 000名交友会员进行了研究,得出了"啤酒眼镜"效应的方程式:当中An代表饮了多少杯啤酒,S指室内烟雾弥漫程度(1为最清楚,10为极度迷蒙),L则是对象身处位置光度(1为伸手不见五指,150为正常室内光线),V代表本身的斯内伦(Snellen)视力敏锐度(6/6为正常,6/12为仅能驾车的视力),D是跟对象距离,将这些因素代入方程式内,就可算出"啤酒眼镜"效应影响到底有多大。

"啤酒眼镜"效应方程式显示，如果一名视力很差的人在烟雾弥漫的酒吧跟另一人攀谈，"啤酒眼镜"对他的影响，就相当于他喝了8杯啤酒置身于没有烟雾、光线充足的地方。

对于"啤酒眼镜"效应，科学家也进行过科学验证。2003年，英国格拉斯哥大学的心理学家让酒吧里的男女对他人的照片进行魅力打分，一种是在喝酒的情况下，一种是在不喝酒的情况下，结果正好证明了"啤酒眼镜"效应——相对没有喝酒的情况，喝酒后的被试觉得照片上的人更有魅力。

在现实生活中，酒精常被恋爱男女视为感情的助燃剂，即使那些平时彼此之间并没有爱意的男女，当他们双双酒酣耳热后，也有时候会情不自禁地宽衣解带做出越轨的事情——除了彼此的自制力较差以外，根本的原因便在于酒精让他们对面前的伙伴出现了不切实际的美好幻想。

## 打烊效应——酒吧打烊有助于增加异性的魅力指数

对于城市男女而言，深夜在酒吧流连近似于一个狩猎的游戏，他们摇动着手里的酒杯，眼睛四处搜索，寻找让自己心动的异性伴侣。有的人在酒吧尚未打烊的时候便找到了与自己一拍即合的伙伴，有的人却直到将要打烊的时候，仍然形单影只，没有找到一个让自己十分满意的"猎物"。随着酒吧关门时间的临近，对于那些可能注定要独自一人的孤身男女而言，他们便会觉得酒吧里剩余的某个异性越来越有吸引力。通常来说，酒吧里那些还没有找到对象的人对认为可选择的异性比刚来的时候更加迷人，这便是所谓的"打烊效应"。

"打烊效应"与人们喝不喝酒没有多大的关系，多是源于这样一种心理：对于那些以寻找"猎物"为目标的男女而言，眼看着酒吧马上就要关门，自己可选择的异性越来越少，而他们又不愿意忍受一个人的孤单，为了平衡内心的失落，他们便会不自觉地喜欢剩余异性中的某一个，认为对方十分有魅力。

爱情故事同样有"打烊效应"，比如，一个女子在她28岁的时候，生命中出现了一个执著的追求者，女子对于这个追求者不屑一顾，结果女子30岁的时候，依旧是孑然一人，没有遇到合适的结婚对象，此时女子回看曾经的追求者，便会觉得其实对方是一个不错的老公人选，只是因为当初慧眼失察，才导致自己错过了锦绣良缘。

# 吊桥效应——越危险，爱情来得越快

阿瑟·阿伦（Arthur Aron）是著名的情绪学家，他曾经做过一个关于情绪反应的现场实验。阿瑟选择一位漂亮的女性作为研究助手，由她到一些大学男生中做一个调查，让这些被试完成一个简单的问卷，然后根据一张图片编一个小故事。参加实验的大学生被分为三组，调查发生在三个不同的地点：安静的公园、坚固而低矮石桥上、一座危险的吊桥。助手对大学生进行完调查之后，她把自己的名字和电话号码告诉了每一个参加实验的大学生。如果他们想进一步了解实验或者跟她联系，则可以给她打电话。研究者所要探讨的问题是：大学生们会编出什么样的故事，谁会在实验后给漂亮的女助手打电话？

参加实验的大学生编撰的故事千差万别，给女助手打电话的人也是各不相同。实验结果最有趣的发现是：与其他两组相比，在危险的吊桥上参加实验的大学生给女调查者打电话的人数最多，而他们所编撰的故事中，也更多含有情爱的色彩。

实验表明，个体的情绪体验并不是因自身的遭遇而自发形成的，它是一种两阶段的自我知觉过程。在这一历程中，人们首先体验的是自我的生理感受，然后人们会在周遭的环境中，为自己的生理唤醒寻找一个合适的解释。例如，当你觉得浑身发热、心跳加速、手有点抖时，你会不由自主地借用情境来寻找这一现象的原因。如果此时你正碰到愤怒的大黑熊，你会感觉"真是可怕"；如果此时你正碰到令你神魂颠倒的人，你会感觉"这是爱慕或情欲"；如果此时你在健身房，你会觉得"这根本与情绪无关"……

再回到阿瑟所做的那个实验，相对其他大学生，那些在吊桥上的参与者在参加调查时，会不由自主地心跳加速、呼吸急促，形成相应的恐惧之情，这时他们就会对自己的生理表现寻求一个合适的解释——一是因为调查者的无穷魅力让自己意乱神迷；二是因为吊桥的危险让自己心如撞鹿。两种解释看似都有道理，但是真正的原因却难以确认。在这种情境下，吊桥上的大学生对自己生理唤醒进行了错误归因，即他们是因为对调查者产生激情而心跳加速，而不是危险的环境。这便导致很多吊桥上的大学生对自己身边的调查者产生了更多的兴趣，更多地拨通了漂亮女调查员的电话。

"吊桥效应"就是这样一种现象：当一个人看见自己喜欢的异性时，会为可能出现的各种情况作出准备并及时反应，供血速度增加，心跳也随之加快，反之可以逆推，心跳越快就越对异性有感觉。当一个人处于一个极度紧张的环境下，如过吊桥的时候，心跳会加速、肾上腺素分泌加快，如果看见桥对岸站着异性，就会发现自己对他产生好感——其实这种感情并不算喜欢，只不过是桥在晃动时带来的本能的心动感觉。

影视中常有这样的桥段，一个女孩身处危险之中，被一群街头小混混所欺负，这时，一个男孩拔刀相助，演绎了英雄救美的浪漫，最后，男孩多会与女孩确立恋爱关系——这时便出现了"吊桥效应"——在危险的情境中，女孩心跳加快、呼吸急促，当为自己的心理现象寻求解释时，女孩认为这是因为自己遇到了一见钟情的人。

**心理测试：**

### 你有什么样的恋爱观

百般无聊的时候去街上散散心，待到想回家的时候，又觉得空手回家怪怪的。于是，你决定买一样东西带回家。偶然间的决定，当然随意性很大，你希望买什么呢？请在下面的答案中任选一项。

A. 去书店买本书看看，正好可以打发无聊的时间。

B. 一件漂亮的衣服最实用了。

C. 水果自然是最好的选择，免得家里没有还要出去买。

D. 带一些西式的面包，又好吃又好看，还不用做饭了。

选择分析

选择A：你对爱情的要求很高，对方若不是魅力十足，有能力提供浪漫生活，你们多半良缘无涉。你受过很高层次的教育，因而对生活质量要求较高——不仅要富有情调，而且要高雅精致，符合你要求的人并不多。记住，挑剔会使人失去很多机会。

选择B：身在情海中的你，常常游移不定。爱起来，你会不顾一切。可惜你这种热情不能持久，三天不到，你又觉得当初选择有误，于是另觅良缘。在爱情上三心二意的你，虽在乎自己，却往往搞不清自己的感觉，因此时常心无定所。还是安静一点好，先弄清自己，再全力出击，这样才会得到你的梦中情人。

选择C：痴情的你，对爱全身心地投入，也要求对方坚定不移地爱你。你把一切看得太美好，一旦受伤，久久难以恢复。你认为只要全心全意地投入，对方也一定会如此回报你，且理所当然应回报于你。因此在不知不觉中，你对恋人的要求较为苛刻。请试着退一步看问题。对爱情执著是好的，但如果已缘分不再，千万别一门心思试图唤回对方的爱。过去的，就让它过去好了。

选择D：生活中的你非常现实，从不会委屈自己，让自己舒舒服服是你的目标。爱情中的你也不会为了爱一个人委曲求全，虽然偶尔冲动，但最终理智会占上风。因此，在爱情路上你一般不会吃亏。你的毛病是，有时太计较施与受的平衡，有时会让人觉得你不够真诚。

# 第二十五章
# 当男女进入围城

## 人类为什么要结婚

男女的热恋终会有两种结局：分手或结婚。"婚姻是爱情的坟墓"这句话，几乎人人耳熟能详，可人们仍然前赴后继地迈上红地毯，结婚的动力到底是什么呢？

随着人类社会的进步，婚姻也经历了不同的形态变化。最早实行的是群婚制，分为血缘婚姻和亚血缘婚姻两种。血缘婚姻是指在同一个群体中，同辈男女都互为夫妻，属于族内婚。之后发展为亚血缘婚姻，即两个群居集团之间的通婚，属于族外婚。群婚制逐渐发展为对偶婚姻，即男子在众多妻子中有了一个主妻，或女子在众多丈夫中有一个主丈夫。对偶婚姻最终发展为现在的一夫一妻制婚姻。一夫一妻制是历史发展、人类文明进化的必然结果。一夫一妻制婚姻通过社会、法律限定了两性关系，可以抵制外来力量对爱情的摧毁，是爱情的保护伞和围城。

在一夫一妻制的前提下，人们结婚的动力包括以下几个方面：

### 1. 社会的需要

满足社会需要是结婚的动力之一。结婚可以使两性情爱得到社会认可和法律保护，婚前同居等非婚两性关系则无法得到认可和保护。

不受社会认可的情爱是不能健康发展的。比如你有了婚外情人，但只能与合法配偶公开出入自己的社交圈，情人的恋情只能是地下的。所以和情人，最终不是结婚就是破裂。

如果纯粹为了得到某种社会地位而结婚，则走入了一个误区。比如为了提升职位，尽管毫无感情，却和某某上司的女儿走进婚姻；为了得到豪华生活或某种社会地位，弃感情于不顾，一些年轻女子和有钱有势的男性结婚。这类婚姻即使没有矛盾重重或破裂，也不会有发自内心的幸福感。

### 2. 爱情的意愿

大部分人结婚是两情相悦的结果，即出于爱情的意愿。热恋中的人们常会许下海枯石烂的誓言，都希望爱情永驻。他们希望永远占有对方，永远持续这种爱的幸福，于是发自内心地选择结婚，希望通过婚姻这种社会契约来保障爱情的永恒和美好。正如哲人所言："情爱常常达到这样强烈的持久程度，如果不能结合或彼此分离，对双方来说即使不是一个最大的不幸，也是一个大不幸；仅仅为了能彼此结合，双方甘冒很大的风险，甚至拿生命孤注一掷……"婚姻给了恋人们一个社会认可的、法律保护的排斥其他异性干扰的保护伞，使恋人们充分地、安全地体验到了爱的满足。

### 3. 满足性欲的需要

满足性欲望往往是被人回避的结婚动力，但却是客观存在的。就像饮食、睡眠等一样，满足性欲也是人的基本需要。在马斯洛所列的人的需要阶梯表中，性欲就与空气、水、食物、住所、睡眠一起被列为人的最基本需要。尽管如此，为了满足性欲望却不能乱来，性生活过于随便会受到疾病的侵袭和社会的谴责。而结婚则可以使人得到安全的性满足。

### 4. 为了繁衍后代

自我繁衍也是结婚的动力之一。繁衍后代是所有生物最重要的本能和任务，对于人类也不例外。结婚后生儿育女是天经地义的事情，不能生育会让人背负沉重的心理负担。结婚之后才有了家庭，有了家庭才能够养育孩子，给予孩子成长所需。正是夫妻情爱孕育了后代，人类才得以繁衍，生生不息。

## 不可忽视的男女婚后心理差异

当男女迈入婚姻的殿堂后，他们虽然朝夕相处，但这并不表明他们已经完全"知己知彼"，他们对于对方的心理所知甚少，结果矛盾重重。男女在婚后的心理差异主要有以下几点：

### 1. 丈夫持家意识比较弱，妻子的持家意识比较强

妻子的持家意识主要体现在两个方面：首先是亲自操持家务。大部分妻子在家总是忙个不停，一会儿洗衣服，一会儿做饭，吃完还收拾碗筷，然后又是擦地板。纵使现在越来越多的丈夫开始主动或被迫做家务了，妻子往往也不会闲着，定会对丈夫干过的活说三道四，或者干脆又把丈夫干过的活重新干一遍，结果挫伤了丈夫做家务的积极性。"干了半天最后还落了个不是，以后你就一个人干吧，我不干了。"操持家务应该是夫妻双方的义务，妻子应调动丈夫的积极性，即使丈夫笨手

笨脚，也要耐心教导，所谓熟能生巧嘛。其次，妻子的持家意识还体现在对家庭收支的管理上。妻子往往愿意掌管财政大权，尤其是在现在的农村，丈夫大多外出打工，妻子则在家全面照料家务与家庭财政。不过不管当家理财的是妻子还是丈夫，在遇有重大家庭支出时，最好由两个人共同决定。

### 2. 婚姻生活中，丈夫通常刚毅、精力充沛、有意志力、情绪强烈、易冲动，有时候还很暴躁；妻子则往往表现得温柔、细腻、内向、含蓄

日常生活中经常可以看到，当孩子因为淘气而惹爸爸生气的时候，爸爸会大声斥责孩子，甚至要打孩子，妻子则会赶紧出面护着，并细声细语地埋怨孩子两句，之后还会埋怨丈夫不疼孩子。其实，双方做得都不对：妈妈不应该溺爱孩子，爸爸不应该动辄打骂，都应该对孩子晓之以理。妻子的情感比较细腻，想得比较多，遇到了什么问题或心里有什么不满不愿意说出来，往往憋在心里生闷气，给家人脸色看。这就更需要丈夫充分理解女性的心理特点，平时注意观察妻子的情绪，及时加以开导、关心和体贴。

### 3. 丈夫的情绪较为稳定，而妻子的情绪容易波动

无论在外面遇到高兴的事还是不高兴的事，丈夫回家后比较沉得住气，喜怒往往不溢于言表，不急于向妻子述说。而妻子则不然，遇到高兴的事回家就会喜形于色、手舞足蹈，会把事情从头到尾说一遍，甚至还会反复重复讲好几遍；遇到不高兴的事回家就会向丈夫大倒苦水乃至伤心落泪。

### 4. 丈夫自尊心比较强，而妻子虚荣心有些强

丈夫往往有意或无意地表现出男子汉的尊严，而妻子特别愿意别人欣赏自己的穿着、容貌或者夸奖自己的孩子、丈夫。比如，丈夫给妻子买了一件衣服回家，觉得实惠、耐穿也好看，妻子则可能觉得不漂亮，一点也穿不出去。这时候，妻子可能把丈夫数落一顿，或者是让丈夫退掉，或者是满脸冰霜不理丈夫，或者是违心夸奖丈夫几句。妻子应当理解丈夫和自己之间的审美差异，更应当理解男人最需要尊严。如果满心欢喜买给妻子，而回家就遇到一盆冷水，丈夫会感到自尊受到伤害。最好的方法就是先夸奖丈夫几句，穿上转几圈，然后再温柔地跟丈夫说自己不是十分喜欢，但是丈夫买的就不一样了。

### 5. 丈夫有时候显得反应比较"笨拙"，而妻子敏感又喜欢联想

比如，妻子满心欢喜地穿上一件新衣服给丈夫看，丈夫却呆呆地说："你穿这件衣服不好看，穿在你妹妹身上才好看呢！"说者无心，听者却有意。因为一句话，妻子心里会翻江倒海、联想起伏，认为丈夫看不上自己了，嫌弃自己了，于是好几天不理丈夫，或者在丈夫面前又哭又闹，而丈夫往往不知道是何缘故。这种事情多了之后，丈夫就会很反感，赌气少说话或干脆对妻子不加评论，夫妻之间的交流就

会有问题了。这种情况下，丈夫应该理解女性的心理特点，不要和妻子计较，妻子也应该理解男人的"言辞笨拙"，不要想得太多，许多矛盾就会不复存在了。

### 6. 丈夫遇事通常比较有主见，而妻子则容易受外界的影响，容易情绪化

比如，在买东西的时候，丈夫比较有主见，想买就买，不容易受外界干扰，即使买了之后发觉是伪劣产品也不会表现出很后悔的样子，认为无所谓。妻子则不同，买东西喜欢挑来拣去，或者和丈夫、同事或朋友商量，老拿不定主意，容易受他人左右。特别是买回一件东西，如果有人说不好，她们会感到后悔，而且在一段时间内耿耿于怀。因此，在处理一些事情上，妻子最好能多听取丈夫的建议，丈夫也要多理解妻子的"一日三变"，尽力给妻子当好参谋，帮助妻子拿主意。

### 7. 丈夫胸襟比较豁达，而妻子度量狭小，遇事往往想不开

妻子在家中用她那双灵巧的手料理全家的生活，细心周到。可是这种细致的心理特点，往往也表现为度量狭小。如果妻子遇到什么不顺心的事，会在一段时间里放不下，一想起来就会唠叨，甚至会无缘无故地冲丈夫发无名火。这时候，丈夫最好对妻子采取忍让的态度，并适时加以劝导，如果丈夫针锋相对结果只会引火烧身。

## 谁会在婚姻关系中拥有更高的权力

当建立亲密关系后，双方常要面对"谁说了算"的问题，也就是说到底谁是真正的一家之主，谁在亲密关系中拥有更大的权力。根据社会交换理论的观点，权力基于对有价值资源的控制。如果甲拥有乙所想要的，乙为了获取自己想要的资源，便会遵从甲的意愿——于是，甲对乙就拥有了权力。不过，即使一个人不拥有别人所期望的资源，如果他能够控制获取资源的途径，也会对他人拥有权力。比如，一个男人娶了一个富家小姐，富家小姐的家人可以为男人提供做生意的本钱和社会关系——虽然富家小姐并不拥有男人想要的资源，但是她拥有控制男人获得能力，所以富家小姐对男人也就拥有了资源。在亲密关系中，一方常会控制着另一方获得某种资源的途径，比如共度时光的能力、彼此示爱的能力、获得被伴侣理解的能力等，于是，一方就拥有了对另一方的权力。

通常来说，权力总是与金钱紧密相关的，在社会交换的过程中，关系资源就像金钱资源一样影响着关系中的权力。在亲密关系中，一方对另一方的依赖程度就是一种"权力货币"——如果你比伴侣较少地依赖关系，那么你对伴侣的权力就大于对方对你的权力。关于亲密关系中的权力，有如下两个法则：

人际剥削法则：在任何关系中，操心较少的人对操心较多的人拥有剥削权力。

最小兴趣法则：在任何关系中，对继续或维持目前关系兴趣较小的人拥有更大

的权力。

不难理解，如果一个人对关系投入了相对较少的感情、很容易获得其他更好的伴侣，他便对另一方拥有了更大的权力。比如，一个花花公子的伴侣是一个痴情女子，相较花花公子，痴情女子为这份关系投入了更多的感情，她便会对花花公子采取逆来顺受的态度，唯命是从地遵照花花公子的指示。

社会权力有着特殊的资源类型，比如社会经济资源、爱与情感、对理解和支持的表达、性、信息等。虽然拥有较高的经济地位的一方更容易拥有权力，但是并不其然，一些收入很高的男性却被没有收入来源的妻子所管制，沦为名副其实的"妻管严"——男人拱手相让了自己的家庭权力，往往是因为妻子能够提供给他们满意的爱与情感等。

权力总是与爱相伴而生的，如果一个男人不再爱自己的妻子，或者一个女人对自己的老公失去了兴趣，失去爱的一方就彻底失去了控制一方的能力，所拥有的权力也名存实亡。

## 为什么婚前是王子，婚后成了癞蛤蟆

人们遇到让自己怦然心动的异性后，为了赢得对方的喜欢，多会把自己最好的一面展示给对方。当他们与对方约会的时候，很多人会煞有其事地整理自己的外表，比如做头发、穿新衣等。同时，他们在对方面前也总是一副彬彬有礼的样子，女士表现得非常淑女，男人则做出一副绅士的派头。他们不惜大量地花费时间和金钱去饰演最好的自己。

但是随着亲密度的增加，尤其是进入婚姻的城堡后，很多人则彻底卸下了自己的完美伪装，面对伴侣时，他们不修边幅、说粗口、斤斤计较、上卫生间不关门、穿着破洞的睡衣在房间里走来走去。

通过婚姻的洗礼后，女人常会感慨曾经的"王子"降级成了一只"癞蛤蟆"，男人则伤感那个昔日有着标致身材的美人变身成了大吃特吃的"肥婆"。为什么会出现这种现象呢？原因可能有以下几个方面：

其一，人们确认已经赢得了伴侣的喜欢，失去了让自己迷人的动机；

其二，天长日久，人们认为伴侣已经十分了解自己，如果自己仍然在伴侣面前"伪装"，对方会很容易拆穿自己的真面目，反而有些矫揉造作之态；

其三，当紧密关系建立后，人们自觉地把伴侣视为"自己人"，所以宁愿展示出最原始的自己，比如当着伴侣的面放屁、挖鼻孔、用最恶俗的语言攻击隔壁的邻居。

虽然建立亲密关系是寻找"完美之我"的过程，在这个过程中，伴侣合而为一，似乎进入了不分你我的境界，但是尽管如此，人们还应该认清这样一个事实：你与伴侣始终是两个分开个体，你无法控制对方的心理、情绪以及行为，你无法保证伴侣对你的爱至死不渝，因此，即使已经建立了亲密关系，你仍然有必要做出积极的印象管理，不忘时时展示自己的魅力。很多男人之所以移情别恋，便是因为相对家中的黄脸婆，外面女人更加风情万种，对他们产生了较大的吸引力。

——爱情永远处于进行时，而没有完成时。

## 男人的寿命与妻子美貌程度成反比

当爱情降临的时候，嫉妒也不期而至，爱与嫉妒交织在一起，使人们经历着"痛并快乐着"的情感历程。很多人把嫉妒视为爱的象征，这样的想法在女人的意识里根深蒂固：如果自己与别的男人眉目传情，恋人却无动于衷，这便说明恋人并不是那么爱自己。因此，嫉妒人们被视为"双刃剑"——一方面是爱情的表达，一方面是偏执狂。不过，嫉妒并没有想象得那么可爱，据数据显示，美国13%的谋杀案是配偶的一方杀死另一方——其中，嫉妒是主要的动机。

一般而言，如果一个人感觉选择机会较少、自己并不是恋人心目中最理想的伴侣时，便容易对伴侣产生较强程度的嫉妒。同时，如果伴侣比另一方更有优势——如拥有较高的经济条件、外形更好的话，另一方也会有更严重的嫉妒倾向，担心被比自己优秀的第三者横刀夺爱。

不过，并不是所有的竞争者都会引发人们的嫉妒，是否嫉妒以及还视乎伴侣对竞争者的兴趣如何，也就是说，那些更容易让伴侣动心的人，便会被人们列为重点嫉妒对象。对于男人而言，他们更为嫉妒那些自信、有权势、有财富的男性，长相英俊的男人则不会引发他们较强程度的嫉妒；女人则相反，她们倾向于嫉妒那些比自己漂亮的女人，很少嫉妒自信和有权势的竞争者。总之，对女人来说最有威胁性的是外貌吸引力，男人的嫉妒点则被有权势的对手所激发。

据美国耶鲁大学对3 000多位男人的研究，娶漂亮女人为妻子的男子，相对妻子不漂亮的男性来说，平均寿命要减少12年。研究人员解释说，娶个娇美的老婆会让男人产生很大的精神负担，他们常常疑神疑鬼，心绪不宁，有时甚至会妒火中烧，火冒三丈。这一现象说明了，嫉妒的负面影响远大于它的正面意义——虽然抱得美人归是一件十分让人自豪的事情，但是想想这一调查结果，在面对娶美女还是丑女人的问题时，最好还是三思而后行。

**心理测试:**

### 你会被爱情罚下场吗

在足球场上,如果球员在比赛中出现恶劣行为,如:严重铲人、危险动作、球场暴力等,将被裁判亮红牌,驱逐出场,这也是一场比赛中最严重的惩罚。那么在爱情场上,你又会因为什么样的违规行为,被红牌罚下场呢?

测试开始:在你打扫房间的时候,突然被一声巨响吓了一大跳,原来是放在桌子边上的花瓶掉在地上摔碎了,你觉得这花瓶是为什么掉下来的呢?

A.因为猫咪的调皮捣蛋

B.被窗外飞进来的异物砸到了

C.自己在扫地时不小心碰到桌腿了

D.是被风吹下来的

测试结果分析:

A.因为猫咪的调皮捣蛋:你是一个相当有思想、有个性的人,你能真实地做自己。不过正因如此,就算你喜欢上了一个人,但和他的观念、兴趣都有分歧时,你还是很难委屈自己去配合他。"个性不合"通常就是造成你失恋的原因。

建议:你应该对别人的生活模式再稍微多尊重些。

B.被窗外飞进来的异物砸到了:在你潜意识中,对第三者介入这码子事很敏感。你不愿意也不会让自己有机会去承受。如果你发现你的另一半有了外遇,你绝对不吵不闹,不指责,而是收拾行囊默默地离开他,自己退出战局。这样消极的个性,往往是造成你失恋的主要原因。

建议:你对爱情要再积极些,是你真的喜欢的、爱的,就要鼓起勇气去迎战。

C.自己在扫地时不小心碰到桌腿了:这表示你的好心好意不但没被接受,反而还出现反效果。或许你认为"为自己心爱的人做任何事、付出一切很快乐,也是应该的"。但你的行为却造成对方的压力,使得他想要逃。

建议:你多花些时间去解读对方的心,不要一味地想什么就做什么。

D.是被风吹下来的:你一定是个很开朗的人。因为风是自然现象,无可避免。既然花瓶是被风吹下来摔破的,就算再心疼也是破了。这样的一个你,好像和失恋没什么缘分。因为你凡事都向前看,对任何发生在你和他之间的争执,都会通过沟通找出问题的根本,然后解决、处理它。能够拥有你这样的伴侣,你的另一半会觉得是一件很幸福、快乐的事!

# 第二十六章
# 不可不说的性心理

## 性行为的典型心理特征

一旦男女确立了亲密关系，对于大多数男女而言，性行为是必不可少的一项活动，那么，这项活动具有哪些特征呢？

**1. 自私性——人类性行为有别于动物性行为的重要特征之一**

人类性行为具有排他性，这是两性关系中极为普遍的心理，其中最典型的心理表现就是性嫉妒。从某种意义来看，性嫉妒是真爱的体现，但是，性嫉妒也可能使亲密关系遭受重创，轻者伤害了彼此的感情，重者使彼此身心受到双重伤害。

**2. 喜新性——追求新鲜感是一种本能**

人类的喜新心理和创造精神，是推动社会发展的动力，是人类最伟大的品质之一。如果人类缺乏了这种心理，发明从何而来？社会如何前进？人类在性行为中也有很强烈的喜新、猎奇心理。

喜新心理驱使着人们不断追求新的目标，但任何新事物都具有潜在的危险性，所以必须谨慎对待。如果一个人受社会法律和道德规范的约束而对喜新心理保持足够的控制，就能忠贞地走完人生，否则可能走向罪恶深渊，落得法律制裁和众叛亲离的结果。

相爱的男女一旦洞房结合，彼此心理与生理的一切秘密袒露给了对方，彼此占有的期望实现了，往日对异性的神秘感和追求渴望也就开始淡化，一切都变得习以为常。于是，在本能的驱使下，很多人都萌发出追求新鲜感的想法，只是有人遏制了这种想法，有的人则将其付诸行动。

**3. 脆弱性——性爱之中有几多不能承受之重**

正常的性反应很容易受到精神因素的干扰，这就是性行为心理的脆弱性。这些干扰因素中，焦虑是第一位的，愤怒、敌视和怨恨等也很关键。这种脆弱性如果处理不好，可能导致婚姻破裂。

焦虑干扰了正常性生活需要的精神状态，尤其是干扰了注意力集中于性生活的能力，又转移了性勃起的注意力，因而减弱了勃起刺激的重要动力。常见的焦虑干扰因素包括以下几种：

(1) 口角性焦虑

夫妻发生口角是难免的，但应该就事论事，千万不要对骂、奚落和挖苦，千万不要带气做爱，千万不要用拒绝或强求过性生活的方法来试图解决生活难题，否则将留下心灵伤疤、感情裂痕、婚姻隐患，也很容易造成性功能障碍。

(2) 愤怒性焦虑

愤怒可直接干扰性反应，不可能与性兴奋同时出现。愤怒更易伤害感情，而且会一次比一次严重。愤怒之下，任何一方强行行房，必会加深心理上的创伤。

(3) 刺激性焦虑

由刺激或打击产生的性焦虑，进而畏惧性生活的失败，是最常见的表现。它会使焦虑者对性行为产生恐惧心理，找出各种借口来回避性生活，久之导致出现身心疾病。

(4) 妊娠性焦虑

如果女方在性生活中害怕怀孕，性生活必然受到影响。私通或婚前性行为情况下，妊娠性焦虑可能使女性性欲低下、男性形成性功能障碍。因此，安全有效的避孕方法是妇女获得性高潮的重要条件。

(5) 压力性焦虑

妻子负有生育的责任，但对生育有恐惧、顾虑，不愿生育，而长辈和丈夫迫切希望要孩子，妻子就可能产生心理压力，引起紧张、忧郁等情绪，导致性要求与性反应降低，不仅性生活不美满，还可能造成不孕症。

**4. 阈值性——底线一旦打破，感觉很难找回**

人类性行为生理、心理甚至体力上都有阈值，不可能长期使性兴奋保持在一个阈值水平。例如男性勃起时间与硬度在20~30岁达到高峰，而后逐年下降；晨间勃起次数和性能力，35岁为高峰，以后随年龄增长而下降。

男性随着性的适应与年龄的增大，性刺激的敏感性会降低，耐受性增加。这时就需变换做爱方式或加大刺激强度、时间，达到一定的阈值水平。这是爱情保鲜和性生活协调的心理基础。刺激过于强烈和长久也不好，会形成恶性刺激，使一方或双方产生厌恶感，久之势必影响性和谐。黄色小说和录像等高强度刺激，会使性行为心理阈值加大，耐受力增强，久之将不能引起阴茎勃起，是性神经疲劳的一种表现。

达不到阈值最低限的弱刺激往往不能引起性兴奋，使双方达不到性高潮，久之会导致性欲降低、性厌倦，夫妻性生活过早终止，即"早衰"或"阴冷"。

**5. 调适性——美满性生活需要不断翻新花样**

性行为心理具有调适性。主动开展调适活动，改变单调乏味的性生活方式是双方的责任，是防止性转移的最好措施，也是家庭生活美满的黏合剂。

（1）心理调适

夫妻双方心理协调，是爱情成功和性生活协调的基础。性生活相互关切、相互照顾，彼此满足；夫妇双方心理相容，家庭生活美满幸福。

（2）行为调适

双方应改变做爱时间与方式来避免单调、增加新鲜感。面对面性交是人类性交的基本姿势。其他任何性交姿势都是无害的，性交方式不必僵化，只要达到性生活和谐与满足就好。但是，女性性欲敏感区千差万别，时间、地点、心理、生理、情绪等又都是变化的，女人不是随时都愿意行房的。丈夫无论如何不能强迫妻子适应自己。夫妻双方都感到满足的性生活才是适度的性生活。性生活的密度，无论是对妻子还是对丈夫，哪一方也不应感到是一种负担，要做到每次性生活都能使双方得到巨大的快乐。

（3）领悟性调适

性知识的贫乏常常是性生活不美满的重要原因。夫妻双方应该有目的地学习性知识，主动交谈各自的性欲要求与性欲感受，共同观察各自的性节律，努力找出各自的或共同的特点。

（4）服饰调适

利用改变服饰、发型、化妆品等来传递性信息。

（5）环境调适

多年的家庭生活往往形成固定的生活规律，常使人厌倦，性生活也乏味。改变家庭环境可作为一种调试手段。

**6. 外部性——由内而外的积极能量**

性爱双方获得了性快乐与性满足之后，生理性压抑释放，心里感到欣慰，获得了一种性外的积极能量，这就是性的外部性。夫妻性饥饿得到满足后，对对方的态度上、对待家务劳动上、对孩子教育爱护上、人际关系的处理上以及在事业上，都会有积极的表现。

实验观察证明，人们丧偶头3个月，鳏夫的死亡危险率增加48%，寡妇的死亡危险率增加22%；鳏夫10年内死亡几率比有偶者高两倍。这是因为丧偶后的心理压力造成免疫力降低、睾丸激素下降，肌体功能受损。可见完美的性生活，对人的身体健康也是十分重要的。

### 7. 厌倦性——好花不常开，好景不常在

性厌倦是人类对性活动的一种持续性的憎恶反应，是性满足的最大威胁，常威胁家庭稳定。长期单调的夫妻生活，使夫妻把性生活视为"例行公事"，尤其女方，常处于尽义务的被动应付状态，无快乐与满足之感。性厌倦如果不及时纠正与调适而继续发展，很可能导致三种后果：勉强延续婚姻、婚外性生活和家庭离异。

调适是利用喜新性增加性吸引的手段，是克服性厌倦的最好方法。

# 男人的性心理

### 1. 喜欢自信的女人

男子通常都喜欢与其有共同品质的女人。绝大多数男人都认为，自信心强的女人对他们会产生更强的感染力，所以妻子在丈夫面前不要有意"降低自己"。

### 2. 不愿被当作孩子对待

孩童时观察母亲操劳，女人学会了喂养孩子、无私地奉献、注意他人的要求。当和一个男人共结连理，她会下意识地照此去做。最初男人需要这种关心，但是，女人扮演母亲的角色越是热心，丈夫对待她就越像是对待自己的母亲，难于用情爱的方式去回报。女人不要把丈夫当孩子，而应把丈夫当作一个有能力的可信赖的朋友。

### 3. 感情受压抑时常通过性来解脱

男人都不愿承认自己的软弱，常常把性作为发泄抑郁情绪的手段。在男人感到恐惧、失望、紧张时，都希望有个忠实的伴侣在身边，所以性是他们重新获得信心和感到宽慰的有效方法。在这种时候，丈夫虽然在生理上得到发泄，但并未消除内在的紧张感，妻子则通常会感到受了侮辱，感觉自己是专供丈夫发泄怒气的工具。妻子应想办法与丈夫共同分担压力，让他有安全感，把心里话说出来。这样夫妻两人才会感到更亲密，随之而来的性生活也会更动情难忘。

### 4. 房事前后判若两人

房事前，男人通常热情高涨、温存有加、甜言蜜语不绝于耳，可房事后，他们倒头便睡。这是由于对多数男人来说，强有力的自我形象至关重要，而完全丢掉防卫意识是一种心理威胁；性生活是男人完全自由表达感情的体验，但事完之后，男人又被打回了原型，他们又回归到了身负重担的现实。

### 5. 注重性本身

在性爱中，男女的享受点有差别。女人注重体验温情，男人则陶醉于性刺激与快感。于是，女人常抱怨丈夫只注意性，把她当做工具，而男人则埋怨妻子性冷淡。要解决这个矛盾，夫妻可以尝试调换角色，男人谈爱的感受，女人竭力去体验

性的快感。这样双方能增进相互理解。

上面是一些笼统的男性性心理，对于某些男性而言，他们还有一些特殊的性偏好。

### 1. 喜欢关灯做爱

一般来说，男人大都喜欢亮着灯做爱，因为他们喜欢视觉刺激。但偏有些男人不喜欢开灯。这多数是因为他们怕兴奋过度，关灯去除视觉刺激，可以自我控制推进速度。

### 2. 任由女方摆布

有些男性做爱时喜欢躺着不动，任由女方摆布。一方面可能是因为肚子太大，其他姿势不舒服，另一方面可能意味着他有恋母情结。

### 3. 喜欢拍女方臀部

有些男性做爱时有拍打女方屁股的习惯。这表明他专攻女方身体上催生性兴奋的头号刺激点，有试探性爱的态度。这种男人有演变为虐待狂的可能。

### 4. 性爱中必须主动

这类男人害怕被女人控制，害怕产生一无是处的感觉，所以在整个性爱过程中，他们始终掌握着主动权。

### 5. 喜欢强暴式做爱

强奸者大多是思想古板、头脑简单的人，而且对自己没有信心。有时在性事中呈现强暴式粗暴做爱倾向，是宣泄侵略野心、掩饰自卑心理的一种方式。

### 6. 频繁换地方做爱

做爱时频繁转换地方，比如由浴缸到露台，再转到客厅，然后返回睡房，可能会促进双方的性乐趣，但这表明男方内心很不安，怕满足不了女方的要求，担心女方对他失望。

### 7. 穿着整齐去做爱

做爱时，女性光着身子，有的男性却喜欢穿戴整齐。这说明他可能有只要对方奉献、自己一毛不拔的心态。这种男性可能对女性有极强的占有欲，要把她们的人性剔除，将她们变成性爱工具，心态近乎虐待狂。

### 8. 喜欢肛交

尝试肛交的男人十有三四。肛交不是性变态，也并不表示他一定有同性恋倾向，多数是表示他可能喜欢不寻常地挑战习惯，或表示对对方无限的爱，又或是只想尝试一些较激烈的动作。

### 9. 喜欢在危险地方做爱

有些男人喜欢在可能被人发现的地方做爱。比如，坚持在街角或电话亭内做爱，并且觉得从中得到无穷乐趣。这种男性喜欢挑战条规，也可能说明他有暴露癖的倾向。

**10. 追求奇异性刺激**

有些男人需要一些较强的刺激来燃起性欲。例如，看黄色电影。这可能是因为女方难以满足其性欲。还有的男人甚至要求自己的女朋友或妻子与另一个男人做爱，自己充当旁观者，从而获得性刺激。这就是性变态的表现了。

# 女人的性心理

女性性爱中的性心理微妙而难以捉摸，即使是朝夕相伴的丈夫，也难以完全明了。然而，女性在性爱过程中往往有意无意地表现出一些共同的性心理现象。

**1. 渴望丈夫的贴心关怀**

丈夫的贴心关怀能激发女性性爱的快感和满足感。女性常担心自己魅力渐失而失去丈夫的爱。所以，丈夫的关怀体贴自然是对妻子最好的抚慰，从中妻子可以品味到爱的温暖、温馨以及自己的"魅力不减当年"。如此，妻子就会把自己的一切献给丈夫作为一种回报，期待着与丈夫共度性生活中那震撼人心的时刻，性爱中的满足感自然也更加强烈。

性交前的真诚交谈，更能刺激女性的性欲。丈夫柔情蜜意的话语能让妻子倍感温暖，舒心惬意的交谈能够加强随后的性体验。尤其对于那些忙于工作、家务和照顾子女的女性，和丈夫的交谈其实就是一种性满足。

**2. 注重性爱的整体感**

男人是为了做爱而做爱，达到了性高潮也就得到了满足。与此不同，女性对性爱要求一种整体的感受，做爱只是其中一个重要的组成部分而已。她们最大的心愿是被人爱。这里的爱当然远不止做爱。如果丈夫平时对待她的行为、态度不够好，即使是无意的，使她感觉到没有被好好地爱，那么她在性交过程中的反应就会比较消极。把生活中的小事和性爱联系在一起，这就是女性的性爱整体感。

**3. 注重性爱前后的交流**

女性不喜欢开门见山的性爱，她们渴望得到丈夫的关怀爱抚。温柔或是热烈的拥抱、抚摸、接吻等等，都会让她们激情奔放，甜美的性爱也就水到渠成，且性高潮会很快到来。高潮之后，她们的性快感消失得缓慢，所以希望继续得到男人的温存与爱抚。

对于大多数女性而言，她们的性心理都具备上述特征。除此之外，女性在性爱中还体现出如下小情趣：

**1. 女人白天为了保护自己而隐藏肌肤，夜晚为了展现自己而裸露肌肤**

女人到了夜晚，不但喜欢穿着薄薄的衣服，更是喜欢花花绿绿，大胆而新潮的服装，因为她们在无形中以服装来强调昼夜的不同，当然，她们也明白如何强调自己的魅力。

**2. 女人白天虽然很正经，夜晚只喝了点酒，就会变得很大胆**

没有什么事能像酒醉一样能让女人忘怀白天的一切，微薄的烈酒可达到让她放松心情的目的。继而和她面对面交谈，则她会敞开心扉，而且迟早会驱除内心的障碍。

**3. 女人在夜晚的"音"、"光"等小道具的刺激下，生理兴奋容易变成性兴奋**

舞厅可以说是促使女性生理兴奋的最佳场所，在刺耳的大音响之下，男女随着音乐的旋律，热情地扭摆身体会使兴奋高涨。这种兴奋一经挑起，就容易转变成性兴奋，也容易做出越轨的行为。而音乐的强烈节奏、光线造成的幻象和身体的跃动所造成的心理兴奋，再加上夜晚的"非日常性"所带来的陶醉状态，这些会使人的逻辑性思考能力减弱，感情也会变得更加亢奋。

**4. 女人白天视汽车为交通工具，夜晚视汽车为醉心的床**

有一位影评家说："对年轻女子而言，汽车是要抛弃处女膜所用的床。"因为，汽车可谓只是属于他们二人的空间，而且其隐秘性也不差，何况汽车可以任意移动，所以难免会刺激年轻人的性冲动。在汽车中可以给予女人相当的安全感，进而让她在无形中放开了心胸，并且难免会陶醉在仿如依偎于对方怀中的浪漫气氛里，而情不自禁。

当汽车所含有的非日常性和夜晚的非日常性组合在一起的时候，汽车俨然成为会移动的"双人床"了。因为，在夜晚兜风的话，一者目的意识变得比较淡薄，二者看不到四周的景物，而在黑暗的小空间里（汽车），孤独感会使二人变得更亲近，很快就会建立起"只属于两个人的"甜蜜世界了。

**5. 夜晚是为了创造另一个自己而化妆**

夜晚化妆可使女人踏入幻想的、感性的夜的世界，因为化妆是创造幻想的神秘武器，因此浓妆是很适合夜晚的。到了夜晚会偏好化浓妆的女人，渴望能够创造出另一个自我，她与戴了面具的男人能够疯狂地玩乐一样对夜晚存有幻想，而男女相形之下，女人只是较公开性地沉迷于其中而已。

**6. 女人对白天的分别，尚会怀有未来的期待；对夜晚的分别，则预感为永远的别离**

根据弗洛伊德派的心理分析，如果将"列车"当成死亡的象征，则夜晚搭火车离去，无异会给人一种要到另一个世界的印象。因此，与男人在夜晚分手的女人，总会预感为那是永远的离别。在夜晚送行的气氛可一点也不浪漫。

**7. 女人被暗示性强，在夜晚时稍配合戏剧性，她就会扮演起热情的情人**

女人大都喜欢算命，女人的被暗示性比男人要强，也就是较为被动，这是由于女人认为一切都在命运的安排中。如果女人是沉迷于幻想性的夜晚世界中，则其被暗示性与被动性就会更为增强。

例如，置身于极具幻想性的浪漫海边，就迷恋起那种类似戏剧性般的状态，而扮演起热情的情人角色，并视此为相当自然的事。可是如果这种戏剧性发生在白天的话，女人则会扮演贤淑的角色，这对女人也是一种很自然的反应，千万不要以为一旦发生了关系，她必然成为自己的情人，所以遭到她的拒绝时可别感到意外。

**8. 女人在夜晚看到紫色的室内装饰时性兴奋容易升高**

女人的心理似乎会受到颜色的刺激，而产生相当强烈的变化，尤其是鲜艳的色彩。男人看到红色会感到兴奋，而女人由于有生理上的体验，所以看到红色时，也不至于太兴奋。由于人体黏膜的颜色与紫色很相近，所以女人可能会由紫色而联想到"黏膜"或"性器"。

**9. 女人有时想脱离现实生活而期待冒险，因此会单独一个人在夜晚的街上徘徊**

女人有时会穿着吸引男人注意的性感服装，单独一个人走在黑暗的街上，这种女人当然会惹来男人的好奇眼光，但其心里若不是在期待着会有梦幻般奇遇，就是想摆脱日常性的单调气氛，其行为只不过是想逃避白天世界自我压抑的生活而已。

**10. 女人白天会产生排斥感，夜晚会自然地溶入其间**

例如在夜晚的游乐场，在灯光照射下的另一番情趣中，给人有神秘的感觉，不禁要激荡起一波波的幻想来。女人对于明亮的灯光并没有强烈的自我意识，所以大都能很自然地融合在夜晚所营造出来的气氛中。

**11. 女人在近于自然光的荧光灯下会抑制"自我"，在充满温暖感的普通光下会展现"真我"**

情侣谈情说爱选择在点着烛火或光线昏黄的地方，男人的甜言蜜语才易于打动女人的芳心，攻破女人的城池，因为微亮的光线可使女人的心充满温暖与踏实感，但在阳光的照耀下，其紧张感会增加，即抑制自我。因此在会发出自然光的灯下，皆不适合男女谈情说爱。

**12. 女人喝了香槟就会因夜晚富有贵族性、文学性的多重效果，身心都易于陶醉**

香槟与葡萄酒都是使女人陶醉在夜的气氛中的美酒。尤其是在夜晚，酒更给人一种高贵的气息，所以女人就容易比酒精作用所产生的醉更迷醉于那种极富情调的气氛里了。

**13. 女人因为具有"生产性"，所以夜晚长时间待在同一地方，自会解除警戒心**

女人好像都会特别喜欢某个地方，若男性经常换场所约会，则她的情绪就不容易稳定下来，可是一旦适应了，她就会对那个地方产生执著。因此要让女人放松心情的方法很简单，只要别经常更变约会的场所就行了。由于女人对陌生的地方在内心里常存有恐惧，所以有时些事做起来不易成功！

**14. 女人白天不会主张自我，但是夜晚为求集体化而尽量强调自己的魅力**

女人之所以结伴而行，可能与群体比个人更为有利有关，或者说，当女人单独一个人时她比较没有自信。女人似乎也知道结伴而行可把各人的优点结合为一，让男人产生"她们真美"的奇妙错觉。更何况，如果几个人在一起的话，遇到陌生男人的搭讪，就不会紧张了，虽然会有些危险性，可是彼此可以分散这种危险，大家在一起行动，又更容易吸引男人的注意。此现象在夜晚更容易发现。

**15. 女人白天穿着朴素以隐藏对工作的不满，夜晚则打扮花哨以发泄内心的压抑**

在白天的竞争社会中，她要勉强去适应一切，当到了晚上她便借着种种变化来解放自己，因此越是想追求变化的女人，也是最懂得增加生活情趣的人；相反，到了夜晚那些不作改变的女人，心情会不断急躁起来，而日益变得情绪不稳定。

# 性梦解析

所谓性梦，一般指人们在睡梦中与异性亲昵的梦，可能梦见与异性拥抱、抚爱、亲吻，甚至发生性关系等。性梦十分常见，在一项研究中，研究者对250名大学生进行调查，结果表明几乎每个人都做过性梦，其中66.4%的人梦见与异性性交。

性梦是一种正常的性生理和性心理现象。心理学家认为，性梦是在潜意识中被压抑的性欲望冲动的自发暴露，是性心理、性生理发育正常的标志。性梦类似安全阀，可以缓和累积的性压力，有利于性器官功能的完善与成熟。

性梦主要有如下的特点：

**1. 性梦的发生与人体内的性激素水平及性心理状况有密切关系**

以女性为例，性梦发生的活跃期多在20~40岁之间。随着性生理与性心理逐渐成熟，女性会出现性冲动，但在清醒状态下冲动被理智所抑制，在梦乡却可以通过大脑皮质的兴奋灶而不受任何约束地活跃起来，于是便出现了形形色色的性梦，很多时候令人啼笑皆非。从生理上看，女性在排卵期和月经前期，或者与配偶分离一段时间后，性欲比较旺盛，每隔十天半月做一次性梦，这完全是正常现象，并非病态。

**2. 性梦中的性对象往往是不可选择的**

调查报告显示，性梦对象可能是与其一往情深但未成眷属的人，也可能是同班同学、邻居、亲友，还可能是只见过一面而没有任何交往的人，甚至是素不相识的陌生人或自己很讨厌的人。另据一项统计，人们性梦的对象中，23%与做梦者不相识，56%与做梦者仅有一面之交。性梦不是一种邪恶现象，不必为此而焦急忧虑，更不必产生背叛丈夫或对丈夫不贞的内疚心理。

### 3. 性梦的内容丰富多彩，梦中异性形象飘忽不定

有的梦见与异性接吻、拥抱、被异性爱抚、爱抚异性，有的梦见与异性性交，有的则仅梦到看见裸体异性，还有的梦见与同性有性接触等等。梦中异性的形象飘忽不定，有时模糊，有时清晰。

### 4. 男女性梦有别

男性的性梦，内容支离破碎，梦醒后难以清晰地回忆起来。如果没有性经历，梦境行为一般不会超过他真实的性知识水平。如果有过性经历，则可能在梦境中重现过去的经历。性梦多不会对其情绪和行为产生实际影响。女性的性梦与男性不同，内容比较完整，醒后多能清晰回忆梦的内容，甚至可能模糊了梦境与现实的界限，影响其真实的情绪和行为。

例如，在17世纪的英国，伦敦某修道院的修女们爱慕当地一位年轻英俊的神父，经常做性梦。开始是修道院院长，后来扩展到全院的修女。她们竟将梦境当真，认为神父每晚都施用巫术使她们处于昏迷状态，然后非礼她们。于是她们控告这位神父，致使其被活活地烧死。

### 5. 性梦过于频繁，是身心有异常的象征

这种异常有生理和心理两种：生理上，例如过度劳累，手淫过频、过强烈，内裤穿得过紧、刺激摩擦阴部，外生殖器不正常、充血刺痒，泌尿系统炎症等，有必要找医生对症治疗；心理上，较大的压力和负担可能导致性梦频繁，应该找心理医生进行心理咨询。

### 6. 性梦可以进行解析举例如下

案例一：

某女士是在读研究生，27岁，未婚。她最近认识了一个自己觉得还可以的男孩并且和他确定了恋爱关系。本应该高兴的她却非常苦恼和内疚，因为在和男友约会完后，她晚上经常梦到和自己的哥哥发生关系。

到底为什么会做这种梦呢？专家解析认为，现在的很多年轻女孩子在家里深受父亲和哥哥的宠爱，当她们长大成人后，开始与外面的异性有了亲密接触，但潜意识里会将其与自己的父亲或哥哥比较，看他是不是和他们一样宠爱自己。结果，在梦里将亲密接触的对象转移为哥哥或父亲。专家告诉该女士，不必为此内疚、苦恼，这个梦只是在告诉她可能现在的感情关系不能在情感及精神上满足她。

案例二

某女士，29岁，未婚，是个自由职业者。她平时的日常花销，靠给一些杂志和

书籍画插图来维持，过得倒也自在。她最近找了个男朋友，挺喜欢他。男朋友也很喜欢她，并且很欣赏她对生活的淡然态度。他们准备过一段时间就结婚，可到了这样的关头，她却老是梦到和前男友疯狂做爱，令她十分苦恼和内疚。

专家分析说，很多人都会梦到自己和原来的男朋友或女朋友做爱，多半是因为他们在分手时心里还有所牵挂，可又没有勇气说出来，一直憋在心里，直到自己有足够的心理准备去面对为止。当梦到跟前任朋友上床的时候，说明自己已经做好准备去完全了结以前的纠葛，尽管不一定非得见到那个人。

案例三

某已婚女士，30岁，在一家企业做秘书，最近很苦恼。为什么呢？原来她的同事们都很喜欢养小宠物，养猫养狗的都有，而且她们每天都会在公司谈论宠物的琐事。可这位女士从来没想过养小宠物，因为她受不了小动物身上的气味。可是，最近她却总在梦中梦到自己和不同的小宠物发生关系，或者梦见自己观看别人和动物发生关系，感觉不可思议，又觉得自己很无耻。于是，咨询了专家。

专家认为，做这样的性梦并不能说明人心理有变态倾向，不过是人类天生的潜意识里的兽性的间接反映。这个梦也暗示做梦者，在性爱上不要老是千篇一律，应该有所变化。

案例四

一位33岁的女士，已经结婚4年，夫妻两人非常恩爱。他们还不打算要孩子，因为想多过几年无忧无虑的二人世界。可最近的一件事让女士内心充满了愧疚：他们家隔壁搬来了一个年轻英俊的男邻居，她常常梦到和邻居发生关系。

专家解析说，性梦中的性对象通常是不可选择的，说不定是谁，这并不能说明对丈夫不忠诚，只不过是某种非理性潜意识的偶尔活跃，不必感到愧疚。

案例五

某已婚女士，35岁，在一家以男性为主的会计师事务所工作。平时她工作兢兢业业，很少有放松的时候。很多时候她都以为自己不是个女人了。最近，她经常梦到跟不同的女人上床，而且感到很享受，醒来后特别不解，觉得自己并没有同性恋倾向，为什么会这样呢？

专家解释说，很多人都做过和同性发生关系的性梦，但并不代表做梦的人有同性恋的倾向，很多时候只是表明希望自己的性别被他人接受，比如这位女士工作的地方都是男性，梦境只是意味着她很希望自己得到他们的认同。

# 和谐性生活的必备条件

夫妻性生活和谐与否，与双方的感情状态、性经验及默契合作等几个因素密切相关。性生活和谐，夫妻感情才能融洽、家庭才能和睦；不和谐的性生活会引起夫妻双方性功能障碍，造成感情破裂，甚至导致离婚悲剧。

和谐性生活如此重要，有几个必备条件必须注意。

1. **身体健康，精神良好**

性生活是高强度的身体运动，伴随心率增快、血压升高、呼吸急促、肌肉运动等生理变化，大量消耗热能，因而必须有健康的身体；性生活又是一个复杂的心理过程，故而离不开良好的精神状态。身体欠佳或精神不振时，性功能极易出现障碍，难以获得和谐的性生活。

2. **掌握规律，相互体贴**

通常，女性的性冲动处于潜伏状态，男性应主动调动女性性欲，做好性交前的爱抚准备。男性要轻柔抚摸女性阴蒂、乳房、乳头等性敏感区，充分利用视觉、听觉、触觉，多方面激发女性性欲，待女性有性交要求后再进行，使男女能够同时或相继达到性高潮。男性射精后不应倒头就睡，要继续拥抱女性一段时间，充分爱抚、相互交谈，使女性获得心理满足。

3. **夫妻爱情牢固**

夫妻爱情新鲜、感情牢固，是性生活和谐的先决条件；必须建立有道德原则的两性关系，才能促进性生活的和谐。夫妻双方是有个体差异的，如年龄、职业、体质、气质、文化水平、性格、思想意识、行为特点以及性意识、性反应等，都可能有所不同。这就需要建立真挚、忠诚、尊重、体谅和平等的夫妻关系来弥补。

4. **双方自愿、平等**

进行性生活必须以双方自愿、平等为基础。在性生活上，夫妻双方并无主从之分，不能认为"妻子必须满足丈夫"或"丈夫必须满足妻子"，双方更不能抱"应付"态度。

5.**时间和频率适宜**

多数学者认为，性生活最好选择在晚间入睡之前进行，以便有充分时间恢复体力；性生活的次数应该适当掌握，至今虽尚无统一标准，但应以性生活次日夫妻双方均不感到疲倦甚至觉得身心舒适、精神愉快为适宜。

6. **注意非语言交流**

性生活中的非言语交流，是一种无声的信息传递，可使性生活更富有想象力、感染力,给人以含蓄美的享受。

(1) 拥抱、接吻、含情脉脉的目光、缠绵的低语,都在发出求爱的信息。

(2) 当妻子拥抱你更紧或者身体更贴近你时,表示她需要你更强的刺激,当她缓缓推开你时,你也应该识趣。

(3) 预先规定好暗号,比如双方可以手掌相贴,根据对方在掌心上用力的大小,来调整性行为的姿势和幅度。还可以事先拟定一个女方高潮来临时的性暗号,这样既迅速又准确地把握女方的性高潮,从而双双进入高潮期,达到性生活的最大美满。

**7. 善于排除心理干扰**

心理平衡、互相信任、真诚相爱,是性生活和谐的首要心理因素,排除心理干扰,至关重要。这必须首先做到双方心理上的平等。其次,选择适宜的环境是排除心理干扰的重要途径,如卧室安静,白天有窗帘使室内光线柔和,晚间用小度数灯光,床铺应舒适,床上用品要干净,尽量选用自己喜爱的款式和颜色,等等。

# 两性性爱误区

**1. 误区一：性迁就**

李小姐从小被家人溺爱,脾气有些被惯坏了。工作以后,同事们都知道她的性格,也尽量少惹她,更加助长了她的大小姐脾气。她看上了厂里的工程师张先生,首要的一条就是张先生脾气好、能迁就她。结婚后,张先生在性生活方面也是尽量迁就她,尽量使她满意。她希望他在每次做爱前尽量延长事前调情及抚摸的时间,要求他不要这么快射精,他都尽量做到；经过长时间的调情及抚摸,他已经迫不及待地要求进入性交阶段,但她还是坚持要他再等待,他也尽量忍着。时间久了,他觉得非常单调乏味、疲倦厌烦,渐渐地对性生活失去了兴趣。尽管还是尽量使李小姐满意,但看得出是很勉强的。由于丈夫对性生活的兴趣不大,影响得妻子对性生活的兴趣也减少。最后,他们好几个星期才过一次性生活。李小姐开始怀疑丈夫在外面有了外遇,但经过一番侦察,也没有发现什么线索。后来,听从女友们的劝告,她开始找心理医生咨询。

希望丈夫在每次性生活中都迁就自己是不现实和不公平的,认为丈夫应该迁就自己是一种误区。丈夫不是机器,心理及生理状态时刻都在变化,即使再迁就妻子的丈夫,有时也会想用自己喜欢的方式过性生活,妻子应当理解。夫妻之间在性生活中互相迁就,才能保持性生活的和谐。

### 2. 误区二：考虑了她的感受

王先生和张小姐是同班同学，两人大学期间就确定了恋爱关系。那时的王先生聪明好学，人又热情，是她心中的"白马王子"。他们最终成了眷属。但婚后不久，张小姐对王先生的印象就彻底转变，"白马王子"成了"自私、无情的人"。为什么会这样呢？原来在做爱过程中，她很照顾丈夫的情绪，很注意弄清楚丈夫的意图和心态。当丈夫上床后与她紧紧拥抱时，不出10分钟，阴茎就会勃起。她很清楚地意识到丈夫的性欲已经唤起，有了性交的欲望。她就积极地配合丈夫，尽量使丈夫满意。她觉得丈夫也应当和她一样，很清楚自己的性愿望和性欲状况，积极配合。但丈夫常常在她还没有性交欲望时，就已开始性交。她觉得丈夫完全不考虑妻子的感受，自私、无情。对此，王先生觉得很委屈，因为他觉得自己在性生活过程中的每一个阶段，都是在确信妻子没有反对的情况下，才进行下一步的。比如在性生活中，他先与妻子调情，待妻子的阴道已经湿润后才进行性交，妻子也不反对。他觉得已经很照顾妻子的感受了，为什么还被说成"自私、无情"呢？

上面的例子中，与其说丈夫无情，还不如说他无知。自以为了解妻子的性反应，其实总是从自己的感觉出发，对妻子的性反应与性感受一无所知，因此作出了错误的推测。比如关于阴道湿润的问题，一个正常女性在受性刺激后的10~30秒内就会出现阴道湿润。这只能作为早期性欲唤起的标志，并不代表已经做好了性交准备。再比如"妻子没有反对"的问题，很多女性不愿用语言来表达自己的性感受，也不愿意向丈夫表明自己的性要求，或者其性要求本来就很含糊，因而不反对，但并不代表同意性交。丈夫要了解女性的这些特点，真正弄明白妻子的性感受，才能做到性和谐。

### 3. 误区三：性屈从以讨好丈夫

刘先生自创了一家公司，这几年业务有了很大发展，挣了很多钱，家里搞得很气派。大家都羡慕刘太太，说她有福气、有眼光。可是，刘太太真的幸福吗？

结婚以后，刘太太觉得丈夫处处比自己强，因此小心翼翼侍候丈夫，生怕丈夫对自己有什么不满。这几年，丈夫有了钱，名气也有了，再加上经常耳闻有钱人包二奶的故事，刘太太更加诚惶诚恐、惴惴不安。她与丈夫过性生活时，有很多担心。她觉得丈夫在过性生活前用于夫妻调情的时间太短了，很想把这种心情告诉丈夫或者明确提出延长要求，但担心丈夫不满甚至拒绝。她已经很久没有达到性高潮了，但是也不敢告诉丈夫。更甚者，她有时假装达到性高潮来讨好丈夫。

例子中的这位太太充满着被丈夫抛弃的恐惧，压抑自己的性要求，被动地让丈夫独自掌握性控制权，也就是说她总是处于一种性屈从状态。这样真的就能讨好丈夫吗？恰恰相反，她这样做可能给丈夫性冷淡、性生活乏味枯燥的感觉，觉得她没有情调，从而更容易出去找别的女人。

### 4. 误区四：性生活是丈夫的责任

杨女士的爸爸特别能干，大事小事都是爸爸做主，里里外外都是一把好手。杨女士都工作了，回家还让爸爸给她洗衣服。在她的心目中，爸爸是世界上最好的男人。她在找对象的时候，自然而然地要找一个像她爸爸那么能干的人。与先生结婚后，她觉得先生其他方面都挺不错，就是在性生活方面总是不能使她满意。因为她觉得，结婚两年了，丈夫一点都不懂得关心自己，以致两年来自己从来没有达到过性高潮，丈夫却浑然不知。

杨女士的丈夫也有一堆苦衷，说妻子平时一点主见都没有，家里大小问题都要丈夫出主意，性生活也不例外，也希望丈夫一包到底，可这不是单方面想包就能包好的。

例子中的杨女士有"恋父"情结，希望丈夫像父亲一样能干，一切统统交给丈夫做主，连性生活也成了他的责任。她不去关心自己的性反应，对自己的性要求不了解，只是被动地等待丈夫解决问题。这种想法和做法是错误的。要知道，性生活的和谐美满必须靠两个人的共同努力，女性也要发挥自己的性潜能，认识和提出自己的性需求，在性生活中掌握一定的自主性。那位杨女士没有主动地去争取性愉悦，也是负有责任的。

# 第八篇
# 情绪决定生老病死

# 第二十七章
# 心理与健康的微妙关系

## 心是身的主宰者

中医博大精深，经几千年而长盛不衰，一直深深影响着我国乃至世界医学的发展。"天人合一"、"形神合一"的心身统一观是中医学的理论基础和整体医学思想。这种理论基础和思想与现在生物—心理—社会医学模式所倡导的思想是一致的。

中医宝典《黄帝内经》中，从天到人、从理论到应用，把"形神合一"、"天人合一"的思想高度系统化，深深影响了中医学几千年。我国中医学者用现代语言将《黄帝内经》中关于心身关系的内容概括为以下八个方面：

（1）生命活动与精神活动有共同的物质基础。如《灵枢·天年》之"五脏已成，神气舍心，魂魄毕具，乃成为人"。

（2）不同的情志活动可以相互影响。如《素问·阴阳应象》之"怒胜思"、"恐胜喜"等。

（3）精神活动与机体活动密切相关。如《素问·阴阳应象》之"人有五脏化五气，以生喜、怒、悲、忧、恐"；《素问·宣明五气》之"心藏神、肺藏魄、肝藏魂、脾藏意、肾藏精志"。

（4）心主宰精神活动，尤其是有目的、有意识的活动。如《灵枢·口问》之"心者，五脏六腑之主也"。

（5）人的情绪活动是机体整个"气"的活动状态的变化，不一定固守某个脏器。

（6）基本体质不同，人会表现出不同的性格、气质类型。如中医有阴阳五态人等说法。

（7）精神状态的调整有利于疾病防治，肉体痛苦的解除有助于精神状态的改善。

（8）身体与心理交互作用可引起不同疾病。如《灵枢·本神》之"心气虚则悲，实则笑不休"；《素问·阴阳应象》之"怒伤肝"、"喜伤心"、"恐伤肾"等。

但中医学的心身统一观也是存在缺陷的，例如带有很大推测性，缺乏科学实验依据，不能解释生理活动与心理活动之间的联系机理等。

现代医学理论认为，人脑的机能是心理活动的实质，心理是人脑对外界事物的反映，所以说人脑是心理产生的物质基础，是心理活动的物质载体和主宰。心理体验的形成过程是这样的：外界的各种刺激通过外周神经系统的各种感觉神经元传入中枢神经系统，即大脑和脊髓，然后大脑对各种传入的信息进行接受、加工、保存、整合、程序编制等过程，形成各种心理体验。心理体验通过传出神经传到各组织器官，便会完成各种生理功能。

下面以情绪和情感心理活动为例来说明心理与生理的统一性。

现代医学理论认为，情绪和感情活动中所发生的机体变化和外部表现，与神经系统的多种水平的机能密切相关。

**1. 情绪与植物性神经系统**

人们早就发现，情绪由植物性神经系统所控制。植物性神经系统是整个神经系统的一部分。它的主要机能是支配有机体的消化、呼吸、循环、生殖等内部器官的活动，调节内脏、平滑肌和腺体的功能。植物性神经系统起源于下丘脑，它的神经联系从下丘脑下行到脊髓，在脊髓的一些部位离开脊髓，通过植物性神经节达到各内脏器官。它是在大脑皮层的控制之下进行活动的。

植物性神经系统分为交感神经系统和副交感神经系统。它们共同控制内脏器官（心脏、血管、胃肠、肾等）、外部腺体（唾腺、泪腺、汗腺等）以及内分泌腺（肾上腺、甲状腺、胰腺等）的活动。

交感神经系统所带来的神经兴奋普遍影响很多器官，引起普遍的神经兴奋和广泛的效应，因此它的作用在于普遍的发放，如引起瞳孔放大、心率增加、血压升高、血液从内脏输送到四肢。这些反应以整体的形式为有机体的应急活动做准备。副交感神经系统的机能作用与交感神经系统是相对立的，二者互相制约。交感神经系统使身体准备应急，副交感神经系统使之恢复到正常，以保证内脏和整个机体的正常活动。例如，交感神经系统可引起瞳孔放大、心率增加、皮肤及内脏血管收缩而冠状动脉舒张、消化道蠕动减弱、血糖浓度升高等，相对应地，副交感神经系统则引发瞳孔缩小、心率降低、内脏血管舒张、胃肠蠕动增强、血糖浓度降低等现象。

情绪与植物性神经系统的联系是十分密切的，人在情绪状态下会有许多生理反应。呼吸、循环系统，骨骼、肌肉组织，内、外腺体，以及代谢过程的活动，在情绪状态中都发生变化。例如，在激动、紧张的情绪状态中，呼吸加速、加深、心跳加速、加强，外周血管舒张，血压升高，血糖增加，血液含氧量也增加；突然的惊惧会使呼吸出现暂时的中断，外周血管收缩，脸色变白，出冷汗、口干；焦虑、忧郁状态会抑制胃肠蠕动和消化液的分泌，引起食欲减退。

情绪状态与内分泌腺的变化也是密切相关的。例如，在激烈紧张的情绪状态中，肾上腺分泌的反应比较直接，肾上腺素分泌的增加导致血糖、血压、消化和其他腺体一系列的变化反应；处于愤怒状态时，由于去甲肾上腺素分泌的增加，会引起血糖、血压升高和肌肉紧张度提高，使机体处于应急状态；处于焦虑状态时，肾上腺皮质激素分泌增加，出现外周血管收缩，血糖下降，肌肉松弛，消化腺活动下降等生理现象。内分泌系统是情绪反应的一个重要标志。

**2. 情绪与中枢机制**

现代生理学研究强调中枢神经机构在情绪发生中的作用。许多研究成果证明，情绪的特殊体验的特点在很大程度上取决于丘脑、下丘脑、边缘系统和网状结构的机能。大脑皮层则调节着情绪和情感的进行，控制着皮层下中枢的活动。

（1）丘脑

丘脑是较早被发现的情绪中枢。20世纪二三十年代，美国心理学家凯仑提出了情绪的丘脑学说。他根据丘脑受损伤或丘脑活动在失去大脑皮层的控制时，情绪变得容易激动或发生病理性变化等一些事实，认为丘脑在情绪的发生上起着最重要的作用。

凯仑认为，丘脑部位冲动释放会引起强烈的情绪反应，这实际上已经涉及情绪的定位问题。他用药物使低级中枢从皮层的控制下释放出来，被试者出现笑和哭的情绪反应。根据这些事实，他认为主张情绪无特定的脑中心的说法是不正确的。

可是凯仑的丘脑学说并不完善，它强调了大脑皮层对丘脑抑制的解除是情绪产生的机制，但是却忽略了外周性变化的意义，以及大脑皮层对情绪发生的作用。实验证明，给已去皮层的动物切除全部丘脑之后，怒反应仍然存在，而只有当下丘脑结构被切除后，情绪反应才消失；同时如果情绪反应是由于丘脑机构从皮层抑制下的释放，那么排除皮层抑制的来源就应当产生连续、持久的怒反应，但是实际上发生的怒反应是暂时的，而不是连续的；而且，怒反应也可以在刺激下丘脑、大脑皮层，甚至小脑时发生。这些事实都不能用皮层抑制的释放来解释。

（2）下丘脑

许多研究证明，下丘脑在情绪形成中具有很大的作用。下丘脑的一些核团已被认为在许多不同种类的情绪性和动机性行为中是主要的。背部下丘脑对产生怒的整合模式是关键的部位。如果这个部位被损坏，被试者只能表现出一些片断的怒反应，而不能表现协调的怒模式；如果下丘脑未被破坏，其上部的脑组织无论去掉多少，被试者都仍能表现有组织的怒模式，甚至把被试者的脑在下丘脑以上全部去掉，仍能得到这些行为模式。

20世纪五六十年代初期，学者通过实验研究，认为在下丘脑、边缘系统及其临近部位存在着"奖励"和"惩罚"中枢，即"快乐"和"痛苦"中枢。当刺激这些部位时就会产生愉快的或不愉快的情绪。

### 3. 情绪与网状结构和边缘系统

关于情绪的决定因素，网状结构起着激活的作用，其所产生的"唤醒"是活跃情绪的必要条件。它可以降低或提高脑的积极性，加强或抑制对刺激的回答反应，人的情绪色彩和情绪反应在很大程度上依赖于网状结构的状态。

从外周感官和内脏组织来的感觉冲动通过传入神经纤维的旁支进入网状结构，在下丘脑被整合与扩散，从而激活大脑皮层。激活的作用包括一般的警戒和注意，以及去行动或促使去反映，也包括情绪的被激活，使感情的冲突尖锐。所以网状结构的作用在于产生唤醒，这是产生情绪的必要条件。

边缘系统位于前脑底部，它之所以称为边缘，是因为它环绕着脑干形成一个边界，围绕着、并延伸到大脑的全部领域。边缘系统的主要部分重叠在下丘脑之上，调节着植物性神经系统，诸如探究、喂食、攻击、逃避等活动，因而调节着与有机体的天然需要相联系的情绪机构。

### 4. 情绪与大脑皮层

大脑皮层促成感情体验，下丘脑促成情绪表现。这样的观点已为一般人所接受。

大脑皮层是皮层下部位以及整个有机体的最高调节器。情绪、情感的多水平的中枢在皮层下各部位，同时与大脑皮层的调节是密不可分的。大脑皮层可以抑制皮下中枢的兴奋，于是它直接控制情绪和情感。俄国生理学家巴甫洛夫认为暂时神经联系系统的维持或破坏使人对现实的态度发生改变，"应当认为，在建立和维持动力定型的情况下，大脑两半球的神经过程是符合于我们通常称为两种基本范畴的情感的东西的，即积极的与消极的情感，以及由于种种情感的组合或不同的紧张性而发生的一系列的色调的变化"。

美国心理学家阿诺德在20世纪50年代提出，情绪与个体对客观事物的评估联系着。她给情绪下定义为：情绪是对趋向知觉为有益的、离开知觉为有害的东西的一种体验的倾向。这种体验倾向被一种相应的接近或退避的生理变化模式所伴随。这种模式在不同的情绪中是不同的。

通过上面的阐述可以看出，情绪和情感有着十分复杂的生理基础。情绪和感情是大脑皮层和皮层下神经过程协同活动的结果，其中皮下神经过程的作用处于显著地位，大脑皮层起着调节、制约的作用。情绪和感情的生理基础过程实现着神经系统各个水平上的整合。

同样的道理，其他心理活动也是有复杂的生理基础的。总之，心理的阐述依赖

于大脑和神经系统的功能，而心理产生后，又会反过来通过大脑和神经系统来调节生理活动。心理和生理密不可分，心身的有机统一构成了人的完整生命。

## 情绪与健康的密切关系

人体是一个整体，人的健康与情绪有密切关系。人的情绪是一种心理现象。高兴、愉快、欢乐、喜悦、轻松、欣慰、悲伤、害怕、恐惧、不安、紧张、苦恼、忧郁等都属于情绪活动。情绪分为积极情绪和消极情绪两大类。积极情绪对健康有益，消极情绪会影响身心健康。我国自古就有"喜伤心"、"怒伤肝"、"思伤脾"、"忧伤肺"、"恐伤肾"之说，可见祖国医学非常重视人的情绪与健康的关系。当人情绪变化时，往往伴随着生理变化。例如，人在恐惧时，会出现瞳孔变大、口渴、出汗、脸色发白等一系列变化。这些生理变化在正常的情况下具有积极的作用，可以使身体各部分积极地动员起来，以适应外界环境变化的需要。

过度的消极情绪，长期不愉快、恐惧、失望，会抑制胃肠运动，从而影响消化机能。情绪消极、低落或过于紧张的人，往往容易患各种疾病。因此，只有保持乐观的情绪，才有利于身体健康。

每个人的情绪，都是会有波动的，应该主动摆脱不良情绪。当有什么事使你烦恼的时候，应当畅所欲言，不要闷在心里。当事情不顺利时，不妨避开一下，改变一下生活环境，可能会使精神得到松弛。如果要办的事情较多，应先做最迫切的事，把全部精力投入其中，一次只做一件，把其余的事暂时搁在一边。如果你感到自我烦恼，试着帮助他人做些事情，你会发觉，这将使你的烦恼转化为振作，产生一种做了好事的愉快感。一个人的情绪，主要受精神意志控制。保持愉快稳定的情绪，要提高道德修养，要树立远大理想，保持健康的心理状态，还要学会适应外部条件的变化，自觉运用积极情绪克服消极情绪。

另外，体育锻炼也是消除心中忧郁的好方法。体育活动一方面可使注意力集中到活动中去，转移和减轻原来的精神压力和消极情绪；另一方面还可以加速血液循环，加深肺部呼吸，使紧张情绪得到松弛。因此，也应该积极参加体育活动。

## 心情快乐可强化免疫功能

俗话说，"笑一笑，十年少。"由此可见，心理状况与生命质量有着密切的联系。近年科学研究发现，情绪与人体内的NK细胞（自然杀伤细胞）有着密切关系，这种关系可以说是情绪影响健康的物质基础。NK细胞是在1975年被一些科学家发现的，在形态上属于大颗粒淋巴细胞，来源于骨髓，占外周血淋巴细胞总数的5%~10%。它具有广谱抗肿瘤细胞作用，特别是对淋巴瘤和白血病细胞作用更为明显，是抗瘤免疫的第一线细胞。

早些时候，由于发现NK细胞具有抗癌活性，因此，科学家想方设法增加NK细胞在体内的数量。但令人不可思议的是，NK细胞数量增多其功能反而下降。NK细胞最多的人往往正是易患癌症的人。健康人群和动物遭受各种不良刺激时，体内NK细胞可随之增加，但却不能防御因刺激而引起的疾病。那么到底NK细胞通过什么环节发挥其抗癌作用，长期以来被视为一个谜。近年来发现，一些战胜癌症的"抗癌明星"，虽然他们体内NK细胞并不一定很多，但非常活跃，而癌症日趋恶化的患者，体内NK细胞并不一定少，但其活性几乎接近零。进一步研究发现，NK细胞是否具有活性，与其细胞内存在的颗粒有密切关系。活性增强时，颗粒中所存的分泌系统分泌出一种物质，此物质覆盖于靶细胞（如癌细胞）上才能发挥其杀伤作用。

此种与NK细胞活性相关的分泌系统，受机体神经内分泌系统调节和控制。当情绪处于低潮时，每天郁郁寡欢、愁肠百结，则NK细胞分泌系统功能被抑制，从而降低了它们的杀伤作用，据测试NK细胞活性可下降20%以上。如有一个良好的生活方式，乐观地生活，欢欣鼓舞，无忧无虑，那么NK细胞活性会明显升高。据称，癌症自然消退与NK细胞活性升高有着密切关系。

由此看来，情绪与免疫功能有明显相关性。情绪，这一心理的重要因素，对人类致病与治病的影响并非是抽象的、空洞的，它有着具体的物质基础。

# 如何拥有良好情绪

对于如何拥有良好的情绪，美国心理卫生协会提出了如下建议：

### 1. 不过分苛求自己

有些人把自己的抱负定得过高，根本无能力达到，却在别人面前天高海阔地讨论起来，受到别人的嘲讽后，终日郁郁寡欢；有的人做事要求十全十美，往往因为小小的瑕疵而自责。如果把自己的目标和要求定在自己的能力范围内，自然就会心情舒畅了。

### 2. 对他人不要有过高的期望

许多人都按照自己的逻辑要求他人，若对方达不到自己的要求，便会失望，其实每个人都有自己的优点和缺点，何必要别人迎合自己的要求呢？

### 3. 疏导自己的愤怒情绪

冲动是魔鬼,当你勃然大怒时,很多蠢事都会干得出来,与其事后后悔不如事前自制,采取一些不妨害的释放渠道把愤怒平息下去。

### 4. 偶尔也要屈服

要心胸开阔,做事从大处看,只要大前提不受影响,小事则不必斤斤计较,以减少自己的烦恼。

### 5. 找人倾吐烦恼

当你遇到不开心的事的时候,与其向隅而泣,自己一个人消磨时光,不如找一个人痛快地倾诉一番。某些时候,不快乐的情绪一旦排解出去,就再也不会重新找到你了。

### 6. 培养幽默感

幽默感是一个人不受外物所影响的有效工具。当一个人发现不协调现象时,既要能客观地面对现实,同时又要不使自己陷于激动的状态,最好的办法是以幽默的态度应付。

### 7. 增加愉快生活的体验

每个人的生活中都包含有各种喜怒哀乐的生活体验。对于一个心理健康的人,多回忆正面的、愉快的生活经验,有助于消除不良情绪。

### 8. 使情绪获得适当表现的机会

人在情绪不安与焦虑时,不妨找好朋友说说,找心理医生去咨询,甚至可以一个人面对墙壁,倾吐胸中的郁闷,把想说的说出来,心情就会平静许多。

### 9. 善于从光明一面观察事物

任何一个事件,如果能从不同的角度去观察,就会给人以不同的印象。很多表面看上去是引人生气、极其悲伤的事件,如果从另外的角度去看,可以发现一些正面积极的意义,如"塞翁失马,焉知非福"。

当一个人处于不良情绪状态时,常常可以用下面的方法来调节自己的情绪。

### 1. 意识调节法

人的意识能够调节情绪的发生与强度。思想修养水平高的人往往比思想修养水平低的人能够更有效地调节情绪。一个人要努力以意识来控制情绪的变化,可以用"我应……"、"我能……"加上要想办的事情来调控自己的情绪。

### 2. 语言调节法

语言是一个人情绪体验强有力的表现工具。通过语言可以引起或抑制情绪反应,即使不出声的内部语言也能起到调节作用。林则徐在墙上挂有"制怒"二字的条幅,这是用语言来控制调节情绪的好办法。

### 3. 注意力转移法

把注意力从消极的情绪上转移到有意义的方向上。人们在苦闷、烦恼的时候，看看调节情绪的影视作品，读读回忆录都能收到良好的效果。

### 4. 行动转移法

克服某些长期不良情绪的方法，可以用新的工作、新的行动去转移负面情绪的干扰。贝多芬曾以从军来克服失恋的痛苦，不妨是一种好的选择。最大的心理之患在于患得患失；最大的精神负担莫过于名利枷锁。人不可一味地追逐名利，也不可缺乏上进心和奋斗精神。养生首养心，养心淡名利。知足常乐，身心健康。美术大师刘海粟先生年逾90时，仍精神焕发，挥毫自如。其长寿秘诀是："宠辱不惊，看庭前花开花落；去留无意，望天上云卷云舒。"一个人学会乐观，淡泊名利，保持健康情绪，命运就会永远掌握在自己的手中。

### 5. 培养快乐法

被誉为人类出版史上第二大畅销书的卡耐基的《快乐的人生》为我们提供了培养快乐心理的秘诀。他认为："有了快乐的思想和行为，你就能感到快乐"，并提出了培养快乐心理的忠告：

（1）只为今天，我要很快乐。正如林肯所说的"大部分的人只要下定决心都能很快乐"。这句话是对的，那么快乐是来自内心的，而不是存在于外在。

（2）只为今天，我要让自己适应一切，而不去试着调整一切来适应我的欲望。我要以这种态度接受我的家庭、我的事业和我的运气。

（3）只为今天，我要爱护我的身体。我要多加运动，擅自照顾，擅自珍惜；不损伤它、不忽视它；使它能成为我争取成功的好基础。

（4）只为今天，我要加强我的思想。我要学一些有用的东西，我决不做一个胡思乱想的人。我要看一些需要思考、需要集中精神才能看的书。

（5）只为今天，我要用三件事来锻炼我的灵魂：我要为别人做一件好事，但不让人家知道；我还要做两件我并不想做的事，而这就像威廉·詹姆斯所建议的，是为了锻炼。

（6）只为今天，我要做个讨人喜欢的人，外表要尽量修饰，衣着要尽量得体，说话低声，行动优雅，丝毫不在乎别人的毁誉。对任何事都不挑毛病，也不干涉或教训别人。

（7）只为今天，我要试着只考虑怎么度过今天，而不把我一生的问题都在一次解决。因为，我虽然连续12个钟点做一件事，但若要我一辈子都这样做下去的话，就会吓坏我。

（8）只为今天，我要订下一个计划。我要写下每一个钟点该做些什么事，也许我不会完全照着做，但还要订下这个计划，这样至少可以免除两种缺点，过分仓促和犹豫不决。

（9）只为今天，我要为自己留下安静的半个钟点，轻松一番。在这半个钟点里，我要尽量使我的生命更充满希望。

（10）只为今天，我要心中毫无惧怕。尤其是，我不要怕快乐，我要去欣赏美的一切，去爱，去相信我爱的那些人会爱我。

# 心理与冠心病

冠心病就是一种心身疾病。冠状动脉粥样硬化性心脏病（简称冠心病）是中老年的常见病、多发病。近30年来冠心病在我国有增多趋势，威胁中老年的健康和寿命，为医学界和社会重视。对冠心病的防治成为当前国内外研究的重要课题。冠心病的发生与多种因素有关，例如高血压、高血脂、肥胖、糖尿病、吸烟、心理因素等。这些因素称之为冠心病的危险因素。这些因素中容易忽视的是心理因素。

冠心病的发生与人的性格有关，性格是一种复杂的心理因素。美国学者最早提出冠心病和心理因素的关系，将人的性格分为A型和B型。

1959年美国心血管专家对冠心病患者的性格进行调查，发现大多数病人均表现出一种特征性的行为模式，称为"A型行为模式"，表现为：个性强、过分的抱负、强烈的竞争意识、固执、好争辩、说话带有挑衅性、急躁、紧张、好冲动、大声说话、做事快、走路快、说话快、总是匆匆忙忙、缺乏耐心、强烈的时间紧迫感、富含敌意、具有攻击性等。

与之相对应的"B型行为模式"则表现为：安宁、松弛、随遇而安、顺从、沉默、声音低、节奏慢、从容不迫、耐心容忍、会安排作息等。

A型性格患冠心病的几率是B型性格的3倍甚至更高。1979年国际心脏病与血液病学会已确认A型性格是引起冠心病的因素之一。情绪是心理因素的表现，情绪影响冠心病的发生、发展和预后。不良的情绪如愤怒、焦虑、烦躁、抑郁、紧张、惊恐、憎恨、过分激动等都会诱发冠心病心绞痛发作，心肌缺血，心肌梗死，甚则猝死。

性格因素为什么会影响人的身体健康呢？因为人的性格就是人的行为方式。过于紧张的行为方式，使人经常处于应激状态。此时人在生理上会出现一系列的反应，如血压升高、心率加快、胃肠分泌液减少、胃肠蠕动减慢、呼吸加快、尿频、出汗、手脚发冷、厌食、恶心、腹胀以及失眠多梦等。如果一个人面临的压力过大，持续时间过长，就会出现更加严重的病理性反应，高血压、冠心病等就容易发生了。当然有的人还会出现糖尿病、甲亢、癌症等疾病。有人调查了102例急性心肌梗死存活者，心梗发生前一周普遍有激动、紧张、焦虑或抑郁等情绪应激史。沮丧、焦虑、恐慌、抑郁等情绪如果得不到调适，可使梗死后的猝死率增加。

总之，心理因素对冠心病的发病至关重要。A型性格、情绪应激是重要的相关因素，所以心理卫生在冠心病防治工作中的重要性是不容怀疑的，应引起重视。中医古籍中早就提出精神愉快、饮食起居调养、环境气候的适应、增强体质的锻炼等四种养生方法，特别提出了"恬淡虚无"、"志闲而少欲"、"形劳而不倦"等心理卫生原则。社会要关心老年人，尊重老年人，使老年人生活在一个舒坦的环境中；老年人要具有乐观的生活态度，修身养性，使身心经常处于平和悠闲状态，以达到延年益寿的目的。中年人要合理安排工作生活，避免过度紧张。病人更应了解心理卫生对缓解疾病的重要性，加强自我心理调节。家庭和医务人员在对病人医药治疗的同时绝不可忽视病人的情绪，应帮助病人解除种种不良情绪。

当然，有类似情况的人也不一定会患这些病。但是最好着手制定自己的心情放松计划，防患于未然。

# 心理与癌症

20世纪50年代中期，美国著名心理学家劳伦斯·莱西曾对一组癌症患者的生活史做过调查。他发现这些患者的一个共同特点是，从童年时开始便留有不同程度的心理创伤。他们或早年丧母，或青年失恋，或中年丧偶，或老年失子。所有这些精神刺激，使他们变得沉默寡言、顾影自怜，对生活失去信心，对工作缺乏热忱，进而抑郁悲伤、情绪紧张、精神压力沉重。美国一学者曾对8 000名癌症病人进行调查，其大多数恶性肿瘤的临床表现，都发生在失望、孤独和其他沉重打击与精神压力频繁发生的时期。我国也有调查资料表明，许多癌症患者发病前半年有较大精神刺激，其比率超过50%以上。

心理因素为何能引起癌症的发生呢？

研究表明，原因主要是不良情绪能对机体免疫机能产生抑制作用，从而影响免疫系统对癌细胞的识别和消灭功能。在健康人的体内，虽然正常细胞也存在着发生突变而成为癌细胞的可能，但人体的免疫系统能在这些细胞增殖之前，及时地将它们破坏和消灭。但是，如果人的情绪或其他心理因素长期不好，则会降低体内的免疫功能，从而对癌细胞的肆虐束手无策。

由此可见，一个人能够经常保持豁达的性格和良好的情绪，培养和维护健全的人格及社会适应能力，对于预防癌症的发生是非常重要的。

## 心理与溃疡病

你一定见过这种现象：对相同的社会生活事件及情境变化，有的人就受不了，甚至感到紧张，惶惶不可终日，而有的人则并不在乎。这与人的性格有关。一个人在工作、生活中难免碰到挫折与不幸。有的人面对挫折坚忍不拔，从容应变，积极进取；有的人则悲观失望，精神崩溃，任意放纵消极情绪的滋长。久而久之，消极的情绪便会损害健康，引起一些疾病。

现代医学和心理学的研究表明，许多疾病都有其心理根源。躯体疾病和精神疾病一样，都不是由单一因素所造成，往往是多种因素共同起作用的结果，其中十分重要的是与心理、精神因素有密切关系。它和细菌、病毒、遗传、体质、免疫等生物学因素以及有害的理化因素一样，不仅能引起精神疾病，而且也能扰乱人体各器官系统的功能，致使躯体发生各种疾病。

溃疡病的病因和发病机理相当复杂，其中，心理因素的作用不可忽视。也就是说性格、长期反复的消极情绪与溃疡病的发生有着重要关系，所以医学心理学把溃疡病列为身心疾病。

人在一定的内外界刺激作用下，伴随着情绪体验，发生一系列生理变化。长期紧张不安、忧郁焦虑、沮丧恐惧的情绪，可引起胃酸持续性分泌增高，久之可导致溃疡病。祖国医学也认为，情志不舒，使肝气失调，产生肝郁气滞，致使脾的运化功能失常，胃失和降（指消化及吸收功能），最后发生胃或十二指肠溃疡，即所谓"病从思虑而得"。从现代医学角度来看，由于情绪改变而引起肝气郁结，实质上反映了高级神经功能障碍，导致自主神经功能紊乱，从而影响胃和十二指肠的分泌与运动功能，最后发生溃疡病。

## 心理与头痛

头痛患者在看病就医时，针对自己的症状，多数要谈到头痛与情绪有很大的关系。劳累、紧张、睡眠不足时，头痛会加重，特别在情绪变化时更是如此。如生气、愤怒、激动、焦虑、月经期、工作不顺利及遇到挫折时，就会出现全身不适，伴随头痛。

为什么在情绪与头痛之间会存在这种联系呢？原来在人的大脑中，存在着一个主管情绪活动的高级中枢，称为"边缘系统"。边缘系统能接收到躯体各种感觉的刺激，进而引起相应的情绪反应；并且，边缘系统中还含有大量的神经递质，在治痛和镇痛过程中发挥着重要作用。因而，头痛的产生与边缘系统的参与有很大的关系。当人们情绪激动时，所产生的感觉会被边缘系统接受。边缘系统进一步将此信号传向高级神经中枢，并致使人体内分泌出某种化学物质，使血液中的致痛物质浓度增高，进而导致人体血压升高，血流加快，部分脑血管扩张，于是，在临床上就表现为头痛。

头痛的流行病学调查也同样发现，头痛的发生与个性有关，其中情绪不稳定者极易出现头痛。偏头痛患者中固执、猜疑、争强好胜者占一定比例。因此，培养人们乐观开朗的性格，保持良好的情绪是预防头痛的有效措施之一。

# 心理与失眠

你有失眠的困扰吗？你常因躺在床上辗转反侧、无法入眠而感到心烦气躁吗？相信没有过失眠的人无法体会那种又累又无法入睡的状况。眼看着明天又有许多工作等着你去完成，可是没有充足的睡眠如何面对一天繁重的工作呢？

要正确认识睡眠，就要纠正人们的几种错误的睡眠观。

### 1. 人人都需要8小时的睡眠

错误。不同地区、不同种族的人所需的睡眠时间略有出入：一般来说，生活在寒带的居民每天所需的平均睡眠时间比生活在热带的居民大约要多1~2小时。这是因为，寒带地区冬日漫长、白天又较短，当地人世世代代已养成了多睡的习惯。此外，即使生活在同一地区的人，每天所需的睡眠时间也长短不一。例如，有的人仅睡5小时白天照样神采奕奕，而有的人即便睡足了8小时白天仍感萎靡不振，其原因部分是遗传因素，部分是习惯使然。

### 2. 空腹上床可提高睡眠质量

错误。恰恰相反，那些因减肥而不吃或少吃晚餐的人，往往睡眠质量大打折扣——他们通常在午夜后醒来，然后由于饥饿而难以入睡。不过，晚餐吃得过饱同样也会影响睡眠，具体表现为：多梦、易醒，因而睡眠不深。

### 3. 临睡前喝杯茶

错误。喝茶同喝咖啡一样，都会使大脑处于兴奋状态；而喝牛奶倒真的能助人入眠，特别是加了糖（蜂蜜效果更佳）的牛奶。原因是：牛奶含有一种催眠的化合物色氨酸，而糖或蜂蜜则能帮助人体整个晚上维持血糖水平，从而有效地避免早早苏醒。

### 4. 数数可催人入睡

错误。不少失眠者往往采用数数的办法帮助入睡，殊不知其结果适得其反。原因很简单：数数只会导致注意力集中，从而使大脑处于持续兴奋状态，结果更难以入睡。

很多人都有失眠困扰，常常在夜深人静的时候，因难以入睡而辗转反侧。那么，人们为什么会失眠呢？

关于失眠的原因，细究起来很多。有的与内科疾病有关，如：心脏病、气喘、甲状腺亢进等；有的与内分泌有关，如：更年期的失眠、月经前期症候群等；有的与工作有关，如：经常值夜班或是旅行所导致的生理时钟错乱等；有的是睡前饮用含咖啡因等的刺激性饮品所致的失眠，以上这些失眠的情况通常是暂时的，只要将导致失眠的原因去除，通常都可以恢复原本的睡眠质量。

但是有一种失眠是没有特定原因的，发生的原因与个性有很大的关系，主要发生在本身就是容易操心、紧张性格的人身上。这些人心中只要一有点事就神经绷紧、焦虑、放不开，即使没事的时候睡眠质量也不好，容易多梦、梦呓、易惊醒，属于浅睡眠状态。遇到重大压力如亲人的死亡、离异、公司倒闭、失业、股票起落等事件，精神负荷增大时，就更睡不着了。久而久之，就成了"习惯性失眠"，即使压力消失了，也很难安睡。

有些习惯性失眠者会求助于医生，或是自己购买安眠药来服用，但是长期服用安眠药容易造成习惯性、依赖性，以至于没有服药时根本无法自然入睡，又因为安眠药会造成肝脏的负担，长期服用弊多于利。

那么，究竟该如何健康地克服失眠呢？

**1. 养成定时睡觉的好习惯**

尽量养成每天同一时间上床睡觉，睡前不想其他的事。

**2. 白天活跃起来**

白天注意一些日常生活中有意义的事，搞家庭卫生洗洗盘子，购物等，尽可能使白天的生活活跃起来。尽量不要在白天补觉。

**3. 不睡懒觉**

睡懒觉是失眠的开始，不要有"由于昨晚没睡好第二天早晨多睡一会儿"的想法。不睡懒觉按时起床很重要。这样次日可能出现头晕乏力，不想活动，持续几天后反而会促发睡意。

**4. 创造适合睡眠的环境**

保持卧室环境安静、昏暗、温度适宜；床铺和被褥清洁、舒适，为快速入梦创造一个最佳环境。

**5. 睡前应减少身体上和精神上的活动**

体力活动虽然有助于睡眠，但睡前过度运动可使血液循环加速，精神兴奋，不利于睡眠。床是用来睡觉的地方，不要在床上观赏紧张刺激恐怖的电视、电影，如鬼片、凶杀片等，以免造成心理不安而影响入睡，也不要在床上思考问题，有些事应在睡觉前想好或干脆留到明天去想。当然，你可以看一本平时觉得特别无聊、一看就打瞌睡的书，或听一点轻柔的音乐，这样会有助于睡眠。音乐通过听觉可怡神，可解除头痛胸闷，轻压眼球可使梦中产生五彩缤纷的梦境。这样，就可以使不良情绪和意识，在梦幻世界中得到解脱。

**6. 吃过晚饭后就不要喝浓茶、咖啡等让人兴奋的饮料**

在日常的饮食中有几种食物是具有安神、镇静功效的，常吃可以对神经系统有安抚作用：

莲藕茶：藕粉一碗，水一碗入锅中不断地搅匀再加入适量的冰糖即可，当茶喝，有养心安神的作用。

玫瑰花茶：也是具有很好清香解郁的作用。

龙眼+百合茶：龙眼肉加上百合，很适合中午过后饮用，有安神、镇定神经的作用。

多吃钙质丰富的食物有助睡眠与安定神经的作用：如奇异果、豆浆、芝麻糊、玉米汤。

每晚睡前若要喝牛奶来助眠，请搭配饼干、面包之类的甜点，因为虽然牛奶中的钙质可以安神助眠，但是因为牛奶还含有丰富的蛋白质可以促进血液循环，反有提神的作用，如能搭配一些高糖食物可以促使血管收缩素的分泌，较能产生睡意。

**7. 睡前注意饮食**

中医有"胃不和则卧不安"的说法，故睡觉前不要吃得太饱，因为吃得太多后胃肠运动会加强，以致影响睡眠。睡前避免喝太多的水，以免因频尿而影响睡眠；睡前不宜饮酒，虽然饮酒有暂时的催眠作用，但酒精的刺激会使人睡眠较轻，容易早醒。

**8. 过好性生活**

性生活有利于睡眠。性生活后会有疲乏感，并使人放松，但切记是正常的性生活。

**9. 不要太过于关注睡眠问题**

有的人从上床之前就开始烦恼："今天晚上能睡着吗？""万一睡不着怎么办？"这正是引起失眠的恶性循环的开始，结果越着急越睡不着。要把注意力集中在自己所做的事上。停止一些争取睡眠的努力，如"数数、想象气功"等方法。失眠的原因就是太想睡着，把睡眠当成一件自然而然的事，放松心情，不要过于在意，睡眠就会自己来找你了。

**10. 睡不着也不要在床上翻来覆去**

晚上如果睡不着也不要在床上翻来覆去，应尽量减少上厕所的次数，最好的办法是闭上眼睛保持平卧的姿势，静静地躺着，这样可以达到与睡眠同样的效果。如果你在床上翻来覆去辗转难眠，只会使你更加紧张、更难入睡，与其如此，还不如干脆起床，离开房间，做些轻松活动，如：看书、听音乐、静坐，等到累了再进房间。

**11. 保持情绪的平和**

当你躺在床上无法控制脑中的思绪时，你可以照以下这样做：

平躺，不垫枕头，将双手双脚打开呈大字形，手心朝上，眼睛闭起，下巴往内收，将注意力集中在腹部，开始用腹部呼吸，并将每次吸气、吐气的时间一次一次拉长变慢，约五六个回合。

除了呼吸之外，一面想着自己身体的每一个部位，顺序从脚趾、脚板、脚踝、小腿渐渐往上，不漏掉身上任何一个部位，慢慢地在心中默念，让它们彻底放松，渐渐地连腰部都可以平贴在床面上（需要多练习几次即可），此时你会发现你已将心中的杂念都甩掉了。

**12. 顺其自然**

据研究，1/4的人有过失眠症。那些迟迟不愈的病人却往往是强烈求治者，多数不治者反而自愈了。这是为何？

求治者多有些神经质的疑病倾向，过分追求完美的人格，常对自己的身体、心理、人际关系等过于敏感和关心。失眠，对于每个人来说都会由于各种因素而出现，如环境的嘈杂、身体的病痛不适、白天过于兴奋、睡前饮用浓茶、咖啡等，但失眠最常见的原因还是精神上的紧张、焦虑、抑郁和恐惧。一般的失眠持续几日甚至数周，这多数是生理或心理的正常的防御反应。对于严重失眠者来说，他们已进入了一个失眠症的"怪圈"中——为失眠而焦虑，因焦虑而失眠。这就是心理学上的"精神交互作用"机制。即当你过度关注自己的某个感觉，反而使其过敏化，更加重了它，加重了的感觉更引起你的焦虑与关注，如此形成恶性循环，只能使你走入服安眠药的歧途。

不治者却往往自愈，是因其有积极乐观的人生态度。休息不好固然烦恼，但不必太在意，可以爬起来看会儿书，翌日虽有些不适，但仍能健康、充满活力地工作、生活。这种顺其自然的人生态度使人心境坦然，铲除了失眠症滋长的根源。不关注失眠，失眠就在不知不觉中消失了。

当然，我们说的"不治"，仅仅是一种心理应对的态度。失眠原因很多，你最好求助医生，也许给你的处方上仅写着"不治的思想"。

心理学上有一句名言："如果您把自己当作病人，您就永远像病人一样地生活，您把自己当作健康者，您就会和正常人一样健康乐观地生活。"所以，不要把失眠当作病痛，要坦诚地接受它，不为失眠而担心恐惧。睡眠的发生不是由人的意志而决定的，所以切莫追求睡眠。同时还要养成良好的生活作息习惯，并注重心理的健康。

# 心理与胃肠神经症

胃肠神经症是由各种原因引起的神经功能失调所致的胃肠道功能障碍的一组综合症状，其实质为全身神经症的一部分，在病理解剖上并没有特异性的改变。此病在临床上十分常见，多发生于青年和中年，女性高于男性。

胃肠神经症以胃肠的症状为主，主要临床表现为呕吐、反酸、嗳气、上腹不适、厌食、疼痛等。如以小肠功能紊乱为主，则表现为腹泻、脐周阵痛及肠鸣，常因情绪变动而激发，因此有情绪性腹泻之称，或因进食某种食物而诱发，称为餐后腹泻；如以结肠功能紊乱为主，则表现为结肠痉挛，阵发性下腹阵痛并可触及痉挛的肠曲，可能出现便秘，粪便呈羊粪状颗粒或者出现黏液状腹泻等。除了上述症状还可同时伴有神经症的一般常见症状，如失眠、头痛头晕、紧张焦虑、乏力倦怠、心悸胸闷、注意力涣散、神经过敏、健忘、工作效率低等。各种症状表现在不同个体上，其轻重不一，历时长短不一，并可被情绪或暗示所左右。凡属本病，体格检查包括各种仪器检查，均无相应的病理体征。

胃肠神经症的自我防治方法：

### 1. 培养良好的情绪状态

遇不顺心的事、难事、违心的事，不可怒发冲冠。不要因国事、家事、心上事忧心如焚。血气之怒不可常有，焦虑之忧也不可留，需要豁达开朗的性格和乐观无忧的情绪。祖国医学历来认为"怒伤肝"，"怒"指不愉快的心理因素，"肝"泛指包括胃肠在内的整个消化系统及其功能。在日常生活中，因生气发怒而吃不下饭是常有的事，尤其在吃饭前或吃饭时发怒更明显。因此，心平气和、良好的情绪状态对维持健康的消化功能是大有益处的。

### 2. 医生要耐心疏导，病人要正确地理解

由于病人对病情的发生、治疗及预后所知较少，顾虑较多，要求医生要耐心地劝说，说明疾病的发病原因、疾病的性质以及良好的预后，并帮助分析寻找病因，以便消除顾虑，调动病人的主观能动性，提高病人治愈疾病的信心。凡可能引起本病的负性心理因素，均应尽量避免，特别对有恐高症或恐癌症者，患者要明白本病是功能性和非器质性疾病，绝对不会有危及生命的不良后果，要消除顾虑，增强治愈疾病的信心。病人也应该正确理解医生，相信医生，树立战胜疾病的信心。

### 3. 适当参加劳动或工作

病人如未出现营养障碍,应鼓励参加正常的劳动和工作。因为劳动可以调节人的情绪或增强体质,有利于健康。对有营养障碍者,应适当安排休息。此外,应养成好的生活规律,创造愉快的工作环境,保持动静结合、劳逸有度。紧张而有序的生活、工作、学习氛围,对调节神经系统的正常功能是有利的。

### 4. 注意饮食调节

保证充足的营养,选择以营养丰富、残渣少、易消化、刺激性小的食物为宜。尽量避免食用辛辣食物、浓郁的调味品、浓茶、浓咖啡等。还要保持良好的饮食习惯,每天进食应定时定量、不过饥过饱、不暴饮暴食,避免进过冷过热的食物。

### 5. 积极参加体育锻炼增强体质

锻炼应循序渐进,从小运动量开始,以身体不感太疲劳为宜。增强身体素质不仅有助于神经功能的恢复,也有助于保持良好的情绪状态。

### 6. 治疗神经功能紊乱

对精神紧张者可在专业医生的指导下给予安定剂如利眠宁、硝基安定、舒乐安定、柏子养心丸、海乐神、氯羟去甲安定和谷维素等;对精神抑郁者可应用阿米替林、路滴美、氟西汀和氯米帕明等;对精神焦虑者可口服佳静安定、速眠安和丁螺环酮等。

### 7. 治疗胃肠道症状

对腹痛者可在专业医生的指导下服用阿托品、654-Ⅱ、普鲁本辛、颠茄、胃疡平,必要时用双环乙明或罂粟碱;对腹泻者用复方苯乙哌啶、洛哌胺(易蒙停)、药用炭、鞣酸蛋白和复方樟脑醇等;对便秘者可用便塞停、酚酞、甘油栓、开塞露、番泻叶、大黄粉和麻仁润肠丸等,并多吃水果和蔬菜。其他对症治疗,如腹胀用吗丁啉、普瑞博思(西沙必利)和二甲基硅油等;恶心呕吐用维生素$B_6$、灭吐灵(胃复安)、吐来抗和氯丁醇等;消化不良用胃蛋白酶合剂、胰酶、多酶片、乳酶生、酵母片和淀粉酶等,并应进行饮食调节,忌食刺激性食物。

### 8. 中医治疗

以疏肝理气、健脾化湿、调理脾胃为主,可用柴胡疏肝饮、四逆散、参苓白术散和附子理中丸等。

# 心理与慢性疼痛

一些患者的慢性疼痛可以找到躯体病因,但是许多找不到器质性原因的慢性疼痛,常常使医生感到无奈,甚至有些医学家感叹:真的无法理解高度进化的人,何以允许慢性疼痛这样一种除了造成痛苦之外，别无意义的现象存在。

实际上，许多查不出器质性原因的慢性疼痛是心理疾病所致。这种由心理发出的信号往往被医生所忽视，以致患者四处求医，做多种多样的检查，消耗大量的医药资源，最终仍毫无疗效。

一般说来，与心理疾病有关的疼痛包括以下一些情况：

### 1. 紧张性疼痛

这类疼痛常由心理冲突所致。人处于心理冲突或长期的精神压力状态时，如果不能很好地排解这些压力，除了可出现紧张、烦恼、失眠等症状外，也可表现为慢性疼痛。最多见为头痛、背痛、牙痛或腰痛。这是一种解脱压力、摆脱窘境的心理转换方式。这种疼痛很明显的特点就是随着精神压力的消长而消长。

### 2. 暗示性疼痛

心理暗示也可导致疼痛的产生。如某女工自感上腹部不适，到医院做上消化道造影时听到技师说："十二指肠有逆蠕动波（这是正常现象）。"此后病人上腹出现持续闷痛，伴有恶心、呕吐，并反复发作，但多项检查未查出器质性病因，最后做心理治疗方愈。此种医源性的暗示常常是慢性疼痛产生的原因之一。

### 3. 抑郁症性疼痛

有学者认为，非器质性的慢性疼痛中，大多是抑郁情绪所致。这类病人往往抑郁的感觉较轻，如仅表现为缺少愉快感或高兴不起来，但躯体疼痛却持续而顽固。这类疼痛早期以头痛为常见，其程度和性质随心境变化而变化，随后可发展为躯体其他部位疼痛，如背痛、腹痛、腰痛，而病人往往认为心境抑郁是疼痛不愈的结果，而不是原因，有时可使缺少临床经验的医生忽略抑郁的病因作用。

### 4. 焦虑症性疼痛

焦虑可引起疼痛。常见为紧张性头痛，也可有背痛、腹痛、胸痛或肌肉痛。其特点是同时伴有明显的焦虑症状，如紧张、不安、心慌、气促、出汗等，疼痛部位不如抑郁症疼痛的部位固定。

### 5. 神经衰弱的疼痛

神经衰弱的疼痛是头部常有紧箍感、胀痛感，同时伴有疲劳乏力、失眠等症状。

### 6. 疑病症的疼痛

其疼痛的性质、程度、部位多不稳定，缺少相应的体征。患者往往具有疑病者的特点，如敏感、多疑、焦虑等。

### 7. 癔症的疼痛

其疼痛特点为痉挛性、发作性，与心理暗示有明显关系，并具有模仿、夸张的色彩。此类患者往往具有癔症的其他症状，有别于暗示性疼痛。

### 8. 更年期综合症的疼痛

这种疼痛往往涉及多个器官、多个部位，或是难以名状的疼痛，同时伴有自主神经紊乱的症状，情绪烦躁、易激怒。疼痛发生的年龄在更年期，女性多见。

上述这些疼痛往往持续时间长，反复发作，虽然程度不特别严重，但因躯体治疗效果不佳而"折磨"着医生与病人。因此，当各科医生面临着临床上查无器质性证据的慢性疼痛时，要考虑到心理疼痛的可能性，有针对性地做心理治疗，这才是根治这类疼痛的最佳途径。

如果你被不明原因的疼痛折磨时，应考虑找心身医学科或心理科的医生进行心理治疗。心理医生会找出患者的心理症结之所在，根据病情，采用认知疗法、行为疗法、生物—反馈治疗、放松治疗等办法，帮助你改变不合理的认知方式和行为方式，以摆脱疼痛的困扰。

有慢性疼痛的病人，对生活、工作的期望值较高，有时还超过了自己的能力，进而导致心理压力较大，心理冲突较强烈。为此，在看心理医生之前或医生尚未查明病因时，可试着降低自己的目标，让目标更合乎现实，同时学会做放松运动，使肌肉放松，以缓解压力，还应尽可能利用假期，放下手头工作，调整自己。

心理与慢性疼痛存在着较大的关系，可通过心理学的方法来控制疼痛：

### 1. 自我暗示法

当疼痛时，患者自己口念或心里想"一会儿就会不痛了"，往往会收到一定效果。特别在使用镇痛药物的同时，配合自我暗示法，能够大大加强镇痛药物的镇痛作用。

### 2. 转移注意法

患者的注意力如集中于疼痛上，将使疼痛加重；把注意力从疼痛上转移到其他有趣的事物上去，如看电影、听音乐等，疼痛就会减轻甚至消失。

### 3. 情绪稳定法

情绪稳定与镇静不仅使痛觉的感受迟钝，而且使痛反应减少。在疼痛时，保持情绪的镇定是控制疼痛的有效方法之一。

### 4. 意志控制法

在坚强的意志和坚定的信心的支持下，对于严重的毁伤形体的疼痛，有着巨大的抗痛力量，以至能使其反应缓解。刘伯承同志眼睛受伤，在没有使用麻药的情况下进行手术，这是坚强的意志战胜剧痛的范例。青年女工王世芬烧伤面积达98%，她以坚强的意志与医务人员密切配合，坚持治疗，终于战胜了疼痛和烧伤，创造了医学史上的奇迹。

# 第二十八章
# 与生俱来的心理防御机制

## "压抑":为什么女子完全记不起前男友

人们在现实生活中会遭遇很多挫折和冲突,当人们难以承受这些不如意对自己造成的压力时,便会感觉非常焦虑,此时,就促使人们的心理发展了一种机能,即用一定方式调解冲突,缓和不如意事件对自身的威胁,这样一种机能就是心理防御机制。心理防御机制的积极意义在于能够使主体在遭受困难与挫折后减轻或免除精神压力,恢复心理平衡,甚至激发主体的主观能动性,激励主体以顽强的毅力克服困难、战胜挫折;其消极意义在于使主体可能因压力的缓解而自足,或出现退缩甚至恐惧而导致心理疾病。

在诸多心理防御机制的类型中,其中的一种是"逃避性防卫机制",指的是个体以逃避性和消极性的方法去减轻自己在挫折或冲突时感受的痛苦,这就像鸵鸟在面对危难情况时把头埋在沙堆里一样,它们认为只要对危险情况视而不见,就可以降低自己的焦虑感和恐惧感。

逃避性防卫机制的形式之一是"压抑",这种机制是指个体将一些自我所不能接受或具有威胁性、痛苦的经验及冲动,在不知不觉中从个体的意识中排除抑制到潜意识里去作用。这属于一种"动机性的遗忘"(motivated forgetting),个体在面对不愉快的情境时,不知不觉有目的地遗忘(purposeful forgetting),与因时间久而自然忘却(natural forgetting)的情形不一样。例如,我们常说:"我真希望没这回事"、"我不要再想它了",或者在日常生活中,有时我们做梦、不小心说溜了嘴或偶然有失态的行为表现,都是这种压抑的结果。

压抑作用,表面上看起来我们已把事情忘记了,而事实上它仍然在我们的潜意识中,在某些时候影响我们的行为,以致在日常生活中,我们可能做出一些自己也不明白的事情。比如,一个女孩满心喜悦地筹办婚礼时,相恋8年的男友突然告诉她，对方已经有了其他的心上人，不能与女孩举办婚礼了，面对这一重大打击，女孩的家人非常担心她会做出一些出格的事情，因为女孩出格爱男友，对于他们的婚姻抱着必然的心态。然而，当家人安慰女孩时，女孩却表现出完全不认识男友的样子，女孩的这种心理防御方式就是"压抑"。

## "否定"：为什么有的人难以承认亲人离世的事实

有些人在面对亲人突然离去的噩耗时，常常会告诉自己"这不是真的"，不愿意接受这个残忍的事实，而且如果其他人告诉他这一消息的话，他也会非常气愤，指责对方在臆造悲惨的事实。这种现象便是心理防御机制中的"否定"。

"否定"是一种比较原始而简单的防卫机制，其方法是借着扭曲个体在创伤情境下的想法、情感及感觉来逃避心理上的痛苦，或将不愉快的事件"否定"，当作它根本没有发生，来获取心理上暂时的安慰。"否定"与"压抑"极为相似，不过"否定"不是有目的地忘却，而是把不愉快的事情加以"否定"。

这种现象在现实生活中随处可见，比如，一个女子的婚姻因为第三者插足，她的丈夫毅然决然地离她而去，女子一直都非常爱自己的丈夫，但是当女子的朋友安慰她的时候，女子却做出一副无所谓的样子，她对朋友说："离了婚更好，我终于又恢复了自由自在的单身生活了，反正这十多年的婚姻生活也让我受够了。"女子在面对丈夫的背叛时，她的内心其实是极为痛苦的，但是她并没有表现出丝毫的痛苦状，反而认为离婚对于自己是一件"好事"，完全扭曲了自己内心真实的感受——这种心理状况是"否定"的典型表现。

"否定"的另一个典型表现是，完全不承认某些悲惨事实的存在，比如有的人身患绝症后，偏执地认为这不是真的，完全不接受这一事实。

心理学家在对即将动手术的病人所作的研究中发现，使用"否认"并坚持一些错觉的人，会比那些坚持知道手术一切实情、精确估算愈后情形的人复原的好。所以，心理学家认为，人们在某些时候拒绝面对现实或者对现象有错误的信念，对他们的健康是十分有益的。不过，有时候，拒绝面对现实则会带来灾难性后果，比如，如果一个人身患重症后，完全不接受这一现实，也拒绝相关的医疗措施，这种讳疾忌医的后果必然是延误了最佳治疗时间，以致原本的小病演变为大灾大难。

# "退回"：为什么大人偶尔也会表现得像个小孩

夫妻相处时，女人对付男人的杀手锏常常是"一哭二闹三上吊"，每当妻子使出这种招数，丈夫往往会不战而败。从人的发展过程来看，"一哭二闹三上吊"本是儿童的伎俩，但是某些成年人也照用不误，这种现象便是心理防御机制中的"退回"。

"退回"是指个体在遭遇挫折时，表现出与其年龄所不相符的幼稚行为反应，是一种反成熟的倒退现象。比如，一个儿童本来已经养成了良好的生活习惯，但是母亲生了弟妹或者家中突遭变故时，而表现出出尿床、吸吮拇指、好哭、极端依赖等婴幼儿时期的行为。

退回行为不仅仅是小孩的专利，有时也会发生在大人身上。比如：当遇到意料之外的重大事情时，有的人会无意识地喊一句"妈呀"；有的夫妻发生冲突后，妻子便负气跑回自己父母的家中，向父母哭诉自己的遭遇；一个女子被丈夫所胁迫，丈夫强迫她在离婚协议书上签字，这名女子坐在地上，像四五岁的幼童般大哭大闹；一个初中生因为与同学关系恶劣，总是受到其他同学的取笑，为了逃避上学，他便用"肚子疼"、"喉咙痛"等借口欺骗家人……上述种种都属于"退回"的行为。

当人长大成人后，本来应该运用成人世界的法则来处理事情，但是在某些特殊情况下，适当采取一些较幼稚的行为反应，并非总是具有负面意义的。比如，有的父亲趴在地上扮马扮牛给孩子骑，有的妻子向丈夫撒娇等，这种"倒退"，是以一种非常的方式来讨取他人的欢心，只要掌握在合情合理的范围内，反而会给平淡的生活增添很多情趣。不过，如果出现"退回"行为的原因是为了以较原始而幼稚的方法来解决问题，意图利用自己的退回行为来争取他人的同情和照顾，用以避免面对现实的问题与痛苦，其退回就不仅仅是一种现象，而是一种负面的心理症状了。

# "潜抑"：痛苦也有滞后期吗

在现实生活中，当某些事情发生后，我们往往会产生一些情绪反应，一般而言，我们会做出自然而直接的表达。但是在某些特殊的情况下，我们的反应却很不寻常，基于各种原因，很可能我们无意识地将自己的真正感受做了压抑。比如，张先生是一家公司的销售总监，在他拜访一个非常重要的客户之前，他接到了女朋友的电话，声称要和他分手，张先生非常注重他和女朋友之间的这段感情，然而当得知女朋友要和自己分手后,张先生的反应却非常平淡,表现得波澜不惊。20分钟后,张先生面见客户,成功地把自己和公司的产品推介给客户,为进一步的合作奠定了良好的基础。然而,当结束拜访后,张先生却不可遏止地悲痛起来,对女朋友提出分手的事感到非常心痛。

一般而言,从时间的角度来说,人的情绪反应与事实的发生是紧密衔接的,但是当得知女朋友要和自己分手的消息后,张先生并没有在第一时间作出应有的情绪反应,而是将注意力转移到要拜访的客户上,之所以会出现这种情况,便是因为张先生采取了潜抑的心理防御机制。

在弗洛伊德精神分析中,潜意识心理防御机制的一种表现,是指个体把意识中对立的或不能接受的冲动、欲望、想法、情感或痛苦经历,不知不觉地压制到潜意识中去,以至于当事人不能察觉或回忆,使其避免遭受痛苦。

## "反向":为什么关爱的背面是嫉妒

当个体的欲望和动机,不为自己的意识或社会所接受时,唯恐自己会表现出来,便将这些欲望和动机压抑到潜意识,并在外显行为上表现出相反的行为,这种表现就是"反向"的心理防御机制。也就是说,采用"反向"行为的个体所表现出的外在行为与他的内在动机是相反的。在韩国的肥皂剧中,经常会有这样的情节:一个女孩因为自己的朋友比自己优秀,十分嫉妒对方,但是她明知自己的这种心理不会为外界所认可,便格外地表现出非常关心朋友的样子,尤其是在公开的场合,女孩的这种关心会表现得更为强烈,这种刻意为之的表现便是一种"反向"行为。不过,这并不能说明女孩对朋友的"嫉妒"已经被"关爱"所取而代之。实际上,女孩的嫉妒心理仍然存在,只不过这种心理是带着"关爱"的面具示人罢了。

如果认真观察的话,可以发现真正的"关爱"与反向的"关爱"有着明显的区别,一般而言,反向的"关爱"总是表现得十分夸张,具有明显的表演痕迹,就像古语中"此地无银三百两"的愚人一样,欲盖弥彰,有时候反而显现得格外不真实,暴露了自己的真实心迹。

"反向"这种心理防御机制,如果恰当使用的话,可以帮助人们压抑不良动机,避免做出一些具有伤害性的举动,但是如果过度使用的话,个体不断压抑自己真实的欲望和动机,并且以相反的行为表现出来,就会活得非常辛苦、孤独,以致造成严重的心理困扰。

# "合理化"：自欺欺人是人类的本能

一个男人背叛了自己的妻子，与其他的女子风花雪月，但是却对别人说，他之所以离开妻子，是希望妻子能遇到更好的男人，因为自己不能提供给妻子100%的幸福。这真是男人出轨的真实动机吗？大多数情况下，答案为"否"，这种说辞不过是男人为了寻求心理安慰采用了"合理化"心理防御机制罢了。

"合理化"属于自骗性心理防御机制的一种，所谓"合理化"，是指当个人遭受挫折或无法达到所追求的目标，以及行为表现不符合社会规范时，用有利于自己的理由来为自己辩解，将面临的窘迫处境加以文饰，以隐瞒自己的真实动机或愿望，从而为自己解脱的一种心理防卫术。"合理化"是人们运用得最多的一种心理防卫机制，其实质是以似是而非的理由来证明行动的正确性，从而掩饰个人的错误或失败，以保持内心的安宁。比如，哥哥抢了妹妹的糖果，当妈妈批评哥哥时，哥哥反而振振有词地说道："我是担心妹妹吃了太多的糖会牙疼。"——这便是一种以"合理化"行为表现出的心理防御机制。

一般而言，"合理化"可分为三种方式：

### 1. 运用"酸葡萄心理"

伊索寓言记载了这样一个故事：

一个炎热的夏日，一只狐狸经过一个果园，它停在了一大串熟透而多汁的葡萄前。狐狸正好非常口渴，所以他后退了几步，向前一冲，准备摘下诱人的葡萄，然而狐狸根本就够不到葡萄。狐狸又试了好几次，但是他始终都无法得到葡萄。最后，狐狸决定放弃了，便昂起头，边走边说："哼，我敢肯定它是酸的。"

"酸葡萄心理"便来源于上面的故事，指的是人们通过努力仍然得不到自己想要的东西后，便对其赋予消极意义，认为它们其实并不是什么有价值的东西。即人们在遇到"挫折"或"心理压力"时，便采取一种"歪曲事实"的消极方法以取得自己的"心理平衡"。

### 2. 运用"甜柠檬心理"

"甜柠檬心理"同样来自伊索寓言：

有只狐狸原本想找些可口的食物，可是怎么都找不着，只找到了一个酸柠檬，这实在是一件不得已而为之的事，但是狐狸却说："这柠檬真甜，正是我想吃的。"这种只能得到柠檬就说柠檬是甜的自我安慰现象，便是"甜柠檬心理"，指的是个体在追求预期目标而失败时，为了冲淡自己内心的不安，就百般提高已经实现的目标价值，从而达到心理平衡、心安理得的现象。

### 3. 推诿

此种自卫机制是指将个人的缺点或失败，推诿于其他理由，让其他客观因素成为自己的失败和不足的诱因，从而获得心理的安慰。比如，学生考试成绩差便责怪老师教得不好；员工在企业里始终没有获得晋升便埋怨上级为人不公；球员在球场上输了比赛，不说技不如人，反而指责场地不好、裁判不公。

人生在世，会与很多挫折和不如意不期而遇，除了因自己错误的行为引发的挫折外，当我们遇到难以接受的挫折时，暂时为自己寻找一个让自己安心的理由来安慰自己，以避免心灵遭受重创，这是一种非常积极的心理防御方式，正如人们常说"得意时是儒家，失意时是道家"。只要有利于自己的身心，适当地为自己找个台阶下也无可厚非。不过，如果一个人经常"合理化"自己所遇到的挫折，借各种托词以维护自尊，并不利于促使个体解决现实生活中存在的问题。很多强迫型精神官能症和幻想型精神病患者就常使用此种方法来处理其心理问题。

## "仪式与抵消"：为什么出轨的丈夫会送礼物给妻子

有的丈夫在外面做了背叛妻子的事后，为了寻求心理安慰，便会为妻子买上一份昂贵的礼物。当然，有的妻子也不是吃素的，当她收到礼物后，在高兴之余，还会质问一句："快点坦白，到底做了什么对不起我的事了？"丈夫的行为与妻子的质疑并非空穴来风。在心理学领域，这属于自骗性心理防御机制的一种：仪式与抵消。

无论人有意或无意犯错，都会感到不安，尤其是当错误牵连到他人，令他人无辜受伤害和损失时，便会感到内疚和自责。倘若我们用象征式的事情和行动来尝试抵消已经发生的不愉快事件，以减轻心理上的罪恶感，这种方式，称为"仪式与抵消"。例如：一位有了外遇的丈夫，买轿车、送钻戒给妻子来消除心中的罪恶感，并且以这个行动来证明他是个尽责的丈夫；又如：一位工作繁忙无暇陪孩子的父亲，提供孩子最好的物质来消除心中愧疚感，并以这个行动来证明他是照顾孩子的。另外新年时节，打破东西说"岁岁平安"也是一样，都是采用了"仪式与抵消"的防卫机制。

有些心理疾病，是由此机制的过度使用而造成。有一因自卫不慎杀死人的中年妇人，患有强迫洗手症（每天洗手20多次，且每次洗手时间长达20多分钟，其手部皮肤近乎溃烂）。后经心理治疗，发现其强迫洗手症是来自她的不慎杀人所引发的罪恶感。她认为她的双手沾满血腥，是污秽肮脏的，因此，她无法控制自己不断想洗手的念头与行为（事实上她想洗去的是自己的内疚），她以洗手来减轻内心的罪恶感。

# "隔离"：为什么表白用"I love you"而不是"我爱你"

在一些浪漫的场合，很多男人在向心仪的女子表白的时候，会深情款款地说出"I love you"，为什么男人都喜欢用"I love you"表达爱意呢？在传达情意方面，"我爱你"真的不敌"I love you"的杀伤力吗？如果用心理学知识解读的话，这是因为男人不自觉启用了"隔离"这种自骗性心理防御机制。

所谓"隔离"，是把部分的事实或情感分割于意识之外，不让自己感觉到，以免造成精神上的不愉快。人们采用隔离的行为进行心理防御时，最常被隔离的是与事实相关的感觉部分，比如人死掉后，人们不直接说"死掉"，而是委婉地说"仙逝"、"长眠"、"归天"，这种说法有助于个体减轻悲伤的程度，以致降低对死亡这一事实的不祥的感觉；有人把去厕所的说成"上一号"或者"去唱歌"，有助于消除关于去厕所的不雅想象；男人在表白的时候，弃"我爱你"而用"I love you"，是为了不使自己的示爱表现得那么肉麻，即使遭到拒绝，自己也不会感到十分难堪。

# "理想化"：男人为什么将相貌一般的女友视为美女

人们总是希望能够得到最美好的事物，享受到最理想状况下的境遇，但是现实并非总是匹配人们的理想。更常见的现象是，人们获得的事物与理想的标准相差甚远，这时，"理想化"这种心理防御机制便出现了，即个体对某些人或某些事物作了过高的评价，采用高估的态度去评价客体，结果导致个体将事实的真相扭曲和美化，以致个体的描述与评价完全脱离了现实。比如，一个男人在与朋友交谈时，一直鼓吹要追求到身材火辣的女子，当男人恋爱后，他便常在朋友面前对自己的恋人赞不绝口，称赞自己的女友有着模特一般的身材，于是，男人的朋友鼓动他把自己的女友带出来，让大家一睹芳容。一天，男人果然把女友带到了朋友面前，朋友们大失所望，因为这个据说有着火辣身材的女子不过是中人之姿，身材相貌根本就不能与模特相提并论。在这个过程中，男人就完全把自己的女友"理想化"了，使用了夸大自欺的心理防御机制。

# "转移"：失恋男子为什么要报复女性

在一些刑事案件中，一男子被前女友抛弃后，对前女友的仇恨便转变成了报复心理，频频报复那些素未谋面的陌生女子，对这些女子造成程度不同的身心伤害。按说"冤有头，债有主"，男子只是对前女友有恨，为什么要把恶气出在那些无辜的女子身上呢？在心理学中，男子的这种心理被解读为攻击性心理防御机制的一种："转移"。

转移是指原先对某些对象的情感、欲望或态度，因某种原因（如不符合社会规范、具有危险性或不为自我意识所允许等）无法向其对象直接表现，而把它转移到一个较安全、较为大家所接受的对象身上，以减轻自己心理上的焦虑。比如，一个上班族因为在公司里受了客户和老板的气，回家后便对妻子和孩子无端指责，将怒火发在他们身上，这种行为便是转移的一种表现。人们除了转移负面的情绪和情感外，也会把自己的正面情绪和情感转移到其他客体上，有的父母经历了丧子的伤痛后，便对于孤儿院的孩子格外关爱，经常去看他们，为他们带去很多礼物，像对待自己的孩子一样对待那些孤儿，在这个过程中，便发生了正面情感的转移。

转移有很多种，有替代性对象（或目标）的转移、替代性方法的转移、情绪的转移等。例如：有一对夫妇因感情不睦而协议离婚。离婚后一女一子归父亲抚养，但父亲因工作关系，将其子女寄养在台湾南部祖父母家中。祖父母对待男孩的态度非常严格苛刻，常常无缘无故地打他，而对女孩则完全不一样，疼爱有加。致使男孩心中不平而离家出走，后经其父寻回但仍寄居在祖父母家中，但回到祖父母家中后，男孩即开始出现破坏家中物品，且割破自己衣物、自残等行为。后经家族治疗，发现其祖父母对男孩的母亲坚持离婚致使家庭破裂，心生不满，而在不知不觉间将不满之情绪发泄到长得像母亲的男孩身上。此例中，祖父母使用了替代对象的转移法（如祖父母将对男孩的母亲之不满移至男孩身上），情绪性的转移（如祖父母严格苛刻地对待男孩），而男孩则使用了替代性方法的转移（如以自残之内向攻击来达到直接攻击的目的）。

采用"转移"这种心理防御机制，如果使用得当，可以有助于个体从一些挫折和痛苦的经历中重新振作起来，但是如果发生了恶性转移，将对某个人的恨意转移到其他的无辜的人身上，则会对个体以及社会造成极大的危害。社会上所爆发的一些暴力事件，有一部分便是由于发生恶性转移所造成，比如有的人因为经历失恋事件，便残害那些无辜的年轻女子，这种转移最终演变成极为恶劣的凶杀事件。

# "投射"：为什么有的人会"以小人之心度君子之腹"

"投射"是心理学家弗洛伊德于1894年提出的概念，指的是人们将自己内心试图压抑的特点转移到别人身上的倾向。著名的罗夏墨迹测验便利用了投射理论，瑞士精神科医生、精神病学家罗夏利用墨渍图版来测知人们的内心世界。

投射是日常生活中常见的现象，即人们把自己的性格、态度、动机或欲望，"投射"到别人身上。具体到心理防御机制领域，"投射"的涵义更为特殊一些，指的是个体将自己的某种罪恶念头、某种恶习，反向指斥别人也有这种念头或恶习；或者把自己所不能接受的性格、特征、态度、意念和欲望转移到别人身上，指责别人这种性格的恶劣性，并且批评他人这种态度和意念的不当。这种行为能够让我们把别人视为自己的"代罪羔羊"，从而使我们逃避本该面对的责任。比如，一个男人对自己的下属有非分之想，当他某一天对下属做出不轨的行为后，反而认为是下属在故意色诱自己，自己因为经受不住下属的勾引才会一失足成千古恨。再举一个例子，一个人在朋友有难的时候，为了避免招惹麻烦便躲得远远的，对于自己的这种行为，这个人安慰自己说，如果现在有难的那一个是自己，朋友肯定跑得比自己还远，所以自己目前的行为非常正当，没有必要为此而自责。上述例子都是投射的表现，也就是人们平时所说的"以小人之心度君子之腹"，这种心理防御机制虽有助于个体远离自责和焦虑的行为，但它的负面影响远大于它的正面影响，这种行为会影响个体对事物作出正确判断，从而不易于个体客观地看待他人的动机和行为，影响人际关系的和谐。患有妄想迫害症的病人，大多数是投射机制的受害者，他们内心憎恨他人，却疑神疑鬼地认为他人要谋害自己。

# "幻想"：为什么有的人从集中营里活着出来

当人无法处理现实生活中的困难，或是无法忍受一些情绪的困扰时，暂时先让自己离开现实，通过幻想一个世界来得到内心的平静，以致体验到现实生活中所无法为自己提供的满足的现象，便是用"幻想"表现出来的心理防御机制。在日常生活中，很多人都借助幻想来获得心灵的满足，比如，一个职员被上级羞辱后，一时感到愤愤难平，便天马行空地想象自己有朝一日成了上级的领导，也让其百般受辱，甚至将其开除出公司；一个男人的女朋友为了嫁给一个有钱人而抛弃了他，他的自尊和情感受到了极大的伤害，于是男人便幻想自己会娶一个比前女友漂亮1000

倍、富有1000倍的女人为妻，从而在自己臆想的世界里自得其乐。

美国临床心理学家弗兰克尔是意义治疗法的创立者，第二次世界大战期间，他曾经在集中营里待了4年之久，他发现从集中营里活着出来的人，与他们个人的身体素质并没有多大的关系，关键是他们对未来怀有美好的憧憬，他们沉醉于幻想中的美好愿景，借以让自己忍受住目前的苦难，最终等到重见光明的一天。所以，从某种角度来看，幻想可对个体产生正面的影响，有助于他们缓解内心的压力、纾解所承受的痛苦，运用信念的力量让自己度过那些苦痛的日子。不过，任何事物都具有两面性，幻想这种心理防御机制也不例外，如果一个人过度徜徉于自己的幻想世界，却很少针对现实采取具体活动，便会导致思维出现退化，难以从容地应对现实世界出现的各种问题。

因此，人固然可以借助幻想获得信念的力量，但是也要适可而止，切不可整日沉湎于幻想之中，将幻想世界混同于现实世界，以致出现了歇斯底里与夸大妄想般的症状。

# "补偿"：为什么相貌平庸的女子更容易获得事业成功

当个体受限于本身生理和心理上的缺陷，导致既定的目标不能实现时，便以其他的方式来弥补这些缺陷，从而降低其内心的焦虑感，重拾自己的自尊心，这种行为被称为"补偿"。"补偿"这种心理防御机制可分为三种类型，其一为消极性补偿，其二为积极性补偿，其三为过度补偿。

### 1. 消极性补偿

所谓的消极性补偿，是指个体所用来弥补缺陷的方法，非但没有为个体本身带来任何帮助，反而招致更大的伤害。比如，一个事业发展不顺的男人，索性放弃追求，每天都沉溺在酒精中不可自拔；一个单身的人感到生活空虚，便通过暴饮暴食来缓解心里的压力；一个男生被班里的同学所排斥，男生为了得到同学的认可，便参加了不良帮派组织，成天游手好闲；一个孩子由于被忙于工作的父母所忽略，便索性做出一些负面的行为来引起大人的注意。

### 2. 积极性补偿

积极性补偿是指以通过正面的途径来弥补其缺陷，从而为自己的人生带来了好的转变。比如，一个女孩相貌平庸，为了弥补这个缺陷，她便发奋学习，通过在学业上获得成就来赢得他人的重视；有的人先天身体素质较差，便加强体育锻炼，结果他的身体素质反而比普通人的还要好；前联邦德国在第二次世界大战后，成立许多慈善救济组织，特别成立了针对犹太人救济的组织，以弥补二次大战时希特勒政府为世界带来的浩劫。

### 3. 过度补偿

所谓"过度补偿",是指个体否认其在某一方面的缺点不可克服性或者是曾经经历的失败而加倍努力,期望能予以克服,结果反而矫枉过正,正面的改进行为演变为恶劣的后果。比如一个从小县城来的女孩进入大学后,突然意识到自己非常土气,于是便试图改变自己的形象,她除了积极参加学校的社团活动外,还用业余兼职赚来的钱购买名牌服饰,结果,女孩对名牌着了魔,当自己兼职赚来的钱不足以满足她的消费水平时,便开始透支信用卡,最终欠了银行很多的钱。

"补偿"一词,最初由奥地利心理学家阿德勒所提出,他从自己的亲身经历中得出这样一个结论:每个人天生都有一些自卑感(来自小时候,自觉别人永远比自己高大强壮,所产生的自卑),而此种自卑感觉使个体产生"追求卓越"的需要,而为满足个人"追求卓越"的需求,个体乃借"补偿"方式来力求克服个人的缺陷。我们使用何种补偿方式来克服我们独有的"自卑感",便构成我们独特的人格类型。从三种补偿方式类型来看,积极性补偿对于我们超越自卑具有明显的正面意义,另外两种补偿方式则使我们或者自欺欺人地超越了自卑,或者被自卑情结所奴役,为了获得外界的认同而失去了自己真正的人生。

## "升华":为什么痴迷网络游戏的少年也可以有所建树

人们常说玩物丧志,有的少年就因为痴迷网络游戏而影响了学业,以致影响了自己的前途发展。然而,还有的少年不但没有因此而"丧志",反而以网络游戏为事业发展的基础,在该领域获得了较大的成功。这说明,爱好、兴趣、个人特质等没有绝对的好与坏,至于其是否能对一个人产生正面影响,关键在于个体是否采用了"升华"这种心理防御机制。

"升华"一词是弗洛伊德最早使用的,他为"升华"做了如下定义:个体将一些本能的行为如饥饿、性欲或攻击的内驱力转移到一些自己或社会所接纳的范围内。比如说,有的人天生有暴力倾向,他便借助锻炼拳击或摔跤等方式来满足这种心理,并且将其转移为对自己的正面影响力,从而取得了事业上的成功;有的人言辞刻薄,惯于批评他人,于是他选择了评论家的工作,通过合理的渠道宣泄自己的情绪。上述行为便是通过"升华"表现出的心理防御机制,升华是一种非常积极的心理防御机制,它有助于个体将负面的经历、情绪和情感转变为能够被社会所认同的行为,而且在这个过程中,个体由于获得认同感而取得心理的满足。

安娜•弗洛伊德是精神分析学派的创始人弗洛伊德的小女儿,她子承父业,同样是一位在精神分析领域颇有建树的心理学家，1936年，她出版了《自我与心理防卫机制》一书，在书中她将精神防御分为10种类型，认为相较其他9种防御机制，"升华"不论对于成人还是儿童而言，都是十分有利的。

在这个世界上，很多人由于遭受负面的内驱力的影响而不得不经受内心的煎熬，或者做出一些无益于个人和他人的行为，如果他们能将一些本能冲动或挫折中的不满怨愤转化为能够得到社会认可的行为，他们应该会快乐得多。

# 第二十九章

# 心理治疗

## 精神分裂症：为什么原本正常的人会出现怪异行为

李小玲，现年24岁，在北京某大学的后勤部工作。她身材苗条、面容姣好，虽然选择的并非名牌服装，但是因会搭配穿着和修饰，故穿着打扮非常得体，显得贤淑而且端庄秀丽。在上大学时就被同学誉为"校花"，整天被充满爱慕之心的男同学捧着、追着。

20岁大学毕业参加工作后，开始颇受单位的男士们"关注"。但近两年来，同事们渐渐发现小玲不再像以前那样喜欢梳妆打扮，穿着也不再得体，整天是邋邋遢遢的，身上也发出一阵阵浓烈的汗臭味。上班不是迟到就是早退，工作效率明显下降，而且总是出差错，对领导、同事与家人、朋友的关心、询问都不理不睬，对年老多病的父母也漠不关心。不论谁问她问题，她都回答极为简单，常常是问十句话，回答一句。

小玲的姑姑是一个心理医生，来北京出差时，发现小玲种种异常并详细询问了其父母以后，怀疑其可能有"心理问题"。于是就带小玲到某医科大学附属医院的精神科就诊。经详细的体格检查、实验室检查及精神检查后，精神科的专家诊断李小玲患有"精神分裂症"。

什么是精神分裂症？

专家的解释是：精神分裂症又称为"综合失调症"，属于一种精神科疾病，是一种持续、慢性的重大精神疾病，是精神病里最严重的一种，是以基本个性改变，思维、情感、行为的分裂，精神活动与环境的不协调为主要特征的一类最常见的精神病。

精神分裂症是比较严重的心理障碍，有突发性和慢性之分，包括积极症状（如幻觉、错觉、联想散漫）和消极症状（情感贫乏、社会技能差）。主要表现是：患者心理活动脱离现实,在知觉、情感、思维及意志行为之间互不协调及互相影响,导致学习、工作、生活、社交等适应能力降低。因此常不能维持原来的学习工作能力,原来的生活习惯方式也变为异常。

大多数精神分裂症患者在青年时期起病,25岁左右为高发阶段,也有不少患者在15~40岁之间的发病。发病的特征为:大多起病缓慢,少数呈急性或亚急性,多数冗长,从数月至数十年不等。

精神分裂症的病因尚不明确。有很多人觉得"窝在家里不愿意出门就是精神分裂的开始",其实不一定是这样。如果觉得自己有上述症状并怀疑自己得了精神分裂症,一定不要惊慌,要去找专家咨询并检查。

目前精神分裂症的治疗以综合治疗为原则,精神药物治疗为关键性治疗。支持性心理治疗及改善社会心理环境,对改善病人的心境也具有重要意义,一般是在病人病情好转时与药物治疗相结合进行。病情缓解期或慢性阶段,除适量药物治疗外,环境、心理治疗和社会支持十分必要,特别是对病人的社会康复、预防病人的衰退以及提高病人适应社会的生活能力起着重要作用。

## 依赖症:酒鬼为什么放不下酒瓶

26岁的张璇是一家对外贸易公司的公关部经理。因为工作关系,她有时半夜也要为客户接机或随时安排应酬,手机24小时开着,使用频率非常高。"手机电池本来能用3天,可我每天得换一次,我把全身心都奉献给了工作,不断打进打出的电话让我感觉生活很充实。"她说。

忙了一段时间后,最近业务量骤减,张璇的电话寥寥,原来暗自庆幸能睡个安稳觉的她却感到极不适应,反倒开始失眠、坐立不安。在别人的手机铃声响起时,她会条件反射地拿起自己的手机。有时候半夜也好像听到手机铃声被惊醒,反反复复,睡不好觉。最后实在没有办法忍受,只好去找心理诊所的李医生。李医生在了解了她的情况后,认为张璇患上了"手机依赖症"。

依赖症究竟是一种什么样的疾病?

心理学家称:依赖症是指带有强制性的渴求,追求与不间断地使用某种或某些药物或物质,或从事某种活动,以取得特定的心理效应的一种行为障碍。

不仅仅是手机,烟、酒、网络游戏都有可能成为人们所依赖的对象。其中最具有代表性的是酒精依赖症。患者自己无法控制饮酒量和饮酒方式,从而引起各种各样的问题。

酒精是一种合法的成瘾物质,对人体中枢神经系统有较强的亲和力。有的人在体验饮酒的初期感到心情愉快，酒后变得喜欢交往，能够缓解紧张、焦虑、苦闷、疲劳等不良症状。这样，渐渐养成每天不断饮酒的习惯。随着饮酒量的增加和饮酒时间的延长，酒就变成了生活中最重要的东西。这种情况一直持续下去的话就有可能转化为酒精依赖症。

酒精依赖症会引发各种问题，包括身体上的问题，如肝病、脑病等；社会问题，如酒后驾车、迟到、缺勤等；精神问题，如失眠、焦躁、抑郁、丧失了醉酒期间的记忆，甚至出现幻觉等。

很多患者自己不愿意正视问题重重的现实，他们的家人却烦恼得焦头烂额。

成为依赖物的对象有很多，除了酒精还有药物、购物、性爱、赌博等。从这些行为中得到的快乐就跟醉酒时一样，兴奋之下平时所有痛苦的事情都飞到九霄云外去了。可是，现实依旧是那个现实。于是，他们借钱也要赌博、购物，或是和不同的人随便发生性关系。

依赖症背后其实隐藏着很多问题，如焦虑、抑郁、不自信、人际关系的压力、过去遭受的精神创伤等。他们并不是把喝酒之类的事情当做是适度释放压力的手段或是一种消遣，而是依托它来逃避现实中的种种问题，于是就陷入了依赖症这个无边的沼泽里。

解决依赖症，最需要调整心态，学习应对技能，解决其他不愿意去面对的心理问题。比如，在现实生活中积极与人交谈，多读读书、看看报，通过自我约束逐渐减少对对象的依赖次数，尽量将生活的重心转移到现实生活中来。如果客观条件允许，最好多参加一些有益身心的活动，如：听音乐、外出散步、郊游、健身等。如果依赖症过于严重，就要去看心理医生，以免影响正常的生活和工作。

## 摄食障碍：都是减肥惹的祸

案例一：刚进大学时，王璐的体重是96斤。大二的时候，周围的同学都流行减肥，认为越瘦越漂亮，于是，王璐就给自己定了一个目标，体重控制到80斤以内。从那以后，王璐开始有意识地节食，每次吃饭都神经质地计算摄入多少卡路里，这些卡路里是怎么消耗掉的，每天无数次地照镜子，看镜中自己的模样。有的时候和同学们聚餐，回来后就悄悄地呕吐掉。3个月后，体重从96斤下降至70斤，并且出现食欲消失，情绪明显抑郁。

案例二：最近，上高三的晓雅得了一种贪吃而不能控制的古怪毛病。以前她总担心身体发胖，不敢多吃，结果慢慢地出现厌食症状。可是不久后，情况却截然相反，常常不由自主地想吃东西，而且每次非要吃到被撑得难受才罢休。如果想吃的东西没吃，就会没心思上课，晚上连觉都睡不好。由于不断地暴食，晓雅明显发胖，变得越来越臃肿。她常常采用引吐、导泻、增加运动量等方法，以消除暴食引起身体发胖的恐惧心理。为此她苦恼不已，一再发誓再不滥吃了，但她又无法控制自己，尤其是心情不好时就吃得更多，上课无精打采，学习成绩直线下降，常常悄悄地落泪。瞧着痛苦不堪的晓雅，心急如焚的父母带着她到当地医院进行检查，没有发现任何生理上的毛病，最后由朋友介绍来到医院找心理医生咨询。

心理医生的结论是，晓雅是由于学习压力太大得了"神经性贪食症"。

案例中所提到的病例在日常生活中并不少见。尤其是女孩子，在进入大学后开始节食减肥，体重渐渐地降下来可以让自己觉得非常有成就感，周围的朋友说自己变漂亮了也会让自己很高兴，有一种得到大家认可的感觉。在开始减肥的日子里，女孩几乎不怎么吃饭了。但是有一天，却会突然感觉到强烈的食欲，开始大吃特吃起来（贪食），体重反弹到减肥前的重量。虽然女孩子特别担心自己会变成大胖子，但是却无法抑制自己过盛的食欲。

像这样的症状就是摄食障碍。摄食障碍一般分为两种：极度暴饮暴食的贪食症和几乎不吃东西的厌食症。摄食障碍的患者一般都是女性，大部分是由于减肥引起的。减肥计划一般是从"正常的"节食开始的，但慢慢就发展成了十分挑剔、严格的热量限制和剧烈漫长的生理活动。食物限制和身体锻炼形成了强迫性。开始的时候是不敢吃，到疾病后期，食欲极度缺乏，身体消瘦，对食物有强烈的欲望，这样的节食坚持不了几天就会禁不住食物的诱惑，大吃一顿。为了不导致发胖，就采用吃泻药或自我引吐的方法，使吃下去的食物迅速排出体外，然后再继续开始节食，控制不住了再暴吃一顿。如此周而复始，就出现了摄食障碍的症状。

大多数摄食障碍患者小时候是"好孩子"，有些还经历过与父母的分离，或是受到父母的过度保护、过度干涉、虐待等。伴随着摄食障碍，有时还会出现偷窃食品、性出轨、自残等行为。比如，吃了饭以后呕吐出来，在呕吐的时候，大脑内会分泌某种快感物质，有些类似于麻药的功效。由此，患者就会自动寻求下一次的呕吐。

如何治疗这种疾病呢？首先及早发现病情。患者及家人要认识到这是一种疾病，而不要认为这只是嘴馋或是一种不良的饮食习惯。家长如发现孩子有神经性厌食或贪食迹象，应及时请教医生，到专业机构找精神科或心理科医生诊治。药物治疗有时是必不可少的，抗抑郁药物可以缓解进食障碍的症状。心理治疗中除用支持性心理治疗以外，主要采用认知行为治疗，找出情绪压力的来源，并强调正确的饮食观念。教导患者养成记录饮食的习惯，并且运用食物热量换算技巧，以及适度运动来维持理想体重。

# 恋物癖：难以启齿的恋物情结

王林，出生在一个并不富裕的农民家庭。父亲嗜酒如命、性格粗鲁、脾气暴躁，常常与王林母亲争吵，动不动就上演家庭暴力。夫妻俩平时很少照顾王林。在这样的环境下，王林自幼养成了胆小畏缩、执拗、内向的性格。

6岁的时候父母离异，王林跟着母亲一起过。母亲为了生活外出打工，王林就和爷爷奶奶生活在一起。平时王林总是和女孩一起玩耍，并由于其少年老成的关心体贴常博得女孩的好感。12岁时，一次偶然的机会他看到堂姐放在床上的内衣，当时产生了强烈的好奇心和性冲动。此后常回想此情景，并伴有手淫。

15岁时，母亲将他接到自己身边。就是在那一年，王林开始"收集"女性的内衣，每次"收集"的时候，他都伴有强烈的性兴奋；在夜深人静的时候，还会把"收集"的内衣拿出来反复地抚摸和嗅，觉得很舒服，身体也很放松。一次母亲在整理房间的时候，发现了王林"收集"来的很多内衣，就问王林是哪里来的。在母亲的严厉训斥下，王林承认了错误，并保证以后再也不会有这样的"流氓行为"。但每当欲念发作或看到晾在外面的女性衣物时，又身不由己，不能自制。

案例中的王林，专门热心于异性的贴身物品，通过采取各种手段，甚至不惜牺牲自己的名誉去行窃来获得他想要的物品，并从这些物品上得到性心理满足，这实在是难以启齿的尴尬行为。

心理学家认为，这些专门伸手于妇女日用小物品的人，和一般小偷有很大的区别，他们实质上是一种性心理病态，也就是恋物癖。恋物癖是指对性爱对象的一种象征意义上的迷恋。恋物癖患者通过抚弄、嗅、咬或玩弄某种物品来获取性快感。

患这种心理病症的以男性为多，他们不是通过性接触达到性满足的目的，而是通过与异性穿戴或佩戴的物品相接触而引起性的冲动和获得性的满足。他们偷取女性穿戴的内衣、内裤、乳罩、头巾、丝袜等，加以抚摸，并收藏起来。

有恋物癖的人的表现大体都差不多，基本上是经常反复地收集异性使用过的物品，并将此物品作为性兴奋与满足的唯一手段。他们为了满足自己不正常的心理与习性，会千方百计地收集自己偏爱的异性的物品，并不惜冒偷窃、名誉扫地、前途黯淡的危险。若拿不到这些东西，他们就会产生焦虑不安的情绪。

恋物癖患者对异性本身毫无兴趣，只是单纯地把性欲专门指向物品，至于这些物品是什么人的则无关紧要。而正常的恋物心理则与此相反，是一种"爱屋及乌"的心理。

其实，恋物癖只是一种习惯性的行为，恋物癖患者在偷窃恋物的前后心理也是相当复杂、矛盾重重的，没有得手之前，他们往往感到焦虑、紧张和不安，一旦得手，虽然性心理得到了满足，但常常又会因憎恨自己的这种行为而产生自责、悔恨、忧郁、痛苦、自卑等心理冲突。

恋物癖一般起自青少年时期，且大多数患者都是异性恋者，他们大多对性生活胆怯或者性功能低下，也很少有攻击或暴力行为。恋物成瘾经过专业系统治疗后，一般会得到纠正。但由于恋物成瘾等性偏好障碍对患者和家庭造成的危害并不明显，因此没有引起家长的重视，往往被认为是一类不良嗜好，错误地认为等到成年结婚后这些行为自然会消失，这种想法是不正确的。如果任其发展而不及时纠正，最终可能会渐渐取代正常的性爱对象，从而影响他们将来正常的生活。

# 洁癖：恨不得活在真空里

李江，男，28岁，某杂志社的行政助理。最近，他觉得自己得了一种"怪病"，老是觉得自己手上沾上了什么不干净的东西。因此，每天必须多次、长时间地洗手、洗衣服，别人暗地里叫他"变态"，为此他非常痛苦。

不仅如此，李江还不能容忍办公室和家里有不洁之处。每天他上班时，首先就是把办公室里里外外、上上下下、角角落落……打扫三遍以上，然后才能安安心心坐下来办公。而且必须是他亲自擦，清洁工阿姨擦他是不放心的，总觉得别人擦得不干净。他最恨的事情就是：三遍清洁尚未做完，就有人进来和他商讨或请示工作。他认为这样的话就前功尽弃了，他就会重新做三遍清洁。

待到晚上要上床休息了，他的双脚洗完之后是绝对不能让它再落地的。怎么办呢，一般是坐在床上洗，洗完后拭干，然后赶紧钻入被窝睡觉。如果半夜里要上厕所，脚穿拖鞋落地后，那么这一双脚就必须重新洗过。

他任何时候都担心病菌侵袭，而且这种担心逐日加重。在路上远远见到穿孝服戴黑纱的人，就想：他们家中死了人，他们身上必定有病菌，而且已经把病菌传给自己了。他就会赶紧回家，回家后不但反复洗手洗头，还要把外衣扔掉。

渐渐地，他已经发展到不敢出门，不敢听别人谈到癌症或死亡的事，不敢到医院去看病，因为医院有各种病菌。妻子和女儿都不理解他，他们时常为此发生争吵，弄得家庭关系很紧张。几年来，两次住进本市的精神病院治疗，服过中西药物，但都没有什么效果。

你也许遇到过这样一种女人：她总是把房间收拾得一尘不染，床单、桌布不得有一丝褶皱，橱柜玻璃不能沾一星油污，地板、瓷砖上不可见一缕头发，进出门必先换拖鞋……为了保持这样的整洁，家务劳动是她每天的重头戏，她为家务劳动花费了大量的时间，同时，还要求家庭成员一起维护环境的清洁。

或许你会说，一个人爱干净、讲究卫生是无可厚非的，于己于人都有好处。但是，如果一个人过分爱干净，过于注重清洁以至于影响了正常的学习、工作和生活，这就是一种病态的表现了。

过分爱干净又叫"洁癖"，是一种常见而又顽固的心理疾病。洁癖患者以女性居多，这同女性先天的体质柔弱和比较爱清洁有关。洁癖患者又大多是文化层次较高的人，连具有专业知识的医护人员也不能完全避免。洁癖者在讲究卫生方面明知道没有必要，可就是控制不住，活得特别紧张，其生活目标就是讲究卫生，整天关注的就是细菌、病毒，而无暇顾及别的。他们恨不得活在真空里，因为只有真空才是细菌不会涉足的地方。

洁癖患者虽然很卫生，却感受不到幸福，只感到了紧张和痛苦。他们没有时间去享受生活，一生中大部分时间都花在讲究卫生上了。其实，他们也能意识到过分讲究卫生没有必要，但是又从内心涌现出强烈的焦虑和恐惧，不得不采取某些行为来安慰自己，这也是一种强迫观念在作怪，表现为头脑中反复出现一些关于环境不洁的怀疑和联想，却又无法摆脱。

如果洁癖这种症状没有得到有效的控制，患者可能出现如下情况：性格变异、敏感、固执、任性、狂躁，难以入睡、饮食出现障碍，以致严重影响了工作、生活、健康和人际关系。

洁癖可以通过系统脱敏法得到有效的治疗。首先，要求患者把自己害怕的东西和场景、经常做的事情，从轻度到重度写出来，然后患者每天从最容易的事情入手控制自己的行为，如逐渐地减少洗手的次数和时间。应对洁癖症状，患者一定要学会控制自己的行为，调整好自己的心态，以开朗的心态对待自己，这样就会逐渐摆脱洁癖的困扰。

# 自闭症：躲在孤岛上的孩子

1943年，美国儿童精神病医生Leo Kanner在一次研究报告中说自己观察到一个5岁的男孩唐纳德的奇特症状：他旁若无人地生活在自己独有的世界里，他记忆力惊人，两岁半时就能流利背诵《圣经》23节以及历届美国正副总统的名字，但却分不清你我，不能与人正常对话；他迷恋旋转的平锅和其他圆形物体，对周围物体的安放位置记忆清楚，但对位置的变动和生活中的轻微变化却不能容忍。

这一年，他报道了11名唐纳德式的孩子。他引用了"孤独"这个概念，把这些症状称为"情绪交往的孤独性障碍"及"婴儿孤独症"。

案例中的男孩得的是一种特殊的病，之所以特殊，是因为它在被发现后的几十年中，人类一直找不到导致疾病的病因，找不到有效的治疗方法。这些得病的孩子仿佛都经过上帝的遴选一样，一个个都异常纯洁、漂亮。可是，他们却缺乏最基本的社交技巧。他们不愿与人对视，难以与人实现正常的交流，对外界的一切总是充耳不闻，行为表现上非常呆板，与正常的社交生活格格不入。对于这种现象，人们无从解释，只好把这样的孩子叫做"星星的孩子"。医学上称为"自闭症"，又称儿童孤独症，这是一种广泛性发育障碍。自闭症患者往往有以下特点：

不会对亲人微笑，如当他的母亲要把他抱起时，他不会伸手做被抱的准备，也不会将身子贴近母亲；

社交困难，特别孤独，与人缺乏交往，缺乏感情联系，即使对父母也毫不依恋，如同陌生人。但与陌生人相处，又不感到畏缩。正常儿童常以凝视对方表达自己的感情与要求，而患儿缺乏与人进行眼对眼的凝视，不会以这种方式表达感情与要求；患儿到5岁左右，常常无朋友，因为他们很少与小朋友一起玩耍，缺乏情感反应，常常说出或做出一些不合社交的事情来；

语言发育迟缓，对语言的理解表达能力低下，无法理解稍微复杂一点的句子，不会用手势表示"再见"。不会理解和运用面部表情、动作、姿态及音调等与人交往。缺乏想象力和社会性模拟，不能像正常儿童一样去用玩具"做饭"、"开火车"、"造房子"；

仪式性和强迫性行为。由于缺乏变化与想象力，患儿常常坚持重复刻板的游戏模式，如反复给玩具排队，总是拍手，重复性的蹦跳，对自己房间的任何变化都表示反对和不安，如家具的移位、装饰品的变化等；

此外，有的患儿还可能有感知障碍，对视、听、触等多种感觉迟钝或过敏。有的存在认知障碍，智力低下，抽象思维能力很差，少数患儿可能伴有癫痫发作。

尽管目前孤独症的病因仍不明了，在有关学者开展的极为广泛的研究中，越来越多的证据表明生物学因素（主要是遗传因素）和胎儿宫内环境因素在孤独症的发病中有重要作用，成为目前病因研究的热点。其他因素包括免疫因素、营养因素等。综合有关研究，目前认为孤独症是由于外部环境因素（感染、宫内或围产期损伤等）作用于具有孤独症遗传易感性的个体所导致的神经系统发育障碍性疾病。

有人说，一个孩子一旦被确诊为孤独症，就意味着被社会拒绝和一个家庭痛苦的开始。患孤独症的孩子无法融入社会，势必会给他以后的生存带来不便，家长也会因为孩子而饱受折磨。

孤独症虽然很难诊治，但并非没有治疗的办法。孤独症的主要治疗方法是教育，重点应该教会患儿基本的社会技能，如日常生活的自主能力、与人交往方式与技巧、与周围环境协调配合及行为规范、对公共设施的利用等。为了实现较佳的治疗效果,患者的父母最好主动承担治疗师角色,试着与孩子表达亲近的愿望,身体力行地教会他们关于人际交往的技巧和方式,鼓励他们多参与集体活动,为他们提供在公共场合表达自我的机会,让他们渐渐地融入到人际交往世界。一般而言,自闭症的治疗,越早开始效果越好。

# 神经衰弱:有如惊弓之鸟般的日子

王刚读完了大一,迎来大学的第一个暑假。由于大学里一般没有暑假作业,所以王刚在暑假里几乎是无所事事,每天都睡到很晚才起来,早饭也不吃。王妈妈白天要上班,就只能嘱咐儿子自己买点吃的。王妈妈心里十分愧疚,所以在作息时间上对儿子有所迁就,没有做严格要求。谁知道王刚竟然每天晚上通宵玩网络游戏,一直到凌晨才睡觉,白天睡到很晚才起床,然后又接着玩。虽然王妈妈管过一两次,但是王刚就是改不掉。

王刚是在大一的时候迷上网络游戏的。刚开始还没什么,后来慢慢迷上了。为了能痛快地玩游戏,他决定晚睡晚起,来躲避爸妈的"督察"。但是,由于长期熬夜,导致生物钟和神经系统功能紊乱,再加上时刻提防父母的检查,精神高度紧张,王刚慢慢出现了失眠、头晕等神经衰弱症状。

等到开学到了学校,王刚才发现自己的这些症状越来越重,简直不能正常上课了。最终,在妈妈的陪同下,王刚去医院做了检查,医生确诊为"神经衰弱"。

很多人都可能听说过"神经衰弱"这个名词。有的人说睡眠不好是患了神经衰弱;有的人记忆力差就怀疑自己患了神经衰弱;也有的人认为自己精力不足,也是患了神经衰弱……

众说纷纭,让人觉得似是而非。但究竟什么是神经衰弱呢?

神经衰弱是一种神经症性障碍,主要表现为病人常常"心有余而力不足",心情紧张难以放松,特别容易烦恼、激动或发脾气,无法安心工作,受一点刺激都难以忍受。早期征兆包括入睡困难、睡眠浅、多噩梦,甚至失眠;食欲不振、消化不良;头昏脑胀,打不起精神,注意力不集中,记忆力下降,甚至浑身疲乏、体力不支等。神经衰弱患者就有如惊弓之鸟一般,外界轻微的刺激就可以引发他们出现恶性的生理反应。

神经衰弱是一种轻度的精神病,是神经症的一种,病人无器质性病变。与严重的精神病如精神分裂症患者相比,神经衰弱的病人没有严重的行为紊乱。一般认为,神经衰弱不会发展为精神分裂症,两者是性质完全不同的疾病。

中医认为，神经衰弱的致病病因多种多样，不过比较公认的还是七情，即：喜、怒、忧、思、悲、恐、惊，对于不良情感诱发疾病，古书上有不少记载。如狂喜可致精神病，"范进中举"这个故事，说范进一心想中举，几次考试都落榜，由于勤奋学习，终于实现他多年来的愿望，过分兴奋而患了"癫狂病"。这就说明任何一种不良的心理状态都会引起身体疾患。

在社会生活中，有很多失意之事，如失恋、夫妻关系不合、上下级及同事间关系不好、意外打击、高考落榜等。如不能正确对待，均可引发神经衰弱。如果不及早重视，就会影响到身心健康。

神经衰弱虽然不会对身体造成大的危害，但一个人长期神经衰弱的话，也会对身体带来很大的负面影响。关于神经衰弱的治疗，有如下建议：

首先，要认识到，这是一种信号，它告诉你："大脑太累了，压力太大了，需要休息调整了。"分析一下，这种情绪紧张和心理压力来自何方。

其次，要注意劳逸结合，脑力劳动和体力劳动结合，坚持锻炼身体，适当参加文娱活动，既要注意消极的休息（睡眠，安静的休息等），又要注意积极的休息（文体活动等）。

再者，要养成良好的睡眠习惯，注意生活有规律。

## 社交焦虑症：游离于社交圈之外

钱强，某工厂技术工人。他从小就十分害羞，用其母亲的话说是："投错了胎，前辈子一定是个女孩。"钱强上学时也不太主动跟同学交往。父母根据他的性格，让他干了技工这一行，因为这一工作跟人打交道的机会少。

但是，随着上班以后摆弄机器的时间增多，钱强越来越少跟人交往了。他有时间就躲在机房里，回家也躲在自己房间看书、听音乐。到了该谈朋友的年龄，父母开始着急，因为他从不主动跟女孩子交往。父母四处找人给他介绍对象，他一见女孩子更是满面通红，人家问什么他就答什么，结果别人嫌他太木。钱强自己也觉得很失败，不应该这样，可越这样觉得就越紧张，到后来，女孩子问他话时，他结结巴巴连话都说不出来了。这样一来二去，他的情况越来越严重，害怕在公共场合被人注意，尤其当众讲话、当众写字、食堂用餐及使用公共厕所时，他都会心情紧张、心慌气短、大汗淋漓，产生一种明知过分却又无法控制的恐惧感。他不敢与别人对视，与人谈话时总避开别人的目光，似乎自己做了什么亏心事；见人就脸红，一脸红就更害怕别人笑话他没出息，紧张得脸更红了。钱强觉得不仅自己浑身不自然，而且也让别人不自在，他总想克制自己的这些情绪表现，可是每次都不奏效，他生怕自己这样下去会变成精神病，于是就逃避这些令人紧张的场合。

对于每一个人而言，社交都是生活的必需品，它除了满足了生存的需要外，也使我们远离孤独的困扰，通过分享，感受到生命形形色色的快乐。然而，某些内向的人却难以开展正常的社交，在众人面前只会让他们感到不安和无所适从，于是他们喜欢宅在家中，像一颗孤独星球一般游离于社交圈之外。从心理学的角度来看，这种症状便是"社交焦虑症"。

社交焦虑症，也叫社交恐惧症，是一种常见的、能力受损的精神卫生问题，过分害怕别人的凝视是该症一个明显的特征。

一般情况下，大多数人或多或少地对跟陌生人接触有些害怕。但是，社交焦虑症患者不是简单地害怕接触陌生人，他们总是处于一种焦虑状态。他们害怕自己在别人面前出洋相，害怕被别人观察。所以，与陌生人交往，甚至在公共场所出现，对他们来说都是一件极其恐怖的事情。

社交恐惧症可以分成两大类：

（1）一般社交恐惧症。即在任何地方、任何情境中，患者都会害怕自己成为别人注意的焦点；

（2）特殊社交恐惧症。患者对某些特殊的情境或场合特别恐惧。比如，害怕当众发言，当众表演。但是在一些不同的社交场合，却并不感到紧张或焦虑。

当身处社交场合时，这两类社交恐惧症都有类似的躯体症状，比如口干、出汗、心跳剧烈、有腹痛的感觉等。此外，周围的人也可能会看到患者的如下一些表现：脸红、口吃、轻微发抖等。有时候，患者还会发现自己呼吸急促，手脚冰凉。最糟糕的情况是，患者会陷入惊恐状态，进而出现严重的身体不适。

社交恐惧症是非常痛苦、严重影响患者生活工作的一种心理障碍。一般人能够轻而易举办到的很多事，社交恐惧症患者却望而生畏。患者会认为自己是个乏味的人，并认为别人也会那样想。于是患者就变得过于敏感，更不愿意与他人打交道。于是，进入了恶性循环。患者变得更加焦虑和抑郁，从而使得恐惧社交的症状进一步恶化。

许多患者为了适应自己的症状，不得不错过许多有意义的活动。他们（和家人）不能去逛商场买东西，不能建立正常的夫妻两性关系，不敢带孩子去公园玩，甚至为了避免和人打交道，不得不放弃一些很好的工作机会。

对于克服社交焦虑症，心理医生经常采用森田疗法来缓解这些症状，其原则是：顺其自然，为所当为。就是说，对于紧张不安的情绪要疏导，让它释放出去，顺其自然，不要拼命控制，因为情绪像潮水一样，越控制越淤积于胸，越控制越危害健康；此外，让患者继续做自己应当做的事，如此这样的话，可能一会儿紧张情绪就自然消失了。例如，当某个患者在公共场合感到紧张时，患者可以在心里对自己说："紧张去吧，我不管它了，又能把我怎样？"同时，带着紧张情绪说患者该说的话，关注说话内容，不要关注自身的感受。结果患者可能会发现：没什么可怕的事情出现，虽然有些不舒服，但自己还是能战胜自己的，多次实践之后，自信心就逐渐增强了，自己也不再为见人紧张而苦恼了。

这些做法看似简单，但是却非常有效，许多社交焦虑症患者不相信这样做就能克服自己的恐惧心理，总想依赖药物，而不依靠自己主观的努力。其实，在心理医生的指导下，社交焦虑症患者完全可以用森田疗法来治愈自己的病症，但重要的是患者要下决心去尝试，要相信自己的潜力。

此外，患者还要多进行培养自信心方面的训练。人前容易脸红的人，多数对自己缺乏自信，具有自卑感，因而加强自信心的培养，对于克服自卑感，可起到事半功倍的作用。社交焦虑症患者要逐渐改变只看到自己的短处，用自己的短处比别人的长处的思维方式，反过来经常想想自己有哪些长处或优势，以自己的长处去比别人的短处，从而逐渐改变对自己的看法。在改变对自己的看法的同时，再将注意力转移到自己感兴趣、也最能体现自己才能的活动中去。患者可以先寻找一件比较容易也很有把握完成的事情去做，成功后便会有一份喜悦，做完后再用同样的方法实现下一个目标。这样，每成功一次，自信心便会变得强大一些，渐渐地，患者就会找回丢失已久的自信。

不过，自信并非空中楼阁，要想真正地克服自卑心理，树立自信，患者应该学会在建立自信的同时正视自己的不足，通过多学、多干来补充知识，丰富经验，成为外强中干的人。

## 微笑型抑郁症：他的哭泣从来不让别人看见

任峰从开始上班那天起，就像铁人一样不知疲倦地工作。领导夸他能干，同事都说他能力强，是不可多得的人才。任峰对自己也很自信，有时候甚至有些狂妄。每次完成一项工作，他就会说："这样的工作，对我来说小菜一碟。"在亲人眼里，他是家人的主心骨，是父母的好儿子。然而，只有妻子知道，他最近情绪越来越不好，常常刚刚还在对别人颐指气使，回到卧室就无端地自卑，唉声叹气，还会哭个不停。

心理学上将任峰这种人前信心十足，背后又无端自卑的情况称为"微笑型抑郁症"。微笑型抑郁症是男性抑郁症患者的典型表现之一。美国心理学会曾指出，与女性抑郁症患者相比，男性抑郁症患者除了存在与女性患者失眠、体重下降、情绪低落等共同症状之外，还有其独特的特点——人前狂妄不已、人后偷偷哭泣，这种微笑型抑郁症隐匿性更强，不容易被人发现。

微笑型抑郁症患者常见于学历高、有相当身份地位的成功人士，特别是高级管理和行政工作人员。在社会生活中，他们往往表现得十分强大，仿佛不知疲倦，不容别人置疑，但内心深处却感到极度痛苦、压抑、忧愁和悲哀。这是因为，男性受传统价值观的束缚，要求扮演坚毅刚强的角色，必须能从容地面对所有的压力。

有心理专家指出，微笑型抑郁症比一般普通的抑郁症危害更大。一般而言，患微笑型抑郁症的人一般都是较优秀的人，他们为了维护自己在别人心目中的美好形象，会刻意掩饰自己的情绪。而当承受的压力大到再也无法承受的时候，他们的反应也是强烈的，可能会从一个极度自信的人变成一个非常自卑的人，甚至会怀疑自己各方面的能力。这时候，人的神经系统可能会受到一定的伤害。更为严重的是，有些重度抑郁症患者会出现自杀的倾向，他们为了掩饰意欲自杀的想法，会有意识地掩盖自己的痛苦体验而故意表现出自己强大的一面，以便躲避家人和朋友的注意。他们的行为颇具表演性质，与他们真实的情感体验严重背离，也正因此，很多看似十分坚强的人却突然做出了非常的举动，让他们的家人和朋友非常费解，这时候，家人和朋友常会审视自己：我真的了解这个与我朝夕相伴的人吗？

微笑型抑郁症的治疗是一个长期过程，疗效如何主要取决于患者的人格自省和亲朋的关爱与宽容。对于患者而言，最重要的是要学会给自己减压，经常暗示自己，即使失败了也没有什么大不了的。此外，亲人和朋友要多陪伴患者，少让他们落单；并且要学会倾听和理解，主动让他们说出不快，帮助他们分担内心的苦闷。

## 强迫症：难以驾驭的强迫想法

小宁，19岁，家在农村，父母均为农民。在家排行老大，下有一弟一妹。从小小宁就很懂事，知道父母挣钱养家很不容易，所以对自己要求极为严格，一点儿时间也不许自己浪费，成绩一直名列班上前几名。小宁升到初一后，还被选为班干部，深得老师喜欢。

初一后半学期，父亲节约开支为小宁买了块表，以此奖励小宁的优良成绩。初二上半学期，在一次早操中，小宁把表弄丢了。他深知父母挣钱不容易，内心极度内疚，常常有意识地到寝室和马路边努力寻找，希望能够找回遗失的表，但始终没找到。小宁不敢把丢表的事情告诉父母，成绩也因此受到影响，开始下降。

后来，小宁家添置了沙发。平时小宁喜欢坐在沙发上看书，一次母亲说别坐坏了，以后不准坐在沙发上看书，从此他果真再也不敢坐沙发了。谁知，这种行为竟然发展为一种病，病到看见椅子也害怕。小宁勉强读完初中，其后一直待业在家，成天为看病四处奔波，父母为此花去了不少钱，小宁觉得非常愧对父母。

令小宁最苦恼的恐怕是小便失禁，他老想去厕所，但又自觉不该去。越想控制想去厕所的念头就越强烈。尤其是吃饭之后想去厕所，他拼命克制自己不去，结果吃了饭就吐，按胃病治了很久也未奏效。如此持续了很长时间，苦不堪言。近段时间以来，他老是想着自己是否渴了或者饿了，椅子该不该坐，泡在盆里的衣服是现在洗还是过一会儿洗，反复检查电灯开关，出门反复看是否关好锁好门等等。上大学的表姐后来将小宁的症状告诉了心理医生，医生告诉她，小宁可能患上了强迫型人格障碍症。

强迫型人格障碍症是强迫症的一种。强迫症又称强迫性神经症，指反复出现的明知是毫无意义的、不必要的，但主观上又无法摆脱的观念、意向的行为。如案例中的小宁反复地找手表，不敢坐沙发等，这就是强迫症的一种表现。

一般来说，强迫症的表现分为强迫观念和强迫意向及行为两大部分。

所谓强迫观念，是指某种联想、观念、回忆或疑虑等顽固地反复出现，难以控制。例如，反复联想一系列不幸事件会发生，虽明知不可能，却不能克制，并激起情绪紧张和恐惧。有的人一看见黑纱，便联想到死亡或即将大难临头，心情非常紧张；或是反复回忆曾经做过的无关紧要的事，虽明知无任何意义，却不能克制，非反复回忆不可；还有一种情况，就是对自己的行动是否正确，产生不必要的疑虑，要反复核实。如出门后疑虑门窗是否关好，反复数次回去检查，不然则感焦虑不安。还有的人反复深究自然现象或日常生活事件发生的原因，如"世界为什么存在"、"树木为什么向上生长"等。他们明知思考这些问题毫无必要，但又控制不住自己要去思考。

所谓强迫意向及行为，是指有些人常为某种与正常相反的意向所纠缠。例如，走到河边或井边，老想往下跳，但又害怕真的会跳下去。有的患者有强迫行为，如书写后反复检查是否写错字。有的患者常怀疑自己的手或衣服被玷污了，虽然反复洗了几次，仍不放心。有的患者每当见到电线杆、台阶、柱子等，便不由自主地依次点数，明知毫无必要，但不数他就会感到心里不安甚至漏掉了又得从头数起。有的患者常重复某种动作，以解除内心的不安，如一个胳膊碰椅子，另一个胳膊也一定要碰一下椅子；进门一定要左脚先迈，否则要退回去再走一遍等。

关于强迫症的发病原因，至今仍没有一个定论，病因未明。一般认为，遗传因素、强迫性性格特征及心理社会因素均在强迫症发病中起作用。

强迫症应该及早得到重视，因为这些不由自主的思想纠缠、无意义的行为重复会对患者的身心和生活产生负面的影响，轻者注意力难以集中，重者可能完全丧失学习能力和工作能力，导致精神残疾。

纠正强迫型人格障碍这一病症，目前主要通过减轻和放松精神压力的方式进行治疗。其实，关于这一病症，最有效的方式是顺其自然，该怎么办就怎么办，做了以后就不再去想它，也不要对做过的事进行评价。经过一段时间的训练和自己意志的努力，症状会缓解。

当一个人过分执著于规矩的限制时，他对活生生的多变的现实就常会感到无所适从。强迫型人格障碍者习惯于按教条办事，总是按"应该如何，必须如何"的准则去做，像个机器人一样行使日常生活。要想改变这种状况，就要鼓励患者释放出自己潜抑的真实想法，彻底抛开那些条条框框，让自由想法主宰患者的行为。

其中，"当头棒喝"是纠正强迫型人格障碍的一个妙法，即努力寻找生活中的独特事件，让这些独特事件带来新的观念和解决问题的新思路、新方法，以起到"当头棒喝"的作用，从而改变患者墨守成规的习惯。

# 第三十章

# 快乐之路

## 长寿者的心理特征

人的心理状态对于人的寿命有极大的影响。根据调查统计，健康长寿者的心理状态大多有以下的特点：

**1. 心胸豁达**

根据调查，长寿者大都心胸开阔、不易发怒、性格豪爽、为人热情、乐于助人，办事爽快轻松、说话诙谐风趣，同时又很善于工作。拥有豁达的心胸，自然容易长期保持愉快的心情，从而有力地保护大脑机能，调节神经系统，促进内分泌系统、心血管系统、消化系统、免疫系统等正常功能的良好发挥，使机体达到最佳状态。只有如此，才能延缓脏器的衰老进程、减少疾病、延年益寿。毋庸置疑，心胸狭窄、忧愁多者，患病机会多；而心胸豁达、乐观向上者，患病机会少。其实这也是尽人皆知的常识。

**2. 情绪稳定**

长寿老人大都十分注重调适自己的情绪，使中枢神经处于相对稳定的良好状态，进而协调机体的生理功能。95%以上的长寿老人情绪安定、适应能力强，经受得起生活环境中的各种不良刺激或创伤，也善于自我控制，能够很快恢复心理平衡。

**3. 热爱生活**

许多古今中外的杰出人物大都长寿，一般到了八九十岁仍能生气勃勃、精力充沛、勤奋工作。重要原因之一就是他们热爱生活、热爱工作、具有明确的生活目的和奋斗目标。另外，有着科学的生活方式也是他们的共同特点。愉快的情绪、饱满的精神、有规律的生活，能使他们身体的各器官处于良好的状态，衰老缓慢，长寿百年。

### 4. 知足常乐

调查资料还表明，许多长寿老人都是心地善良的贤妻良母、良夫慈父。几乎从不发怒，也不奢华，勤俭朴素、尊老爱幼，与家人和他人和睦相处而安乐，尽到自己的社会与家庭责任而后快。和善娴静、知足常乐的性格，使他们的躯体内部环境长期保持平衡有序的状态。例如，广西壮族自治区东兰县就有这么一位长寿老人。他目光有神、听觉敏捷、口齿清楚、举止稳健，满头白发却很有光泽，还可以操持家务，并下地干些农活。此人虽然家境贫寒，但从不怨天尤人，为人心地善良，无忧无虑，总是笑容满面。

### 5. 爱好广泛

许多长寿者都爱好琴棋书画。琴棋书画，能陶冶人的情操，使人心情愉快；而人有所追求，也就时常动脑思索，从而延缓大脑的衰老。艺术的熏陶和对事业的执著追求，可以锻炼身心，令人长寿。例如我国享有盛名的书法家、教育家启功先生，近90高龄时仍坚持每天写字、画画和工作，并十分乐于和师范大学的学生们交流。他老人家于2005年辞世，牵动了亿万人民的悲伤之情。再比如著名大画家齐白石常说："一日不学，苦混一天。"他坚持每天学习，收获一点就觉得心慰意得、乐在其中，活到97岁高龄。

### 6. 刚毅耿直

那些事业心很强的长寿者，具有秉性耿直、坚强刚毅、坦率直爽、忘我无私的共同特点。刚毅耿直、忘我无私、胸襟豁达、乐观向上的人，神经系统有较强的协调能力，能适应环境的骤变，有利于长寿。正如北京大学著名教授王力所说："不斤斤计较小事，不苛求于人。这样，对自己所交往的上下左右的人，乃至家庭，都会有一个比较和谐、亲密的气氛，而客观上反过来又促进了自己的心情舒畅、身体健康。"

### 7. 笑口常开

长寿老人大都精神舒爽、笑口常开。笑是一种简单而又愉快的运动，可使胸、膈、腹以及心、肺、肝等脏器都得到有益的活动，神经、骨骼和肌肉得到放松，且可驱除忧愁烦恼，减轻精神压力，抒发健康的感情，进而提高机体的免疫能力，使人长寿。

# 保持最佳心境的五个处方

### 1. 善于控制个人情绪

每个人的情绪不会是一成不变的，其有时好，有时坏，有时波动如浪，有时平静如镜。因此，必须学会控制情绪，特别是能在最短的时间内，将不良情绪消灭在萌芽状态，使之不再扩展、蔓延，以至酿成灾祸。要做到这一点，首先要注意用"理智调剂"。心理学认为，人们发脾气，吵嘴打架，往往是感情冲破理智的大门造成的。因此，凡事应该三思而后行，否则容易造成对方不理解，出娄子，形成突发性矛盾，导致仓促之间失去理智的平衡。万一遇到"顶牛"时，首先要善于压"火"，要显示出自己的大度，有气节，不失高尚的人格。其次，要善于"退却"。以"退"为"进"的"退却"，是消除"战火"的积极心理因素。

### 2. 胸有宏志，胸襟坦白

平常与人交际勿做"两面人"，心绪就会好得多。事实证明，在现代交往中，胸怀开阔，以信求实，以实求信，遇到不愉快的事就很少。而一旦出人意料地碰上"鬼叫门"的事，由于心中没"病"，情绪平和，也会安然处之。"鬼"明白了，也自会退却。

### 3. 学会"自思"

"自思"的方式有三：①以日记形式回忆一天的生活，这是"思维自我净化"的一个冶炼过程。用这种方法自我"冶炼"，久而久之，便会塑造出一种善于"克己"的高尚道德。而这种"道德"，也正是稳定心态的支柱。②面壁，实际上是思维的"新陈代谢"。它比日记形式有更大的空间，可以想象得更多、更远、更广阔。如果将这种方式与日记方式结合并用，亦思亦记，有想有录，"净化"效果会更佳。③开卷自珍，即学习一些与个人职业、交往、生活等方面有关的报刊资料、影视录像等等。夜静之际，"开卷——明目——陶冶"，无异于"自我提纯"。它不仅有助于心境一步步提高，也会丰富知识，洞开视野。

### 4. 处理人际关系要有一个"好尺寸"

所谓"好尺寸"，是指善于学习、仿效他人之长。这不但能使你与周围的人们形成和睦的气氛，有利于最佳心态的培养与稳固，也容易把周围的事情处理好。相对言之，对别人的缺点，除了自己应该警惕之外，应尽量把握好"揭短"的尺寸——尤其是对那些缺乏涵养道德，且又心地狭隘、自高自傲的人，"揭短"的最好办法是"不觉处叶绿花红"——在不知不觉中感化掉对方的痼疾。

### 5. 把自己放到一个高雅文明的天地中去

交友结谊，要注意礼貌；参加社交，要注意文明；一言一行，要注意高雅。高雅的氛围，才会产生高雅的心境。如果你在高雅明洁的环境中培育了友谊，联络了感情，那么你也会逐渐培养出自己的最佳心境。

# 创造快乐的六个秘籍

**1. 不妨用一下"精神胜利法"**

这是一种有益身心健康的心理防卫机制。在你的事业、爱情、婚姻不尽如人意时，在你因经济上得不到合理对待而伤感时，在你无端遭到人身攻击或不公正的评价而气恼时，在你因生理缺陷遭到嘲笑而郁郁寡欢时，你不妨用阿Q的精神调适一下你失衡的心理，营造一个祥和、豁达、坦然的心理氛围。

**2. 难得糊涂**

这是心理环境免遭侵蚀的保护膜。在一些非原则性的问题上"糊涂"一下，无疑能提高心理承受的率值，避免不必要的精神痛楚和心理困惑。有这层保护膜，会使你处惊不乱，遇烦恼不忧，以恬淡平和的心境对待各种生活中的紧张事件。

**3. 随遇而安**

这是心理防卫机制中一种心理合理反应。培养自己适应各种环境的能力，遇事总能满足，烦恼就少，心理压力就小。古人云："吃亏是福。"生老病死，天灾人祸都会不期而至，用随遇而安的心境去对待生活，你将拥有一片宁静清新的心灵天地。

**4. 用幽默装点人生**

这是调和心理环境的"空调器"。当你受到挫折或处于尴尬紧张的境况时，可用幽默化解困境，维持心态平衡。幽默是人际关系的润滑剂，它能使沉重的心境变得豁达、开朗。

**5. 宣泄积郁**

心理学家认为，宣泄是人的一种正常的心理和生理需要。你悲伤忧郁时，不妨与异性朋友倾诉；也可以通过热线电话等向主持人和听众倾诉；也可进行一项你所喜欢的运动；或在空旷的原野上大声喊叫，既能呼吸新鲜空气，又能宣泄积郁。

**6. 音乐冥想**

当你出现焦虑、忧郁、紧张等不良心理情绪时，不妨试着做一次"心理按摩"——音乐冥想"心理按摩"——音乐冥想"维也纳森林"，坐"邮递马车"……

# 让大脑去"散步"

人们经常抱怨，自己的脑子总是胡思乱想，尽想一些没用的东西。实际上，就像人的心脏在一刻不停地跳动那样，只要人活着，大脑就会一刻不停地思维。不论所想的内容是否有用，大脑总在不停地想着各种事情，即使睡眠的时候，还会做梦呢！

工作或学习时，大脑所进行的联想是一种有目的的、受意志控制的联想。在意志的控制和支配下，联想可以帮助人解决许多具体问题。当你忙完了一天的事情、躺在床上快要睡着的时候，大脑从一天的紧张工作学习中摆脱出来，这时大脑会暂时失去意志控制而毫无目的地、天南地北地"胡思乱想"，你也就在这"胡思乱想"中渐渐睡去。这种没有意志控制的"胡思乱想"，就是自由联想。

自由联想除了可以在睡前出现外，还可出现在白天。例如，当你没有什么重要的事情急着要做的时候，可能会暂时闲下来，坐在那里不知不觉地进入了自由联想状态。这时你或许会给自己编一段故事，故事中的你变成了白马王子或白雪公主，或变成了一位武功高强的大侠，这常被称作"白日梦"。自由联想有时还会出现在上课的时候，如老师正在绘声绘色地讲解朱自清的散文《荷塘月色》，你听着听着，不知不觉便开始了自由联想，眼前好像真的出现了月光下的莲花，四周静极了，耳边隐约响起了秋虫的呢喃……猛然惊醒，发现自己刚才竟然在听课时"走了神"。

尽管你经常是为了解决某些问题而进行着有意志控制的、有目的性的联想，可只要稍有空闲，大脑就会自动进入无意志控制的、无目的性的自由联想状态。自由联想占去了你每天相当多的时间。但是，自由联想绝不是在浪费时间，也并非是没有规律的、没有逻辑的"乱想"，它是对客观事物的反映。自由联想并非完全没有意义，它常常表达了你内心的深层愿望。这些愿望在平时忙起来的时候是不被意识的。所谓没有意义，是人们太急功近利了，只要眼前用不上的，就认为是没意义。而实际上，自由联想的事情常常是你真正关心的事情，是与你的生存现状休戚相关的最重要的事。比如，一位学生在上课的时候，经常走神，而每次走神时，又总是在想：人为什么要学习，我为什么一定要参加高考，人为什么活着？虽然想这些问题对当时听课来说是没意义的，可谁能说想这些问题，对一个人的生命来说是没有重要意义的"胡思乱想"呢？

表面上看来，自由联想是没有什么用的，上课走神浪费了我们大量的宝贵时间。实际上走神只是一瞬间的事，而感觉起来好像经历了很长一段时间。不懂这个道理的学生，为了提高听课效率，要求自己不放过老师讲的每一个字，要求自己不能有片刻的走神，时刻告诫自己："千万不能走神！"结果，整节课的时间都用在了控制走神上了，一节课下来，老师所讲的内容竟全然没有听进去，这就更让人着急了。有人说"我小时候从来不走神"，实际上小时候走神比现在还严重，只是当时不知道那就是走神，也不在乎走神，更不刻意控制走神。

如果将有意志控制的、有目的的思维比作奔向某个地方的话，自由联想则如同散步。散步可以让身体得到积极的放松和休息，而自由联想则可以让你绷紧的大脑神经得到积极的休息。大脑在自由联想时可以变得异常活跃，可以从眼前的具体事务中摆脱出来，让自己思考那些比眼前的琐事更重要、更深远的事情，能够让内心的愿望充分展现出来，让自己看到平时所忽略了的内心的真实面貌。你完全可以给自己的心灵划一个"特区"，告诉自己什么都可以想，什么又都可以不想，让自己更加自由地联想。经常进行自由联想会使你的大脑更具有创造力，使你的心情和身体同时得到放松，从而起到心身和谐、心身健康的作用。

那么，如何通过增强自由联想进而提高大脑的创造力及工作效率呢？首先应充分认识自由联想的客观存在性和它的积极意义，对自由联想采取认可与悦纳的态度。然后可以每天至少花10分钟的时间进行自由联想练习。练习时让自己坐在一个较为安静的环境中，这时放弃任何对思维的控制，对思维不提任何功利和实用的要求，彻底放开大脑进行完全的自由联想。此时，你可以怀着一颗好奇之心跟随大脑去散步、去遨游，看大脑能将你带去什么地方。那可以是你从来没有去过的世外桃源，令你激动不已，也可以是阴暗幽深的峡谷，让你感到些许恐惧。当然，你也可以稍有目的地去联想，如给自己编一段爱情故事，让自己构想一篇大侠历险记，也可以想象自己正在跟随太空探险队向火星飞去……

经过一段时间的自由联想练习，你的大脑就会变得非常活跃，特别富有创造力，思维也变得特别灵活。如果你不相信的话，你可以做一个测验：在你第一次进行自由联想训练开始前，眼前摆一台录音机，你闭上眼，想到什么立刻就说出来，只用简单的词来说，最后统计，一分钟共说出了多少个单词，以此来检查大脑自由联想的速度和能力。这即是一个简单的自由联想的检测方法，也是一个自由联想的自我训练方法。经过一段时间的自由联想训练之后，再对大脑的自由联想能力进行测试，你就会发现，每分钟自由联想能够说出的单词数量已有了大幅提高。如果一个人的联想功能增强了，他平时的工作学习效率也会随之大幅提高。

# 拿得起，放得下

我们常说一个人要拿得起，放得下，而在付诸行动时，"拿得起"容易，"放得下"难。所谓"放得下"，是指心理状态，就是遇到"千斤重担压心头"时能把心理上的重压卸掉，使之轻松自如。年过八旬的吴阶平教授在谈及精神养生时介绍的一条主要经验就是"不把悲伤的事放在心上"。他认为"人生不如意的事常八九"，总要想得开，以理智克制感情。著名学者季羡林老教授的养生经验是奉行"三不主义"，其中有一条就是"不计较"。这都体现了"放得下"的心理素质。

在现实生活中，"放不下"的事情实在太多了。比如子女升学，家长的心就首先放不下；又比如老公升职或者发财，老婆也会忐忑不安放不下心，怕男人有钱变坏了；再如遇到挫折、失落或者因说错话、做错事受到上级或同事指责，以及好心被人误解受到委屈，于是心里总有个结解不开，放不下等等。总之有些人就是这也放不下，那也放不下，想这想那，愁这愁那，心事不断，愁肠百结。长此以往势必产生心理疲劳，乃至发展为心理障碍。英国科学家贝佛里奇指出："疲劳过度的人是在追逐死亡。"我国唐代著名医药家、养生学家孙思邈，享年102岁。他在论述养生良方时说："养生之道，常欲小劳，但莫大疲……莫忧思，莫大怒，莫悲愁，莫大惧……勿把愤恨耿耿于怀。"他指出这些心理负担都有损于健康和寿命。事实也是如此。有的人之所以感到生活得很累，无精打采，未老先衰，就因为习惯于将一些事情吊在心里放不下来，结果在心里刻上一条又一条"皱纹"，把"心"折腾得劳而又老。

辨证论治，对症下药，处于上述各种状况时，最简单可行的方法就是"放得下"。"文革"期间有位从部队调到地方工作的师级干部，因不服"四人帮"横行，而被打成"老右派"。当时批判他的大字报铺天盖地。但这位干部也真绝，在大热天居然披着棉大衣去看大字报。别人以为他"发寒热"，他却幽默地说："这就叫心定自然凉。"有位著名演员在受审查的"牛棚"里，不但说笑如常，而且还自编了一套"牛棚健身法"，直到如今，他还在用此法锻炼身体，年过八旬照样到戏曲沙龙引吭高歌。"不管风吹浪打，胜似闲庭信步。"这是多么的放得下啊！这些都是特殊情况下特殊人物的特殊放得下。在通常情况下，"放得下"主要体现于以下几方面：

（1）财能否放得下。李白在《将进酒》诗中写道："天生我材必有用，千金散尽还复来。"如能在这方面放得下，那可称是非常潇洒的"放"。

（2）情能否放得下。人世间最说不清道不明的就是一个"情"字。凡是陷入感情纠葛的人，往往会理智失控，剪不断，理还乱。若能在"情"方面放得下，可称是理智的"放"。

（3）名能否放得下。据专家分析，高智商、思维型的人，患心理障碍的几率相对较高。其主要原因在于他们一般都喜欢争强好胜，对名看得较重，有的甚至爱"名"如命，累得死去活来。倘若能对"名"放得下，就称得上是超脱的"放"。

（4）忧愁能否放得下。现实生活中令人忧愁的事情太多了，就像宋朝女词人李清照所说的："才下眉头，却上心头。"忧愁可说是妨害健康的"常见病，多发病"。狄更斯说："苦苦地去做根本就办不到的事情，会带来混乱和苦恼。"泰戈尔说："世界上的事情最好是一笑了之，不必用眼泪去冲洗。"如果能对忧愁放得下，那就可称是幸福的"放",因为没有忧愁确是一种幸福。

中国古人有一句话:"宠辱不惊,看庭前花开花落;去留无意,望天上云卷云舒。"让我们一起来学会"放得下",以此来增强我们的心理弹性,共享"放得下"的养生福分。